河北省地质矿产勘查开发局科研成果

震后地质灾害特征与防治研究

——以汶川地震灾区为例

刘志刚　邢忠信　王孟科　刘明辰　雒国忠
孟凡杰　王润涛　曾令海　夏华宗　王建辉　等编著
冀　广　刘和民　甄彦敏　郝文辉　高　维
刘继生　韦　立

地质出版社

·北 京·

内 容 简 介

本书以 2008 年汶川 "5·12" 特大地震部分重灾区为研究范围，以震后泥石流、滑坡、崩塌地质灾害为研究对象，以区域地质灾害调查资料和震后地质灾害应急勘查、治理设计与施工资料为研究依据，对比分析了地震前与地震后地质灾害的分布与发育特征，重点研究了震后地质灾害的形成条件与基本特征，评价了崩塌、滑坡的稳定性和泥石流的易发性，提出了震后地质灾害的勘查评价方法和治理措施。

本书可供从事地质灾害勘查与防治领域的科研、工程技术人员及管理工作者参考，亦可作为大专院校有关专业的教学参考书。

图书在版编目（CIP）数据

震后地质灾害特征与防治研究：以汶川地震灾区为
例/刘志刚等编著 . —北京：地质出版社，2014.8
　ISBN 978 - 7 - 116 - 08905 - 1

　Ⅰ.①震…　Ⅱ.①刘…　Ⅲ.①地震次生灾害-灾害防
治-研究-汶川县　Ⅳ.①P315.9

　中国版本图书馆 CIP 数据核字（2014）第 174481 号

责任编辑：肖莹莹　张　诚　付庆云
责任校对：王洪强
出版发行：地质出版社
社址邮编：北京海淀区学院路 31 号，100083
电　　话：(010) 82324508（邮购部）；(010) 82324589（编辑室）
网　　址：http://www.gph.com.cn
传　　真：(010) 82310749
印　　刷：北京地大天成印务有限公司
开　　本：889mm×1194mm $^1/_{16}$
印　　张：19.5　图版：4
字　　数：550 千字
版　　次：2014 年 8 月北京第 1 版
印　　次：2014 年 8 月北京第 1 次印刷
定　　价：78.00 元
书　　号：ISBN 978 - 7 - 116 - 08905 - 1

（如对本书有建议或意见，敬请致电本社；如本书有印装问题，本社负责调换）

《震后地质灾害特征与防治研究
——以汶川地震灾区为例》

编著指导委员会

主　　任	刘鹤峰					
副 主 任	李春生	徐建芳	肖桂珍			
委　　员	马友谊	白贵成	田文法	魏风华	吴　毅	张保江
	赵志超	李万义	赵国通	刘仓平	田京振	侯军亮
	刘庆民	李文广				

编著成员

主编人员	刘志刚	邢忠信	王孟科	刘明辰	雒国忠	孟凡杰
	王润涛	曾令海	夏华宗	王建辉	冀　广	刘和民
	甄彦敏	郝文辉	高　维	刘继生	韦　立	
参加人员	（按姓氏笔画为序）		万　凯	于孝民	马利涛	马艳军
尹丽军	王　杰	王卫东	王永波	王西房	王启星	王志普
王现果	王美丽	付世骞	冯更辰	冯创业	田占良	田自浩
刘　硕	刘文军	刘文涛	刘永涛	刘亚军	刘向军	刘国华
孙冬义	孙全义	孙建虎	师明川	朱新建	汤　勇	邢化庐
宋会图	张子乾	张广辉	张汝洲	张志刚	张进才	张保江
张振东	张海亮	张艳春	张增勤	李　锋	李予红	李会华
李如山	李和学	李建录	李朝政	杜　泉	杨学亮	杨宝刚
杨春光	苏永强	苏阿娟	贡长青	范存良	郑喜珍	郑彦峰
段保春	胡立国	赵惠梅	赵朝兵	郝舍廷	徐丹梅	徐世民
徐永凯	徐海振	袁　烨	贾志强	贾进军	郭　巨	郭玉平
钱　龙	高新乐	崔国树	崔爱敏	曹志民	曹起堂	曹鼎鑫
梁国琴	黄云龙	简　明	翟　星	樊海江	魏铁柱	

《震后地质灾害特征与防治研究

——以汶川地震灾区为例》

编写组织实施单位

主持单位： 河北省地质矿产勘查开发局

承担单位： 河北省地矿局第四水文工程地质大队

河北省地矿局水文工程地质勘查院

河北地矿建设工程集团公司

河北省环境地质勘查院

河北省地矿局秦皇岛矿产水文工程地质大队

参加单位： 河北省地矿局第三水文工程地质大队

河北省地矿局第二地质大队

河北省地矿局第十一地质大队

河北省地矿局石家庄综合地质大队

目　　录

第一篇　总　　论

第二篇　震后地质灾害特征与防治技术

第三篇　典型地质灾害特征与防治实例

第 一 篇
总 论

第一章 绪 言

第一节 研究背景与意义

2008年5月12日14时28分，在四川省西部龙门山断裂带上发生了里氏8.0级汶川特大地震（以下简称"5·12"地震），灾区面积达30余万km²，其中重灾区面积达10余万km²，造成8.7万余人遇难或失踪，给灾区人民生命财产、经济社会和自然环境带来了巨大破坏。由于特殊的自然地理环境，强烈的地震触发了数以万计的崩塌、滑坡等地质灾害，据相关统计，"5·12"地震触发的次生地质灾害造成的遇难人数约占地震总遇难人数的三分之一。由地震触发的次生地质灾害数量之多、规模之大、导致损失之惨重举世罕见。不仅如此，地震后遗留的地质灾害隐患严重制约着灾区恢复重建工作的顺利开展。为此，按照经国务院批准的《四川省"5·12"特大地震灾后恢复重建地质灾害防治专项规划》，四川省安排部署了"5·12地震"极重灾区和重灾区39个县的震后地质灾害应急排查和地质灾害详细调查与区划等区域性地质灾害调查工作，并计划用两年时间对地震灾区2334处重大地质灾害隐患点进行应急勘查和工程治理。

"5·12"地震发生后，河北省国土资源厅、河北省地质矿产勘查开发局（以下简称"河北省地矿局"）紧急成立了由32名专家组成的河北援川地质灾害应急排查队，于2008年5月23日至6月16日参加了四川地震灾区地质灾害应急排查工作。同年11月，河北省国土资源厅接到四川省国土资源厅"关于请组织支援开展四川地震灾区重大地质灾害应急勘查、设计工作的函"，河北省国土资源厅和河北省地矿局对此高度重视，联合成立了领导小组，并组建了河北省援川地质灾害防治指挥部，组织河北省地矿局12支地勘单位数百名工程技术人员参加了四川地震灾区第二、三、四、五批重大地质灾害应急勘查与治理工程设计工作。这12支地勘单位分别是河北省地矿局水文工程地质勘查院、河北省环境地质勘查院、第四水文工程地质大队、河北地矿建设工程集团公司、秦皇岛矿产水文工程地质大队、第十一地质大队、第三水文工程地质大队、第二地质大队、第五地质大队、石家庄综合地质大队、保定地质工程勘查院、第一地质大队。在近两年时间里，广大工程技术人员发扬一方有难、八方支援的无私奉献精神，克服气候、环境、生活、交通、余震等诸多方面的困难，在四川省绵阳市的平武县、安县、北川县、涪城区，成都市的都江堰市、彭州市、大邑县、崇州市及巴中市的南江县等9个县（市、区）范围内完成了130个地质灾害应急勘查项目（表1-1），包括38个泥石流、45个滑坡、16个不稳定斜坡、29个崩塌和2处地面塌陷。完成的主要实物工作量见表1-2。其中有112个地质灾害应急勘查项目提交了勘查报告、治理工程可行性研究报告、初步设计报告和施工图设计报告，有18个地质灾害应急勘查项目提交了调查报告，这些成果均通过了由四川省国土资源部门组织的专家评审。

表1-1 河北承担的四川地震灾区地质灾害应急勘查项目汇总表

项目批次	工作时间（年.月）	各县(市、区)应急勘查项目个数								合计
		平武	安县（含北川县）	涪城	南江	都江堰	彭州	大邑	崇州	
第二批	2008.11～2009.05	15	10	0	5	0	0	0	0	30
第三批	2009.04～2009.11	9	0	0	0	18	0	0	3	30
第四批	2009.10～2010.03	20	0	0	0	8	8	4	0	40
第五批	2010.01～2010.05	0	0	0	0	11	10	5	0	30
合计		44	10	4	5	37	18	9	3	130

通过本次地质灾害应急勘查及对地震灾区地质灾害调查与应急排查等成果的研究发现，"5·12"地震对汶川地震灾区地质灾害的影响巨大，主要表现在以下方面：一是震后地质灾害数量增加很多，类型复杂，规模巨大；二是震后地质灾害的特征与形成机理较震前发生了很大变化；三是震后地质灾害的勘查技术手段、治理措施较震前也发生了变化。显然，利用传统的地质灾害认知理论、勘查技术手段与治理措施已不能完全适应地震灾区地质灾害勘查与防治工作。因此，利用震后地质灾害应急勘查与治理设计资料和地震前后区域地质灾害调查成果，开展汶川地震灾区地质灾害特征与防治研究，总结地震前后地质灾害的分布与发育特点，探讨强震对地质灾害的影响，揭示震后地质灾害的形成机理与特征，提出震后地质灾害勘查评价方法与治理措施，对于进一步做好地震灾区地质灾害勘查与防治工作，具有重要的指导意义和现实意义。

表1-2 实物工作量统计表

序号	项目名称		单位	完成工作量
1	工程测量	地形测量		
		1:10000地形图测量	km²	71.50
		1:2000地形图测量	km²	8.18
		1:500地形图测量	km²	30.79
		1:200地形图测量	km²	2.58
		断面测量		
		1:2000地质剖面测量	km	22.34
		1:1000地质剖面测量	km	73.23
		1:500地质剖面测量	km	76.28
		1:200地质剖面测量	km	156.70
		立面测量		
		1:200工程地质立面测量	m²	1701700
2	工程地质勘查	工程地质测绘		
		1:10000工程地质测绘	km²	71.91
		1:2000工程地质测绘	km²	21.26
		1:1000工程地质测绘	km²	34.47
		1:500工程地质测绘	km²	29.45
		1:200工程地质测绘	km²	69.48
		工程勘探		
		钻孔	m/孔	7442.64/401
		探井	m/个	806.44/225
		探槽	m³/个	15539.12/1106
		工程物探 高密度电法	点	199
		采样 岩样	组	619
		土样	组	908
		水样	组	172
		原位试验 现场颗粒分析	组	176
		钻孔注水试验	台班	50
		大重度试验	组	291
3	监测	变形监测 水平位移监测	次	1231
		垂直位移监测	次	955
		水位监测	次	213
		断面测流监测	处	2

第二节 国内外研究现状

一、汶川地震灾区地质灾害研究程度

（一）汶川地震灾区"5·12"地震前区域地质灾害调查与区划

2006～2007年，四川省国土资源厅组织四川省有关地勘单位开展了四川省35个县（市）地质灾害调查与区划工作，其中包括本次研究区的9个县（市、区）。该项工作基本查明了汶川地震灾区震前地质灾害隐患点的类型、规模、特征、危险程度、发展趋势、危害性等，制订了地质灾害防治规划、防灾预案和避险搬迁安置工程规划。这些成果为本次研究地震前汶川地震灾区泥石流、滑坡、崩塌地质灾害的分布与发育特征提供了基础资料。

（二）汶川地震灾区"5·12"地震地质灾害调查与研究

汶川地震发生后，众多地质工作者奔赴地震灾区对地震触发的崩塌、滑坡等地质灾害的发育规律及形成机理进行了调查研究，主要研究成果如下。

1. 航天遥感应急调查

"5·12"地震后，国土资源部、中国地质调查局紧急启动了"5·12"地震灾区次生地质灾害航天遥感快速调查工作，利用多个国家、多类型、多分辨率航天遥感数据，快速解译了川、甘、陕三省60个县（市）次生地质灾害点和隐患点，通过"一县一图一报告"的形式，及时地为灾情评估、短期避险、应急处置等抢险救灾工作和灾后重建规划提供了重要基础数据和决策依据。出版了《汶川地震灾区航天遥感应急调查》专著。

2. "5·12"地震灾区地质灾害相关研究

由成都理工大学黄润秋教授牵头组织、国内外12个研究机构的近200名学者参加编著的《汶川地震地质灾害研究》一书于2009年出版。该书较为系统的研究和阐述了汶川大地震发生的地质构造背景，地震触发的崩塌滑坡等地质灾害的发育分布规律、成因机制及影响因素，堰塞湖次生地质灾害的防治等，为今后震区地质灾害的研究、勘查治理等工作提供了较为系统的理论指导。

由中国地质调查局殷跃平博士牵头组织、众多学者参加编著的《汶川地震地质与滑坡灾害概论》一书于2009年出版。该书系统研究和阐述了龙门山地区地质构造背景与构造活动特征，综合分析了汶川地震变形、地震破裂、同震位移及空间分布规律，研究地震诱发地质灾害类型、发育过程和形成机理，为震区滑坡地质灾害的研究、勘查与治理提供了系统的理论指导。

（三）汶川地震灾区"5·12"地震后地质灾害调查与勘查

1. 地震灾区地质灾害应急排查

"5·12"地震以后，国土资源部组织河北等8个省国土资源系统、地勘单位及有关学校、科研单位与四川省有关地勘单位共同对四川地震灾区42个县（市）开展了地质灾害应急调查排查工作，基本查明了震后地质灾害数量、分布、类型、规模、危害等基本情况。

2. 地震灾区地质灾害详查

2009～2010年，四川省国土资源厅组织相关地勘单位开展了四川省汶川"5·12"地震极重灾区、重灾区39个县（市）的震后地质灾害详细调查与区划工作。以1：5万地质灾害调查为主，工程勘查为辅，坚持"以人为本"的原则，重点对城镇、村庄、恢复重建安置区及安置点、学校、风景名胜区、工矿企业、交通生命线等开展震后地质灾害详细调查。基本查明了地质灾害的类型、分布、规模、发育等特征，有针对性地提出了地质灾害防治建议及措施。这些成果为本次研究地震后汶川地震灾区地质灾害分布与发育特征、对比分析地震前与地震后地质灾害分布与发育特征的变化提供了基础资料。

3. 地震灾区地质灾害的勘查与治理

2008~2010年，四川省国土资源厅先后安排了五批地震灾区重大地质灾害应急勘查与治理项目，其中河北省地矿局承担了第二批至第五批项目中的130处重大地质灾害应急勘查与治理任务。这些项目按照相关地质灾害勘查与治理设计规范开展工作，为本次研究工作提供了依据。

二、国内外地质灾害防治现状

（一）泥石流防治现状

国内外对泥石流的研究已有近百年的历史，对泥石流的成因类型、发生机理、流体的动、静力学特性及规律都有了一定程度的认识与掌握。我国泥石流防治主要在20世纪中期，尤其是改革开放以来，随着我国社会经济的高速发展和防灾减灾科学的进步，泥石流防治速度加快，防治技术日益成熟。泥石流防治由点上的局部治理，发展到对泥石流小流域全面的综合治理，在防灾减灾的同时，强调了生态环境的恢复和变害为利的治理原则。随着防治理论和技术的不断提高与完善，工程效果和效益愈加明显。

我国泥石流防治是根据受保护对象（如城镇、农田、工矿、铁路、公路、水利水电等）的不同，按各自不同的防护要求开展治理的，泥石流防治原则和技术既有普遍性，又有鲜明的个性特点。

城镇泥石流的防治已有几百年的历史，如甘肃省的武都县城、四川省的西昌和汉源等，早在200多年前就修建排导槽和导流挡墙等工程，对泥石流危害进行了相应的防治。随着近几十年来山区城镇规模、人口、经济的快速发展，经济实力的增强，泥石流防治资金的投入加大和技术水平的提高，城镇泥石流的防治已由下游采取简易排导拦挡等治标措施，逐步发展至对中上游地区采取一系列拦挡、封山育林工程等小流域标本兼治的治理措施，取得了较好的防治效果。

农田泥石流防治历史悠久，山区人民为了生存，往往在一些泥石流的宽浅谷地及沟口堆积扇上进行农业开发和定居，为了防治泥石流危害常采取一些低标准的防治工程。大范围的农田泥石流防治，是从兴修水利和农业学大寨开始的，通过修建梯田、削山填沟、修建截水沟渠及植树造林等，一定程度上使泥石流的形成条件得到制约。近几十年，国家在一些重大的农田泥石流防治区投入了大量的资金进行泥石流的防治，农田泥石流防治取得了较好的成效。

铁路泥石流防治始于20世纪50年代初期，为了保护铁路安全，免受泥石流的危害，相继在宝鸡—天水铁路、宝鸡—成都铁路、成都—昆明铁路、东川铁路及青藏铁路等沿线都采取了一些泥石流防治措施。由于泥石流主要是对铁路线路和桥涵造成危害，故其防治措施主要集中在铁路沿线附近，而对其中、上游的全面综合治理则很少。以往铁路部门对泥石流的治理工程，只看成是铁路主体工程的配合工程，随着泥石流活动及危害的加重，后来的勘查设计及维护运营管理中，对泥石流的治理工程也就像对待路基、桥梁、隧道等工程一样，给予了同等重视，铁路泥石流防治得到了更快的发展和提高。

公路泥石流防治是随着山区公路的建设及发展而逐步开始的，20世纪50年代，公路泥石流防治工程是作为公路主体工程的配套工程对待的，其防治工程主要是简易的排导工程和防护工程等。以后随着公路建设等级的提高，泥石流防治工程标准相应提高，采取的治理工程类型也越来越多，对泥石流的防治措施日趋完善。

矿山泥石流防治是随着矿山开发而逐步展开的。我国大多数矿山都分布在山高坡陡的山区，排放的大量废石土和矿渣被随意堆放在高陡山坡与沟谷中，在暴雨或地表洪水作用下，往往形成矿山泥石流。为了确保矿区的安全生产，矿区采取了一些泥石流防治措施，不少矿区还加强了生态环境的恢复与改善，对泥石流的防治起到了积极的作用。

泥石流对水利水电工程的危害，一是对水利水电工程本身造成的直接危害，二是大量泥沙进入库区使库容减小，从而降低水利水电工程的综合效益。目前主要是对直接危害水利水电工程的泥石流采取相应等级的工程防治措施，主要有拦挡、排导及停淤场等工程；而对于量大面广的库区泥石流危害则主要是采取植树造林、封山育林等生态环境措施。

泥石流防治的发展趋势主要有五种表现形式：

（1）泥石流防治与资源开发相结合。如结合泥石流治理将大面积的泥石流荒滩地整理成良田、植树造林发展经济林带、泥石流输出的沙石做建材等。

（2）泥石流防治工程的多样化、轻型化及实用化。无论是排导、拦挡还是停淤工程，其结构、建材及施工工艺等都在向多样化、轻型化及实用化发展。

（3）泥石流防治由局部点上治理逐步向面上推广。随着社会的发展，经济实力的增强，为确保山区人民生命财产的安全和经济发展，必然要投入大量的资金进行泥石流治理，其治理也就会进入点面结合、全面防治的阶段。

（4）泥石流防治向综合治理发展。随着经济实力的增强，防治技术水平的提高，泥石流治理不会再头疼医头、脚疼医脚，而是要求防治工程达到逐步阻止泥石流的发生、发展及危害的目的，同时还要达到改善当地环境的目的，进行小流域综合治理。

（5）泥石流防治工程设计向规范化和标准化发展。随着人们对泥石流的成因类型、发生机理、动、静力学特性及运动规律的认识与掌握，大量已建治理工程的实施及运行效果系统观测和实验，泥石流治理技术水平逐渐提高，泥石流防治工程设计规范化和标准化水平必将越来越高。

泥石流防治存在的技术问题。泥石流防治工程技术迄今还处于不断完善和探索阶段，还存在着一定的风险性。主要体现在以下几个方面：

（1）防治对象具有隐蔽性和不确定性，工程可靠性很大程度上取决于对自然地质环境变化的取向和量的评估。

（2）泥石流防治理论还不成熟、不完善，很多计算公式都为经验或半经验公式，其精准度还有一定的差距。

（3）泥石流防治工程的技术水平目前尚欠成熟，且缺乏统一的安全技术标准和规范，因此可靠性较低、风险也较大。

（4）松散物源稳定性不易确定，岩土体诸力学参数（C、φ 值的选用）变异性大，合理取值很难。

（5）推力计算和稳定性评价的可靠性（可信度）较低。

（二）滑坡防治现状

1928～1945 年，世界各国对滑坡的研究是零星的、片断的。大多都是由单独的研究人员进行小规模的滑坡研究，只有瑞典、挪威、前苏联是由国立土工研究所进行滑坡研究，并发表过一些著作和论文，其中瑞典人取得的成果最大。苏联曾于 1934 年和 1946 年召开过两次全国性滑坡会议。第二次世界大战后，随着各国经济建设的不断发展，遇到的滑坡逐渐增多，对滑坡的研究也就逐渐系统而深入。1950 年美国学者 K·Terzaghi 发表了《滑坡机理》的论文，系统地阐述了滑坡产生的原因、过程、稳定性评价方法以及在某些工程中的表现。1952 年澳大利亚—新西兰的区域性土力学会议上，所有报告几乎全与滑坡有关，即研究滑坡土的强度特性。1954 年 9 月在瑞典的斯德哥尔摩召开全欧第一届土力学会议，主题就是滑坡稳定性问题，其中 23 篇报告中介绍了挪威、瑞典、英国等国家的滑坡。1958年美国公路局的滑坡委员会编写了《滑坡与工程实践》一书，是世界上第一本全面叙述滑坡防治的专著。1960 年日本的高野秀夫发表了《滑坡与防治》一书，1964 年 3 月日本正式成立滑坡协会，出版季刊《滑坡》，后又成立滑坡对策协会，出版《滑坡技术》，这是当时国际上两种关于滑坡的专门刊物。1964 年前苏联又召开全国滑坡会议，出版了论文集，介绍高加索、克里米亚和西伯利亚等地的滑坡。1968 年在布拉格举行第 23 届国际地质大会期间，酝酿成立了国际工程地质协会，同时也成立了"滑坡及其块体运动"委员会。从 1977 年到目前为止，国际滑坡学术讨论会定期召开。每次会议，各国专家就滑坡研究的现行方法和技术以及突出的新进展交换观点和交流经验。

我国对滑坡的系统研究是新中国成立后才开始的。1951 年在西北铁道干线工程局成立"坍方流泥"小组，1956 年成立坍方研究站，1959 年成立坍方科学技术研究所，即西北研究所（滑坡研究室的前身）。1959～1973 年期间召开滑坡防治经验交流及科研协作会议，其 1959 和 1973 年两次会议实质上是全国性学术交流会。1958 年出版宝成铁路技术总结《路基设计与坍方滑坡处理》，1962 年出版铁路路基设计手册《滑坡地区路基设计》，1971 年西北研究所编写了《滑坡防治》一书。1976 年至今，我国出版了滑坡会议论文集《滑坡文集》13 集，目的是交流我国各部门滑坡防治研究成果和防治工程经验。20 世纪 80 年代至今，随着国民经济的大发展，对防灾减灾的要求也更高，更加重视滑坡灾害的影响。在一项大的工程开发建设前，尽可能进行灾害调查、评价和预测，尽可能事先避开，或采取预防措施，防止和减少灾害的发生。研究和治理由点发展到点、线、面的综合预测和防灾，与此同时，对高速远程危害大的滑坡也进行了较深入的研究。经过近 50 年的研究，我国科技人员基本掌握了滑坡的形成条件、类型、分布规律、作用因素和运动的机理，在滑坡发生时间和预报上取得了突破性进展，形成了由治理为主到预防为主的理论体系，对滑坡的研究也由定性研究向定量研究过渡。

目前，国内外对滑坡防治的办法基本是相同的，总的看来有以下几种办法：

（1）对大型而复杂的滑坡或很多滑坡集中地段，尽量采用避开其危害的办法；

（2）排除地表水，修建截排水工程；

（3）疏干排除地下水和降低地下水位；

（4）支挡滑动体；

（5）改变滑动面（带）土体的性质；

（6）清除滑动体、回填压脚等。

由于各国的具体条件不同，在防治滑坡的办法上也有所差异和侧重。在欧美各国，以改变滑坡体外形和水平钻孔排地下水为主，故对减轻、加载的位置和防治钻孔的堵塞研究较好。美国和日本新近发展了非开挖型管道放置方法（直径 100～500mm），用于浅部水平排水，在这方面，他们处于明显的领先地位。日本由于年降雨量大和钢材较多，故钢管桩研究得也较好。我国由于滑坡规模大，故对大截面挖孔钢筋混凝土抗滑桩研究得较深入，并有不少成功的实例。对于中小型滑坡大部分是用挡土墙与排水相结合的方法。目前，各国的研究表明，对于大型滑块，深部大规模排水仍是一种最有效的整治手段。垂直大孔径（1.5～2.0m）密集型（5～7m 间距）的垂直排水孔和水平廊道相结合的方法是一种新的更有效的地下排水方法，在西欧一些国家得到了应用。对于移载加固滑坡，即"削头压脚"加固滑坡的工作量较大，因而，在过去几年中，西欧国家采用化学工业方法制作地质复合材料，以"压脚"原理治理滑坡有了新的进展，该方法的整治费用仅是传统方法的一半。在阻止、加固的具体措施上，西欧国家主要采用锚固，而东欧国家侧重于使用抗滑桩加固方法，美国和加拿大则很少采用阻止、加固措施整治滑坡。我国为增大挖孔桩的抗滑力，近年来已试验成功排架桩等新的型式。

"5·12"地震后滑坡治理应用的方法比较全面，一般滑坡治理都应用了截排水工程，下滑力较小的滑坡多在前缘修建挡土墙或回填压脚，下滑力较大的滑坡多采用抗滑桩进行治理。

（三）崩塌防治现状

目前，国内外学术界及工程界对危岩体这种地质灾害类型科学内涵的界定存在一定的差异，主要有"落石"、"危岩"、"崩塌"和"坠覆体"。从危岩的发育机理和失稳模式来看，这些术语都具有一定的相似性，强调了同一个问题的不同侧面，"崩塌"和"落石"是指危岩体灾变过程的动力行为和运动途径的表现形式，"危岩"则指尚未发生灾变的危岩体的形成机理及其稳定状态；"坠覆体"由中国勘察大师崔政权于 1992 年提出，主要指坠溃作用及其堆积。

我国是一个地质灾害频繁发生的国家，滑坡、泥石流及危岩崩塌是我国三大主要地质灾害类型，横断山区、三峡库区、天山、云贵高原周边地区都是危岩崩塌集中分布的地区。随着西部大开发进程的不断加速，山区地质灾害问题日益凸显。危岩崩塌灾害已经成为地质灾害研究的热点和难点。

在长期的危岩崩塌勘查、监测、设计和治理的过程中，在危岩崩塌的发育阶段特征、发育环境及影响因素、防治措施等方面积累了丰富的资料和经验。地质、交通及相关科研单位在区域性地质灾害研究中也取得了较多的实用性成果，从地质环境、模型试验、数值模拟及防治技术方面等进行深入研究，取得了丰硕的成果。危岩体是边坡工程研究中的一部分，其研究遵循边坡工程的学科体系。边坡工程研究的理论需要多种学科的相互结合，相互渗透，包括数学、工程力学、工程地质学、岩土力学及计算机仿真技术、岩土工程测试技术等手段。

1. 危岩体失稳模式及分类的研究现状

危岩的失稳模式即危岩的破坏模式，是稳定性研究及治理措施研究的基础。迄今，对危岩及其失稳模式分类尚未统一，从不同角度出发存在多种方案。

曾廉（1990）按照软弱面的特性、形状及其崩塌发生的原因将崩塌划分为7类。具体为：

（1）顺断层或风化夹层的崩塌；

（2）沿完整节理面（层理面、片理面）的崩塌；

（3）X节理切割的V字形崩塌；

（4）多组节理崩塌；

（5）风化层或覆盖层沿较完整基岩面的崩塌；

（6）沿垂直节理产生的崩塌；

（7）探头崩塌。

日本的山田冈二按规模将崩塌划分为边坡表层崩塌（岩石崩落、表土崩落）、坡肩崩落、坡面体崩落（岩石崩落、沉积层崩塌）。在此基础上，按形态、地质条件和崩塌形式进一步分为落石型、滑坡型和流动型。山田把崩塌的范围概括的很广，即除滑坡外斜坡的各种破坏类型均称崩塌。

胡厚田（1989）按照崩塌发生时的运动规律和受力状况，把崩塌分为倾倒式、滑移式、鼓胀式、拉裂式和错断式崩塌。并指出可能存在的一些过渡类型如鼓胀-滑移式、鼓胀-倾倒式等。这种分类反映了崩塌形成、发展的几个基本途径。各类崩塌在岩性、结构面特征、地貌、崩塌体形状、岩体受力状况、起始运动形式和主要失稳因素等都有不同特点。表1-3中列举了各类崩塌的7个方面的特征，其中岩体受力状态和起始运动形式是分类的主要依据，因为受力状态和起始运动形式决定崩塌发展的模式，同时二者也是这7个方面特征共同形成的必然结果。

表1-3 崩塌分类说明表

主要特征	岩 性	结构面特征	地 貌	崩塌体形状	受力状态	起始运动形式	失稳主要因素
倾倒式崩塌	石灰岩及其他直立岩层	多为垂直节理、柱状节理、垂直岩层面	峡谷、直立岸坡、悬崖等	板状、长柱状	主要受倾覆力矩作用	倾倒	水压力、地震力、重力
滑移式崩塌	多为软硬相间的岩层	有倾向临空面的结构面	坡度通常大于55°	可能组合成各种形状	滑移面主要受力为剪切力	滑移	重力、水压力
鼓胀式崩塌	坚硬岩层下有较软岩层	下部为近水平的结构面	陡坡	上部岩体高大	垂直挤压	鼓胀、伴有下沉	重力、水的软化作用
错断式崩塌	坚硬岩层	垂直节理发育、通常无倾向临空面的结构面	坡度大于45°	板状、长柱状	自重引起的剪切力	错断	重力
拉裂式崩塌	多见于软硬相间的岩层	多为风化裂隙或重力拉张裂隙	上部突出悬崖	上部硬岩层以悬臂梁形式突出	拉张	拉裂	重力

孙云志（1994）将危岩失稳模式分为滑移和倾倒两大类。

旷镇国（1995）研究重庆渝中区危岩崩塌时，对危岩的破坏做了全面的归纳，按危岩最终破坏时的受力状态和破坏机制将危岩失稳模式划分为：拉断-坠落、剪切-坠落或崩落、压碎-崩落、倾倒-崩塌。

张启华（1998）认为危岩有8种破坏模式：蠕滑体滑移失稳、整体压陷倾斜崩塌、滑移倾斜交错或同步、裂隙段屈曲变形破坏、上下滑出破坏、倾斜-滑移破坏、倾斜-隐裂缝开裂-崩塌、倾斜-滑移-隐裂隙开裂-崩塌或滑坡。

陈明东（1999）根据受力模式分为板梁旋滑移和悬臂压杆破坏两类。

黄求顺等（2002）将危岩按破坏过程和破坏规模的大小分为表面剥落、坠石、崩塌、山崩等几种类型。

2. 危岩稳定分析方法的研究现状

危岩稳定性评价的方法分两大类：定性方法和定量方法。定性方法主要有赤平极射投影的图解法，工程类比法等；定量评价方法主要有：静力解析法、数值模拟计算和仿真、系统识别法、模糊数学、可靠度法、人工神经网络、灰色预测系统和分形几何等其他新方法。总体上讲常用方法有四类：

（1）赤平极射投影的图解法

岩质边坡的各种破坏形态主要是受结构面控制，因此，把握结构面的几何特征，是正确判断边坡可能失稳模式的关键。在工程地质界，常用结构面的倾向和倾角表现结构面空间形态。采用赤平投影技术，可以合理地在一个平面上同时显示倾向和倾角两个参数。该方法是根据现场调查结果，将边坡某一调查点处岩体中发育的多组裂隙绘制成赤平投影图，根据所绘制成的赤平投影图对该点处边坡岩体的稳定性进行定性判别。

（2）静力解析法

在工程实际中最常用的稳定性分析方法还是静力解析法，这种方法简单可行，结果明确。在危岩稳定性计算中，对危岩破坏模式的正确判定起决定性作用。王立人等分3种情况对危岩体进行稳定性计算。孙云志，陈明东，胡厚田等人也分别根据自己的分类模式或具体工程特点提出了静力失稳判据，均得自经典的理论力学和材料力学。

（3）数值模拟计算

随着计算机技术和计算方法的发展，复杂的工程问题可以采用离散化的数值计算方法并借助计算机得到满足工程要求的数值解，数值模拟技术是现代工程学形成和发展的重要动力之一。通过计算模拟，可以模拟并得到模拟体内部的应力-应变状态，再现其变形甚至破坏过程及其机制。在岩土工程数值分析中最常用的数值方法有有限元法、边界元法、离散元法、非连续变形数值分析法等。

（4）可靠度法

可靠度方法用于分析危岩稳定性，其关键在于功能函数的建立和概率尺度的确定。谢全敏（1998）运用蒙特卡罗边界法分析危岩稳定性，这种方法是通过求解岩体破坏概率来评价其稳定性，建立了直接坠落，沿单面滑动和沿双面滑动的三种破坏功能函数。由于可靠度分析问世不久，已经应用于结构工程中，而对于岩土工程领域，特别是岩体边坡，才刚刚起步，虽然有不少学者做了大量的研究工作，但目前还没有一种规范性的岩体边坡破坏尺度。

3. 危岩常用的工程治理措施

国内外常采用的工程措施主要有：清除、支撑、护坡（墙）、锚固、拦截、封填、灌浆和排水等。危岩崩塌的发育有其特殊的环境条件，是多因素共同作用的结果。危岩崩塌的防治实践表明，单一的工程治理措施往往不能取得应有的理想效果，目前多根据危岩发育特征及威胁对象，采取多种工程措施有效结合进行工程治理。

4. 危岩监测及预警预报的研究现状

姜云、王兰生（1994）以重庆市为典型研究对象，在山区城市地面岩体稳定性管理与控制中应用了 GIS 技术。

董帮平在 2002 年提出利用无线电遥控监测警报系统，主要是针对山区特殊环境（山崩、滑坡）的地质灾害进行监测。通过监测的办法，获得滑坡的动态变化数据资料，对其做出稳定性的判断，并在出现险情时发出临滑预报或警报信息，直接为防灾避难服务。

谢全敏等在 2001 年提出基于时序 ARMA 模型，分析了岩体变形监测数据的动态建模及其预测的基本方法，并用 ARMA 模型对板岩山危岩体监测数据进行建模及预测，取得了较好的效果。

冯晓等在 2002 年提出了监测预警体系的完整概念，并围绕其概念提出了部分新观点与方法。

史学军等在 2002 年通过 GPS 技术对黄河小浪底库区八里胡同危岩体的变形进行监测，探讨了

GPS技术的数据采集、数据处理和变形分析及建库技术。

5. 崩塌（危岩）研究中存在的主要问题

（1）危岩破坏模式、稳定性计算

危岩破坏模式类型多种多样，定量计算公式不统一，在工程生产实践中计算效果不理想，根据以往研究和生产实践，总结一套更贴近实际的破坏模式类型以及相应的计算公式，对今后的生产实践具有非常重要的意义，这也是本次研究目的之一。

（2）危岩稳定性计算参数选取

实际工作中，崩塌危岩所处的环境决定获取比较准确的 C，φ 值，研究一套 C，φ 值确定方法对危岩的稳定性计算分析至关重要。

（3）崩塌运动轨迹的分析与计算

危岩体破坏后运动路径的影响因素较多，例如斜坡形状、高度和角度、覆盖层情况、地表植被及块体的形状等。其块体的运动形式主要表现为滑动、滚动、坠落、弹跳和滚跳等。生产实践中，往往不具备现场落石试验的条件，目前，运动轨迹的计算公式不成熟，确定一套运动轨迹的计算方法对掌握分析其运动过程以及布设治理工程具有非常重要的意义。

第三节 主要研究内容与思路

一、研究过程与研究范围

为全面总结河北省地矿局完成的四川地震灾区地质灾害应急勘查与治理工程设计成果，提升震后地质灾害防治领域的认知水平，同时也为汶川地震灾区地质灾害勘查与防治提供理论支撑，河北省地矿局于2011年立项开展"震后地质灾害特征与防治研究——以汶川地震灾区为例"科研课题，经过一年多科技攻关，科研成果于2012年12月通过了河北省地矿局组织的验收和科技成果鉴定。其研究范围为河北省地矿局开展的地质灾害应急勘查所在的四川省绵阳市的平武县、安县、北川县、涪城区，成都市的都江堰市、彭州市、大邑县、崇州市及巴中市的南江县共9个县（市、区），这些地区大部位于"5·12"地震的主震区—地震主断裂带及其附近（图1-1），总面积约1.9万 km^2，约占地震重灾

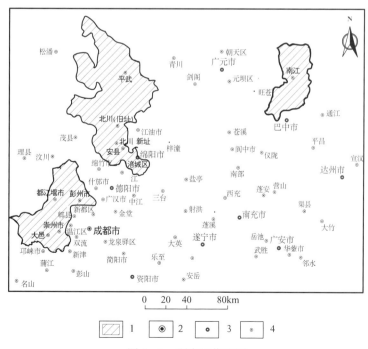

图1-1 研究区位置图

1—研究区位置；2—省级行政中心；3—地市级行政中心；4—县级行政中心

区面积的 20%，地质灾害的发育特征具有一定的代表性。

二、主要研究内容与思路

本次研究的地质灾害类型为汶川地震灾区震后地质灾害主要类型——泥石流、滑坡和崩塌。主要研究内容与研究思路如下。

（一）"5·12"地震前后地质灾害发育与分布规律研究

通过搜集研究区地震前各县（市、区）地质灾害调查与区划成果和地震后各县（市、区）地质灾害应急排查成果及地质灾害详细调查成果，统计、分析地震前后崩塌、滑坡、泥石流的数量、规模、分布、引发因素及破坏模式，研究地震前后地质灾害发育与分布规律，探讨强震对地质灾害的影响。

（二）震后地质灾害形成条件及基本特征研究

通过对河北省地矿局在汶川地震主震区开展的 130 个地质灾害应急勘查资料的分析研究，揭示地震灾区震后崩塌、滑坡、泥石流地质灾害的类型、形成条件及基本特征。

（三）震后地质灾害的勘查评价方法研究

通过对河北省地矿局在汶川地震主震区开展的 130 个地质灾害的勘查实践结果的分析研究，将传统的地质灾害勘查评价理论与地震灾区地质灾害特点相结合，提出地震灾区震后地质灾害勘查评价方法和工作程序，为地震灾区地质灾害勘查评价提供理论基础。

（四）震后地质灾害的治理思路和治理措施研究

通过对河北省地矿局在汶川地震主震区开展的 130 个地质灾害的治理设计方案的分析研究，结合已实施的治理工程效果回访情况，提出地震灾区地质灾害的治理思路和治理措施，为地震灾区地质灾害防治提供理论与实践依据。

（五）典型地质灾害特征与防治技术研究

在河北省地矿局在汶川地震主震区开展的 130 个应急勘查的地质灾害中，选择典型的崩塌、滑坡、泥石流开展研究，用实例形式深入剖析不同类型、不同特点地质灾害的基本特征与防治措施。

第四节　取得的主要成果

本书编写内容是河北省地矿局组织开展的科研课题"震后地质灾害特征与防治——以汶川地震灾区为例"的研究成果。取得的主要成果如下：

一是利用"5·12"地震前和地震后区域地质灾害调查成果资料，对比分析了地震前和地震后汶川地震重灾区 9 个县（市、区）（四川省绵阳市的平武县、安县、北川县、涪城区，成都市的都江堰市、彭州市、大邑县、崇州市及巴中市的南江县）泥石流、滑坡、崩塌地质灾害的分布与发育特征。"5·12"地震后较地震前地质灾害的数量急剧增加，规模明显增大，稳定性变差，易发性和险情显著变大，反映出强烈地震作用对地质灾害的巨大影响。

"5·12"地震后研究区发育泥石流 176 处，是震前发育泥石流数量的 3.74 倍。泥石流规模明显增大，震前基本为中小型泥石流，震后出现了一定比例的大型和特大型泥石流。震后高、中易发泥石流比例较震前增大，低和不易发泥石流比例减少。震前主要为险情中小型泥石流，震后出现了一定比例的险情大型和特大型泥石流，泥石流总体险情较震前加大。

"5·12"地震前研究区发育滑坡 745 处，震后新增滑坡 1078 处。震后新增滑坡以堆积层（土质）滑坡为主，占 96.77%，基岩滑坡数量较少，仅占 3.23%；以中、小型滑坡为主，占 93.14%，大型及特大型滑坡数量较少，仅占 6.86%；以牵引式滑坡稍多，占 60.89%，推移式滑坡占 39.11%；以浅层滑坡为主，占 85.63%，中深层滑坡占 14.37%；滑坡地形坡度主要集中在 20°~50°之间，占 91.32%。研究发现滑坡规模、物质组成及滑坡与地形坡度的关系震前与震后变化不大；而震后浅层滑坡比例明显增加，由震前的 35.20% 变为 85.63%。

"5·12"地震后研究区发育崩塌 995 处，是震前发育崩塌数量的 5.3 倍。地震前后崩塌的规模发生了明显变化，地震后中型及中型以上崩塌所占比例为 29.6%，较震前的 15% 增加了 14.6 个百分点，而且震后出现了巨型崩塌。地震前后崩塌的物质组成发生了变化，地震前均为岩质崩塌，地震后出现了土质崩塌。

二是利用 130 处泥石流、滑坡、崩塌地质灾害应急勘查取得的资料，基本揭示了"5·12"地震后汶川地震灾区地质灾害的形成条件和基本特征，评价了崩塌、滑坡的稳定性及泥石流的易发性。

（一）泥石流

1. 泥石流类型

本次研究的 38 条泥石流，按泥石流物质组成分类，大多属于泥石型泥石流；按集水区地貌特征分类，多数为沟谷型泥石流；按物质状态分类，以稀性泥石流为主；按照固体物质补给方式分类，可分为崩滑型泥石流、崩滑及沟床侵蚀型泥石流、崩滑与弃渣及沟床侵蚀混合型泥石流；按激发、诱发因素分类，主要为暴雨型和溃决型泥石流；按动力特征分类，以水力类泥石流为主；按爆发频率分类，大多属于高频泥石流。

2. 泥石流形成条件

研究区泥石流沟域地貌多为中低山构造侵蚀地貌，山高沟深，岸坡陡峻。上游形成区的地形多为三面环山、一面出口的瓢状或漏斗状，地形比较开阔、周围山高坡陡，有利于水和碎屑物质的集中；中游流通区的地形多为"V"字形狭窄陡深的峡谷，沟床纵坡降大，使泥石流能迅猛直泻。"5·12"地震形成的大量崩塌、滑坡物质堆积于沟谷低洼地带及稍缓坡脚处，物质组成以碎块石为主，土的含量较低，块石粒径粗大，结构松散，成为泥石流的主要固体物源，改变了震前泥石流固体物质主要为坡面侵蚀物和沟床堆积物侧蚀的补给方式，其固体物质组分也发生了很大变化。固体物源的大量增加为泥石流的形成和加剧创造了条件，也使震前原本因缺乏松散固体物源条件而未暴发过泥石流的沟谷转化为泥石流沟或潜在泥石流沟。勘查区地处多暴雨地带，区域多年平均降雨量多大于 1000mm，日降雨量、小时降雨量和 10 分钟降水量都较大，成为震后泥石流灾害频发的主要原因。堰塞湖和崩滑临时堰塞体溃决而形成突发性巨大水流，进而引发泥石流，也成为震后较为常见的泥石流类型。

3. 泥石流基本特征

本次研究的 38 条泥石流均为地震后新发现的泥石流沟，其中 25 条沟谷于震后两年内发生了泥石流灾害，有些沟谷一年内发生多次泥石流灾害，反映出高频发特点。泥石流发展阶段多为发展期或旺盛期。泥石流规模以中、小型为主。泥石流重度多在 1.4~1.8t/m^3 之间，以稀性泥石流为主。泥石流流速多大于 2m/s，其中流速在 2~4m/s 之间的有 12 条，4~6m/s 之间的有 10 条，大于 6m/s 的有 8 条。流域面积在 1km^2 左右的泥石流沟，其泥石流洪峰流量多在 100m^3/s 左右。

4. 泥石流易发性

震后泥石流活动强度和频率大大增加，表现为高易发和中易发泥石流比例较震前有所增大，低易发和不易发泥石流比例较震前有所减少，高易发、中易发、低易发和不易发的泥石流分别占泥石流总数的 19.89%、68.75%、10.80%、0.57%。预测今后较长一段时间为泥石流高频暴发期。但随着洪水搬运，物源逐渐减少，泥石流发生强度及频率将逐渐降低。

（二）滑坡

1. 滑坡类型

本次研究的 45 处滑坡，除 1 处顺层岩质滑坡外，其余均为堆积层土质滑坡。土质滑坡多为单层滑面滑动，少数为多级滑面滑动和多层滑面滑动。滑坡规模以小型、中型滑坡为主，分别占 64.99% 和

28.61%，另外有大型滑坡 6 处，特大型滑坡 1 处，二者占 6.4%。

震后滑坡总体上可划分为三类：一类为震前已存在的滑坡，一般为古滑坡，长期以来处于稳定状态，在"5·12"地震力的作用下，有的坡体产生了新的变形，有的坡体发生了滑动；二类为"5·12"地震时形成的新滑坡，此类滑坡是由地震力而引发；三类为地震产生的崩塌堆积物和震后恢复重建过程中人工堆积形成的堆积物转化成滑坡，这类滑坡一般沿原地面线滑动。

2. 滑坡形成条件

滑坡多处于山区，山势陡峻、河谷纵横，形成众多的、具有足够滑动空间的斜坡体和切割面。75.6%的滑坡发生在平均坡度 50°以下的斜坡上，50°以上斜坡地段发生的滑坡部分转化为崩塌。滑坡区地层多以二元结构为主，坡体上部主要由残坡积、崩坡积碎石土和粉质黏土含碎石层组成，下部为基岩，基岩主要有板岩、千枚岩、砂岩、页岩等。地震是滑坡发生的主要诱发因素，有 8 处滑坡在"5·12"地震前存在，并在地震时再次发生滑动，其余的 37 处滑坡均是在"5·12"地震时产生的。降水也是滑坡发生、发展的主要因素，勘查区降水充沛，降水渗入坡体并在滑带聚积，增大了滑体的重力和下滑力，降低了滑带土的抗剪强度和阻滑力。震后勘查资料表明，绝大多数滑坡在经历了 2008 年 9 月 23 日强暴雨后，变形迹象进一步加大，并出现多处局部滑塌、位移和下错现象。人类工程活动对滑坡的形成影响也较大，据统计，有 12 处滑坡与修路、建房开挖坡脚有关，开挖坡脚形成的新临空面成为了滑坡的剪出口，在地震或降水的综合作用下，有可能发生滑动。此外，河流冲刷坡脚、河（湖）水位升降对滑坡的形成也有直接影响。

汶川地震灾区滑坡，除地震瞬间发生的滑坡外，相当一部分滑坡是在震后受各种因素综合影响的结果。强震时产生的裂缝可能没有导致边坡的失稳破坏，但它导致了边坡稳定性的大大降低。由于边坡土石松动开裂，为震后雨水的入渗创造了条件，从而可能导致边坡地下水径流条件发生变化，边坡岩土体力学参数降低，再加上频发的余震，极可能导致斜坡失稳。

3. 滑坡基本特征

滑坡形态以簸箕形（扇形）和舌形为主。滑坡的后缘大多为第四系和基岩的分界线，多具明显的弧状张拉裂隙；侧缘多以沟谷和山脊为界，前缘大多为修建民房、道路开挖的陡坎或河岸等，一般具有较高的临空面。滑坡的变形主要表现为滑动、错台、局部滑塌、裂缝等。有些滑坡发生了整体滑动，滑体向前滑动数十米，滑坡后缘形成明显的滑坡壁，坡体裂缝十分发育；有些滑坡虽未发生整体滑坡，但坡体裂缝、错台及鼓胀现象明显，局部发生滑塌，处于蠕动或挤压阶段。多数滑坡的滑体由残坡积、崩坡积碎石土和粉质黏土含碎石层组成；主控滑动面一般为土岩分界面，滑动面较粗糙，滑带土一般由粉质黏土含碎石组成，碎石含量一般在 10%～30% 之间；滑床一般由基岩构成，岩性主要有板岩、千枚岩、砂岩与页岩互层、粉砂岩与泥岩互层等，个别滑床为结晶灰岩。

4. 滑坡稳定性评价

滑坡的破坏模式主要有碎石土沿基岩面滑动、填土弧形滑动、堆积层顺层滑动、岩层顺层滑动 4 种类型，以碎石土沿基岩面滑动为主。滑动面形状以折线形为主，其次还有直线形和弧线形。

利用工程类比法、试验方法与反演分析法确定了滑坡岩土体物理力学参数。

依据汶川地震灾区震后 45 处滑坡的实际勘查资料，首次对地震灾区震后滑坡岩土体物理力学参数进行了系统研究。一是运用数理统计方法统计了震后滑坡的滑体天然重度、饱和重度及滑带土天然状态、饱和状态下内聚力、内摩擦角：滑体天然重度范围值为 17.4～24.9kN/m³，平均值为 19.7kN/m³；饱和重度范围值为 18.1～25.8kN/m³，平均值为 20.4kN/m³。滑带土天然快剪试验内聚力范围值为 12.0～37.0kPa，平均值为 25.6kPa；内摩擦角范围值为 8.0°～32.0°，平均值为 18.1°。滑带土饱和快剪试验内聚力范围值为 9.0～32.0kPa，平均值为 21.5kPa；内摩擦角范围值为 6.5°～30.0°，平均值为 15.7°。二是对滑坡滑带土内聚力、内摩擦角与碎石含量的关系进行了研究。对于岩性为含碎石（角砾）粉质黏土的滑带土而言，震后滑坡滑带土内聚力的大小与碎石含量的关系如下：在碎石含量小于 50％时，内聚力变化不大，随着碎石含量的增加，内聚力略有减小（碎石含量≤10％时，内聚力平均值为 26.3kPa。10％＜碎石含量≤30％时，内聚力平均值为 25.8kPa。30％＜碎石含量≤50％时，内聚力平均值为 23.9kPa）；当碎石含量＞50％时，内聚力减小很快，当碎石含量大于 70％时，内聚力基本可以忽略不计。震后滑坡滑带土内摩擦角的大小与碎石含量的关系如下：在碎石含量≤10％时，内摩擦角平均值为 15.3°；10％＜碎石含量≤30％时，内摩擦角平均值为 17.4°；30％＜碎石含量≤50％时，内摩擦角平均值为 24.4°；当碎石含量＞50％时，内摩擦角增加较快，当碎石含量在 70％时，内摩擦角平均值为 40°。通过对大量实验资料的统计分析，得出了震后滑坡滑带土的内摩擦角（φ）与滑带土中碎石含量（X）的经验公式：$\varphi = 0.0029X^2 + 0.126X + 14.33$。上述研究成果在地震灾区具有代表性，取得的滑坡岩土体物理力学参数的经验值和经验公式在震后滑坡应急勘查评价中具有重要参考使用价值。

以工程地质分析对比法为基础，辅以力学计算两者相结合的方法对滑坡稳定性进行了计算与评价。在 45 处滑坡中，处于不稳定状态的有 6 处，占 13.3％；处于欠稳定状态的 26 处，占 57.8％；处于基本稳定状态的 10 处，占 22.2％；处于稳定状态的 3 处，占 6.7％。

（三）崩塌

1. 崩塌类型

本次研究的 25 处崩塌，按照危岩体脱离母岩的方式划分为滑移式崩塌（占 24％）、倾倒式崩塌（占 44％）、坠落式崩塌（占 20％）和复合式崩塌（占 12％），按照危岩体的体积规模划分为特大型（占 44％）、大型（占 24％）、中型（占 20％）和小型（占 12％），按照危岩体相对高度划分为特高位危岩（占 76％）、高位危岩（占 16％）、中位危岩（占 4％）和低位危岩（占 4％）。

2. 崩塌形成条件

崩塌多发生在高陡斜坡上，其中发生于坡度大于 65°的崩塌约占三分之一以上，相对高差大于 100m 的崩塌约占四分之三。发生在沉积岩区的崩塌占 80％，发生在变质岩区的崩塌占 16％。沉积岩岩质边坡发生崩塌的几率与岩石的软硬程度密切相关。若软岩在下、硬岩在上，下部软岩风化剥蚀后，上部坚硬岩体常发生大规模的倾倒式崩塌；夹软弱结构面的厚层坚硬岩石组成的斜坡，极易发生大规模的崩塌；页岩或泥岩组成的斜坡一般情况下极少发生大规模崩塌。变质岩中结构面较为发育，常把岩体切割成大小不等的岩块，经常发生规模不等的崩塌落石；片岩、板岩和千枚岩等变质岩组成的边坡常发育有褶曲构造，当褶曲构造中的岩层倾向与坡向相同时，多发生沿弧形结构面的滑移式崩塌。从岩石坚硬程度分类来看，硬质岩石和软硬组合型岩石是崩塌的主体，软质岩类发生崩塌较少，极软质岩极少发生。当陡峭的斜坡走向与断裂平行时，沿该斜坡发生的崩塌较多；在几组断裂交汇的陡峻边坡或陡崖地带，易形成较大规模的崩塌；断裂、裂隙（节理）密集区，断裂裂隙相互切割，岩体破碎，坡度较陡的斜坡常发生崩塌或落石。褶皱核部位岩层变形强烈，常形成大量垂直层面的张节理，在多次构造作用和风化作用的影响下，破碎岩体往往成为潜在崩塌体（危岩体）；褶皱轴向与坡面平行时，高陡边坡就可能产生规模较大的崩塌；在褶皱两翼，当岩层倾向与坡向相同时，易产生滑移式崩塌。另外，裂隙（节理）的发育和分布情况对危岩的形成和发展起着重要的作用。一般情况下，若两组裂隙交叉点位于坡面以内，将岩体切割成楔形体，该楔形体极有可能发育成为危岩体；多组裂隙相互切割形成的危岩体较为破碎。本次研究的崩塌，有 68％为斜向坡，20％为逆向坡，顺向坡和横向坡较少；56％为单斜构造，36％分布于断裂带附近，8％分布于褶皱轴部。

震后崩塌的形成机理发生了较大变化，主要体现在以下 4 个方面：一是由于强烈的震动和斜坡显著的地形放大效应，坡体被震裂、松弛乃至解体，岩土体结构受到严重破坏，大量不稳定的危岩体为崩塌的发育和发生提供了基础条件；二是"5·12"地震改变了地震灾区崩塌的发育阶段，缩短了崩塌形成时间；三是地震后岩土体结构破碎、裂缝发育，加剧雨水入渗能力和地下水在岩土体中的运移能力，降低了不利结构面的抗剪强度；四是震后诱发危岩失稳所需要的外力急剧减小，发生崩塌的频率大大增加。

在 25 处崩塌点中，"5·12"地震以前已存在的 11 处，这 11 处在地震时再次发生崩塌，另有 14 处是伴随"5·12"地震发生的，可见"5·12"地震对崩塌的发生、发展起到至关重要的作用。暴雨时或暴雨后不久是崩塌发生的集中时期，据统计，因暴雨发生或加剧的崩塌有 8 处，其中 2 处在暴雨过程中失稳。

3. 崩塌稳定性评价

危岩体的破坏模式以倾倒式、坠落式、滑移式 3 种类型为主。采用宏观判断、赤平投影分析及定量计算相结合的方法对崩塌的稳定性进行了计算和评价，即通过详细调查崩塌（危岩）的特征，对其稳定性做出宏观判断，建立物理力学结构模型；利用危岩体结构面组合特征进行赤平投影分析；在上述两种方法判断结果的基础上进行稳定性定量或半定量力学计算。书中详细介绍了崩塌稳定性评价方法的要点、过程、计算公式及不利结构面力学参数的确定方法，并列举了 7 处典型危岩的稳定性计算评价结果。另外，还详细介绍了危岩破坏后的运动分析及计算方法。

三是基于汶川地震灾区 130 个地质灾害的勘查实践结果，将传统的地质灾害勘查评价理论与地震灾区地质灾害特点相结合，提出了地震灾区震后地质灾害勘查评价方法和工作程序，为地震灾区地质灾害勘查评价提供了理论基础。

本次地质灾害勘查为"5·12"地震后的应急勘查，即一次性详细勘查，主要为地质灾害治理工程施工图设计提供依据。应急勘查包括地质灾害勘查和治理工程勘查两项内容，这就要求除按照有关地质灾害勘查规范要求开展地质灾害勘查外，还要针对保护对象及现场实际情况，拟订出初步治理方案，并有针对性的布置勘查工作。由于是震后应急勘查，勘查工作量的布置较有关勘查规范要求作了一定的核减。

针对震后地质灾害特点，提出了震后地质灾害应急勘查评价方法、工作程序及应急勘查技术路线图。本次勘查工作采用了多种技术手段作业，包括资料收集、地形图测量、综合工程地质测绘、工程测量、钻探、槽探、井探及室内岩土试验等。勘查工作在充分收集资料的基础上以工程地质测绘为主，泥石流和崩塌勘查遵循"能挖不钻"的原则，即在满足要求的前提下，尽量以探槽、探井为主，少布或不布钻孔；滑坡勘查普遍采用的是槽探和浅井手段，钻探则控制使用，一般布设在主勘探线和拟建防治工程部位。

从研究地震对地质灾害类型、形成条件、基本特征等方面的影响和作用入手，提出了震后地质灾害勘查中应重点注意的问题。

分析总结了震后泥石流重度及流体性质、泥石流流速、泥石流流量、一次泥石流过流总量、泥石流冲击力、泥石流爬高和最大冲起高度、泥石流弯道超高等的调查评价方法和计算公式。分析总结了滑坡、崩塌稳定性计算评价方法及岩土体物理力学参数的取值方法。

四是基于汶川地震灾区 130 处地质灾害的治理工程实践，提出了"5·12"地震后汶川地震灾区地质灾害的治理思路和治理措施。

（一）泥石流治理思路和治理措施

震后泥石流治理遵循因势利导、顺其自然、就地论治、因害设防和就地取材，充分发挥泥石流排、拦、固措施的有效组合作用的原则和指导思想。针对汶川地震灾区泥石流沟域高差巨大、径流短急、物源丰富、暴雨频繁及泥石流对下游河道淤积严重的特点，提出了泥石流沟分区段的防治重点和主要防治措施。在泥石流沟的上、中游区段，主要采取拦挡工程及护底护坡工程，以起到稳坡、稳谷、减势和最大限度减少和控制入沟沙量的作用，拦挡工程形式主要有拦砂坝、缝隙坝和谷坊坝（群）等，在部分泥石流沟的中游流通区段，为保护威胁对象，采取了排导工程；在泥石流沟的下游堆积区段，主要采取排导工程、护岸工程、停淤场工程，以起到防淤、防泛滥、控制堆积扇危险区范围、保护山口居民聚集区和工农业活跃区的作用，采用的排导工程形式主要有排导沟、排导槽、导流防护堤（坝）等，其中导流防护堤（坝）包括束流堤、顺流堤、导流坝、顺流坝和挑流坝等。泥石流停淤场一般选在沟口堆积扇两侧的凹地或沟道中下游宽谷中的低滩地，停淤场的类型主要包括堆积扇停淤场、沟道停淤场和围堰式停淤场。泥石流沟坡整治工程，主要采用了拦沙坝（或梯级谷坊坝群）固床稳坡工程、沟床衬砌或加肋板等的护底工程、防坡脚冲刷及岸坡坍塌的护坡工程，以及通过疏浚、截弯取直、丁坝导流等的沟道调治工程。

针对震后泥石流防治工程特点，提出了泥石流治理工程设计标准、设计工况及泥石流治理工程设计时需注意的问题和设计要点等，并提出了震区泥石流防治工程应据实际情况适当提高防治工程设计标准的建议。

（二）滑坡治理思路和治理措施

震后滑坡防治工程是在对滑坡灾害体特性、成灾机制及其稳定性深入认识的基础上，紧密结合保护对象，采用经济、实用、可靠、先进的滑坡治理技术，充分考虑实地施工条件，拟订方案进行治理工程设计，对方案进行技术、经济比较并优化组合。本次滑坡治理工程设计主要采用了抗滑桩、重力挡墙和排水工程措施，其他治理措施还有裂缝夯填、削方清坡、回填坡脚等。抗滑桩主要用于有明确滑面及可靠滑床的推移式滑坡的被动土压力区。抗滑挡墙主要用于薄层牵引式滑坡，其承受的滑坡推力不宜大于 200kN/m；对开挖挡墙基坑可能危及边坡稳定或正在滑移的滑坡，采用不需开挖滑坡前缘的补偿式抗滑挡墙。对于降雨、地下水位升降、地下水渗流作用对滑坡变形与稳定性影响较大的滑坡优先考虑了排水工程措施。

针对震后滑坡防治工程特点，提出了滑坡治理工程、设计标准、设计工况及滑坡治理工程设计时需注意的问题和技术要求等。

（三）崩塌治理思路和治理措施

震后崩塌防治遵循"以防为主，防治结合"的原则，即优先考虑避让，当受灾对象无法避让或避让代价高于治理代价情况下，再考虑工程治理。针对崩塌地质灾害特点，工程治理采取了多种治理手段巧妙组合、主动防治工程与被动防治工程相结合的综合治理措施。主动防治工程包括清除危岩、主动网、填缝、削坡、支撑、嵌补、锚固、排水和护面等措施，被动防治工程包括拦石墙、被动网、落石槽和搬迁等措施。清除危岩和避让是崩塌防治最有效的方法。对高位危岩体一般采用了清除和拦石墙、被动网相结合的措施；对低位危岩体一般采用了清除、主动网和拦石墙、被动网相结合的措施。崩塌治理中一般采用了多种治理措施的巧妙组合，60％的崩塌使用了 3 种及 3 种以上治理措施，其治理效果较单一治理措施更为显著。

针对震后崩塌防治工程特点，提出了崩塌治理工程设计标准、设计工况及崩塌治理工程设计时需注意的问题。

五是选择了 30 处典型地质灾害作为实例，详细剖析了不同类型、不同特点地质灾害的基本特征与防治措施；通过对部分地质灾害治理工程运行效果的回访与跟踪，对震后地质灾害的基本特征、形成机理及防治理念进行了重新认识。

第五节　工作组织与编著分工

"震后地质灾害特征与防治研究——以汶川地震灾区为例"科研课题由河北省地矿局主持，局属九个地勘单位、近百名工程技术人员参加。主要承担单位为河北省地矿局第四水文工程地质大队、河北省地矿局水文工程地质勘查院、河北地矿建设工程集团公司、河北省环境地质勘查院和河北省地矿局秦皇岛矿产水文工程地质大队，参加单位有河北省地矿局第三水文工程地质大队、河北省地矿局第二地质大队、河北省地矿局第十一地质大队和河北省地矿局石家庄综合地质大队。

课题设置 6 个子课题（表 1-4）。

表 1-4 子课题设置一览表

子课题名称	承 担 单 位
泥石流特征与防治技术研究	河北省地矿局第四水文工程地质大队
滑坡特征与防治技术研究	河北省地矿局水文工程地质勘查院、秦皇岛矿产水文工程地质大队
崩塌特征与防治技术研究	河北地矿建设工程集团公司、河北省环境地质勘查院
泥石流典型实例研究	河北省地矿局第四水文工程地质大队及有关单位
滑坡典型实例研究	河北省地矿局水文工程地质勘查院及有关单位
崩塌典型实例研究	河北地矿建设工程集团公司及有关单位

课题由刘志刚负责组织，并提出总体研究思路与成果编写提纲。本书编写工作具体分工如下：第一章由刘志刚、王建辉、邢忠信、王润涛、夏华宗编写；第二章由刘志刚、王建辉编写；第三章由邢忠信、曾令海、刘和民、高维、韦立编写；第四章由王孟科、孟凡杰、王润涛、甄彦敏、郝文辉编写；第五章由刘明辰、雒国忠、夏华宗、冀广、刘继生编写；第六章、第七章、第八章优选了 30 篇典型泥石流、滑坡、崩塌地质灾害特征与防治实例，由近百名工程技术人员分别编写；全书由刘志刚、邢忠信、王润涛、夏华宗统稿，乔彦肖参加了文稿的校对工作。

在开展四川地震灾区地质灾害应急勘查与治理设计过程中，得到了四川省国土资源厅，绵阳市、成都市、巴中市国土资源局，平武县、北川县、安县、涪城区、南江县、都江堰市、彭州市、大邑县、崇州市国土资源局，四川省有关地勘单位及评审专家的大力支持和指导。在本书编著过程中得到了四川省国土资源厅、四川省地质环境监测总站、成都市国土资源局、河北省国土资源厅、河北省地矿局所属有关地勘单位的大力支持，在此一并致以衷心感谢。

我国地质灾害勘查与防治尚处于不断探索和积累经验阶段，尤其是对于汶川地震灾区，面对"5·12"地震后错综复杂而且变化巨大的地质环境条件和地质灾害特点，如何正确认识并加以有效防治，需要广大地质工作者在实践中及时总结和研究。本书利用河北省地矿局在"5·12"地震主震区开展的地质灾害应急勘查与治理资料，对地质灾害的基本特征、形成机理与治理措施进行了总结与研究，抛砖引玉，将笔者的思路和研究成果推介给大家，希望对汶川地震灾区地质灾害勘查评价与防治工作以及对地质灾害防治科学的发展起到一定的促进作用。但因汶川地震灾区范围大、地质灾害数量多、类型复杂，受掌握资料所限，肯定有更典型的地质灾害样本资料未包括进来，且作者水平有限，不妥之处在所难免，敬请读者批评指正。

第二章 自然地理及地质环境概况

第一节 社会经济概况

四川省简称川或蜀,位于中国西南腹地,面积为 48.5 万 km^2,人口 8815.2 万人,2010 年全年生产总值 16898.6 亿元。主要有汉、彝、藏、苗、回等民族。农业发达,素称"天府之国",水稻产量居全国首位,麦、棉、丝、油菜籽、茶、柑桔、桐油、白蜡、猪棕等都在全国占重要地位。钢铁、机械、电器、井盐、化工等工业较发达。旅游资源丰富,山水名胜、文物古迹、民族风情兼备。峨眉山、青城山、九寨沟黄龙、兴文石林等都以其独特的自然风光引人入胜。都江堰、剑门蜀道则是人工改造自然的辉煌成果。乐山大佛是世界最大的石刻佛像。王建墓、刘备墓与武侯祠、杜甫草堂、望江楼公园都与著名历史人物有密切关系。自贡是"恐龙窝",为恐龙化石集中产地。卧龙自然保护区因大熊猫而为世界注目。成都青羊宫花会、凉山彝族火把节、川西北藏族转山会等,都是民俗旅游的重点。

第二节 自 然 地 理

一、气象

四川省属暖湿的亚热带东南季风和干湿季分明的亚热带西南季风交替影响地区。境内地形错综复杂,对气候影响很大,气候特征差异显著。东部盆地山地区为暖湿的亚热带东南季风气候,西部高原高山区为干湿季分明的亚热带西南季风气候,西北部为干冷的高原大陆性气候。本次研究区分布于四川东部盆地山地区和西部高原高山区,各县(市、区)主要气象特征见表 2-1。

表 2-1 研究区各县(市)气象特征简表

市	县(市)	气 象 特 征
绵阳市	平武县	属北亚热带山地湿润季风气候区。多年平均气温 14.7℃,无霜期 252d,多年平均降水量 806.0mm,最多年 1155.4mm(1955),最少年 480.8mm(1986)
	北川县	属中亚热带湿润季风气候区。多年平均气温 15.6℃,多年无霜期在 125~128d,多年平均降水量 139.11mm
	安县	属中亚热带湿润季风气候区。多年平均气温 16.3℃,年均无霜期 300d。多年平均降水量 1400mm
	涪城区	属北亚热带湿润季风气候区,多年平均气温 15.9℃,多年平均降雨量 963.2mm
巴中市	南江县	属北亚热带湿润季风气候。多年平均气温 16.2℃,无霜期 259d,多年平均降水量 1198.7mm,最多年 1832.5mm(1983),最少年 829.3mm(1979)。蒸发量 1438.8mm
成都市	都江堰市	多年平均气温 12.2~15.7℃,多年平均降水量 1134.8mm,最多年 1605.4mm(1978),最少年 713.5mm(1974)。多年平均蒸发量 930.9mm
	彭州市	多年平均气温 15.6℃,多年平均降水量为 932.5mm,最多年 1280.9mm(1959),最少年 635.3mm(1997)
	大邑县	多年平均气温为 16.0℃(平坝区),无霜期为 284d。多年平均降水量 1045.99mm,最多年 1352.4mm(1988),最少年 778.7mm(1991)
	崇州市	多年平均气温 15.9℃,无霜期为 285d。多年平均降雨量 1012.4mm,最多年 1372.5mm(1988),最少年 696.2mm(2000)

四川省多年平均降水量 1003mm。降水时空分布极不均匀，地区差异和年际年内变化大（图 2-1）[1]。在区域分布上，盆地外围山区降水相对丰沛，降水量在 1200~1600mm；而盆地低部、川西北高原及金沙江干热河谷为降水低值区。在年内分配上 70% 以上降水量都集中在 6~9 月，而 12 月至次年 3 月的降水量仅占降水量的 10% 左右。

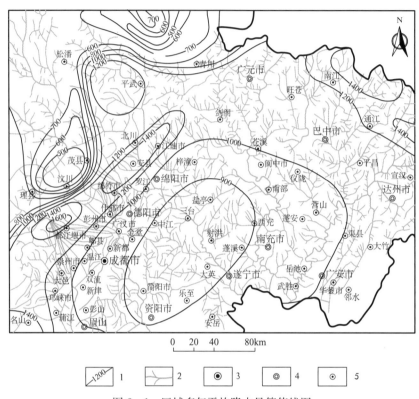

图 2-1　区域多年平均降水量等值线图

1—降水量等值线（单位：mm）；2—河流；3—省级行政中心；

4—地市级行政中心；5—县级行政中心

二、水文

四川境内河流众多，源远流长，除西北的白河、黑河属黄河水系外，其余均属长江水系。全省流域面积在 100km² 以上的河流 1065 条，500km² 以上的河流有 325 条，10000km² 以上河流有 17 条。全省河川多年平均经流量为 $5024×10^8 m^3/a$。河网结构明显的分为 3 个不同类型：东部的四川盆地内的水系，如岷江、沱江、嘉陵江和涪江等大体上由西北流向东南，最后汇入长江干流，构成树枝状水系；西南部横断山区的金沙江、雅砻江和大渡河等水系，均作南北走向，东西依次平行排列，构成典型的羽毛状水系；西北隅的白河和黑河则由南向北流入黄河，是唯一北流的网状水系。

本次研究区绵阳市平武县、安县、涪城区境内河流属于嘉陵江水系涪江流域，巴中市南江县境内河流属于嘉陵江水系渠江流域，成都市的都江堰市、彭州市、崇州市及大邑县属于岷江沱江水系。江河发育具有山区河道特征，河流纵横，支流繁多，谷坡陡峻，河道弯曲，比降大，流水切割强烈。

三、地形地貌

四川西北依托于青藏高原，南接云贵高原，北越秦岭与黄土高原相接，东连长江中下游平原。总体上看，位于我国地势划分的自西向东的巨大梯级的第一、二级之间，西高东低，西部高原海拔多在 4000m 以上，东部盆地中的丘陵海拔仅 500m 左右。地势起伏大，最高峰大雪山的主峰贡嘎山 7556m，最低处长江出口仅约 230m，相差达 7300m。

地貌类型齐全，有山地、高原、盆地、丘陵和平原。在川西及川南地区，基本上均为山地和高原所占据，即使在东部的四川盆地也是一个丘陵式的盆地。高原和丘陵山地占全省总面积的91.7%，平原占8.3%。

山脉的展布方向，在川西的北部属巴颜喀拉山脉，北西向为主；川西的南部及川西南地区属横断山脉北段，以南北向为主；川东地区除米仓山和大巴山分别为东西向和北西向外，其他山脉则以北东向为主。

大致以广元、都江堰、雅安、泸定、木里为一线，雅安、乐山、宜宾为另一线将四川省分为三个地貌区域，即四川东部盆地山地区域、四川西部高原高山区域和四川西南部高中山区域。本次研究区位于四川东部盆地山地区域和四川西部高原高山区域（图2-2）[1]。

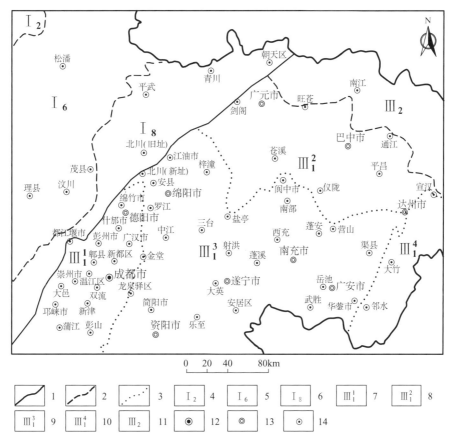

图2-2 区域地貌简图

1—区域界线；2—区界线；3—亚区界线；4—红原若尔盖构造剥蚀沼泽化平坦高原区；5—岷山邛崃山
构造侵蚀脊状高山区；6—龙门山褶断侵蚀斜坡式中山区；7—断陷堆积盆西山前倾斜平原亚区；
8—构造侵蚀盆北单斜低山亚区；9—构造剥蚀盆中方山丘陵亚区；10—侵蚀构造盆东平
行岭（低山）谷（丘陵）亚区；11—米仓山大巴山构造溶蚀层状中山区；
12—省级行政中心；13—地市级行政中心；14—县级行政中心

四川东部盆地山地区域（Ⅲ区）位于我国东西地势划分的第二台阶。而四川盆地则是该台阶上相对下陷的部分。盆中大部分被中生代红色岩层覆盖，标高大多在750m以下，盆地周围的群山为古生代或更老的岩层，标高1000～3000m。盆地西部的龙门山与龙泉山之间是以平原为主体的川西平原，由北西向南东倾斜，标高450～750m，周围杂以梯状台地，中部亦有低山丘陵将其分割成数个小平原，其中成都平原最大，面积6473km²。盆地的北部以单斜的或层状的低山占优势，标高多在1000～1500m。盆地南部多为开阔向斜构成的倒置低山及丘陵占据，标高1000m左右。

四川西部高原高山区域（Ⅰ区）属青藏大高原的东南翼，地势高亢。整个高原面由海拔4100～

4900m 的夷平面所占据，由北向南倾斜，可分两种类型，其一是在北部的石渠、色达一带，中部的理塘带及乾宁附近，由浅凹河谷和浑圆形丘陵组成的丘陵状高原；另一种是由高原向深切河谷或向极高山过渡地区的山地。

第三节　地质环境概况

一、地层

无论西部地槽区和东部地台区，基底均为前震旦纪变质岩系，以板岩、千枚岩为主夹片岩、大理岩、灰岩、变质砂岩、火山岩、火山碎屑岩及少量片麻岩，零星出露，主要分布于平武—青川以北摩天岭及东部盆地北缘和西缘大巴山，龙门山—会理—金沙江等地。因西部地槽和东部地台沉积环境显著不同，其上分别沉积了两套相联系而又有较大差异的地层（图2-3）[2]。

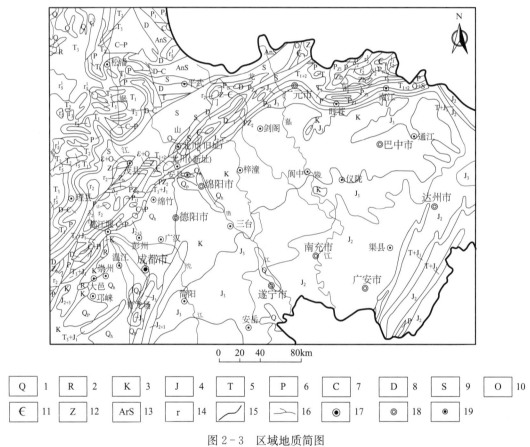

Q	1	R	2	K	3	J	4	T	5	P	6	C	7	D	8	S	9	O	10
€	11	Z	12	ArS	13	r	14		15		16	⊙	17	◎	18	⊙	19		

图 2-3　区域地质简图

1—第四系；2—新近系；3—白垩系；4—侏罗系；5—三叠系；6—二叠系；7—石炭系；8—泥盆系；
9—志留系；10—奥陶系；11—寒武系；12—震旦系；13—前震旦系；14—岩浆岩；15—地层界线；
16—河流；17—省级行政中心；18—地市级行政中心；19—县级行政中心

西部地槽区（指广元、北川、汶川、康定—峨眉、雷波以西），发育了一套古生代至三叠纪的巨厚浅海相碎屑岩夹碳酸盐岩及火山碎屑沉积，广泛经受区域变质。其中以三叠系厚度最大，分布最广，岩性为砂岩、板岩为主夹片岩、灰岩。古生代地层分布甚零星，主要见于西、南及北东缘，其岩相变化甚大，但就总的岩性组合情况看，以碳酸盐岩、碎屑岩为主，次有火山岩等。

东部地台区（指广元、北川、汶川、康定—峨眉、雷波以东），地层发育较全，层序亦较完整，以碳酸盐岩为主，次有碎屑岩等的震旦系和古生界及中生代下三叠统和中三叠统，广泛分布于盆周和川西南地区及盆地东部各背斜轴部等地区，其中普遍缺失上志留统、泥盆系及石炭系。中三叠世以后，盆地转入陆相沉积，形成了广泛分布于盆地内部的晚三叠世、侏罗纪及白垩纪红色碎屑岩。第四纪松散堆积层除川西平原、安宁河谷及盐源盆地分布面积较大外，沿各河流均零星有所分布，主要为冲洪积、冰水堆积之砂砾石层、黏性土及坡积、崩积碎石土。

二、地质构造

四川大地构造单元划分为 4 个 I 级单元，12 个 II 级单元，19 个 III 级单元，38 个 IV 级单元（图 2 - 4、表 2 - 2）[2]。

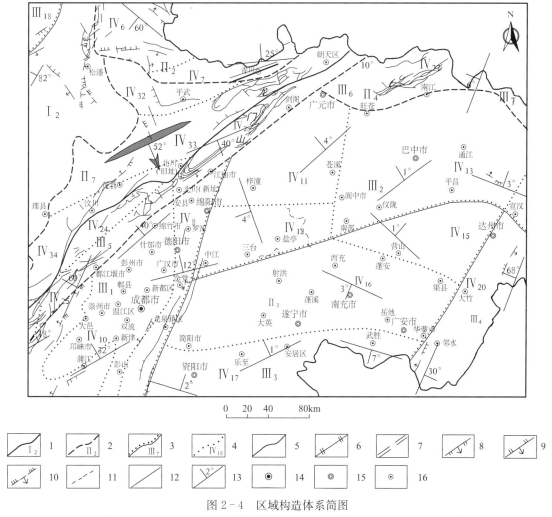

图 2 - 4 区域构造体系简图

1—I 级单元分界线及编号；2—II 级单元分界线及编号；3—III 级单元分界线及编号；4—IV 级单元分界线及编号；5—区域性大断裂；6—区域性深断裂；7—活动断裂；8—正断层；9—逆断层；10—逆掩断层；11—平推断层；12—性质不明断层；13—岩层产状；14—省级行政中心；15—地市级行政中心；16—县级行政中心

扬子准地台（I_1）：以龙门山—盐源一线为界，分布于四川东部一带，是晋宁旋回褶皱固化的相对稳定区。据同位素年龄资料，地台基底岩石数据多为 $(7\sim12)\times10^8a$，最大达 27×10^8a（垭口），由此说明其地质演化过程不仅包含元古宙，而且可能涉及太古宙。

松潘—甘孜地槽褶皱系（I_2）：位于扬子准地台西和西北，金沙江以东，秦岭—昆仑山以南的四川广阔区域。自古生代开始发生，逐渐扩展，古生代及三叠纪有复杂的发展历史，晚三叠世逐渐封闭并转化为褶皱系。

表 2-2　四川省大地构造单元分级表

Ⅰ 级	Ⅱ 级	Ⅲ 级	Ⅳ 级
扬子准地台（Ⅰ₁）	康滇地轴（Ⅱ₁）		沪定台穹（Ⅳ₁）　小相岭台穹（Ⅳ₂） 盐边台穹（Ⅳ₃）　会理台穹（Ⅳ₄） 安宁河断束（Ⅳ₅）
	摩天岭台隆（Ⅱ₂）		白马凹褶束（Ⅳ₆）摩天岭台穹（Ⅳ₇）
	四川台坳（Ⅱ₃）	川西台陷（Ⅲ₁）	龙泉山褶束（Ⅳ₈）　雅安凹褶束（Ⅳ₉） 成都断凹（Ⅳ₁₀）
		川北台陷（Ⅲ₂）	梓桐台凹（Ⅳ₁₁）　盐亭鞍状凸起（Ⅳ₁₂） 通江台凹（Ⅳ₁₃）
		川中台拱（Ⅲ₃）	双河场台凸（Ⅳ₁₅）　南充台凹（Ⅳ₁₆） 武胜-威远台凸（Ⅳ₁₇） 自贡台凹（Ⅳ₁₈）　马边斜坡（Ⅳ₁₉）
		川东陷褶束（Ⅲ₄）	重庆弧形褶束（Ⅳ₂₀） 沪州凸褶束（Ⅳ₂₁）赤水凹褶束（Ⅳ₂₂）
	龙门-大巴台缘褶断带（Ⅱ₄）	龙门山褶断束（Ⅲ₅）	宝兴穹褶束（Ⅳ₂₃） 九顶山凸起（Ⅳ₂₂） 旋口凹褶束（Ⅳ₂₂）雁门凹断束（Ⅳ₂₆）
		汉南台拱（Ⅲ₆）	米仓山台穹（Ⅳ₂₇）
		大巴山褶皱束（Ⅲ₇）	
	盐源-丽江台缘褶断带（Ⅱ₅）		
	上扬子台褶带（Ⅱ₆）	峨眉山断块（Ⅲ₈）	
		凉山陷褶束（Ⅲ₉）	碧鸡山凹褶束（Ⅳ₂₈） 宁南凹褶束（Ⅳ₂₉） 轿顶山台凹（Ⅳ₃₀）
		美姑-金阳陷褶束（Ⅲ₁₀）	
		大娄山褶束（Ⅲ₁₁）	筠连穹褶束（Ⅳ₃₁）
松潘-甘孜地槽褶皱系（Ⅰ₂）	后龙门山冒地槽褶皱带（Ⅱ₇）		平武褶束（Ⅳ₃₂）　锁江褶束（Ⅳ₃₃） 汶褶束（Ⅳ₃₄）　丹巴褶束（Ⅳ₃₅） 金汤弧型褶断束（Ⅳ₃₆）
	玉树-义墩优地槽褶皱带（Ⅱ₈）	德来-定曲地背斜带（Ⅲ₁₂）	
		义墩地向斜带（Ⅲ₁₃）	
		甘孜-木里地背斜（Ⅲ₁₄）	甘孜地背斜（Ⅳ₃₇）　木里地背斜Ⅳ₃₈）
	巴颜喀拉冒地槽褶皱带（Ⅱ₉）	石渠-雅江地向斜带（Ⅲ₁₅）	
		炉霍-乾宁地背斜带（Ⅲ₁₆）	
		李伍地背斜带（Ⅲ₁₇）	
		马尔康地向斜带（Ⅲ₁₈）	
		若尔盖中间地（Ⅲ₁₉）	
三江地槽褶皱系（Ⅰ₃）	江达-巴塘优地槽褶皱带（Ⅱ₁₀）		
秦岭地槽褶皱系（Ⅰ₄）	北大巴山冒地槽褶皱带（Ⅱ₁₁）		
	西秦岭冒地槽褶皱带（Ⅱ₁₂）		

三江地槽褶皱系（I_3）：该系发育于金沙江、澜沧江和怒江流域，占西藏、云南、青海及四川等省各一部，四川省境内分布于巴塘北—得荣南一带，属末华里西褶皱带。

秦岭地槽褶皱系（I_4）：四川省仅占其极少一部分，即西秦岭冒地槽褶皱带和北大巴山冒地槽褶皱带南缘。

综上，四川省大地构造单元格局以龙门山—盐源一线为界，东为相对稳定的扬子准地台区，西为相对活动的松潘-甘孜地槽褶皱系，北为秦岭褶皱系，西南为三江褶皱系。台与槽的接触为典型构造过渡带，四川这种构造格局是多旋回演化的结果，其从量变到质变的演化中，具明显的阶段性与地域性，加里东、华里西、燕山及喜马拉雅等旋回对四川地质建造史、形变史等也有重要作用。

四川东部构造线作北东、北北东方向伸展；四川西部构造线作北西、北北西向伸展，东西对应并于中部东经101°～104°的广大地域汇集、交接、穿插、结合，伴随一系列向南凸的叠置弧形褶皱带，构造型式多样。

三、新构造运动与地震

（一）新构造运动

新构造运动系指第四纪以来所发生的构造运动。四川省新构造运动表现为大面积间隙性抬升及短暂的相对沉降，总体趋势是：东部缓慢下降，西部快速上升，北部上升，南部相对下降，同时伴有断裂活动和地震活动。

四川省活动断裂极为发育，按其展布方向与地域分布分为南北向活动构造带、北东向活动构造带、北西向活动构造带、北北东向活动构造带及盐源地区活动断裂5个带。本次研究区位于相对稳定的扬子准地台与相对活动的松潘-甘孜地槽褶皱系的过渡地带，活动断裂极为发育，主要活动断裂为北东向活动构造带之龙门山断褶带的青川-茂汶断裂、北川-映秀断裂、江油-灌县断裂。

（二）地震

四川省属于喜马拉雅—地中海地震带，由于受川滇和川青地壳块体向南东方向运动的影响，在这两个地壳块体的边界或受其影响比较大的断裂带上，形成了八大断裂地震带。四川历史上多次发生地震，发生于1933年以后大于5级的具有代表性的地震33次，最高震级发生于2008年5月12日的汶川，震级8.0级（图2-5）。

本次研究区位于龙门山地震带上，龙门山地震带南起天全，往北经都江堰、汶川、茂县、北川、青川入陕西宁强，绵延约500km，恰与龙门山断裂带相对应。龙门山断裂带是四川强烈地震带之一，历史上有过多期活动。自公元1169年以来，共发生破坏性地震25次，其中里氏6级以上地震20次。龙门山断裂带是由3条大断裂构成，自西向东分别是龙门山后山大断裂（分布于汶川—茂县—平武—青川一线）、龙门山中央大断裂（分布于映秀—北川—关庄一线，属逆—走滑断裂）、龙门山前山边界大断裂（分布于都江堰—汉旺—安县一线，属逆冲断裂）。汶川特大地震发生在龙门山断裂带之龙门山中央大断裂上。由于印度板块对欧亚板块的长期挤压作用，导致龙门山断裂带中央断裂的活动，2008年5月12日14时28分首先从映秀产生破裂，这一破裂过程继续向北东方向延伸，经过北川最终止于青川。破裂持续时间约2min，长度约240km。汶川地震强度大，震源深度浅，破坏力强，波及面广。

四、工程地质岩组

（一）岩体工程地质特征

1. 碎屑岩建造

主要由白垩纪、侏罗纪、晚三叠世及志留纪砂岩泥岩组成。分为7个工程地质岩组：坚硬的厚层状砂岩岩组、较坚硬—坚硬的中—厚层状砂岩夹砾岩泥岩岩组、软硬相间的中—厚层状砂泥岩互层岩组、软弱—较坚硬的薄—中厚层兼有厚层状砂岩泥岩及砾岩泥岩互层岩组、软弱的薄层状泥岩页岩岩

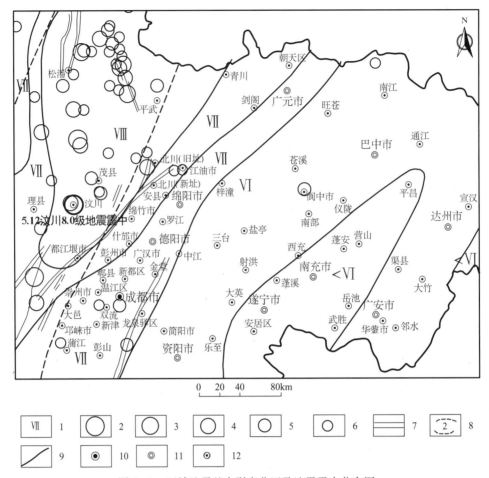

图 2-5 区域地震基本烈度分区及地震震中分布图

1—地震基本烈度值；2—$M \geqslant 7.25$（$1=10°$）；3—$M=6.75\sim7.20$（$1=9°$）；4—$M=6.00\sim6.70$（$1=8°$）；

5—$M=5.50\sim5.90$（$1=7°$）；6—$M=4.75\sim5.0$（$1=6°$）；7—强裂活动断裂；

8—地震带边界及编号；9—分区界线；10—省级行政中心；

11—地市级行政中心；12—县级行政中心

组、软硬相间的薄—中厚层状砂岩泥岩夹灰岩泥灰岩岩组、较坚硬—坚硬的厚层状砂岩夹板岩岩组。

2. 碳酸盐岩建造

主要由分布于盆周山地的中三叠世—晚震旦世（志留纪除外）的灰岩、白云岩组成。分为 4 个工程地质岩组：坚硬的中—厚层状灰岩及白云岩岩组、较坚硬的薄—中厚层状灰岩泥质灰岩岩组、软硬相间的中—厚层状灰岩白云岩夹砂岩泥岩岩组、软硬相间的中—厚层状灰岩白云质灰岩夹千枚岩板岩岩组。

3. 变质岩建造

主要由三叠纪、前震旦纪变质岩组成。分为 5 个工程地质岩组：软硬相间的薄—中厚层状板岩千枚岩与变质砂岩互层岩组、较坚硬—坚硬的薄—中厚层状砂岩与板岩互层岩组、较弱—较坚硬的薄—中厚层状千枚岩片岩夹灰岩砂岩岩组、较弱—较坚硬的薄—中厚层状千枚岩片岩夹火山岩火山碎屑岩岩组、较坚硬的中—厚层状板岩夹泥质灰岩砂岩火山岩岩组。

4. 岩浆岩建造

由侵入岩及晚二叠世、晚震旦世、前震旦纪之火山岩组成。分为 3 个工程地质岩组：坚硬的块状玄武岩岩组、软硬相间的块状英安斑岩夹火山碎屑岩岩组、坚硬的整体状花岗岩岩组。

坚硬的砂岩、岩浆岩及灰岩、白云岩等，岩体较完整，构造裂隙较不发育，是较理想的建筑材料，但在地形陡峻部位易发生崩塌；碳酸盐岩地层岩溶发育，地下架空现象较普遍，应注意土层洞穴和地下架空问题；岩浆岩与围岩接触带岩体破碎、裂隙发育，易发生塌方和崩落。软弱的泥岩、页岩、千枚岩、凝灰岩等地层，构造裂隙较发育，风化严重，岩体整体性较差，遇水易软化，易发生顺层滑动形成滑坡和崩塌，边坡稳定性差。软硬相间地层岩组，工程地质性质相差大，易发生基岩滑坡和崩塌。

（二）土体工程地质特征

第四纪松散堆积物主要分布在四川东部盆地及山间盆地等地，山区河谷和沟谷地带小范围零星分布。可划分为黏性土工程地质岩类及碎石类土工程地质岩类。黏性土可细分为一般黏性土和胀缩土，碎石类土可细分为砂砾土、泥砾土和碎石土、块石土。本次研究区大多分布在山区及河谷地带，以一般黏性土和碎石土分布为主。碎石土与块石土多为坡积、崩积及残坡积层，土质极不均匀，承载力差异大，多具架空性，局部黏性土及粉土集中，易发生滑坡、崩塌。

五、水文地质

四川省主要地下水类型包括松散岩类孔隙水、碎屑岩类孔隙裂隙水、碳酸盐岩类裂隙溶洞水和基岩裂隙水四类。

（一）松散岩类孔隙水

本次研究区松散岩类孔隙水分布于河谷、沟谷第四纪冲洪积砾卵石层及山坡坡脚地带坡积、崩积碎石层中，冲洪积砾卵石层孔隙水水量较丰富，坡积、崩积碎石层孔隙水水量较贫乏。

（二）碎屑岩类孔隙、裂隙水

该类型地下水在本次研究区分布广泛，可进一步划分为风化带裂隙水、可溶性溶孔（洞）裂隙水及层间裂隙水 3 个亚类。

（1）风化带裂隙水。含水岩组时代齐全，从新近纪至震旦纪皆有，主要是侏罗纪、白垩纪砂岩，其次为页岩、泥岩、砾岩等。富水程度不均，普遍贫水，含水层厚一般 30～50m，单井出水量小于 100m^3/d，泉流量 0.01～0.50L/s。

（2）可溶性溶孔（洞）裂隙水。含水层主要由新近纪、白垩纪、侏罗纪的富含钙质、膏盐层的砾岩、红色砂岩组成，富水程度不均，属中等富水—富水，水位埋深 0～10m，部分承压自流，一般单井出水量 100～1000m^3/d，泉流量 1～10L/s。

（3）层间裂隙水。一般形成自流斜地或向斜盆地，含水层由白垩纪、晚三叠世砂岩夹页岩、泥岩及煤层等组成，厚度大而稳定，富水性一般较好，单井出水量 100～300m^3/d。

（三）碳酸盐岩类裂隙溶洞水

本次研究区岩溶水主要赋存于三叠纪、二叠纪、石炭纪、泥盆纪灰岩、泥灰岩、白云岩中，受岩性、地貌、构造、岩溶发育程度等控制，富水性不均。在盆缘外周的中高山地带，泉流量小于 10L/s，地下水富水性较差，而近盆地的盆周地区，岩溶发育，地下水常以大泉、暗河形式排泄，富水性好，大泉、暗河流量 100～1000L/s。

（四）基岩裂隙水

主要包括变质岩裂隙水和岩浆岩裂隙水，多分布于四川西部高原、高山区，含水层岩性为石英岩、板岩、千枚岩、结晶灰岩、大理岩、变质火山岩及岩浆岩。地下水赋存于构造、风化网状裂隙中，水量贫乏，泉流量一般 0.1～1.0L/s。

六、"5·12"地震对地质环境的影响

（1）"5·12"地震不仅激活了已存在的崩塌、滑坡体，而且强烈的地震力造成岩土体破碎、疏松及大面积垮塌与滑动，还产生了大量次生地质灾害。强震导致山体滑坡成群连片、满目疮痍。地震滑坡具有高速、远程、低角度的特点。山体滑坡堵塞了河道，形成的堰塞湖星罗棋布，一旦堰塞湖坝体垮塌，位于下游的村庄将面临着被洪水淹没的危险。地震使山体斜坡稳定性明显降低，形成大量新的地质灾害隐患点，如地震引发的崩塌、滑坡，使大量松散物质堆积于沟谷中和山坡上，为泥石流的产生提供了充足物源，在降雨条件下极可能产生泥石流灾害；地震引发的大量崩塌体、滑坡体呈悬挂状态堆积于半山腰，在降雨或震动条件下极可能发生再次失稳形成滑坡或崩塌灾害；地震造成山体斜坡岩土体松动，地表裂缝变形，形成不稳定斜坡，在降雨或震动条件下极可能产生整体失稳，形成滑坡灾害。主震区在震后相当长一段时间里，将是泥石流、滑坡的活跃期。

（2）地震对地貌的影响主要表现为大规模的崩塌、滑坡破坏了山体的完整性，形成滑坡陡壁、圈椅状地形；崩积物顺坡滚落至山麓地带形成倒锥形或扇形堆积体，滑坡物质堆积于沟谷中，掩埋了原有的河床、阶地、漫滩地貌，形成滑坡堆积扇、滑坡龙岗、滑坡鼓丘等地貌。

（3）地震对水系的破坏主要表现为地震造成的崩塌滑坡堆积物侵占、堵塞河道，抬高河床，影响河道正常过流。另外，森林植被的破坏和频繁的山洪泥石流，造成流域上游水土流失严重，流域中下游河道严重淤积，房屋、土地、道路被掩埋，水利设施失效。

总之，"5·12"地震使得区域生态环境、地质环境遭到无法估量的严重破坏，需要较长的恢复周期。

参 考 文 献

[1] 四川省地勘局成都水文地质工程地质大队，四川省地质环境监测总站，四川省县（市）地质灾害调查与区划综合研究报告［R］，（未出版）

[2] 四川省地质矿产局 . 1982. 四川省区域地质志［M］，北京：地质出版社

第 二 篇
震后地质灾害特征与防治技术

第三章 震后泥石流特征与防治技术

泥石流是山区沟谷中或山坡上，由于降水、冰川或雪融水、库坝溃决等激发的一种含有大量泥沙、石块和巨砾等固体物质，并具有很大冲击力的特殊洪流[1]。一般暴发突然、来势凶猛、历时短暂、能量巨大、冲击力强，具有强大的破坏力，民间俗称"水炮"、"龙扒沟"等。泥石流的形成主要受暴雨控制，在集聚和释放能量的过程中易对人民生命财产造成损失或构成潜在危害源。

泥石流流体重度介于夹砂水流和滑动土体之间，其固体物质粒径分布范围很宽，流动性质很不稳定，冲和淤是其主要危害形式。

第一节 "5·12"地震前后泥石流类型及分布发育规律

河北省地矿局承担的汶川"5·12"地震后地质灾害应急勘查工作分布于四川省9个县（市、区）（绵阳市平武县、安县、北川县、涪城区，巴中市的南江县及成都市的都江堰市、彭州市、大邑县、崇州市），均属于"5·12"地震重灾区。依据各县（市、区）地震前地质灾害调查与区划报告及地震后地质灾害详细调查报告，对地震前与地震后泥石流类型及分布发育规律进行了研究。

一、泥石流类型

泥石流的分类，反映了泥石流的成因、类型、危害作用和活动规律，对泥石流的防治实践具有指导意义。根据本次震区应急勘查成果，按泥石流物质组成、集水区地貌特征、物质状态、固体物质补给方式、激发诱发因素、动力特征和暴发规模大小等进行了分类。

1. 按泥石流物质组成分类，一般分为泥流型、泥石型和水石型

泥流型：固体物质以细颗粒黏土和泥沙为主，混合较为均匀，98%粒径<2.0mm，浆体有黏性，重度≥1.8t/m³。

水石型：固体物质以粗颗粒泥沙、石块为主，多为≥2.0mm的各级颗粒，水沙呈分离状，浆体无黏性，流变特性服从牛顿体，重度≥1.3t/m³。

泥石型：介于上述两种类型间的一种泥石流类型。固体物质的级配差别很大，细颗粒物质和黏土物质含量视流域内土体贮量、性状而异，浆体流变特性则取决于黏土物质含量及性质，有黏性的，也有无黏性的，重度≥1.3t/m³。

就本次勘查的泥石流沟来看，其物源大多由两类物质组成，既有"5·12"地震导致高陡山坡残坡积层或基岩风化层发生崩滑产生的堆积物，又有由于自然风化形成的堆积于沟坡和沟床的松散固体物，因此大多属于泥石型泥石流。

2. 按集水区地貌特征分类，可分为沟谷型泥石流和坡面型泥石流

本次勘查的泥石流沟多位于四川盆地边缘区，地形切割强烈，从集水区地貌特征分析，多数为沟谷型泥石流；坡面型泥石流占少数。沟谷型泥石流中有的沟流域呈扇形，面积较大，能明显的划分出形成区、流通区和堆积区，属标准型泥石流，如安县梓潼沟、都江堰市干沟等泥石流；有的沟流域呈狭长条形，其形成区多为河流上游的沟谷，固体物质来源较分散，沟谷中有时常年有水，流通区与堆积区往往不能明显区分，属于非标准型泥石流，如平武县陶坪堰、平武县李家院子等泥石流。

3. 按物质状态分类，可分为稀性泥石流和黏性泥石流

由于震后松散固体物源的性质与成分的改变，尤其是地震崩滑体颗粒粗大，形成的泥石流以稀性泥石流占绝大部分（稀浆状、稠浆状、稀粥状）。特点是以水为主要成分，黏性土含量少，固体物质占10%～40%，有很大分散性。水为搬运介质，石块以滚动或跃移方式前进，具有强烈的下切作用。其堆积物在堆积区呈扇状散流，停积后似"石海"。少数为黏性泥石流（稠粥状），即含大量黏性土的泥石流或泥流。其特征是黏性大，固体物质占40%～60%，最高达80%。其中的水不是搬运介质，而是组成物质，稠度大，石块呈悬浮状态，暴发突然，持续时间亦短，破坏力大。另外"5·12"地震时，个别沟谷还发生了土石流。

4. 按照固体物质补给方式分类

泥石流在形成过程中，固体物质主要由滑坡、崩塌堆积物提供，在运动及发展过程中沟床堆积物侵蚀提供很少，属于崩滑型泥石流。

泥石流在形成过程中，固体物质主要由滑坡、崩塌堆积物提供，在运动及发展过程中，固体物质主要由沟床堆积物侵蚀提供，属于崩滑及沟床侵蚀型泥石流。

泥石流在形成过程中，固体物质主要由滑坡、崩塌堆积物及弃渣提供，在运动及发展过程中，固体物质主要由沟床堆积物侵蚀提供，属于崩滑、弃渣及沟床侵蚀混合型泥石流。

少部分泥石流在形成过程中，固体物质主要由沟床堆积物侵蚀提供，属于沟床侵蚀型泥石流。

总之，"5·12"地震时形成了大量滑坡、崩塌堆积物，改变了震前泥石流固体物质主要由坡面侵蚀物和沟床堆积物侧蚀的补给方式，同时其固体物质组分也发生了很大变化。

5. 按激发、诱发因素分类

从激发、诱发因素分析，震后勘查区内发生的泥石流主要分为暴雨型和溃决型两类。暴雨型泥石流主要由于暴雨或特大型暴雨引起，导致沟谷堆积物或其谷坡两侧崩滑松散固体物启动与水混合而形成泥石流。与震前暴雨型泥石流相比其物源大大增加，而临界降雨量有所降低。溃决型泥石流是由于水库、堰塞湖和崩滑临时堰塞体溃决而形成突发性巨大水流，进而引发泥石流，也成为震后较为常见的泥石流类型。

个别沟谷由于"5·12"地震发生了土石流，属于地震型泥石流。

6. 按动力特征分类

大多数泥石流发生主要沿着较缓的坡面运动，其中固体物质是靠水体提供推移力引起和维持其运动的，属于水力类泥石流。少数泥石流发生沿着陡峻的坡面运动，其中固体物质是靠土体提供推移力引起和维持其运动的，属于土力类泥石流。

7. 按暴发频率分类

按泥石流暴发频率分为高频泥石流（小于5年1次）、中频泥石流（5～20年1次）、低频泥石流（20～50年1次）和极低频泥石流（大于50年1次）。本次勘查发现，"5·12"地震使泥石流暴发频率发生了很大的变化，使很多原本为低频泥石流和极低频泥石流的沟道转变成了高频泥石流，一旦遇暴雨极易发生泥石流灾害。如彭州市楼房沟、彭州市香樟树沟等泥石流。

此外，按泥石流一次性暴发规模大小分为大型泥石流、中型泥石流和小型泥石流。按泥石流发育阶段可分为发展期泥石流，旺盛期泥石流、衰退期泥石流、停歇期泥石流和潜伏期泥石流等。

二、泥石流分布发育规律

本次勘查区范围主要包括绵阳市的安县、北川县、平武县，成都市的崇州市、大邑县和都江堰市。震前震后泥石流分布发育特征发生了很大变化，数量急剧增加，规模、易发程度和险情增大。泥石流主要发育特征详见表3-1至表3-3。

（1）泥石流沟数量变化。勘查区范围内，震前发育泥石流47处，占区内震前地质灾害总数的

3.52%；震后发育泥石流 176 处，占区内震后地质灾害总数的 6.01%。

（2）泥石流规模变化。由表 3-1 及图 3-1 可见，区内震前基本全为中小型泥石流，没有规模特大型泥石流，大型、中型、小型泥石流分别占区内泥石流总数的 2.13%，34.04%，63.83%；震后出现了一定比例的大型和特大型泥石流。规模特大型、大型、中型、小型的泥石流分别占区内泥石流总数的 4.55%，17.05%，39.20% 和 39.20%，泥石流总体规模较震前有所加大。

表 3-1　"5·12"地震前后重灾区 9 个县（市、区）泥石流规模统计表

市	县	特大型/处		大型/处		中型/处		小型/处		合计/处	
		震前	震后	震前	震后	震前	震后	震前	震后	震前	震后
绵阳市	平武县	0	1	0	3	2	0	3	1	5	5
	北川县	0	5	0	12	12	35	12	21	24	73
	安县	0	0	1	1	2	2	11	14	14	17
	涪城区	0	0	0	0	0	0	0	0	0	0
巴中市	南江县	0	0	0	0	0	1	0	2	0	3
成都市	都江堰市	0	1	0	3	0	19	1	23	1	46
	彭州市	0	0	0	6	0	8	0	3	0	17
	大邑县	0	0	0	2	0	1	2	1	2	4
	崇州市	0	1	0	3	0	3	1	4	1	11
合计		0	8	1	30	16	68	30	67	47	176
所占比例/%		0.00	4.55	2.13	17.05	34.04	39.20	63.83	39.20	100	100

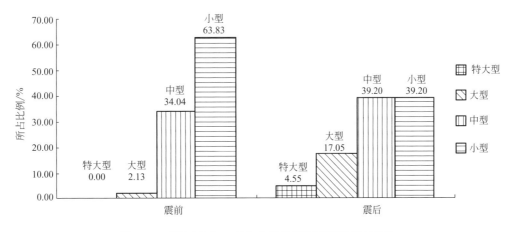

图 3-1　研究区"5·12"地震前后泥石流规模对比图

（3）泥石流易发程度变化。由表 3-2 及图 3-2 可见，区内震前高易发、中易发、低易发和不易发的泥石流分别占区内泥石流总数的 10.64%，29.79%，57.45%，2.13%；震后高易发、中易发、低易发和不易发的泥石流分别占区内泥石流总数的 19.89%，68.75%，10.80%，0.57%。震后高易发和中易发泥石流比例较震前有所增大，低易发和不易发泥石流比例较震前有所减少。

（4）泥石流险情变化。由表 3-3 及图 3-3 可见，区内震前泥石流险情全部为中型、小型，分别占区内泥石流总数的 10.64%，89.36%；震后险情特大型、大型、中型、小型的泥石流分别占区内泥石流总数的 1.70%，7.95%，34.09% 和 56.25%。震后泥石流总体险情较震前加大，出现了一定比例的大型和特大型泥石流。

表 3-2 "5·12"地震前后重灾区 9 个县（市、区）泥石流易发程度统计表

市	县	高易发/处		中易发/处		低易发/处		不易发/处		合计/处	
		震前	震后	震前	震后	震前	震后	震前	震后	震前	震后
绵阳市	平武县	1	0	2	5	2	0	0	0	5	5
	北川县	0	31	10	34	14	8	0	0	24	73
	安县	4	4	2	5	7	7	1	1	14	17
	涪城区	0	0	0	0	0	0	0	0	0	0
巴中市	南江县	0	0	0	1	0	2	0	0	0	3
成都市	都江堰市	0	0	0	46	1	0	0	0	1	46
	彭州市	0	0	0	17	0	0	0	0	0	17
	大邑县	0	0	0	4	2	0	0	0	2	4
	崇州市	0	0	0	9	1	2	0	0	1	11
合计		5	35	14	121	27	19	1	1	47	176
所占比例/%		10.64	19.89	29.79	68.75	57.45	10.80	2.13	0.57	100	100

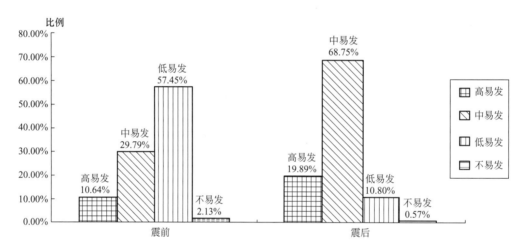

图 3-2 研究区 "5·12" 地震前后泥石流易发程度对比图

表 3-3 "5·12"地震前后重灾区 9 个县（市、区）泥石流险情等级统计表

市	县	特大型/处		大型/处		中型/处		小型/处		合计/处	
		震前	震后	震前	震后	震前	震后	震前	震后	震前	震后
绵阳市	平武县	0	0	0	1	0	4	5	0	5	5
	北川	0	1	0	1	2	0	22	52	24	73
	安县	0	0	0	0	2	5	12	12	14	17
	涪城区	0	0	0	0	0	0	0	0	0	0
巴中市	南江县	0	0	0	0	0	0	0	3	0	3
成都市	都江堰市	0	0	0	10	0	23	1	13	1	46
	彭州市	0	0	0	0	0	7	0	10	0	17
	大邑县	0	0	0	1	1	0	1	3	2	4
	崇州市	0	2	0	1	0	21	1	6	1	11
合计		0	3	0	14	5	60	42	99	47	176
所占比例/%		0.00	1.70	0.00	7.95	10.64	34.09	89.36	56.25	100	100

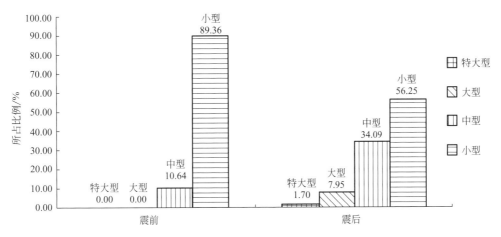

图 3-3　研究区"5·12"地震前后泥石流险情等级对比图

第二节　震后泥石流形成条件和基本特征

一、泥石流形成条件

泥石流的形成需要 3 个基本条件：有陡峭便于集水集物的适当地形；上游堆积有丰富的松散固体物质；短期内有突然性的大量流水来源[2]。勘查发现，38 条泥石流沟，无论是地形地貌及沟道条件、物源条件，还是水源条件，都有利于泥石流的形成。

1. 地形地貌及沟道条件

泥石流沟域地貌多为中低山构造侵蚀地貌，山高沟深，岸坡陡峻，支沟一般较发育。沟谷纵向较长，有利于松散固体物源、雨水及地表水的汇集，同时沟谷两侧山坡地形较陡，沟床具备一定的纵比降，为泥石流的形成提供了地形地貌条件。根据泥石流沟沟床纵比降、地形地貌及物源分布特征，将整个沟域划分为泥石流形成区、流通区和堆积区三部分。上游形成区的地形多为三面环山、一面出口的瓢状或漏斗状，地形比较开阔、周围山高坡陡，有利于水和碎屑物质的集中；中游流通区的地形多为"V"字形狭窄陡深的峡谷，如都江堰市纸厂沟、彭州市楼房沟、彭州市香樟树沟等泥石流，少数为"U"字形，如彭州市青杠沟泥石流，谷床纵坡降大，使泥石流能迅猛直泻；下游堆积区的地形为开阔平坦的山前平原或河谷阶地，使堆积物有堆积场所。值得注意的是，"5·12"地震所形成的大量崩滑堆积物的广泛分布，使得泥石流沟域形成区、流通区和堆积区之间的界线变得较为模糊。

2. 物源条件

泥石流多发生于地质构造复杂、断裂褶皱发育、新构造活动强烈、地震烈度较高的地区。地表岩石破碎、岩层结构松散、软弱、易于风化、节理发育或软硬相间成层的地区，地层易受破坏，为泥石流提供丰富的碎屑物来源；老的崩塌、滑坡等不良地质现象发育，也为泥石流的形成提供了丰富的固体物质来源；另外，一些人类工程活动，如滥伐森林造成水土流失，开山采矿、采石弃碴等，往往也为泥石流提供大量的物质来源。

"5·12"地震造成泥石流松散固体物源剧增。一方面地震导致高陡山坡残坡积层或基岩风化层发生崩塌、滑坡，直接堆积于沟谷低洼地带及稍缓坡脚处，物质组成以碎块石为主，土的含量较低，块石粒径粗大，结构较松散，形成泥石流固体物源；另一方面地震增大了岩土体破碎程度，加剧了岩土体坡面的风化侵蚀速度，也丰富了泥石流固体物质来源。地震为泥石流的形成和加剧创造了条件，使震前原本因缺乏松散固体物源条件而未暴发过泥石流的沟谷转化为泥石流沟或潜在泥石流沟。

3. 水源条件

水既是泥石流的重要组成部分,又是泥石流的激发条件和搬运介质(动力来源)。本次应急勘查的泥石流的水源基本全为暴雨。勘查区地处多暴雨地带,雨量丰沛,区域多年平均降雨量多大于1000mm,日降雨量、小时降雨量和10分钟降水量都较大。该地区降水的形式和过程不仅为泥石流形成提供了充足水源,还增大了坡体的自身重量,促使坡体软化和滑面抗剪强度降低,加上地震增大了岩土体松散程度,造成摩擦系数和抗剪强度降低,从而降低了泥石流起动的临界雨量,为泥石流形成创造了条件。震后强降雨与泥石流灾情对比分析显示,震后泥石流形成的累积降雨量和临界降雨量较震前都有所降低。另外由于强降雨还容易造成水库、堰塞湖和崩滑临时堰塞体的溃决而形成突发性巨大水流,进而引发泥石流。

二、泥石流基本特征

1. 泥石流灾害史

本次勘查的泥石流绝大多数为地震后新发现的泥石流,其中25处震后发生过泥石流灾害。地震后泥石流的发生时间多在2008年5月、2008年8～9月、2009年7～9月及2010年8月,泥石流灾害共造成数人死亡,直接经济损失1000多万元。泥石流的危害主要表现在冲和淤,冲的方式主要有冲刷、冲击、冲毁、磨蚀、揭底、拉槽、弯道冲高和直进爬高、山坡切蚀、河岸侧蚀等多种破坏形式。淤的方式主要有淤埋、漫流、堵塞、改道、挤压河道、河床淤高等。目前约有4000余人、3亿元资产受到这些泥石流的威胁。

2. 泥石流成灾特点

(1)受地形控制,泥石流受灾区一般呈带状和片状分布,其自然生态环境受到严重破坏。

(2)泥石流快速冲毁或淤埋通过区域的生产、生活设施,并危及人身和财产安全。

(3)因堵塞而造成堵塞体上游的淤埋与淹没的灾害;因堵塞体溃决而造成堵塞体下游突发的冲毁或淤埋的灾害。

(4)诱发大河上、下游河段的次生灾害,其后果严重,往往具有难以抗御的特点。

3. 泥石流冲淤特征

冲和淤既是泥石流的主要活动特征,又是泥石流对人民生命财产的主要危害形式。

从已发生的泥石流来看,泥石流冲、淤活动主要有以下几个方面特征:在泥石流发生过程中,冲、淤活动是涨水时冲,退水时淤,往往是先冲后淤。在运动过程中是改道时冲,堵塞时淤;水流集中时冲,分散时淤;大水冲滩,小水冲槽。泥石流不同区段的冲、淤特征也是不同的,形成区以冲为主,堆积区以淤为主,流通区有冲有淤。泥石流沟槽窄深时冲,宽浅时淤;尖底槽冲,平底槽淤;沟槽收缩处冲,展宽处淤;沟湾处冲外侧,淤内侧;沟槽冲上游,淤下游;沟坡变陡时冲,变缓时淤;扇顶淤积快,扇缘淤积慢;山麓区泥石流冲淤变幅大,冲大于淤,以冲为主;山前区泥石流冲淤变幅小,淤大于冲,以淤为主。

另外需要注意的是,同一条泥石流沟道,或泥石流沟道的同一区段,由于诱发泥石流的降雨量或降雨过程不同,不同次泥石流的冲、淤特征是不同的,有的频次为冲,表现为揭底、拉槽,有的频次为淤,表现为淤埋、漫流等。

4. 泥石流堆积物特征

泥石流的堆积物分布主要出现于下游沟道,尤其多分布在沟口的堆积扇区。但在某些条件下,一些沟道的中、上游沟道也发生局部或临时性的堆积。泥石流堆积扇区的强烈堆积和迅速扩大,部分造成了所汇入主河道的挤压和堵塞,在主河道堵塞段上、下游造成次生灾害。泥石流堆积物成分和粒径因泥石流所处地质环境条件不同而各异,物质组成一般以碎块石为主。由于泥石流固体物质来源复杂,既包括地震形成的崩塌滑坡体,也包括坡面侵蚀物、可起动的沟床堆积物以及人工堆积物等,且搬运距离较短,故泥石流堆积物的分选性和磨圆度均较差。

5. 泥石流发生频率和规模

泥石流的活动强度主要与地形地貌、地质环境和水文气象条件三个方面的因素有关。沟谷的长度、汇水面积、沟谷形态和纵向坡度等因素为泥石流的物质和能量的聚积提供了条件；地表岩石的破碎、岩层结构的松散、风化程度，崩塌、滑坡的发育等地质环境条件，则左右着泥石流固体物质的补给；水文气象因素直接提供水动力条件，其强度显然与暴雨的强度密切相关。通过以往泥石流的灾害史和现场调查分析，勘查涉及的泥石流沟，无论是地形地貌及沟道条件，还是水源条件，都有利于泥石流的形成。但是，震前由于沟内积累的松散固体物源较少的原因，多为低频和潜在泥石流沟，一些沟道几十年没有发生过泥石流灾害；地震后松散固体物源充足，待水起动，而且诱发泥石流的临界雨强变小，暴发频率增大。部分沟道地震后已发生多次泥石流，已转变为高频泥石流沟。

由于地震的原因，泥石流发展阶段多为发展期或旺盛期。地震后新发生泥石流规模以中、小型为主，老泥石流规模有所加大。

6. 泥石流成因机制和引发因素

本次勘查所涉及区域地处中低山区，地形地貌有利于松散固体物源、雨水及地下水的汇集；同时沟谷山坡两侧地形坡度陡，沟床具备一定的纵比降也为泥石流的形成提供了有利的沟道条件。岩石的风化、人类不合理开挖、不合理的弃土、弃碴、采石及滥伐乱垦造成水土流失，致使大量松散物质堆积于沟床及两侧，为泥石流形成提供了充足的固体物源。特别是在"5·12"地震作用下形成的滑坡、崩塌堆积物，造成泥石流松散固体物源剧增，为泥石流的形成和加剧创造了条件。该区域经常产生强降雨，产生洪流，在狭窄陡深的沟谷中产生强大的动能，为泥石流的产生提供了水动力条件。降雨也使处于斜坡上的不稳定松散体失稳后大量进入沟中，堵塞沟谷，导致水流汇集形成小的堰塞湖和崩滑临时堰塞体，一旦溃决会形成突发性巨大洪流，携带溃决处及下游的大量松散固体物质下泄，形成泥石流。

从上述分析来看，泥石流沟域的地形条件、固体物质和水源条件，都有利于泥石流的发生和活动。但是，诱发泥石流发生的主要因素是降雨，包括局部长时间的大暴雨和长时间降雨后又降大暴雨等，降雨使处于斜坡上的不稳定松散体失稳后大量进入沟中，堵塞沟谷，导致水流汇集形成小的堰塞体，一旦溃决，洪流将携带溃决处及下游的大量松散固体物质下泄，形成泥石流。泥石流发生与否及其规模大小，主要取决于降雨量和降雨强度，其次为人类工程活动的强度及强地震等。本次勘查泥石流灾害主要特征见表3-4。

表3-4 "5·12"地震灾区泥石流灾害体基本特征一览表

序号	泥石流灾害点名称	流域面积/km²	灾害规模	易发程度	泥石流类型		
					物源组成	地貌特征	物质状态
1	都江堰市蒲阳镇练家沟泥石流	2.68	中型	轻度易发	崩滑堆积物	沟谷型泥石流	稀性泥石流
2	都江堰市虹口乡上坪西侧老泥石流	0.74	小型	轻度易发	崩滑物及沟床侵蚀物	沟谷型泥石流	稀性泥石流
3	都江堰市虹口乡关凤沟泥石流	13.20	大型	轻度易发	崩滑物及沟床侵蚀物	沟谷型泥石流	稀性泥石流
4	都江堰市龙池镇磨刀沟泥石流	2.76	中型	轻度易发	崩滑堆积物及弃碴	沟谷型泥石流	稀性泥石流
5	都江堰市紫坪铺镇纸厂沟泥石流	6.87	大型	轻度易发	崩滑、弃碴及沟床侵蚀物	沟谷型泥石流	稀性泥石流
6	都江堰市紫坪铺镇白水溪沟泥石流	2.08	中型	轻度易发	沟道冲淤物	沟谷型泥石流	稀性泥石流
7	都江堰市紫坪铺镇蒲家沟泥石流	2.76	中型	轻度易发	崩滑及沟床侵蚀物	沟谷型泥石流	稀性泥石流

续表

序号	泥石流灾害点名称	流域面积/km²	灾害规模	易发程度	泥石流类型		
					物源组成	地貌特征	物质状态
8	都江堰市水机关沟泥石流	1.04	小型	轻度易发	崩滑及沟床侵蚀物	沟谷型泥石流	稀性泥石流
9	都江堰市虹口乡红色村黄家坪泥石流	0.51	小型	轻度易发	崩塌及沟床侵蚀物	沟谷型泥石流	稀性泥石流
10	都江堰市向峨乡龙竹村3组潜在泥石流	10.48	中型	中等易发	崩滑堆积物	沟谷型泥石流	稀性泥石流
11	都江堰市虹口乡三合厂沟泥石流	1.64	小型	易发	崩滑及沟床侵蚀物	沟谷型泥石流	稀性泥石流
12	彭州市龙门山镇铜厂坡泥石流	1.05	小型	中等易发	崩滑堆积物	沟谷型泥石流	稀性泥石流
13	成都市龙门山镇楼房沟泥石流	0.66	小型	易发	崩滑堆积物	沟谷型泥石流	稀性泥石流
14	成都市彭州市龙门山镇青杠沟泥石流	3.76	大型	易发	崩滑堆积物	沟谷型泥石流	稀性泥石流
15	都江堰市龙池镇南岳水鸠坪老泥石流	3.10	小型	轻度易发	崩滑及沟床侵蚀物	沟谷型泥石流	稀性泥石流
16	都江堰市虹口乡联合村银洞子泥石流	2.20	中型	易发	崩滑堆积物	沟谷型泥石流	稀性泥石流
17	都江堰市龙池镇水鸠坪老泥石流	3.10	小型	轻度易发	崩滑堆积物	沟谷型泥石流	稀性泥石流
18	都江堰市龙池镇碱坪沟泥石流	3.60	大型	中度易发	崩滑堆积物	沟谷型泥石流	黏性泥石流
19	都江堰市玉堂镇龙凤村王家沟泥石流	8.22	大型	易发	崩滑堆积物	沟谷型泥石流	稀性泥石流
20	绵阳市平武县南坝镇杏子树沟泥石流	2.00	中型	极易发	崩滑及沟床侵蚀物	沟谷型泥石流	稀性泥石流
21	平武县水观乡平溪村草湾沟泥石流	0.75	中型	易发	崩滑堆积物、沟道堆积物和坡面侵蚀	沟谷型泥石流	黏性泥石流
22	平武县水观乡平溪村大沟泥石流	0.80	小型	易发	崩滑堆积物、沟道堆积和坡面侵蚀物	沟谷型泥石流	黏性泥石流
23	平武县响岩镇青山村金子牌沟泥石流	0.76	中型	易发	崩滑堆积物、泥石流堆积物、沟谷两侧的残坡积物	沟谷型泥石流	稀性泥石流
24	绵阳市龙安县东皋村姚家沟泥石流	1.3	小型	易发	崩滑堆积物	沟谷型泥石流	稀性泥石流
25	绵阳市平武县平通镇桅杆村草房沟泥石流	1.21	小型	易发	崩滑及沟床侵蚀物	沟谷型泥石流	黏性泥石流
26	成都市彭州市龙门山镇香樟树沟泥石流	0.83	小型	易发	崩滑及沟床侵蚀物	沟谷型泥石流	稀性泥石流
27	彭州市龙门山镇夏家沟泥石流	2.04	中型	易发	崩滑型泥石流	沟谷型泥石流	稀性泥石流
28	都江堰市龙池镇椿芽树沟泥石流	0.60	小型	易发	崩滑堆积物源、沟道堆积物源和坡面侵蚀	沟谷型泥石流	稀性泥石流
29	都江堰市龙池镇东岳村黄央沟潜在泥石流	1.10	小型	易发	崩滑堆积物	沟谷型泥石流	稀性泥石流

序号	泥石流灾害点名称	流域面积/km²	灾害规模	易发程度	泥石流类型		
					物源组成	地貌特征	物质状态
30	都江堰市玉堂镇山王庙沟泥石流	2.14	中型	易发	崩滑及沟床侵蚀物	沟谷型泥石流	稀性泥石流
31	都江堰市龙池镇南岳村核桃树沟泥石流	0.46	小型	中等易发	崩滑堆积物	沟谷型泥石流	稀性泥石流
32	都江堰市虹口乡红色村干沟泥石流	1.12	中型	易发	崩滑及沟床侵蚀物	沟谷型泥石流	稀性泥石流
33	都江堰市虹口乡红色村玉合槽2号泥石流	0.07	小型	轻度易发	崩塌堆积物	沟谷型泥石流	稀性泥石流
34	都江堰市虹口乡深溪村锅圈岩泥石流	0.10	小型	易发	崩滑及沟床侵蚀物	沟谷型泥石流	稀性泥石流
35	大邑县斜源镇江源村14社泥石流	0.08	小型	轻度易发	坡面堆积煤矸石	沟谷型泥石流	稀性泥石流
36	绵阳市安县桑枣镇梓潼沟泥石流	25.61	大型	轻度易发	崩滑及沟床侵蚀物	沟谷型泥石流	稀性泥石流
37	平武县平通镇李家院子滑坡泥石流	0.28	大型	中等易发	滑坡堆积物	沟谷型泥石流	稀性泥石流
38	平武县水观乡陶坪堰泥石流	0.32	小型	中等易发	崩滑堆积物	沟谷型泥石流	稀性泥石流

三、泥石流基本特征值

(一) 泥石流重度及流体性质

泥石流体的重度是指单位体积的泥石流体的质量。本次勘查主要按泥石流勘查规范的配浆法或查表法计算泥石流体的重度，然后根据现场情况综合取值确定泥石流重度，进而确定泥石流流体的性质。由于震后泥石流固体物质急剧增加，其固体物质组分也发生了很大变化，碎块石比例的增大一定程度上加大了泥石流重度，而且调查表明区内震后发生的泥石流多具稀性泥石流特征，鉴于此，将泥石流流体性质范围值调整为：重度1.3～1.8t/m³为稀性，重度1.8～2.3t/m³为黏性。当泥石流重度不易确定时，可据泥石流流体中黏粒含量大体确定泥石流流体的性质：黏粒含量<3%为稀性；3%～18%为黏性；>18%为泥流。

1. 配浆法

本次勘查，对已发生过泥石流的泥石流沟，在堆积区内采取有代表性的泥石流堆积物配合沟水搅拌泥石流浆体，经询问曾见过泥石流发生性状的村民，将浆体搅拌成当时泥石流浆体浓度并进行称重，量测浆体体积，计算其重度，计算公式为：

$$\gamma_c = \frac{G_c}{V} \tag{3-1}$$

式中：γ_c 为泥石流重度，g/cm³；G_c 为配制泥浆重量，g；V 为配制泥浆体积，cm³。

泥石流流体重度一般取三组试验结果的平均值。

据统计本次勘查的泥石流流体重度在1.3～1.8t/m³之间。

2. 查表法

按照《泥石流灾害防治工程勘查规范》（DZ/T0220—2006）附录H填写泥石流调查表并按附录G进行易发程度评分[1]，按表3-5查表确定泥石流重度。据统计查表法确定的不同泥石流沟泥石流流体的重度在1.3～1.9t/m³之间。

表3-5 数量化评分（N）与重度、（1＋φ）关系对照表

评分	重度γ_c (t/m³)	1＋φ	1/a	评分	重度γ_c (t/m³)	1＋φ	1/a	评分	重度γ_c (t/m³)	1＋φ	1/a
44	1.300	1.223	0.794	73	1.502	1.459	0.672	102	1.703	1.765	0.575
45	1.307	1.231	0.788	74	1.509	1.467	0.669	103	1.710	1.778	0.569
46	1.314	1.239	0.782	75	1.516	1.475	0.665	104	1.717	1.791	0.567
47	1.321	1.247	0.777	76	1.523	1.483	0.662	105	1.724	1.804	0.565
48	1.328	1.256	0.771	77	1.530	1.492	0.659	106	1.731	1.817	0.562
49	1.335	1.264	0.767	78	1.537	1.500	0.656	107	1.738	1.830	0.559
50	1.342	1.272	0.762	79	1.544	1.508	0.653	108	1.745	1.842	0.556
51	1.349	1.280	0.758	80	1.551	1.516	0.650	109	1.752	1.855	0.553
52	1.356	1.288	0.753	81	1.558	1.524	0.647	110	1.759	1.868	0.550
53	1.363	1.296	0.749	82	1.565	1.532	0.644	111	1.766	1.881	0.548
54	1.370	1.304	0.744	83	1.572	1.540	0.641	112	1.772	1.894	0.545
55	1.377	1.313	0.739	84	1.579	1.549	0.638	113	1.779	1.907	0.542
56	1.384	1.321	0.735	85	1.586	1.557	0.636	114	1.786	1.919	0.539
57	1.391	1.329	0.731	86	1.593	1.565	0.633	115	1.793	1.932	0.537
58	1.398	1.337	0.727	87	1.600	1.577	0.629	116	1.800	1.945	0.534
59	1.405	1.345	0.723	88	1.607	1.586	0.626	117	1.843	2.208	0.488
60	1.412	1.353	0.719	89	1.614	1.599	0.622	118	1.886	2.471	0.452
61	1.419	1.361	0.715	90	1.621	1.611	0.618	119	1.929	2.735	0.423
62	1.426	1.370	0.711	91	1.628	1.624	0.614	120	1.971	2.998	0.399
63	1.433	1.378	0.707	92	1.634	1.637	0.610	121	2.014	3.216	0.381
64	1.440	1.386	0.704	93	1.641	1.650	0.606	122	2.057	3.524	0.361
65	1.447	1.394	0.699	94	1.648	1.663	0.602	123	2.100	3.788	0.345
66	1.453	1.402	0.696	95	1.655	1.676	0.599	124	2.143	4.051	0.332
67	1.460	1.410	0.692	96	1.662	1.688	0.595	125	2.186	4.314	0.320
68	1.467	1.418	0.689	97	1.669	1.701	0.592	126	2.229	4.577	0.309
69	1.474	1.426	0.685	98	1.676	1.714	0.588	127	2.271	4.840	0.299
70	1.481	1.435	0.682	99	1.683	1.727	0.586	128	2.314	5.104	0.290
71	1.488	1.443	0.678	100	1.690	1.740	0.581	129	2.357	5.367	0.282
72	1.495	1.451	0.675	101	1.697	1.753	0.578	130	2.400	5.630	0.275

3. 综合取值

配浆法和查表法两种方法各有其特点。配浆法只能对已发生过且有人目击的泥石流进行测定，其测定结果只能代表当时的一次泥石流发生的结果。查表法是在现状调查基础上带预测性的重度值结果。因此，泥石流重度取值还应根据当地现场具体情况综合确定。

4. 流体性质确定

根据综合取值确定的泥石流重度，按表3-6确定泥石流流体的性质。本次勘查综合取值法确定的泥石流流体的重度多在1.4～1.8t/m³之间（表3-6），以稀性泥石流为主。

表3-6 泥石流流体性质统计表

稠度特征	稀浆状	稠浆状	稀粥状	稠粥状
重度γ_c/(t/m³)	1.20～1.40	1.40～1.60	1.60～1.80	1.80～2.30
泥石流数量/个	1	16	12	2

（二）泥石流流速

泥石流流速主要与坡度、水深、密度、稠度、粒度等有关。泥石流夹带固体物质多，动能损耗大，其流速小于等量洪水流速。另外，泥石流流速在平面和垂向上分布亦有差异，流体表面中泓流速高于两侧流速，阵性流头流速高于尾部流速，表面流速高于底部流速。

泥石流流速是泥石流的主要运动学参数，同时也是确定流量、冲击力、爬高及冲淤特征的基础，是泥石流治理工程设计的重要依据。由于泥石流暴发的突然性和缺乏监测设备，能现场测定流速的机会极少，在泥石流勘查设计中一般只能根据泥石流沟谷特征参数间接地推算泥石流流速。泥石流流速可根据勘查所得的泥石流流体水力半径、纵坡、沟床糙率及重度等参数计算；也可按泥石流的性质和所在地域，选择合适的地区经验公式计算。

稀性泥石流流速，对于"5·12"地震区可用西南地区（铁二院）计算公式计算：

$$V_c = \frac{1}{\sqrt{\gamma_H \varphi + 1}} \cdot \frac{1}{n} \cdot R^{\frac{2}{3}} I^{\frac{1}{2}} \tag{3-2}$$

式中：V_c 为泥石流断面平均流速，m/s；R 为水力半径，m，一般可用平均水深 H 代替，m；I 为泥石流水力坡降，一般可用沟床坡降 I_c 代替，‰；φ 为泥石流泥沙修正系数，$\varphi = \frac{\gamma_c - \gamma_w}{\gamma_H - \gamma_c}$；$\gamma_w$ 为清水的重度，t/m³；γ_H 为泥石流中固体物质重度，t/m³；$\frac{1}{n}$ 为清水河床糙率系数，可查水文手册。

黏性泥石流流速，对于"5·12"地震区可用东川泥石流改进公式计算：

$$V_c = KHc^{2/3} Ic^{1/5} \tag{3-3}$$

式中：K 为黏性泥石流流速系数；Hc 为泥石流泥位高度；Ic 为沟床纵坡降。

也可据弯道泥痕计算流速。根据弯道泥痕调查所得弯道超高值 Δh 计算流速：

$$稀性泥石流：V_c = [Rg(\Delta h/B - \tan\Phi)]^{1/2} \tag{3-4}$$
$$黏性泥石流：V_c = \{Rg[\Delta h/B - \tan\Phi - C/(HY\cos^2\theta)]\}^{1/2} \tag{3-5}$$

式中：R 为沟道中心曲率半径；g 为重力加速度，取 9.8m/s²；B 为水流断面宽度；Φ 为泥石流体的内摩擦角；C 为泥石流体的内聚力；θ 为泥面倾角。

此外还可从石块运动速度推算泥石流流速计算公式。在缺乏大量实验数据和实测数据情况下，用堆积后的泥石流冲出物最大粒径大体推求石块运动速度，进而推算泥石流流速的经验公式：

$$V_c = K \cdot D_{\max} \tag{3-6}$$

式中：$D_{\max}$ 为泥石流堆积物中最大石块的粒径，m；K 为综合修正系数（泥石流重度、石块密度、石块形状系数、沟床比降等因素），变化范围 3.5～5.5。

本次勘查的泥石流沟以稀性泥石流为主，一般采用西南地区（铁二院）计算公式确定泥石流流速。本次勘查的泥石流沟的泥石流流速因条件不同而数值各异，计算结果见表 3-7。

表 3-7　本次勘查泥石流流速统计表

流速范围/（m/s）	小于 2	2～4	4～6	大于 6
泥石流数量/个	1	12	10	8

（三）泥石流流量

泥石流流量与单位时间降水强度、物源丰富程度及流域面积直接相关，物源丰富、流域面积大且单位时间内降水强度大的泥石流沟其流量一般就大；反之则小。

泥石流流量过程线与降水过程线相对应，涨落速度和幅度较大，常呈多峰型。泥石流流量沿流程是有变化的，在形成区流量是逐步加大的，流通区较稳定，堆积区的流量则沿流程逐渐减小。

泥石流流量是泥石流防治的基本参数之一。为满足泥石流勘查评价及防治工程设计的需要，泥石流沟不同沟段、拟设治理工程部位等典型断面均需进行泥石流流量的确定。泥石流流量可采用形态调查法（据泥痕勘测所得的过流断面面积乘以流速）或雨洪法（按暴雨洪水流量乘以泥石流修正系数）确定。暴雨小径流的地区性经验公式较多，暴雨洪水流量应采用适合当地的经验公式计算。

1. 形态调查法

对历史上发生过泥石流且泥痕、泥位清晰可见的泥石流沟，在泥石流沟道中选择 2～3 个有代表性的过流断面。查找泥石流过境后留下的痕迹，然后确定泥位。最后测量这些断面上的泥石流流面比降（若不能由痕迹确定，则用沟床比降代替）、泥位高度 H_c（或水力半径）和泥石流过流断面面积等参数。用相应的泥石流流速计算公式，求出断面平均流速 V_c 后，即可用下式求泥石流断面峰值流量 Q_c。

$$Q_C = W_C \cdot V_c \tag{3-7}$$

式中：W_C 为泥石流过流断面面积，m^2。

2. 雨洪法

假设泥石流与暴雨同频率、且同步发生，计算断面的暴雨洪水设计流量全部转变成泥石流流量的前提下建立的计算方法。其计算步骤是先按水文方法计算出断面不同频率下的小流域暴雨洪峰流量（计算方法查阅水文手册），然后选用泥石流重度和堵塞系数，按公式（3-8）计算泥石流流量。

$$Q_C = (1+\varphi)Q_P \cdot D_C \tag{3-8}$$

式中：Q_C 为频率为 P 的泥石流洪峰值流量，m^3/s；Q_P 为频率为 P 的暴雨洪水设计流量，m^3/s；$(1+\varphi)$ 为泥石流中由含沙量变化而引起的流量修正系数；D_C 为泥石流堵塞系数，可查经验表 3-8。

表 3-8　泥石流堵塞系数 Dc 值

堵塞程度	特　　征	堵塞系数 D_C
严重	河槽弯曲，河段宽窄不均，卡口、陡坎多。大部分支沟交汇角度大，形成区集中。物质组成黏性大，稠度高，沟槽堵塞严重，阵流间隔时间长	>2.5
中等	沟槽较顺直，沟段宽窄较均匀，陡坎、卡口不多。主支沟交角多小于 60°，形成区不太集中。河床堵塞情况一般，流体多呈稠浆—稀粥状	1.5～2.5
轻微	沟槽顺直均匀，主支沟交汇角小，基本无卡口、陡坎，形成区分散。物质组成黏度小，阵流的间隔时间短而少	1.1～1.5
无		1.0

暴雨洪水流量根据各省水文手册中给出的计算公式计算，或用下式计算：

$$Q_p = 0.278\psi \frac{s}{\tau^n}F \tag{3-9}$$

式中：ψ 为洪峰径流系数，$\psi = f(\mu, \tau^n)$，$\tau^n = f(m, s, J, L)$　　　　　　　　　(3-10)

其中：s 为暴雨雨力，mm/h；m 为汇流参数；J 为沟床平均纵比降，‰；L 为沟道长度，km；n 为暴雨指数；F 为流域面积，km^2；τ 为流域汇流时间，h；μ 为入渗强度，单位为 mm/h；流域特征系数 $\theta = \dfrac{L}{J^{1/3}F^{1/4}}$；汇流参数 $m = 0.221\theta^{0.204}$；$\tau = \dfrac{0.278L}{mJ^{\frac{1}{3}}\theta^{\frac{1}{4}}}$。

本次勘查实践证明，以上两种方法的计算结果各有优缺点。若发生过泥石流的沟道内泥痕、泥位清晰可见时，形态调查法计算的结果较准确，但采用形态调查法计算结果没有暴雨频率的概念，仅能代表当次泥石流的特征值，而雨洪法则根据现有沟域面积、沟域植被发育分布情况和径流系数进行计算，具有预测性质。因此，泥石流峰值流量计算结果的综合取值应根据具体情况合理选用。本次勘查流域面积在 $1km^2$ 左右的泥石流沟，其泥石流洪峰流量多在 $100m^3/s$ 左右。

（四）一次泥石流过流总量

一次泥石流过流总量与泥石流历时长短和流量有关，是泥石流防治的基本参数之一。一次泥石流过流总量 Q 可通过计算法和实测法确定。实测法精度高，但因往往不具备测量条件，只是一个粗略的概算。计算法根据泥石流历时 T（s）和最大流量 Q_C（m^3/s），根据泥石流暴涨暴落的特点，将其过程线概化成五角形，按公式（3-11）计算：

$$Q=0.264TQ_c=KTQ_c \tag{3-11}$$

式中 K 值的变化随流域面积（F）的大小而变化：

当 $F<5$（km^2）时：　　　　$K=0.202$；

$F=5\sim10$（km^2）时：　　　$K=0.113$；

$F=10\sim100$（km^2）时：　　$K=0.0378$；

$F>100$（km^2）时：　　　　$K=0.0252$。

（五）一次泥石流固体冲出物总量

一次泥石流冲出的固体物质总量 Q_H（m^3）按公式（3-12）计算：

$$Q_H=Q(\gamma_C-\gamma_W)/(\gamma_H-\gamma_W) \tag{3-12}$$

（六）泥石流冲击力

泥石流冲击力分为流体整体冲击力和大石块的冲击力。泥石流冲击力大于等量的洪水冲击力，且固体颗粒越粗、流速越大冲击力越强。泥石流冲击力是泥石流防治工程设计的重要参数，防治工程设计参数设小了不安全，设过大了经济上又会造成浪费。

1. 泥石流体整体冲压力

泥石流体整体冲压力计算公式采用铁二院（成昆、东川两线）公式：

$$\delta=\lambda\frac{\gamma_C}{g}V_c^2\sin a \tag{3-13}$$

式中：δ 为泥石流体整体冲击压力，Pa；a 为建筑物受力面与泥石流冲压力方向的夹角，（°）；λ 为建筑物形状系数，方形为 1.47，矩形为 1.33，圆形为 1。

2. 泥石流中大块石冲击力

泥石流中大块石冲击力计算公式：

$$F=rV_s\sin a[W/(C_1+C_2)]^{1/2} \tag{3-14}$$

式中：F 为对墩的冲击力，t；r 为动能折减系数，$r=0.3$；W 为石块重量，t；V_s 为泥石流中块石移运速度，m/s；C_1、C_2 分别为巨石、桥墩的弹性变形系数，$C_1+C_2=0.005$。

在缺乏大量试验数据和实测数据的情况下，采用如下公式计算泥石流浆体中最大石块运动速度：

$$V_s=a\sqrt{d_{\max}} \tag{3-15}$$

式中：a 为全面考虑的摩擦系数，$3.5\leqslant a\leqslant4.5$；$d_{\max}$ 为最大石块的粒径，m。

（七）泥石流爬高和最大冲起高度

泥石流遇反坡，由于惯性作用，将沿直线前进的现象称为爬高。与洪水相比，泥石流具有强烈的直进性，且稠度越大、密度越高，直进性越强。

$$\Delta H=b\cdot V_c^2/2g\approx0.8\cdot V_c^2/g \tag{3-16}$$

式中：ΔH 为泥石流爬高，m；b 为泥石流迎面坡度的函数。

泥石流在受到陡壁阻挡时，其动能瞬间转化为势能，撞击处使泥浆及包裹的石块飞溅起来，称为泥石流的冲起。其冲起最大高度（ΔHc）计算公式：

$$\Delta Hc=V_c^2/2g \tag{3-17}$$

（八）泥石流弯道超高

由于泥石流流速快，惯性大，在弯道凹岸处会产生明显超高现象。在弯道处常常越过沟岸，有时甚至截弯取直。根据弯道泥面横比降动力平衡条件，推导出计算弯道超高计算公式（3-18）。

$$\Delta h=2.3\frac{V_c^2}{g}\lg\frac{R_2}{R_1} \tag{3-18}$$

式中：Δh 为泥石流弯道超高，m；R_2 为凹岸曲率半径，m；R_1 为凸岸曲率半径，m。

计算弯道超高也可采用计算公式：

$$\Delta h = \frac{2V_c^2 B}{gR} \tag{3-19}$$

式中：R 为主流中心曲率半径，m；B 为泥面宽度，m。

第三节 震后泥石流危险性评价与发展趋势预测

一、泥石流危险性评价

危险性评价是国内外灾害科学研究的热点之一，也是灾害预测预报和减灾防灾工作中的重要内容。危险性评价是灾情评估、预测、防灾救灾决策的基础，它不仅反映了泥石流的活跃程度，还反映了泥石流的可能破坏能力。在我国，与泥石流危险度有关的研究最早见于 1986 年谭炳炎的泥石流严重程度的数量化综合评判[3]。自谭炳炎首先将模糊理论用于泥石流严重程度的判别以来，该理论在泥石流危险性评价上得到了很大的发展[4]。

根据研究范围，可以将泥石流灾害危险性评价分为点评价、面评价[5]。泥石流灾害点评价是指对一条泥石流沟或相邻近、具有统一动力活动过程和破坏对象的几条泥石流沟或沟群进行评价，它是其他评价工作的基础，其特点是评价面积小，致灾体（泥石流）和承灾体清晰明确，评价精度高，采用的指标、模型以及得出的评价结果定量化程度高。面评价是对一个流域、一个地区或更大的自然、行政区域内的泥石流灾害进行评价，其特点是面积大，致灾体的成灾条件复杂，致灾因素多样，承灾体类型多，分布广，特征复杂，许多因素具有较高程度的模糊性和不确定性，因此采用的指标多为相对指标，评价结果定量化程度较低。

泥石流是各种自然因素和人为因素综合作用的结果，其形成过程复杂，暴发突然，来势凶猛，历时短暂，破坏力大。泥石流的发生可以看作是地质灾害从量变到质变的一个过程，而其量变到质变的一个拐点就是泥石流发生的激发因子，因此在泥石流危险性评价模型中应体现出泥石流激发因子在其发生过程中的作用，需采用合理的方法确定评价因子的权重，建立危险性评价模型。合理判定泥石流危险度、预测泥石流危险范围，进而完成泥石流危险区划。本次勘查泥石流基本全为暴雨型泥石流，其活动危险程度或灾害发生机率的判别式为：

危险程度或灾害发生机率(D)＝泥石流致灾能力(F)/受灾体的承(抗)灾能力(E)

$D<1$，受灾体处于安全工作状态，成灾可能性小；

$D>1$，受灾体处于危险工作状态，成灾可能性大；

$D\approx1$，受灾体处于灾变的临界工作状态，成灾与否的机率各占 50%，要警惕可能成灾部分。

泥石流的综合致灾能力（F）按表 3-9 中四因素分级量化总分值判别：

$F=16\sim13$，综合致灾能力很强；

$F=12\sim10$，综合致灾能力强；

$F=9\sim7$，综合致灾能力较强；

$F=6\sim4$，综合致灾能力弱。

表 3-9 致灾体的综合致灾能力分级量化表

活动强度①	很强	4	强	3	较强	2	弱	1
活动规模②	特大型	4	大型	3	中型	2	小型	1
发生频率③	极低频	4	低频	3	中频	2	高频	1
堵塞程度④	严重	4	中等	3	较微	2	无堵塞	1

注：表中①按照《泥石流灾害防治工程勘查规范》（DZ/T0220—2006）表 6 确定，②按照《泥石流灾害防治工程勘查规范》（DZ/T0220—2006）表 1 确定，③按照《泥石流灾害防治工程勘查规范》（DZ/T0220—2006）5.1.3 条确定，④按照《泥石流灾害防治工程勘查规范》（DZ/T0220—2006）附录 A1 表 1.1 确定。

受灾体（建筑物）的综合承（抗）能力 E 按表 3-10 中四因素分别量化总分值判别：

E＝4～6，综合承（抗）灾能力很差；

E＝7～9，综合承（抗）灾能力差；

E＝10～12，综合承（抗）灾能力较好；

E＝13～16，综合承（抗）灾能力好。

表 3-10　受灾体（建筑物）的综合承（抗）灾能力分级量化表

设计标准	＜5 年一遇	1	5～10 年一遇	2	20～50 年一遇	3	＞50 年一遇	4
工程质量	较差,有严重隐患	1	合格但有隐患	2	合格	3	良好	4
区位条件	极危险区	1	危险区	2	影响区	3	安全区	4
防治工程和辅助工程的工程效果	较差或工程失败	1	存在较大问题	2	存在大部分问题	3	较好	4

根据泥石流活动危险程度或灾害发生几率判别式判别结果，判定泥石流活动危险程度或灾害发生几率。

由前文可知，震后泥石流危险性大大增加，表现为总体险情较震前加大，出现了一定比例的大型和特大型泥石流。险情特大型、大型、中型泥石流所占比例增加，小型泥石流所占比例减少；震后泥石流活动强度和频率大大增加，表现为高易发和中易发泥石流比例较震前有所增大，低易发和不易发泥石流比例较震前有所减少，高易发、中易发、低易发和不易发的泥石流分别占区内泥石流总数的 19.89%，68.75%，10.80%，0.57%。

二、泥石流发展趋势预测

泥石流暴发的时间具有一定的随机性，但并不完全是一个纯随机过程，地形地貌、松散物质积累和水动力条件的组合决定了泥石流的规模、暴发时间等，研究表明泥石流具有某种程度重现的规律，即具有一定的周期性。综合研究本次勘查泥石流的形成环境及发育特征，可以推断多数泥石流发展具有以下趋势：

震后泥石流目前处于形成—壮年期。地震诱发的崩塌滑坡堆积物为泥石流形成增加了大量物源；震后大部分泥石流沟谷两岸分布有大量的不稳定体，这些不稳定体在降雨条件下失稳滑动向沟内运移成为泥石流物源；地震灾区暴雨频发，为泥石流形成提供了充足的水源条件。预测今后较长一段时间为泥石流高频暴发期。但随着洪水搬运，物源逐渐减少，泥石流发生强度及频率将逐渐降低。

第四节　震后泥石流勘查评价方法

一、常规泥石流勘查方法简介

泥石流勘查是指在收集已有资料基础上，对泥石流活动区域进行有关泥石流形成、活动、堆积特征、发展趋势与危害等方面的各种实地调查、综合分析与评判，结合泥石流调查确定的泥石流防治工程方案，采用测绘、勘查（钻探、物探等）、试（实）验等手段，查明对应的可行性论证阶段、设计阶段和施工阶段防治工程所需要的工程地质条件的工作过程。泥石流勘查工作包括泥石流灾害调查和泥石流治理工程勘查两部分工作内容。

泥石流调查的主要工作内容包括：收集资料、自然地理调查、地质调查、人为活动调查及泥石流活动、险情、灾情调查等。

泥石流治理工程勘查常用的勘查技术手段和工作内容主要有：工程地质测绘，水文测绘，泥石流体勘查（包括泥石流形成区、流通区和堆积区测绘、泥痕测绘、泥石流流体试验、泥石流动力学参数计算、堆积物试验等），勘查（包括钻探、物探、坑槽探等），试验（包括抽、注水试验、水样和土样分析测试等），施工条件调绘和监测等。

勘查工作阶段分为：泥石流调查、可行性论证阶段泥石流勘查、设计阶段泥石流勘查、施工阶段泥石流勘查等[1]。必要时，可进行一次性应急治理勘查工作。

二、震后泥石流勘查技术手段和工作方法

（一）震后泥石流勘查工作特点

本次泥石流灾害治理勘查工作是为震后重建服务的，属于泥石流灾害治理应急勘查，为一次性勘查，因此勘查工作布置要满足一次性勘查要求。勘查工作包括泥石流灾害勘查和泥石流治理工程勘查。现场踏勘时，就要针对保护对象及现场实际情况，拟定出初步治理思路和方案，并有针对性的布置勘查工作。勘查工作布置要全面考虑勘查成果能满足可行性研究、初步设计及施工图设计的要求。

震后勘查工作时间紧迫、任务繁重，出于工期和经费的考虑，勘查工作量的布置较勘查规范作了一定的核减，勘查工作在充分收集资料的基础上以调绘为主。由于勘查区大都在深山峡谷区，山高坡陡，交通不便，钻遇地层碎石、卵石居多，钻探施工条件艰难，勘查工作手段的选取遵循了"能挖不钻"的原则，在满足要求的前提下，尽量以探槽、探井为主，不布或少布钻孔。

（二）震后泥石流应急勘查程序与技术路线

震后泥石流应急勘查工作的核心是：摸清家底，算好水、沙账；选好工程落地位置。其勘查评价工作的技术路线图见图 3 - 4。

1. 泥石流预研究

主要工作内容为资料收集、现场踏勘及初步分析，主要是判定开展泥石流防治工程勘查工作的必要性，初步拟定防治方案。首先收集工作区地质、水文、气象、地质灾害等资料，了解泥石流灾害地质环境条件。然后开展必要的现场踏勘，实地了解泥石流沟域及周边地质环境条件，核实收集资料信息的准确性，获取泥石流灾害威胁对象分布情况，分析预测泥石流发生灾害的可能性和危害性，初步建立泥石流灾害概念模型。存在泥石流险情、灾情且有必要进行应急治理的，初步拟定防治工程布设方案。不存在泥石流险情、灾情的或不必进行应急治理的，直接编写泥石流调查报告。

2. 勘查工作设计编写及审批

依据项目任务书、场地预研究成果、有关的行业标准、技术规范和经费预算标准编写勘查工作设计书，设计书内容应简明扼要、重点突出、层次清晰、文字精炼、图表齐全、勘查工程布置合理。设计书编写完成后，由主管部门组织或委托有关单位组织审查和审批。

3. 泥石流勘查

以审批的勘查工作设计为依据，开展泥石流勘查，查明泥石流发育的自然地理、地质环境和泥石流的形成条件，确定易发程度和危害等级，查明泥石流的基本特征和危害，提出并论证泥石流工程治理方案；结合可能采取的治理方案，查明治理工程部位的工程地质条件，提供满足治理工程设计所需要的岩（土）体物理力学参数。

4. 修正泥石流灾害概念模型

分析勘查工作成果，在泥石流影响范围内，采用工程地质平面图、剖面图、信息量化表等形式，将泥石流灾害发育特征、泥石流威胁对象分布特征及拟设防治工程部位地质环境条件等进行高度概化，修正泥石流防治概念模型。同时，判定勘查获取信息量是否满足泥石流评价的需要，不满足时应进行必要的补充勘查。

5. 泥石流灾害评价及治理研究

主要开展泥石流形成的地质环境条件和工程地质、水文地质特征研究，研究泥石流的成因、类型、

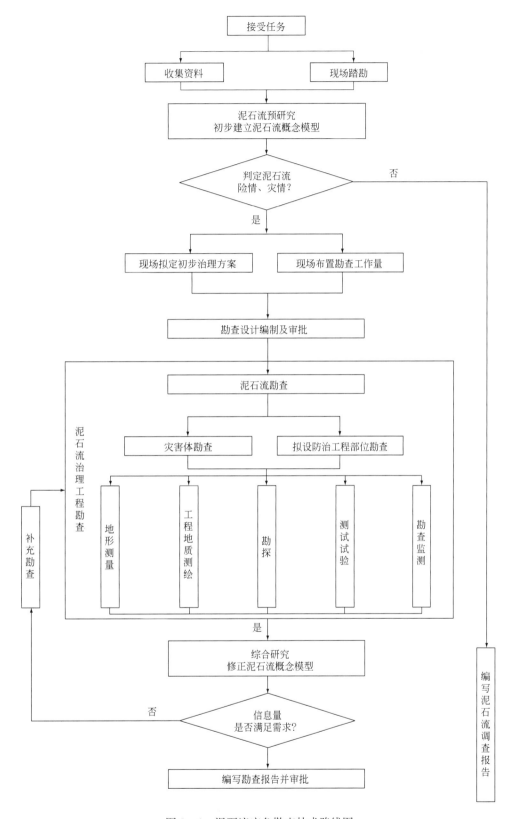

图 3-4 泥石流应急勘查技术路线图

规模、活动特征、危害程度并对发育趋势进行分析预测，计算和确定泥石流特征值，比选论证泥石流防治工程方案，确定泥石流防治工程设计所需的岩（土）体物理力学参数，编制并提交泥石流勘查评价报告。

（三）泥石流勘查技术手段和工作方法

本次勘查工作运用多种技术手段作业，包括资料收集、地形图测量、综合工程地质测绘、工程测量、钻探、槽探、井探及室内岩土试验等，用以查明泥石流形成区、流通区、堆积区地形地貌特征和不良地质现象；查明泥石流活动范围内人类生产、生活设施现状、特别是泥石流段沟口下游两侧居民点及工农业相关基础设施、泥石流防治现状；查明植被破坏、毁林开荒、陡坎悬崖、矿山开采等造成的水土流失状况；查明泥石流堆积扇的分布、形态、规模、扇面宽度、坡度、物质组成、植被、新老堆积扇的组合，堆积扇体的变化、扇体上沟道排导能力及沟道变迁，堆积扇与主河关系等；查明泥石流的形成区、流通区、堆积区的岩（土）体物理力学性质；查明泥石流侵蚀部位、方式、范围和强度，泥石流淤埋的部位、规模、范围等特征；查明泥石流危害对象、造成人员伤亡、财产损失，评价对当地社会经济的影响；预测今后可能造成的危害；确定最近发生最大规模的泥石流的运动特征，包括泥石流重度、流速、流量、一次泥石流总量及动力学特征参数值；提出技术可行、经济合理的泥石流防治工程方案建议等。

1. 资料收集

本次勘查在现场调查之前，收集了勘查区卫星遥感、航片、区域地质普查报告、环境地质调查评价报告、地质灾害调查与区划报告、"5·12"地震灾区地质灾害应急排查报告、四川省水文手册等有关气象水文、地形地貌、地层岩性、地质构造、地震活动、泥石流发生历史、与泥石流活动有关的人类工程活动等的资料，以及泥石流防治工程文件。以此作为本次泥石流勘查工作的基础。

2. 测量

（1）工程测量

工程测量以独立坐标控制，原则上以三个 GPS 点（沟道较长或流域面积较大的，适当的增加了 GPS 点）控制，并辅以相应的图根点，按 E 级控制点埋桩保留，以后的测图、勘查点、地质点、施工图地形校核、施工放线、施工监测等，均以此三个点作为基准点测放。

（2）平面地形图测量

全流域平面图：主沟道长度小于 2km 的采用 1∶2000 比例尺测图；主沟道长度 2～10km 的采用 1∶5000～1∶10000 比例尺测图（修测）；主沟道长度大于 10km 的采用 1∶10000～1∶50000 比例尺测图（修测）。拟设治理工程部位采用 1∶500～1∶200 比例尺测图。物源区或沟道内的局部地段，为调查物源动储量、沟道评价等需要，部分采用了 1∶500～1∶2000 比例尺测图。

（3）剖面地形图测量

全沟道纵断面图比例尺与全流域平面图比例尺相匹配；物源及沟道评价部分采用了 1∶500～1∶2000 比例尺测图，规模小或沟道狭窄的适当放大比例尺；拟设治理工程部位采用 1∶200 比例尺或更大比例尺。各处崩滑体均测有纵、横剖面。在堆积扇上反映扇面形态、沟槽、被保护对象的横剖面不少于三条，在泥石流形成区、流通区、两沟汇合处、拟设治理工程部位均测绘纵、横剖面，调查泥位、糙率、坡降，计算各级水位流量并绘制水位－流量关系曲线，沟槽横剖面兼作流量计算剖面。

3. 工程地质测绘

测绘方法以遥感解译、沿沟追索实测和填绘剖面为主。

遥感解译。从卫星图像和航片解译泥石流的区域性宏观分布、地貌和地质条件，编制遥感图像解译图。

地质地貌测绘。调绘全流域及沟口以下可能受泥石流影响的地段，查清泥石流形成和活动有关的地质地貌要素，编制相应地貌图与地质图，填绘纵剖面图与横断面图。平面、剖面填图比例尺与地形图测量比例尺相一致。调查的主要内容包括：流域内分布的地层及其岩性；地质构造形迹（断层、褶曲）的展布与性质，断层破碎带的性质及宽度，统计各种结构面的方位与频度；植被覆盖率和水土流失等情况；不良地质体及发育状况、分布，重点查明松散物源的规模、性质、分布、稳定性、补给长度；沟槽输移特性，各区段运动的石块的最大粒径和平均粒径，冲沟冲淤变幅、堵塞情况及沟道变化情况，两岸残留泥痕，沟谷的纵横剖面形态及几何尺寸、沟床坡度等；区内人类生产、生活设施状况、弃土弃碴等与泥石流形成有关的人类活动等情况；确认引发泥石流的外动力和泥石流的活动史；泥石流防治工程现状及效果等。

全流域调绘的调查线路先从沟口影响区的边界线开始，沿沟道调查至沟源，再上至分水岭俯览全流域进行宏观了解后返回。堆积区调查重点是：堆积扇形态和发育的完整性，堆积扇挤压主河道的程度，堆积扇前沿及扇上石块的最大粒径和平均粒径，堆积物的叠置形式等；流通区调查重点是河沟的纵、横剖面形态的几何尺寸，沟床坡度、糙率，河沟两岸山坡坡度、稳定性等；形成区主要调查不良地质体的发育状况、松散物源的规模、性质、分布、产状、稳定性、补给长度、植被覆盖率、河沟冲淤变幅、堵塞情况等。

对拟布置防治工程的区段及沟谷两侧进行重点调查。

在拟设拦沙坝、谷坊坝等工程部位，沿坝轴线实测地质纵剖面，其比例尺与平面图比例尺相一致；在两坝端及坝轴线中心部位实测垂直坝轴线的地质短横剖面，当坝长度较大时，或地形变化较明显处适当增加地质短剖面数量。在拟设排导槽、单边防护堤、导流堤等线性工程部位，沿轴线实测地质纵剖面，比例尺与平面图比例尺相匹配，原则上每隔20m左右或地形变化较明显处实测垂直防治工程的地质横剖面，剖面长度以沟道形态与保护对象的空间关系标示清楚为原则。测绘内容主要是防治工程区域及其外围的地形地貌、岩性结构、松散堆积层成因类型、厚度及斜坡稳定性等。再结合钻探、物探、坑槽探和室内试验等勘查手段来完成勘查任务。

停淤场测绘以面上控制为主，主要包括地形起伏、岩土体类型及分布状况、停淤场面积及最大可能停淤量，以及地表水、地下水情况等，比例尺采用1：200～1：500。再结合钻探、坑槽探和室内试验等勘查手段来完成勘查任务。

4. 水文测绘

调查区域暴雨洪水、冰雪消融洪水流量及水库溃决洪水、冰湖溃决洪水和堵河（沟）溃决洪水流量，可依据相关观测资料统计或类比计算。

5. 泥石流体勘查

利用泥痕测绘计算过流断面面积，依据上下断面泥痕点计算泥位纵坡。试验确定泥石流流体重度，颗分实验确定粒度，测定浆体黏度及静切力，试验确定泥石流堆积物的物理力学性质和指标。对于流域面积较小，主沟道长度小于5km且地质环境条件比较简单的泥石流沟，原位测试工作（如重度、颗分等）原则上以各三组为宜，并视沟道长短及支沟多少适当增加。选取适当的方法计算泥石流流速、流量、一次泥石流过流总量、一次泥石流冲出的固体物质总量、泥石流冲击力、湾道超高及最大冲起高度等泥石流动力学参数。

6. 勘探与试验

勘查工程主要布置在泥石流堆积区和拟设防治工程的地段。勘查手段包括物探、钻探、井探及槽探等轻型山地工程。勘查线沿防治工程主轴线布置，原则上孔距20～30m，每条勘查线的钻孔、探井、探槽数不低于2个。遇特殊情况，可作适当调整。本次勘查工作遵循"能挖不钻"的原则，在满足要求的前提下，以挖探槽、探井为主，不布或少布钻孔。

（1）钻探。拟设泥石流防治工程部位主勘查线钻孔，应尽可能在工程地质测绘和地球物理勘查成果的指导下布设，孔距应能控制沟槽起伏和基岩构造线。在拟设拦挡坝部位坝轴线上原则上可布设1～3个钻孔，并辅以井、槽探工作控制。松散堆积层厚度较大时，孔深应是设计建筑物最大高度的0.5～1.5倍；基岩浅埋时，孔深应进入基岩弱风化层不小于5m。必要时，在泥石流堆积扇上适当布置钻孔揭示其厚度。通过钻探查清工程布置区地层岩性、地质构造、岩土体结构类型、松散堆积层厚度及基岩埋深与起伏状况等。

（2）物探。在施工条件较差、难以布置或不必布置钻探工程的泥石流形成区、流通区、堆积区，可布置1～2条物探剖面，对松散堆积层的岩性、厚度、分层、基岩面深度及起伏进行推断。

（3）坑槽探。结合钻探和物探工程，在重点地段布置一定探坑或探槽，揭露泥石流在形成区、流通区和堆积区不同部位的物质沉积规律和粒度级配变化，了解松散层岩性、结构、厚度和基岩岩性、结构、风化程度及节理裂隙发育状况。现场采集具有代表性的原状岩、土试样。

（4）试验。对坝高超过10m的实体拦挡工程进行抽水或注水试验，获取相关水文地质参数。在孔内或坑槽内采取岩样、土样和水样，进行分析测试，获取岩土体的物理力学性质参数。水样一般做简分析并增加侵蚀性测试内容。

7. 对各类防治工程提供以下主要设计参数

（1）各类拦挡坝。覆盖层和基岩的重度、承载力特征值、抗剪强度标准值，基面摩擦系数，泥石流的性质与类型，发生频次，泥石流体的重度和物质组成，泥石流体的流速、流量和设计暴雨洪水频率，泥石流回淤坡度和固体物质颗粒成分，沟床清水冲刷线。

（2）其他工程。排导槽、渡槽着重于泥石流运动的最小坡度、冲击力、弯道超高和冲高；导流堤、护岸堤和防冲墩着重于基岩的埋藏深度和性质、泥石流冲击力和弯道超高、墙背摩擦角；停淤场着重于淤积总量、淤积总高度和分期淤积高度；桩林着重于其锚固段基岩深度、风化程度和力学性质。

8. 施工条件调绘

（1）结合可能采取的泥石流防治工程，调绘施工场地、工地临时建筑和施工道路的地形地貌，并进行地质灾害危险性评估，测图范围和精度视现场情况而定。

（2）了解泥石流防治工程周围的天然建筑材料分布情况，调查评价与工程有关的各类建筑材料的储量、材质、具体位置、开采条件、运输条件与距离、各类材料工程用量估算、各类材料运到工地的价格估算。必要时可适当布置工作量控制。

（3）了解泥石流防治工程周围的水源状况并采样分析，对防治工程及生活用水的水质水量进行评价，提出供水方案建议。

9. 监测

（1）勘查阶段，只进行简便的常规监测。结合工程布设监测站点及监测内容。

（2）降雨观测。根据流域大小，在流域内设置1～3个控制性自记式雨量观测点，定时巡视观测。观测点的设置要避免风力影响和高大树木的遮掩。

（3）泥位、流速观测。有条件时，可进行泥位和流速观测。

（4）预警预报。出现泥石流临灾征兆时，应及时报告有关部门进行预警预报。

（5）对高频泥石流，在勘查期内的汛期时段，提出和实施泥石流活动的监测方案。

（6）结合治理工程提出工程防治效果的监测方案。

（7）当地下水影响泥石流形成和防治工程效果时，开展地下水的监测工作。

10. 勘查报告

（1）报告正文包括：序言，泥石流流域地质环境条件，泥石流形成区、流通区、堆积区的工程地质和水文地质特征，泥石流形成的地形地貌条件、物源条件和水源条件，泥石流的成因、类型、规模、活动特征、危害程度及发展趋势，泥石流的特征值确定方法和计算结果，泥石流防治工程方案比选和建议，泥石流治理工程区工程地质和水文地质条件，治理工程地基及边坡的稳定性等。并提供岩（土）体物理力学测试、原位测试、设计参数和各种监测的资料及附件。

（2）结合泥石流治理工程，以纸质和电子文档形式提交供设计使用的工程地质图册，包括各治理单元的平面图、剖面图、钻孔柱状图及坑槽探展示图等。

平面图要求：①图名、图例、图框及框线坐标、图签、正北标示；②比例尺：按实际比例尺出图的用数字比例尺，未按实际比例尺出图的用线条比例尺，出图比例尺与测绘比例尺应相同；③地形地貌、地层代号、岩层产状、节理裂隙等地质内容；④物源种类、清水区、形成区、流通区、堆积区、危险区、影响区等；⑤长短剖面及编号、勘查点位置；⑥已有工程设施及拟设工程位置；⑦各种内容用不同的符号标注清楚，主体内容用不同的颜色标注。

剖面图要求：①图名、图例、图框、剖面方向、剖面编号；②纵横比例尺一致，按实际比例尺出图的用数字比例尺，未按实际比例尺出图的用线条比例尺，出图比例尺原则上与平面图比例尺相匹配；③地形地貌、地层岩性、岩层产状、沟道与保护对象的关系等。钻孔柱状图按《岩土工程勘查报告编制标准》要求出图。探槽"两壁一底"连接出图。探井按"四壁一底"连接出图。

三、泥石流勘查中应注意的问题

（1）泥石流调查应该以地面调绘为主，应注意充分利用卫片、航片、地形图、水文气象资料和地方志等宏观资料。全流域调绘的调查线路应先从堆积扇的水边线开始，沿沟道步行调查至沟源，再上至分水岭俯览全流域进行宏观了解后返回，"去时了解问题所在，返回时思考解决问题方案"。

（2）泥石流勘查大都在深山峡谷区，山高坡陡，交通不便，钻遇地层碎石、卵石居多，钻探施工难度很大，勘查工作手段的选取要慎用钻探，尽量以挖代钻，不布或少布钻孔。

（3）气象资料的分析评价，要特别注意与泥石流沟流域有关的20年一遇、50年一遇、100年一遇的10分钟降雨量、1小时降雨量、6小时降雨量、24小时降雨量资料的分析与评价。

（4）历史上已发生过泥石流系列数据的调查与评价，应注意其发生时间、降雨强度、流速、流量、一次性冲出量、重度、危害性等。

（5）重视泥石流沟域的划分。除了清水区以外，形成区、流通区、堆积区往往是不容易绝然分开的，是互相联系的，但是每个区域的主要功能还是可以分出来的。需要注意的是，由于诱发泥石流的降雨量或降雨过程不同，各区段不同次泥石流的冲、淤特征是不同的，在勘查时，应对泥石流的冲、淤特征作出全面的分析评价。另外还要注意泥石流沟域的不同区域勘查工作的侧重点。

（6）泥石流勘查，应注意对泥石流沟进入下一级水系（主河道）的过流能力、冲砂能力等的分析与评价。这对治理方案的确定有很大作用。

（7）泥石流地质灾害的评判和防治，应充分考虑和重视"5·12"地震的影响。地震区崩塌滑坡等松散固体物源剧增，为泥石流的形成和加剧创造了条件，使震前未暴发过泥石流的沟谷转化为泥石流沟或潜在泥石流沟。地震后松散固体物源待水起动，诱发泥石流的临界雨量变小，暴发频率增大。而且，泥石流峰值流量也会剧增。震后松散固体物源的性质与成分有所改变，所形成泥石流的重度亦会变化，尤其是地震崩滑体颗粒粗大，形成的泥石流会以低重度的稀性泥石流居多。

（8）泥石流流速是泥石流的主要运动学参数和确定流量、冲击力、爬高及冲淤特征的基础，是泥石流治理工程设计的重要依据。支沟和主沟要分别计算，主沟和支沟的沟口、典型断面、各拟设工程部位断面等都要分别计算。计算时应考虑不同频率的系列参数。

（9）泥石流勘查，应关注堰塞湖的分析与评价。地震或降雨使处于斜坡上的不稳定松散体失稳后大量进入沟中，堵塞沟谷，导致水流汇集形成小的堰塞体（湖），一旦溃决，洪流将携带溃决处及下游的大量松散固体物质下泄，形成泥石流。如堰塞体块度大，流域暴雨洪峰小，经估算达不到溃决所需条件，可以认为堰塞体是稳定的。对稳定的堰塞体可加以利用，适当处理后可作为拦砂坝或谷坊坝使用。

（10）要注意区分松散固体物源的静储量、动储量和一次冲出量。动储量包括可入沟的崩塌滑坡体、坡面侵蚀物、可起动的沟床堆积物等。坡面侵蚀物数量可按侵蚀模量计算。一次泥石流固体物质冲出量是工程设计要采用的非常重要的数据，可通过实地调查或据泥石流流量与重度计算。

第五节　震后泥石流灾害治理思路和措施

一、常用泥石流灾害防治工程技术介绍

泥石流常常具有暴发突然、来势凶猛、迅速的特点，并兼有崩塌、滑坡和洪水破坏的双重作用，其危害程度比单一的崩塌、滑坡和洪水的危害更为广泛和严重，对泥石流隐患点采取合理的防治措施是十分必要的。泥石流的发生、发展与危害，有其固有的规律。治理泥石流不但要求治之于势，而且要善于因势利导，利用其活动规律，使防治系统运行自如，回归到大自然的良性循环之中，以增强防灾抗灾能力，达到消灾减灾的目的。因此，泥石流治理要因势利导，顺其自然，就地论治，因害设防和就地取材，充分发挥泥石流排、拦、固措施的有效组合作用。

（一）泥石流防治一般原则

（1）以防为主、防治结合、除害兴利；
（2）因地制宜、综合治理；
（3）全面规划、突出重点；
（4）技术可行、经济合理、讲求实效；
（5）遵循泥石流自身特点和规律。

（二）泥石流常用防治标准

对于泥石流防治标准目前还没有一个很完美的确定方法和规范，防治工程标准越高，工程越安全，但防治费用就越多。因此在实际工作中泥石流防治标准，应实事求是地根据被保护对象的价值及泥石流自身的活动规模与特点，遵守需要和可能相一致的原则来综合确定。

目前泥石流防治标准与洪水防治标准类似，都是以其工程设计保证率来表达的，即保证防治工程的设计能力，能控制在相应频率下的泥石流规模时不致造成危害。泥石流防治工程的设计基准期（寿命）一般可按50~100年考虑，特殊工程应进行专门论证。泥石流防治工程设计标准应与防治工程安全等级相匹配，并使其主体工程（拦挡坝）的整体稳定性符合抗滑和抗倾覆安全系数的要求同时，坝体内或地基的最大压应力不超过筑坝材料的允许值，最小压应力不允许出现负值。

表3-11　泥石流防治主体工程设计标准

防治工程安全等级	降雨强度	拦挡坝抗滑移安全系数		拦挡坝抗倾覆安全系数	
		基本荷载	特殊荷载	基本荷载	特殊荷载
Ⅰ级	100年一遇	1.20	1.05	1.60	1.30
Ⅱ级	50年一遇	1.15	1.03	1.50	1.25
Ⅲ级	20年一遇	1.10	1.02	1.40	1.20
Ⅳ级	10年一遇	1.05	1.01	1.30	1.15

（三）泥石流防治方案

目前常用的泥石流灾害防治方案可分为预防为主、工程治理为主和综合防治方案。

1. 预防为主防治方案

（1）立法监管及监测预警。加强立法和执法，实施科学防灾管理；加强宣导和教导，增强人们的防灾意识，普及泥石流的防灾知识；采用"群专结合"之路，充分调动专业队伍与人民群众的积极性，开展泥石流监测预警预报。

（2）搬迁避让。对规模大、活动性强、治理难度大的泥石流，采取绕避（搬迁避让）泥石流危害的防治方案。将处在泥石流危险区和影响区范围之内的已建项目或新建、改建的工程项目搬迁设置于泥石流的危险区和影响区的范围之外，达到防灾减灾之目的。

2. 工程治理为主防治方案

（1）生物工程。根据泥石流发生的条件、泥石流性质及危害状况、泥石流发展趋势，结合当地自然条件和社会经济实际制定生物防治方案。生物工程在预防和减轻泥石流活动及实施生态环境可持续发展具有重要作用。生物措施一般在泥石流沟的全流域实施。选取植物要最大限度地满足治理山地灾害的需要，应选择根系深而发达、固土能力强、寿命长的植物，同时所选择的植物要与栽植地的气候条件相适应，采取封山育林与人工造林相结合的方式，提倡乔、灌、草综合营造，严格管理，形成多品种、多层次的立体防护林体系。做好水土保持工作，在25°以上陡坡地区实施退耕还林、还草政策，压缩垦种面积。在山区实施科学的农业耕作和灌溉体系，保护水土，建设可持续发展的山区农业体系。通过减少水土流失、消减洪水、稳定山坡，达到抑制泥石流发生的目的。

（2）工程治理。在泥石流事件发生、运动和终止的关键环节中，通过科学的工程治理措施，避免或减少泥石流灾害事件发生、降低其运动强度，避免或减少人员伤亡和财产损失。在主要的沟道中上游的适当部位布设谷坊坝群及骨干拦沙坝工程，防止沟床下切，稳定岸坡，控制岸坡崩滑体及沟床物质的启动，减少泥石流固体物质的补给量。在中下游地段，设置必要的护岸工程、导流堤坝、渡槽工程，以及停淤场工程等，使泥石流能安全、顺畅地被排出危险区以外，或被输送到安全地域积蓄起来。

3. 综合防治

采取合理的生物措施、工程措施和防灾管理等软、硬相结合的防治措施，进行泥石流灾害的防灾、避灾、治灾工作。

（四）常用防治工程设计控制

泥石流防治工作具有以下特点：

（1）防治对象具有隐蔽性和不确定性，工程可靠性很大程度上取决于对自然地质环境变化的取向和量的评估。

（2）泥石流防治工程的技术水平目前尚欠成熟，且缺乏统一的安全技术标准，因此可靠性较低、风险也较大。

（3）松散物源稳定性的不确定性、岩土性质的非均质性和不确定性，岩土体诸力学参数（C，Φ 值的选用）变异性大，不易确定，合理取值很难。

（4）推力计算和稳定性评价的可靠性（可信度）较低。

（5）行政与技术和经济等相互矛盾和制约，在一定程度上影响防灾技术的决策。

因此，泥石流防治工作应在充分查清泥石流区域地质环境条件及泥石流发育特点的基础上，选择合理的防治措施，做好主要防治建筑物设计控制。

一般泥石流防治工程的设计控制见表 3-12，3-13，3-14。

表 3-12　泥石流防治工程的设计控制表

设 计 控 制	产沙、来沙量控制工程	输沙控制工程
1. 流量控制(拦蓄量和下排量)	拦挡工程、分流工程	排导工程、停淤场
2. 输沙量控制（拦蓄和下排沙量）	产沙控制	拦挡工程、护坡工程、护岸、护底工程
	输沙控制	拦挡工程、排导工程、停淤场工程、河道工程
3. 输沙粒径控制	拦挡工程	停淤场工程
4. 被保护对象的特殊安全要求		

表 3 - 13 拦挡建筑抗滑移、抗倾覆安全系数

设计参数	$k_{滑设}$	$k_{滑设}$	$k_{滑校}$	$k_{滑校}$	$k_{倾设}$	$k_{倾设}$	$k_{倾校}$	$k_{倾校}$
工程级别	工况 Ⅰ	工况 Ⅱ	工况 Ⅲ	工况 Ⅳ	工况 Ⅰ	工况 Ⅱ	工况 Ⅲ	工况 Ⅳ
特大	1.25	1.20	1.15	1.10	1.60	1.50	1.40	1.30
大	1.20	1.15	1.10	1.08	1.50	1.40	1.30	1.20
中	1.15	1.10	1.08	1.06	1.40	1.30	1.20	1.10
小	1.10	1.08	1.06	1.04	1.30	1.20	1.10	1.08

注：$k_{滑设}$为拦挡建筑抗滑移设计安全系数；$k_{滑校}$为拦挡建筑抗滑移校核安全系数；$k_{倾设}$为拦挡建筑抗倾覆设计安全系数；$k_{倾校}$为拦挡建筑抗倾覆校核安全系数；工况Ⅰ：自重+坝前堆石压力；工况Ⅱ：自重+坝前堆石压力+动水压力；工况Ⅲ：自重+坝前堆石压力+冲击力；工况Ⅳ：自重+坝前堆石压力+静水压力+扬压力

表 3 - 14 泥石流防治工程安全超高、埋深值

工程级别	特大	大	中	小
顺水建筑物安全超高/m	1.0	0.8	0.6	0.5
拦挡建筑物安全超高/m	1.5	1.2	1.0	0.8
顺水建筑物安全埋深/m	2.0	1.5	1.2	1.0
拦挡建筑物安全埋深/m	2.5	2.0	1.5	1.2

注：不含爬高、冲高、淤积高

二、本次泥石流应急治理工程技术

本次泥石流防治工作是在震后应急排查及应急勘查的基础上开展的，是为灾后重建服务的，时间紧、任务急，见效要快。而且危险性大宜搬迁避让的泥石流沟在本次防治工作开展前已基本完成了搬迁避让。因此，本次泥石流灾害防治工程以工程治理措施为主。

（一）泥石流治理工程布设原则和指导思想

1. 因地制宜、因势利导、因害设防

泥石流治理工程的布设，要因地制宜、因势利导、因害设防。有排导条件的地方考虑排导；有拦挡条件的地方考虑拦挡；需要消能、减速及固源的地方可考虑谷坊坝或缝隙坝；针对保护对象可考虑设置防护堤；宜停淤的可考虑设置停淤场等。

2. 全面规划、突出重点

治理工程的布设要针对流域的上、中、下游进行通盘考虑，全面规划，上下兼治，不同地段相应采取适当的防治措施。本次泥石流应急治理工程，由于时间、投资和管理体制上的限制，必须突出重点，在基本阻止泥石流发生及危害的前提下，针对形成泥石流的主要区域及危害的重点地段采取相应的治理工程措施，达到泥石流防治的目的。

3. 技术可行、经济合理、讲求实效

泥石流治理工程，必须坚持投资省、效益大、技术可行的原则。泥石流治理工程不仅要抗御洪水，而且更要适应各种泥石流的动、静力学特征。若顾及不周造成工程毁坏，将会造成连锁反应，形成灾上加灾。因此"技术可行"十分重要。泥石流防治多属社会公益性质，应结合当地实际，制定出投资省、防治效益高的治理方案，使防治投资达到最大的效益。

4. 施工方便、环境协调

本次泥石流治理工程大部分都设在交通运输条件不便，地质环境较差的地段，往往施工条件受到很大制约，因此泥石流治理工程方案要考虑当地施工条件。很多泥石流治理工程布设在自然保护区和旅游景区，治理工程方案要考虑尽量与当地地质自然环境的协调。

（二）泥石流沟分区区段的主要防治措施

1. 形成区

主要灾害形式：山体及河岸崩塌、滑坡发育冲毁堤坝或淤埋设施。

防治重点：以防治产沙为主，治山、治沟、稳坡、稳谷，治理形成区内不稳定的岩坡、松散堆积体，滞缓暴雨汇流速度和沟槽汇流集中程度以减势，最大限度减少和控制入沟沙量。

防治方法及工程措施：科学规划集排水系统、坡面治理工程、沟谷稳坡稳谷治理工程、谷坊坝、护底护岸工程。

2. 流通区

主要灾害形式：沟岸崩塌、滑坡发育，常冲毁堤坝等建筑物。

防治重点：以排沙为主，治沟、稳坡、稳谷、防堵塞、稳定流路，控制下泄沙量和输沙粒径。

防治方法及工程措施：拦挡工程包括格栅坝、实体坝、淤地坝，以及护底、护岸工程、导流工程等。

3. 堆积区

主要灾害形式：淤埋、泛滥、尾端再侵蚀。

防治重点：以防淤和防泛滥为主，减沙、增势，提高泥沙搬运能力尽可能将泥沙排入大河，控制堆积扇危险区范围，在有条件地区实施停淤减沙，重点保护山口居民聚集区和工农业活跃区。

防治方法及工程措施：导流工程、排导工程、护底、护岸工程、停淤场、缓冲林带、集流归槽。

4. 下游大河区

主要灾害形式：冲淤交替发展，冲毁堤岸等。

防治重点：加大扇缘切割和排沙能力，确保河形无大变化。

防治方法及工程措施：挑流、导流工程，使主流稳定在扇缘一侧。

典型泥石流沟分区区段防治综合分析汇总表参见表 3－15。

表 3－15　典型泥石流沟分区区段特征与综合防治措施表

防治区段	清水区	形成区	流通区	堆积区	下游大河区
分区功能	主要提供水动力条件	主要的岸坡崩塌、滑坡及沟坡的强烈侵蚀，在降水作用下逐步饱和与液化，产生重力下泄	流体束流通过，有较稳定流路通道，岸坡物源汇入	泥石流活动逐渐停止并淤埋、堆积	下泄进入河道物质，冲携堆积扇前缘固体物质颗粒
泥沙来源	一般坡面侵蚀，坡面松散体失稳	河道来沙，一般坡面侵蚀，沟床纵横向切蚀（沟槽物质再搬运）山坡、岸坡，不稳定松散体失稳	上游河道来沙（输沙），坡面侵蚀，沟床纵横向切蚀，山坡、岩坡，松散体失稳	上游河道来砂（输沙），河床纵横向切蚀，不稳定岩坡失稳	交汇河道来砂（输沙），河床纵横向切蚀，不稳定河岸失稳
补给方式	崩塌、滑坡、坡面侵蚀	再搬运、崩塌、滑坡、泥石流、坡面侵蚀、堤坝溃决	再搬运、崩塌、滑坡、泥石流、坡面侵蚀、堤坝溃决	再搬运、崩塌、堤坝溃决	再搬运
动力特征	水体流路不稳定，势能大，能量转换快	势能大，沙多，能量转换快，流路不稳定，处于高速急流区输沙能力大	势能大，沙多，能量转换快，流路较稳定，处于高速急流区，输沙能力大	势能从山口向扇缘递减，能量转换快，流路不稳定，处于急流区，输沙能力变小	水量大，流路较稳定，多处于急流区，一次过程输沙能力比支沟小，长时间输沙能力比支沟大
重度变化	重度（r_c）$\leqslant 1.3 t/m^3$	不稳定，随泥沙汇入量的变化而变化，重度（r_c）变化大	较稳定，重度（r_c）变化不大	不稳定，随泥沙减少而降低，重度（r_c）变化大	重度（r_c）$\leqslant 1.3 t/m^3$

续表

防治区段	清水区	形成区	流通区	堆积区	下游大河区
平面形态及流路变化	平面形态稳定,流路不固定	平面形态较稳定,流路不固定,纵横向变化较大,多先冲后淤,冲淤变化都很强烈	平面形态较稳定,流路固定,纵横向变化不大,冲淤变化不大	平面形态不稳定,流路不固定,纵向变化小,以横向扩展为主,以泛滥散流淤积为主,淤积速度向扇缘递减,扇缘末端有时出现再侵蚀	平面形态稳定流路基本固定,主流不稳定,常切割扇缘,带走扇缘泥石流堆积物,支沟沟口地貌发育趋势与大河洪水组合关系密切,且受地区抬升或沉降控制
主要灾害形式	坡面崩塌、滑坡、坡面小型水石流	山体及河岸崩塌、滑坡发育冲毁堤坝或淤埋设施	沟岸有崩塌、滑坡,常冲毁堤坝等建筑物	淤埋、泛滥、尾端再侵蚀	冲淤交替发展,冲毁堤岸等
防治重点	削减水动力条件	以防治产沙为主,治山、治沟、稳坡、稳谷,治理形成区内不稳定的岩坡、松散堆积体,滞缓暴雨汇流速度和沟槽汇流集中程度以减势,最大限度减少和控制入沟沙量	以排沙为主,治沟、稳坡、稳谷、防堵塞、稳定流路,控制下泄沙量和输沙粒径	以防淤和防泛滥为主,减沙、增势,提高泥沙搬运能力尽可能将泥沙排入大河,控制堆积扇危险区范围,在有条件地区实施停淤减沙,重点保护山口居民聚集区和工农业活跃区	加大扇缘切割和排沙能力,确保河形无大变化
防治方法及工程措施	修建调洪水库及引水渠系统	科学规划集排水系统,坡面治理工程,沟谷稳坡稳谷治理工程,低坝群(实体坝)护底护岸工程	拦挡工程 格栅坝(水石型、泥石型) 实体坝(泥流地区) 淤地坝(泥流地区) 护底、护岸工程、导流工程	导流工程、排导工程、护底、护岸工程、停淤场、缓冲林带、集流归槽	挑流、导流工程,使主流稳定在扇缘一侧

(三)泥石流防治工程手段和方法

本次泥石流治理工程设计使用的工程手段和方法,主要分为拦挡工程、排导工程、停淤工程和沟坡整治四类。

1. 拦挡工程

(1) 拦挡工程主要作用。拦挡工程是本次泥石流防治工程的一项重要工程措施,拦挡工程的主要作用:①控制泥石流的强度,拦截泥沙,降低泥石流的重度,改变输沙条件,减少输沙粒径,调节输沙量,使泥沙输移形态由泥石流向水流输沙转化;②降低河床坡降,减缓泥石流运动速度并防止河道纵向侵蚀和横向侵蚀;③充分利用回淤效益、稳坡稳谷。

(2) 采用的拦挡工程形式。拦挡工程主要是在泥石流沟上修建横向的拦挡建筑物。本次主要采用的拦挡工程可分为三类:拦沙坝、缝隙坝和谷坊坝(群)等。主要布设在泥石流沟的上、中游区段。

拦沙坝高度一般大于5m,多为重力式圬工实体坝(图3-5)。大多数拦沙坝坝下消能防护工程采用副坝、护坦等。谷坊坝一般高3~5m,多为重力式圬工实体坝;谷坊坝一般布置在小支沟、冲沟上,常以谷坊坝群(由多座谷坊坝组成)的形式布设。缝隙坝为拦粗排细的透过式坝,主要有格栅坝(图3-6)、梳齿坝(图3-7)、网格坝等,建材以钢筋混凝土和金属构件为主。缝隙坝最适合于拦蓄含巨石、大漂砾的水石流、稀性泥石流和挟带大量推移质的高含沙洪水,不适用于拦截崩滑体和间发性黏性泥石流。本次坝高设计不超过15m。

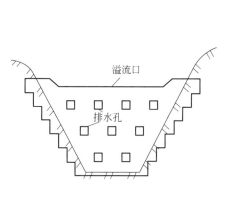

图 3-5 小孔多孔拦沙坝

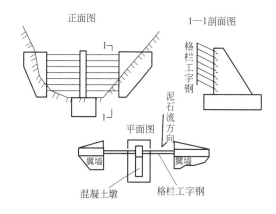

图 3-6 格栅坝

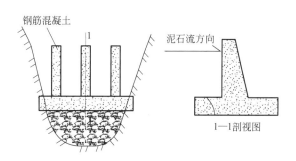

图 3-7 梳齿坝

（3）拦挡工程的使用条件。拦挡工程的使用主要考虑以下因素和条件：

1）中上游或下游大河没有排沙或停淤的地形条件，必须控制上游产沙的河道；

2）流域来沙量大，沟内崩塌、滑坡体较多；

3）要求短期内生效的；

4）上游有一定的筑坝地形（较大的库容和狭窄的坝址）；

5）地方部门能协调治理。

（4）拦挡工程设计要求。泥石流拦挡建筑物，因功能和受力情况与水利部门的坝工不同，故其拦挡建筑物应根据泥石流活动特征进行设计，其主要要求为：

1）宜采用低坝群，分段、分期治理的渐进治理模式；

2）应依据以下参数进行设计：泥石流易发程度、重度、流量、流速；域内松散物贮量、一次平均输沙量和最大输沙量；设计允许流量及允许平均输沙量和最大输沙量；自然状态下及设计允许平均输沙粒径和最大输砂粒径；多级坝的拦挡量分配；

3）应合理选择坝位、坝型，并进行溢流口、排水孔、副坝、坝下冲刷等水力计算；

4）骨干拦沙坝必须选在坝群的最下游或地质基础良好地形条件优越之处，并加大安全系数。

5）最上游第 n 座坝应增加抗冲击能力措施。

2. 排导工程

（1）排导工程的主要作用：

1）控制灾害的位置，将可能堆积在生产生活设施附近并危及安全的泥沙，设法排导到远离防护区的适当地区；

2）利用泥石流自身的力量，提高或改变自然情况下沟槽的搬运能力，增大输沙粒径；

3）维持沟槽坡度、限制纵向和横向变形，防止沟岸、沟床变形引起的崩塌、滑坡；

4）调整流路，使泥石流按人们指定的方向运动。

（2）采用的排导工程形式。泥石流排导工程具有结构简单、施工及维护方便、占地少、造价低廉、效果明显等特点。采用的排导工程形式主要有：排导沟、排导槽，导流防护堤、坝等。主要布置在泥石流沟的流通区和堆积区。

排导沟、槽常用断面形状有梯形、矩形和 V 形 3 种，也有复合型。导流防护堤坝包括束流堤和顺流堤、导流坝、顺流坝和挑流坝等（图 3-8、图 3-9）。

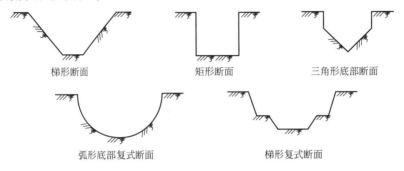

梯形断面　　　　　　矩形断面　　　　　　三角形底部断面

弧形底部复式断面　　　　　　梯形复式断面

图 3-8　常用排导工程断面形式图

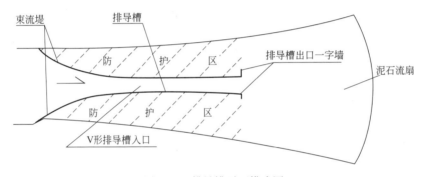

图 3-9　排导槽平面模式图

（3）排导工程的使用条件。排导工程的使用主要考虑了以下因素和条件：

1）充分利用天然沟道自身排泄能力；

2）有排沙的地形条件，包括足够的过流断面和纵坡；

3）排导工程的末端有足够的停淤场所，或被排泄的泥沙、石块能较快的被大河水冲至下游；

4）需要改变现有流路，要求短期生效的；

5）坡度较小的地方采用拦排结合，先拦后排；

6）对沟岸一侧有威胁对象的只采取单边防护堤分段设防。

3. 停淤场工程

（1）停淤场工程的主要作用。泥石流停淤场工程的作用，主要是在一定时间内通过采取一定措施，将泥石流体引入预定的平坦开阔洼地或邻近流域的低洼地，使泥石流固体物质自然减速停淤，从而减少下游排导工程及沟槽内的淤积量，达到消灾减灾的目的。

（2）采用的停淤场工程形式。泥石流停淤场的类型主要包括：堆积扇停淤场、沟道停淤场和围堰式停淤场。泥石流停淤场一般选在沟口堆积扇两侧的凹地或沟道中下游宽谷中的低滩地，一般由拦挡坝、引流口、导流堤、围堤、分流墙或集流沟组成。

（3）停淤场的布设条件。泥石流停淤场的布设主要考虑了以下条件：

1）停淤场要布置在有足够停淤面积和厚度的荒废洼地。在停淤场使用期间，泥石流体能保持自流方式，逐渐在场面上停淤；

2）新停淤场应避开已建的公共设施，少占或不占耕地及草场；

3）停淤场要保证有足够的安全性，即使溃坝其下游无危害对象；

4）沟道停淤场要有合适的引流口位置及高程，满足泥石流体能以自流方式进入停淤场。

4. 泥石流沟坡整治工程

（1）沟坡整治工程的主要作用。泥石流沟坡整治工程的主要作用，是通过修建相应的工程措施，防止或减轻沟床及岸坡遭受侵蚀，使沟床及岸坡上的松散土体能保持稳定平衡状态，从而阻止或减少泥石流的发生与规模。对于流路不畅、变化大的沟段进行调治，使泥石流能沿规定的流路顺畅排泄。

（2）采用的沟坡整治工程形式。泥石流沟坡整治工程，主要是对泥石流沟道及岸坡的不稳定地段进行整治。本次主要采用了拦沙坝（或梯级谷坊坝群）固床稳坡工程、沟床衬砌或加肋板等的护底工程、防坡脚冲刷及岸坡坍塌的护坡工程，以及通过疏浚、截弯取直、丁坝导流等的沟道调治工程。

（四）本次泥石流治理工程设计标准和工况

1. 设计标准

泥石流防治工程设计标准要与防治工程安全等级相匹配。根据泥石流防治工程设计安全级别和地方要求，本次泥石流防治工程设计标准一般按 20 年一遇洪水计算，50 年一遇洪水校核；重要工程按 50 年一遇洪水计算，100 年一遇洪水校核。

由于地震使泥石流形成要素和特征发生了改变，特别是泥石流固体物质急剧增加，容易造成按现有勘查规范计算的泥石流基本特征值与震后发生的泥石流实际情况偏差较大，尤其泥石流流体重度、泥石流流量、一次泥石流过流总量、一次泥石流固体冲出物总量等特征值更是难以准确计算，为了提高防治工程的安全和持续效用，建议震区泥石流防治工程应据实际情况适当提高防治工程设计标准。

2. 拦挡工程（拦挡坝）设计工况

拦挡工程（拦挡坝）设计工况有 3 种。

工况Ⅰ（空库过流）：自重＋静水压力＋水石流水平压力＋泥石流体冲压力＋大石块冲击力＋扬压力＋水平地震惯性力＋水平地震动水压力（泥石流拦挡坝修建好后突发泥石流）；

工况Ⅱ（满库过流）：自重＋堆积物土压力＋扬压力＋水平地震惯性力＋水平地震动水压力（拦挡坝修建好后，多次小型泥石流将库区完全淤积后突发泥石流）；

工况Ⅲ（不满库过流）：自重＋静水压力＋水石流水平压力＋泥石流体冲压力＋大石块冲击力＋扬压力＋水平地震惯性力＋水平地震动水压力＋堆积物土压力（拦挡坝修建好后，多次小型泥石流将库区部分淤积后，突发泥石流）。

3 种工况以工况Ⅱ最安全，工况Ⅰ最危险。本次设计取工况Ⅰ作为设计荷载。坝体计算荷载包括：静水压力、水石流水平压力、泥石流整体冲压力、大石块冲击力、坝体自重、水石流体重、溢流体重、堆积物的土压力、扬压力、水平地震力、水平地震动水压力。

基本荷载组合下浆砌石坝基抗滑移稳定安全系数为 1.15，抗倾覆稳定安全系数为 1.6；

特殊荷载组合下浆砌石坝基抗滑移稳定安全系数为 1.05，抗倾覆稳定安全系数为 1.3。

三、泥石流防治工程应注意的问题

（一）泥石流治理方案应注意的问题

泥石流治理方案应以保护对象的安全为治理目标，按照泥石流的活动和成灾规律，防治对策要因势利导。因受流域和沟道条件控制，故治理方案应沟域统筹、顺应自然，以疏为主、上下兼治。要处理好排、拦的关系，排导是永远的，拦挡是有时效的，有排导条件的沟道应以排导为主。通过工程控制泥石流一次最大冲出量或流量，或约束泥石流的路径，使其不致于造成灾害为目标，综合考虑拦沙、固源、排导、停淤措施。

（二）泥石流治理工程设计应注意的问题

泥石流治理工程设计，必须全面考虑气象、水文、地形、地质、水文地质条件及其复杂变化，泥石流体及工程岩土体的非均质性、各向异性，包括可能发生的自然灾害及因兴建工程改变了自然地质环境条件而引发新的灾害。在设计时对工程经验，特别是当地类似工程的实践经验应予以高度重视。要注重原型观测，原型观测对于检验泥石流防治工程设计的合理性和监测施工的质量和安全，具有特殊的重要意义。同时，还要考虑到泥石流防治工程技术迄今还处于不断完善和探索阶段，还存在着一定的风险性。

（三）拦挡工程设计要点及应注意的问题

1. 拦挡工程设计要点

设计要点：坝位、库容、溢流口、坝肩和下游防冲。

2. 坝位与坝数

坝位选择要按建坝主要目的、地形地质条件、施工难度、坝型、建材及经济技术条件选择。拦挡坝尽量选择上游纵坡缓的基岩锁口处，使坝短、库容大、坝基浅；谷坊坝位选于防揭底沟段，回淤对崩滑体压脚的拦砂坝应设于崩滑体下游边缘。

按拟设坝高、回淤坡度计算库容以及防揭底和侧蚀的固体物质量，按工程有效期内应拦固的固体物质总量确定应设坝的座数。回淤面从溢流口底起算，回淤纵坡采用小于建坝前沟道纵坡 0.5%～1.5% 的经验值。

3. 实体坝结构设计

（1）坝体结构尺寸。按坝高初拟坝顶宽度（b）。坝顶宽按构造要求，且低坝坝面宽度 b 不小于1.5；高坝坝顶宽度 b 不小于3；当有交通及防灾抢险等特殊要求时，b 应大于4.5m。坝底部宽度按实际断面型式通过稳定性计算确定。一般低坝坝底宽度为 0.7 倍坝高，并随着坝高的增加适当加宽。迎水坝面坡缓（1∶0.5～1∶0.6），下游面坡陡（1∶0.05～1∶0.2，甚至直立）。

（2）坝基与坝肩。坝基础一般用毛石砼的整体板基础，厚 0.5～1.5m，突变处用沉降缝断开。低坝坝基在泥石流堆积层中埋深 1.5～2.5m，不应过深亦不一定嵌进基岩；深厚细软基底时可用桩基础，或在基础板下设砼踵或趾以抗滑防冲。

坝肩一般嵌入基岩 0.5～1.0m，土层 1.0～2.5m，不应过深。

（3）溢流段与排水孔。溢流段高度与截面按通过泥石流峰值流量来确定，过流能力计算中的流速应按溢流口水深计算；溢流口不宜过深，以宽、浅为宜，以免减少拦砂量；溢流口断面常用矩形、梯形和 V 形。

排水孔尽量布置在溢流道坝段；排水孔不要过大过密，以免过分削弱坝体结构强度，根据输送石块大小，单孔面积控制在 0.4～0.8m²，总面积为溢流段下坝面积的 5%～8%。

（4）坝下防护工程。泥石流活动有一定的周期性，平时主要是洪水的冲蚀，坝下防护工程做得好坏直接影响到坝体的有效寿命，特别是对于坐落在堆积层上的坝体尤为重要，弄不好往往会出现泥石流还没有发生，坝体就因水冲刷、淘蚀造成坝基失稳而毁坏。根据国内外拦沙坝的破坏调查结果，属于坝体上破坏的问题只占 35%，而坝下破坏问题（坝下冲刷、护坦破坏及副坝破坏）则占 65%，因此要重视坝下防护工程。

坝下防护工程主要是为坝下消能防冲，主要形式有：在坝下游设副坝或谷坊坝回淤防冲，坝高以回淤至主坝脚为度；颗粒较细的泥石流沟，在坝下冲刷段设护坦及齿墙；在坝下冲刷坑外设潜槛等。有的沟道，根据需要在溢流段下游设置导流翼墙（堤）以束流。

4. 缝隙坝结构设计

大多采用刚构格栅坝和柔性网格坝。

（1）刚构格栅坝。设于地基坚实、坝址相对开阔处。

坝高一般 5～15m，不超过 20m。≤5m 坝多用横向梁式格栅；5～10m 坝多用分层竖向格栅；≥10m 坝采用竖向缝隙与孔洞混合式格栅。

格栅坝缝隙据最大粒径 D 进行设计，缝宽一般 1.5～2.0D，缝的总宽度为 0.2～0.4 倍溢流段宽

b_c 缝深 h 一般 1.5～5.0m，且 h/b＝3～10。

坝型主要采用了钢轨平面格栅坝、硅支墩平面格栅坝和钢轨立体格栅坝等。

（2）柔性网格坝。设于基岩峡谷且沟道顺直段。坝高以 5～8m 为宜，不超过 10m。

坝以吊索为经、横索为纬编成方格网，吊索顶紧固于主吊索上，主吊索悬于沟的两岸并埋入坞工锚墩中；吊索底紧固于主索并固定于上游沟床巨石上；整平沟底后将下部拖网埋入沟底，埋长为 1.5～2.0 倍坝高。

各索用高强度钢丝绳或钢绞线，索间结点连结类型有铰、联杆、螺、夹具等。

坝为三维筬状体，主要设计荷载为库内淤积土的侧压力与泥石流冲击力，并注意流体阻塞产生的水平推力。主索承重安全系数取 3～5。

5. 坝的优化设计

对每座坝，计算不同坝高时的造价与拦固物源量，得不同坝高的效益比（拦固单位物源的费用），按效益比最大的坝高作为最优坝高。

分别计算各坝的造价与拦固物源量，据之得各坝的效益比，取消或降低低效益比的坝，增高高效益比的坝。

6. 坝的后期维护

泥石流拦沙坝上游库区淤满后其效能将明显降低。因此，泥石流拦沙坝是一种持续性建设工程，或需定期进行清淤的工程，才能保持长期效用。泥石流拦沙坝上游库区清淤的施工条件一般较差，库区淤满后可根据具体情况采取对坝体适当加高或增加新的拦沙坝的措施。

平时要注意坝下防护工程的后期维护，避免洪水冲蚀坝下造成拦沙坝的毁坏。

（四）排导工程设计要点及应注意的问题

1. 排导工程设计要点

设计要点：进、出口和断面设计、侧墙、沟底的防冲防淤。

2. 排导槽设计应注意的问题

（1）平面尽量顺直并避免拆迁工程；断面按过坝后泥石流流量控制，调整深宽比，与纵坡进行组合，分段与过流能力匹配。

（2）断面形式，有梯形、矩形、弧底形，稀性泥石流以窄深为宜，黏性泥石流以梯形、矩形为宜；低频时可为梯形复式断面，底部窄槽排洪水。表面宜做耐磨处理。

（3）保持合理纵坡。经验值是：稀性 3%～10%，黏性 8%～18%。必要时分段变坡以避免冲、淤和大填大挖。

（4）横断面尺寸的选择，通常采用泥石流沟流通段的特征与排导槽相对应的值类比确定。本次采用西南铁道研究所方法确定横断面尺寸：槽设计宽度≤流通段沟道宽度，且排导槽最小宽度>2～2.5 倍最大粒径；槽深＝泥石流泥深＋常年淤积高度＋弯道超高＋安全高（0.5～1.0m），且排导槽最小深度>1.5 倍可能滚动的最大巨石的粒径。

（5）做好进、出口段和变坡处、过已有桥涵的处理。进口段与坝衔接并做八字堤导流，或设导向潜坝、引流导流堤等入流防护措施。出口向主河下游交汇（30°～60°），做成喇叭口并加大纵坡（>8%），出口尾部作防冲处理。变坡处作好消能处理。过已有桥涵可采用加大流速的措施，避免改扩建。在桥下一般应留有 1.5～2.0m 的净空，以满足泥石流过流的特殊要求。

（6）末端标高宜在大河平均水位以上，并留足 3～5 次淤积高度。禁止在排导槽出口纵坡延长线以下 1.5～2.0m 深度范围内设防冲消能措施，以免受阻形成顶托、漫流回淤影响排泄效果。

3. 导流—护岸堤

对于仅单侧有保护对象的沟岸，可设堤导流—护岸，而不做排导槽。导流堤可为坞土堤或护面土堤。沟床以上堤高＝泥石流泥位高＋冲起高＋弯道超高＋安全高（0.5～1.0m）。堤顶宽度：钢筋砼 0.3～0.4m，砼 0.5m，块石砼、浆砌块石 0.5～0.7m。

（五）停淤工程设计要点及应注意的问题

1. 停淤工程设计要点

设计要点：库容、进口、出口、防冲。

2. 停淤工程应注意的问题

（1）设置停淤场需要注意：一是首先考虑安全，即使溃坝其下游无危害对象；二是不占用大量耕地及其他用地；三是不会产生昂贵的征地费用。

（2）停淤场应设置在出沟口后沟的一侧，在引流口设圬工拦挡坝及堤，将泥石流引入沟侧的停淤场，利用泥石流宽展降速而停积其固体物质，而不能围圈泥石流主沟道作为停淤场。

（3）停淤场设计应注意：进出口位置的选择和结构形式、防冲措施；停淤量和出口流量的计算；周边拦挡墙的稳定性验算和防冲措施；场内散流工程如分流墩、不连续的铅丝笼堤和临时土石堤等的设置。

（4）主河停淤问题。当主河宽坦，纵坡平缓，大量泥石流固体物质输入后不会发生堵溃灾害或起动为泥石流的河段，可考虑加大泥石流固体物质的排放，将主河作为停淤场所，相应减少甚至取消拦砂工程，转而对两岸有保护对象岸段按淤积后水文条件修建防护堤加以防洪，大量减少泥石流治理工程，从而减少治理泥石流的费用。

（5）主沟淤积问题。有的泥石流沟流域面积大，主沟宽坦，纵坡平缓，泥石流在其支沟暴发，固体物质堆积于主沟中。由于危害对象往往主要集中于主沟沟口堆积扇，如果主沟床泥石流堆积物不会大量被揭底起动，则可将主沟床部分作为停淤场所，减少拦砂工程，下游修建防护堤保护有危害对象的岸段。

（六）固坡工程应注意的问题

加固崩塌滑坡体，以避免其进入沟道成为泥石流物源，理论上是防治泥石流的有效措施。但直接加固崩塌滑坡体，工程巨大，治坡的效益不如治沟，故一般不采用。地震诱发的崩滑体松散，多因前缘遭沟侧蚀而崩滑入沟，因此可在崩滑体前缘设墙、堤或石笼防冲蚀，或在紧邻崩滑体沟段设谷坊坝回淤反压。

（七）监测工程应注意的问题

泥石流防治监测，包括施工安全监测、防治效果监测。施工安全监测应注意对沟床及边坡和崩塌边坡体的地面变形、地表裂缝进行实时监控，掌握施工期间沟床和不稳定坡体可能提供参与泥石流活动的固体物质储量、泥石流发生的可能性、规模、严重程度及对工程的影响，并及时反馈设计，指导施工。施工安全监测应采用24小时定时观测，信息要及时反馈，确保施工安全。防治效果监测应结合施工安全监测进行，应选择有代表性的监测站点作为竣工后的长期监测点，了解工程实施后泥石流活动发展趋势，治理工程的实用性和安全性。

第六节 小 结

本章通过对汶川"5·12"地震灾区9县（市、区）震前震后泥石流地质灾害分布发育、基本特征进行总结对比，并结合河北省地矿局承担的地震灾区38条泥石流沟应急治理勘查成果的分析研究，取得如下主要结论：

（1）泥石流的形成需要3个基本条件：有陡峭便于集水集物的适当地形；上游堆积有丰富的松散固体物质；短期内有突然性的大量流水来源。本次勘查的38条泥石流沟，无论是地形地貌及沟道条件、物源条件，还是水源条件，都有利于泥石流的形成。

（2）"5·12"地震后泥石流灾害数量急剧增加，规模、易发程度和险情明显增大。研究区内震前发育泥石流47处，震后发育泥石流176处；震前泥石流规模基本全为中小型，震后出现了一定比例的大型和特大型泥石流；震后高易发和中易发泥石流比例较震前有所增大，低易发和不易发泥石流比例较震前有所减少，原本无泥石流灾害发生的区域也出现了泥石流灾害；震前泥石流险情全部为中型、小型，震后出现了一定比例的险情大型和特大型泥石流，震后泥石流总体险情较震前加大。

（3）"5·12"地震导致泥石流灾害物源、性状、暴发频率等基本特征发生明显变化。"5·12"地震时形成了大量崩滑堆积物，改变了震前泥石流固体物质主要由坡面侵蚀物和沟床堆积物侧蚀的补给方式，同时其固体物质组分也发生了很大变化。震后固体物质组分的改变造成泥石流流体状态变化，形成的泥石流以稀性泥石流占绝大部分，但其重度比震前有所增大，多在 $1.4 \sim 1.8 t/m^3$ 之间。震后泥石流激发、诱发因素不再单为暴雨，由于水库、堰塞湖和崩滑临时堰塞体溃决而引发的泥石流也较为常见，另外还有地震诱发的泥石流灾害。地震不但造成泥石流沟的沟道条件、物源条件发生变化，还增大了岩土体松散程度，造成摩擦系数和抗剪强度降低，从而降低了泥石流起动的临界雨量，导致震后泥石流暴发频率大大提升，使很多原本为低频泥石流和极低频泥石流的沟道在地震后转变成了高频泥石流。

（4）震后泥石流一般处于形成—壮年期。地震诱发的崩塌滑坡堆积物直接为泥石流形成增加了大量物源，震后泥石流沟谷两岸分布的大量不稳定体在降雨条件下失稳滑动向沟内运移也成为泥石流物源，地震灾区暴雨频发为泥石流形成提供了充足的水源条件，预测今后较长一段时间为泥石流高频暴发期。但随着洪水搬运，物源逐渐减少，泥石流发生强度及频率将逐渐降低。

（5）提出了震后泥石流应急治理勘查工作的核心、应急勘查技术路线图及工作手段和方法。勘查工作在充分收集资料的基础上以工程地质测绘为主，勘查工作手段的选取遵循了"能挖不钻"的原则，在满足要求的前提下，尽量以探槽、探井为主，不布或少布钻孔。另外，从研究地震对泥石流类型、形成条件、基本特征、泥石流特征值等方面的影响和作用入手，提出了震后泥石流勘查中应注意的问题。

（6）分析总结了震后泥石流重度及流体性质、泥石流流速、泥石流流量、一次泥石流过流总量、泥石流冲击力、泥石流爬高和最大冲起高度、泥石流弯道超高等的调查评价方法和计算公式，以及泥石流危险性评价方法。

（7）本次泥石流防治工作是在震后应急排查及应急勘查的基础上开展的，是为灾后重建服务的，且前期防治工作已基本完成了搬迁避让，因此本次泥石流灾害防治工程以工程治理措施为主。治理工程布设遵循因地制宜、因势利导、因害设防、全面规划、突出重点、技术可行、经济合理、讲求实效、施工方便、环境协调的原则和指导思想。

（8）总结了泥石流沟分区段的功能、特征、致灾形式、防治重点及综合防治措施，重点研究了本次泥石流应急治理工程手段和方法。主要治理工程分为：拦挡工程、排导工程、停淤工程和沟坡整治工程四类。其中拦挡工程主要形式有拦沙坝、缝隙坝和谷坊坝（群）等，主要布设在泥石流沟的上、中游区段；排导工程形式主要有排导沟、排导槽，导流防护堤、坝等，主要布置在泥石流沟的流通区和堆积区；停淤工程的主要类型有堆积扇停淤场、沟道停淤场和围堰式停淤场，一般选在沟口堆积扇两侧的凹地或沟道中下游宽谷中的低滩地；沟坡整治工程主要类型有拦沙坝（或梯级谷坊坝）群固床稳坡工程、沟床衬砌或加肋板等的护底工程、防坡脚冲刷及岸坡坍塌的护坡工程，以及通过疏浚、截弯取直、丁坝导流等的沟道调治工程，主要布设在物源坡岸及流路不畅、变化大的沟段。

（9）针对震后泥石流防治工程特点，提出了泥石流治理工程设计标准和工况，提出了泥石流治理方案、拦挡工程、排导工程、停淤工程、固坡工程和监测工程等泥石流治理工程应注意的问题及泥石流防治工程设计要点等。

此外，由于地震改变了泥石流发生条件和特征，容易造成按常规方法计算的泥石流基本特征值偏差较大，为了提高防治工程的安全和效用，建议震区泥石流防治工程应据实际情况适当提高设防标准。

参 考 文 献

[1] 国土资源部 .2006. 泥石流灾害防治工程勘查规范

[2] 王继康 .1996. 泥石流防治工程技术 . 北京：中国铁道出版社

[3] 谭炳炎 .1986. 泥石流沟严重程度的数量化综合评判 [J] . 水土保持通报，6（1）：51～57

[4] 蒋忠信 .1994. 新建铁路泥石流沟的判别和发展趋势预测 [A] . 第四届全国泥石流学术讨论会论文集 [C] . 兰州：甘肃文化出版社，259～270

[5] 张梁，张业成，罗元华等 .1998. 地质灾害灾情评估理论与实践 I‐M] . 北京：地质出版社

[6] 刘希林，唐川 .1995. 泥石流危险性评价 北京：科学出版社

[7] 国土资源部 .2006. 泥石流灾害防治工程设计规范

第四章　震后滑坡特征与防治技术

第一节　"5·12"地震前后滑坡的分布及发育特征

一、"5·12"地震前滑坡的分布及发育特征

滑坡是指斜坡上的土体或者岩体，受河流冲刷、地下水活动、地震及人工切坡等因素影响，在重力作用下，沿着一定的软弱面或者软弱带，整体或者分散向下滑动的变形现象。滑动后形成环状后壁、台阶、垄状前缘等外貌[1]。

河北省地矿局承担的汶川"5·12"地震后地质灾害应急勘查工作分布于四川省9个县（市、区）（绵阳市平武县、安县、北川县、涪城区，巴中市的南江县及成都市的都江堰市、彭州市、大邑县、崇州市），均属于"5·12"地震重灾区。依据各县（市、区）地震前地质灾害调查与区划报告及地震后地质灾害详细调查报告，对地震前与地震后滑坡规模、滑坡物质组成、滑体厚度、滑坡的运动形式、滑坡与地形坡度关系进行了详细统计（表4-1至表4-5）。统计中因各县（市、区）地质灾害详查报告与地质灾害调查与区划报告中一些内容未能涉及，故表4-1至表4-5中用"—"号表示。统计表中震前滑坡指"5·12"地震震前已存在的滑坡，震后滑坡指由"5·12"地震诱发的新增加的滑坡。

表4-1　"5·12"地震前后重灾区9个县（市、区）滑坡规模统计表

市	县	大型滑坡数量/处		中型滑坡数量/处		小型滑坡数量/处		合计/处		山区滑坡密度/(个/100km²)	
		震前	震后	震前	震后	震前	震后	震前	震后	震前	震后
绵阳市	平武县	15	14	23	27	22	63	60	104	1.01	1.75
	北川县	6	14	37	64	168	114	211	192	7.36	6.70
	安县	2	1	12	38	36	75	50	114	2.56	5.84
	涪城区	0	0	0	0	18	4	18	4	3.06	0.68
巴中市	南江县	16	32	69	135	93	209	178	376	5.21	11.00
成都市	都江堰市	2	1	6	25	21	61	29	87	2.26	6.79
	彭州市	2	8	10	27	42	91	54	126	3.80	8.87
	大邑县	1	0	6	0	80	37	87	37	5.62	2.29
	崇州市	0	4	2	12	56	22	58	38	12.31	8.06
小计		44	74	165	328	536	676	745	1078		

注：大型滑坡：滑坡体体积≥100×10⁴m³，中型滑坡：滑坡体体积（10～100）×10⁴m³，小型滑坡：滑坡体体积＜10×10⁴m³。

表4-2　"5·12"地震前后重灾区9个县（市、区）滑坡物质组成统计表

市	县	土质滑坡/处		岩质滑坡/处		合计/处	
		震前	震后	震前	震后	震前	震后
绵阳市	平武县	—	100	—	4	—	104
	北川县	—	188	—	4	—	192
	安县	49	111	1	3	50	114
	涪城区	18	4	0	0	18	4

续表

市	县	土质滑坡/处		岩质滑坡/处		合计/处	
		震前	震后	震前	震后	震前	震后
巴中市	南江县	171	359	7	17	178	376
成都市	都江堰市	27	82	2	5	29	87
	彭州市	—	—	—	—	—	—
	大邑县	86	124	1	0	87	124
	崇州市	—	—	—	—	—	—
小计		351	868	11	29	362	897

表 4-3 "5·12"地震前后重灾区 9 个县（市、区）滑坡厚度统计表

市	县	浅层滑坡/处		中层滑坡/处		厚层滑坡/处		合计/处	
		震前	震后	震前	震后	震前	震后	震前	震后
绵阳市	平武县	—	92	—	9	—	3	—	104
	北川县	—	142	—	46	—	4	—	192
	安县	—	110	—	4	—	0	—	114
	涪城区	18	4	0	0	0	0	18	4
巴中市	南江县	30	325	132	47	16	4	178	376
成都市	都江堰市	—	78	—	9	—	0	—	87
	彭州市	40		14		0		54	—
	大邑县	—	—	—	—	—	—	—	—
	崇州市	—	—	—	—	—	—	—	—
小计		88	751	146	115	16	11	250	877

注：浅层滑坡：滑体厚度<10m；中层滑坡：滑体厚度10～25m；深层滑坡：滑体厚度25～50m。

表 4-4 "5·12"地震前后重灾区 9 个县（市、区）滑坡运动形式统计表

市	县	推移式滑坡/处		牵引式滑坡/处		合计/处	
		震前	震后	震前	震后	震前	震后
绵阳市	平武县	—	93	—	11	—	104
	北川县	—	136	—	56	—	192
	安县	2	39	48	75	50	114
	涪城区	4	2	14	2	18	4
巴中市	南江县	165	46	13	324	178	376
成都市	都江堰市	—	27	—	60	—	87
	彭州市	38	—	16	—	54	126
	大邑县	10		77		87	—
	崇州市	—	—	—	—	—	—
小计		219	343	168	528	387	1003

表 4-5 "5·12"地震前后重灾区 9 个县（市、区）滑坡与地形坡度关系统计表

市	县	<20°/处		20°~30°/处		30°~40°/处		40°~50°/处		50°~60°/处		>60°/处		合计/处	
		震前	震后	震前	震后	震前	震后	震前	震后	震前	震后	震前	震后	震前	震后
绵阳市	平武县	—	0	—	15	—	54	—	31	—	3	—	1	—	104
	北川县	—	0	—	21	—	103	—	49	—	13	—	6	—	192
	安县	1	1	17	36	19	61	11	9	1	5	0	2	49	114
	涪城区	1	—	6	—	9	—	2	—	0	—	0	—	18	—
巴中市	南江县														
成都市	都江堰市	0	2	6	10	11	36	8	27	3	9	1	3	29	87
	崇州市	1		10		28		15		4		0		58	
	大邑县	2		20		31		24		10		0		87	
	彭州市	—	0	—	4		67		46		9		0		126
小计		5	3	59	84	98	319	60	162	18	39	1	12	241	623

根据统计结果，9 个县（市、区）震前总的滑坡数量为 745 处；根据区划报告已经给出的滑坡规模等级、物质组成、滑体厚度、运动形式、地形坡度等，各种类型滑坡的数量和所占比例见表 4-6。

表 4-6 "5·12"地震前滑坡地质灾害分类统计表

划 分 依 据	滑 坡 类 型	数量/处	比例/%
物质成分	基岩滑坡	9	2.70
	堆积层（土质）滑坡	324	97.30
滑坡体体积/10^4m³	特大型滑坡（>1000）	2	0.27
	大型滑坡（100~1000）	42	5.64
	中型滑坡（10~100）	165	22.15
	小型滑坡（<10）	536	71.95
力学机制	牵引式滑坡	168	35.15
	推移式滑坡	310	64.85
滑体厚度/m	浅层（<10）	88	35.20
	中层（10~25）	146	58.40
	深层（>25）	16	6.40
地形坡度/(°)	<20	5	2.07
	20~30	59	24.48
	30~40	98	40.66
	40~50	60	24.90
	50~60	18	7.47
	>60	1	0.04

从表 4-6 可以看出，震前滑坡按物质成分分类以堆积层（土质）滑坡为主，占 97.30%；按滑坡体积分类以中、小型滑坡为主，占 94.10%；按力学机制分类推移式滑坡稍多，占 64.85%；按滑体厚度分类以浅层和中层滑坡为主，浅层滑坡占 35.20%，中层滑坡占 58.40%；按地形坡度分类，滑坡主要集中在 20°~50°之间，占 90.04%。

震前滑坡的形成条件主要与地形、地貌、滑体厚度和降水有关，其中引发滑坡的主控因素为降水。

二、"5·12"地震后滑坡的分布及发育特征

统计资料的 9 个县（市、区）在震后新增滑坡的总数量为 1078 处。根据区划报告已经给出的滑坡规模

等级、物质组成、滑体厚度、运动形式、地形坡度等，各种类型滑坡的数量和所占比例见表4－7。

从表4－7可以看出，震后新增滑坡按物质成分分类以堆积层（土质）滑坡为主，占96.77%；按滑坡体积分类以中、小型滑坡为主，占93.14%；按力学机制分类牵引式滑坡稍多，占60.89%；按滑体厚度分类以浅层滑坡为主，浅层占85.63%；按地形坡度分类，滑坡主要集中在20°～50°之间，占91.32%。

表4－7　"5·12"地震后滑坡地质灾害分类统计表

划分依据	滑坡类型	数量/处	比例/%
物质成分	基岩滑坡	29	3.23
	堆积层（土质）滑坡	868	96.77
滑坡体体积/10⁴m³	特大型滑坡（>1000）	2	0.19
	大型滑坡（100～1000）	72	6.68
	中型滑坡（10～100）	328	30.43
	小型滑坡（<10）	676	62.71
力学机制	牵引式滑坡	534	60.89
	推移式滑坡	343	39.11
滑体厚度/m	浅层（<10）	751	85.63
	中层（10～25）	115	13.11
	深层（>25）	11	1.25
地形坡度/(°)	<20	3	0.48
	20～30	86	13.80
	30～40	321	51.52
	40～50	162	26.00
	50～60	39	6.26
	>60	12	1.93

通过"5·12"地震前后滑坡分布及发育特征的比较可以发现，滑坡特征的各项因素变化较大的是滑体的厚度，震前浅层滑坡占35.20%，而震后浅层滑坡占比高达85.63%。其原因主要和地震有关，震前一些覆盖层较薄的斜坡处在临界状态，在地震时滑坡的土体结构发生了破坏，其强度、重度等各项指标发生了变化，从而震前稳定的斜坡在震后形成了滑坡。从滑坡的力学机制分析，震前与震后滑坡有明显不同，震前滑坡力学机制主要以推移式滑坡为主，而震后滑坡主要以牵引式滑坡为主。

"5·12"地震后勘查的滑坡（含不稳定斜坡）共计45处，其分布情况见表4－8。本章以下内容均为对45处滑坡勘查成果进行的分析研究。

表4－8　"5·12"地震后勘查滑坡分布统计表

分　类	绵阳市				巴中市	成都市			
	平武县	安县	北川县	涪城区	南江县	都江堰市	彭州市	大邑县	崇州市
滑坡数量/处	21	4	0	0	1	4	2	2	0
不稳定斜坡数量/处	2	1	0	2	0	2	2	1	1

第二节　震后滑坡形成条件与基本特征

一、滑坡类型

依据《滑坡防治工程勘查规范》（DZ/T0218—2006），按滑坡物质组成和结构因素分类，可分为堆积层（土质）滑坡和岩质滑坡两种（表4-9）。

表4-9　滑坡物质和结构因素分类

类　　型	亚　　类	特　征　描　述
堆积层（土质）滑坡	滑坡堆积体滑坡	由前期滑坡形成的块碎石堆积体,沿下伏基岩面或体内滑动
	崩塌堆积体滑坡	由前期崩塌等形成的块碎石堆积体,沿下伏基岩面或体内滑动
	崩滑堆积体滑坡	由前期崩滑等形成的块碎石堆积体,沿下伏基岩面或体内滑动
	黄土滑坡	由黄土构成,大多发生在黄土体中,或沿基岩面滑动
	黏土滑坡	由具有特殊性质的黏土构成
	残坡积层滑坡	由基岩风化壳、残坡积土等构成,通常为浅层滑坡
	人工填土滑坡	由人工开挖堆填弃碴构成,为次生滑坡
岩质滑坡	近水平层状滑坡	由基岩构成,沿缓倾岩层或裂隙滑动,滑动面倾角≤10°
	顺层滑坡	由基岩构成,沿顺坡岩层滑动
	切层滑坡	由基岩构成,常沿倾向山外的软弱面滑动。滑动面与岩层层面相切,且滑动面倾角大于岩层倾角
	逆层滑坡	由基岩构成,沿倾向山外的软弱面滑动,岩层倾向山内,滑动面与岩层层面倾向相反
	楔体滑坡	在花岗岩、厚层灰岩等整体结构岩体中,沿多组软弱面切割成的楔形体滑动

　　根据汶川震后勘查的45处滑坡（含不稳定斜坡）的具体情况，除南江县赵家碥滑坡（第七章滑坡实例九）为顺层岩质滑坡外，其余均为堆积层土质滑坡。土质滑坡多为单层滑面滑动，少数为多级滑面滑动和多层滑面滑动。单层滑面滑动以平武县魏坝滑坡（第七章滑坡实例三）为代表，多层滑面滑动以彭州市连盖坪滑坡为代表，多级滑面滑动以平武县太阳坪滑坡为代表（图4-1）。

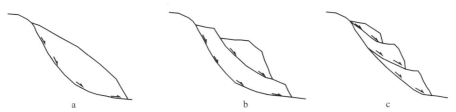

图4-1　土质滑坡破坏模式示意图

a—单层滑面（魏坝滑坡）；b—多层滑面（连盖坪滑坡）；c—多级滑面（太阳坪滑坡）

　　南江县赵家碥滑坡的破坏模式为顺层风化界面控制型滑坡（图4-2）。

　　依据滑坡体厚度、运动形式、成因、稳定程度、形成年代和规模等其他因素，按表4-10进行分类。

　　推移式滑坡和牵引式滑坡都有各自的滑动特点，推移式滑坡的特点是：滑坡后缘的下滑力大于抗滑力，滑坡前缘下滑力小于抗滑力，后部推动前部向前滑动，一旦滑动，滑动速度较快，破坏性较大。牵引式滑坡的特点是：滑坡前缘的下滑力大于抗滑力，前部滑动后滑体后部失去支撑，带动后部向前滑动，一般速度较慢，多具上小下大的塔式外貌，横向张性裂隙发育，表面多呈阶梯状或陡坎状。推移式、牵引式滑坡示意图见图4-3。

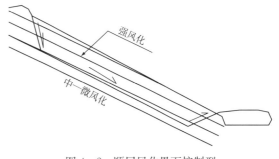

图4-2　顺层风化界面控制型

表 4 - 10　滑坡其他因素分类表

有关因素	名称类型	特 征 说 明
滑体厚度	浅层滑坡	滑坡体厚度在 10m 以内
	中层滑坡	滑坡体厚度在 10~25m 之间
	深层滑坡	滑坡体厚度在 25~50m 之间
	超深层滑坡	滑坡体厚度超过 50m
运动形式	推移式滑坡	上部岩层滑动,挤压下部产生变形。滑动速度较快,滑体表面波状起伏,多见于有堆积物分布的斜坡地段
	牵引式滑坡	下部先滑,使上部失去支撑而变形滑动。一般速度较慢,多具上小下大的塔式外貌,横向张性裂隙发育,表面多呈阶梯状或陡坎状
发生原因	工程滑坡	由于施工或加载等人类工程活动引起滑坡,还可细分为: 工程新滑坡:由于开挖坡体或建筑物加载所形成的滑坡; 工程复活古滑坡:原已存在的滑坡,由于工程活动引起复活的滑坡
	自然滑坡	由于自然地质作用产生的滑坡。按其发生的相对时代可分为古滑坡、老滑坡、新滑坡
现今稳定程度	活动滑坡	滑坡发生后仍继续活动的滑坡。后壁及两侧有新鲜擦痕,滑体内有开裂、鼓起或前缘有挤出等变形迹象
	不活动滑坡	滑坡发生后已停止发展,一般情况下不可能重新活动,坡体上植被较盛,常有老建筑
发生年代	新滑坡	现今正在发生滑动的滑坡
	老滑坡	全新世以来发生滑动,现今整体稳定的滑坡
	古滑坡	全新世以前发生滑动的滑坡,现今整体稳定的滑坡
滑体体积/m³	小型滑坡	$<10 \times 10^4$
	中型滑坡	$10 \times 10^4 \sim 100 \times 10^4$
	大型滑坡	$100 \times 10^4 \sim 1000 \times 10^4$
	特大型滑坡	$1000 \times 10^4 \sim 10000 \times 10^4$
	巨型滑坡	$>10000 \times 10^4$

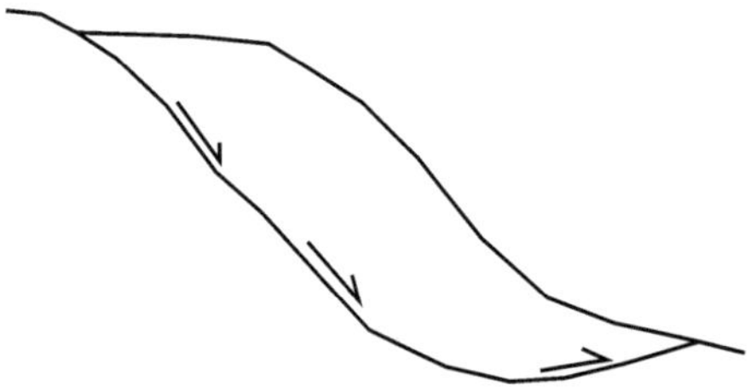

(a) 推移式滑坡 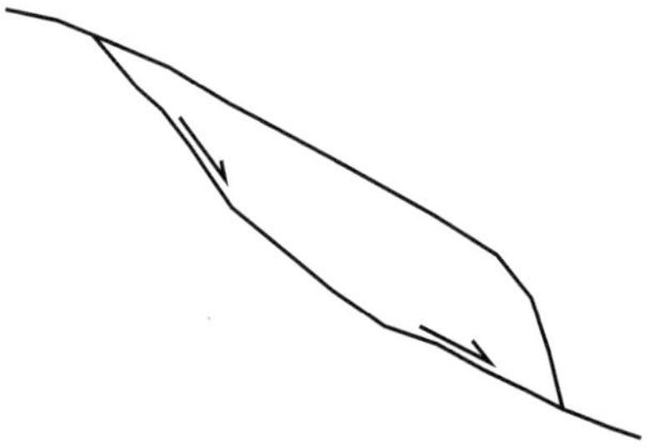　　　　　　　　　　(b) 牵引式滑坡

图 4 - 3　推移式、牵引式滑坡示意图

汶川震后勘查滑坡地质灾害分类统计见表 4 - 11。

震后滑坡总体来说可以划分为三类:一类为震前已存在的滑坡,一般为古滑坡,长期以来处于稳定状态,在"5·12"地震力的作用下,有的坡体产生了新的变形,有的坡体发生了滑动;二类为"5·12"地震时形成的新滑坡,此类滑坡是由地震力而形成的;三类为地震产生的崩塌堆积物和震后重建过程中人工堆积形成的堆积物转化成滑坡,这类滑坡一般沿原地面线滑动。

表 4 - 11　震后勘查滑坡地质灾害分类统计表

划分依据	滑坡类型	数量/处	比例/%
物质成分	基岩滑坡	1	3.16
	堆积层(土质)滑坡	44	96.84

划分依据	滑坡类型	数量/处	比例/%
滑坡体体积/$10^4 m^3$	特大型滑坡（＞1000）	1	0.17
	大型滑坡（100～1000）	6	6.23
	中型滑坡（10～100）	21	28.61
	小型滑坡（＜10）	17	64.99
力学机制	牵引式滑坡	23	57.60
	推移式滑坡	22	42.40
滑体厚度/m	浅层（＜10）	22	86.21
	中层（10～25）	18	12.70
	深层（＞25）	5	1.09

二、滑坡形成条件

滑坡的形成和地形地貌、地层岩性、地质构造、人类工程活动、地震、降雨等有密不可分的关系。促使滑坡形成的因素分两大类：一类是自然因素，如地震、降水、河流冲刷坡脚、河流水位升降及自然崩塌加载等；另一类是人为因素：如开挖坡脚、坡上堆载、灌溉、采空塌陷、爆破振动和破坏植被等（表4-12）。

表4-12　作用于滑坡的因素

作用因素		对滑坡的作用
自然因素	风化作用	降低岩土体的强度
	降雨（雪）	增大滑体重量和下滑力；减少滑带土强度和抗滑力；灌入裂缝产生静水压力；提高地下水位
	地下水变化	增加滑带土孔隙水压力，减小抗滑力；增大动水压力和下滑力；潜蚀或溶蚀滑带减小抗滑力
	河流冲刷	增大斜坡高度和坡脚陡度和应力；减小抗滑支撑力
	地震	增大下滑力；减小抗滑力；滑带土液化
	崩塌加载	增大坡体重量和下滑力；增大地表水下渗
人为因素	开挖坡脚	增大坡脚应力，减小抗滑力
	坡上加载	增大坡体重量和下滑力；增大地表水下渗
	水库水位升降	增大动水压力和下滑力，浸泡抗滑地段减小抗滑力；提高地下水位和滑带土孔隙压力；减小抗滑力
	灌溉水下渗	增大滑体重量和下滑力；提高地下水位，增加滑带土孔隙压力，减小抗滑力
	采空塌陷	增大下滑力；滑带松弛、地表水下渗，减小抗滑力
	爆破振动	增大下滑力；破坏滑带，减小抗滑力
	破坏植被	增大地表水下渗和下滑力，减小抗滑力

滑坡是在特定的自然条件下形成的地质现象，地形条件、地质条件是发生滑坡的内在因素；地震、降水、河流冲刷坡脚、河流水位升降、人类活动等是发生滑坡的外在因素。

（一）形成滑坡的内在因素

1. 地形地貌

滑坡发生的最典型的地形地貌特征是山势陡峻、河谷纵横，形成众多的具有足够滑动空间的斜坡体和切割面。

汶川地震灾区多处于山区，地形高度一般在1000～2000m，滑坡大多分布在河流或沟谷两侧。滑坡发生在平均坡度50°以下的地段，占滑坡总数的75.6%（表4-13），50°以上地段发生的滑坡部分转化为崩塌。震后滑坡的下滑力一般为滑体本身的重力和地震力，抗滑力为滑体与滑床的摩阻力。当地形坡度较小时，一般抗滑力大于下滑力，斜坡不容易下滑。当地形坡度较大时，下滑力逐渐增大，抗滑力逐渐减少，当下滑力与抗滑力相等时，斜坡处于极限平衡状态；当下滑力大于抗滑力时，斜坡将会向下滑动。当地形坡度大于50°时，因地形坡度较陡，斜坡上的岩土体在自身重力作用下，沿节理裂隙向下坠落，多形成崩塌。

表4-13　滑坡与地形坡度的关系统计表

坡度/(°)	<10	10~20	20~30	30~40	40~50	>50
个　数	1	5	11	17	10	2
百分比/%	2.2	11.1	24.4	37.8	22.2	4.4

2. 地质条件

地质条件主要包括滑坡的地层岩性条件、坡体结构与地质构造。

勘查区地层岩性多以二元结构为主，坡体上部主要由地表残坡积、崩坡积碎石土和粉质黏土含碎石层组成。下部一般由基岩构成，基岩岩性主要有板岩、千枚岩、砂岩与页岩互层、粉砂岩与泥岩互层等，个别滑床为结晶灰岩。这种地层结构，在地震、降水及人类活动的外在因素影响下，容易在上部土体与基岩界面上形成滑动面。

除岩性条件外，坡体地质结构是滑坡重要的控制条件，即坡体中的各种岩土层和结构面（层面、节理面、片理面、断层面、不整合面等）的性状及其与临空面的关系。可分为类均质体结构、近水平层状结构、顺倾层状结构、反倾层状结构、块状结构和碎裂结构六种（表4-14）。"5·12"地震后勘查的滑坡多以顺倾层状结构为主，滑坡坡体地质结构特征见表4-15。

表4-14　坡体地质结构类型表

坡体结构类型	结 构 特 点	变 形 类 型
类均质体结构	黏土、黄土、堆积土、残积土等类均质结构，无明显软弱结构面	坍塌、溜坍、沿弧形面滑动
近水平层状结构	土层、半成岩地层、岩层产状近水平(倾角小于10°)，软硬相间，近垂直节理发育	土层坍塌、滑动；硬岩崩塌，挤出性滑动，切层滑坡
顺倾层状结构	土层、堆积层、岩层层面倾向临空面，倾角大于10°，常有软夹层，有渗水	最容易发生顺层牵引式滑坡，具多层、多级特点
反倾层状结构	岩层面反倾临空面，倾角大于10°，单一岩层或软硬岩互层，节理较发育	一般较稳定，有切层滑坡和倾倒及 V 形崩滑
碎裂状结构	构造破碎带，岩体呈碎块石状，常有次级外倾破碎泥化带，渗水	坍塌，沿软弱带滑坡
块状结构	厚层块状岩体，强度高，但节理发育，有时有外倾小断层	沿节理面崩塌或沿构造面滑坡

表4-15　滑坡坡体地质结构特征统计表

分　类	类均质体结构	近水平状结构	顺倾层状结构	反倾层状结构	块状结构	碎裂结构
个　数	1	9	23	12	0	0
百分比/%	2.2	20.0	51.1	26.7	0	0

地质构造是形成滑坡的重要条件之一。勘查区大部分处于龙门山构造带上，地质构造极其发育。龙门山构造带是由一系列北东向展布的、左行雁列的紧密褶皱和3条主干大断裂及次级断裂系组成。自东至西是龙门山前主边界断裂带、主中央断裂带和后龙门山断裂构成的复杂褶皱冲断带，龙门山断裂带的活动是汶川地震发生的主要原因[2]。"5·12"地震后勘查的滑坡距离断裂带一般在5km之内，

受断裂活动影响较大。

（二）形成滑坡的外在因素

地震是本次滑坡发生的主要诱发因素。据"5·12"地震发生后四川省 42 个重灾县（市、区）地质灾害应急排查总结报告，共排查确定的地质灾害隐患点为 10613 处。由地震新增加的地质灾害隐患点 5094 处，其中滑坡（含不稳定斜坡）2164 处，占 42.5％。根据"5·12"地震后勘查资料，有 8 处滑坡在"5·12"地震前存在，并在地震时再次发生滑动，其余的 37 处滑坡均是在"5·12"地震时产生的。可以说"5·12"地震对滑坡发生起到了至关重要的作用。

降水对滑坡的变形发展的作用也是很大的，汶川地震灾区处于暖湿的亚热带东南季风和干湿季分明的亚热带西南季风交替影响地区，降水量较充沛。勘查区多年平均降水量在 806（平武县）～1198mm（南江县）之间，降水主要集中在每年的 6～9 月份。降水渗入坡体并在滑带聚积，降低了滑带土的力学性质，增高了地下水位和滑带土的孔隙水压力，减小其抗剪强度和阻滑力。滑体饱水后增大滑体的重力和下滑力，已开裂的坡体裂隙中灌水还可产生静水压力。震后勘查资料表明，绝大多数滑坡在经历了 2008 年 9 月 23 日强暴雨后，变形迹象加大。如平武县赵家坟滑坡群（第七章滑坡实例一），2008 年 9 月 23 日 12 小时降水量达 67.5mm，大量的降水入渗导致滑体土在增大自重的同时抗剪强度也急剧降低。另外还导致上覆堆积层与下伏风化板岩之间的软弱结构面水理软化产生润滑作用，滑坡体上出现多处局部滑塌、位移和下错（错距最大 1.7m）、多级阶梯状剪切裂缝等变形特征，愈来愈向坡体稳定临界值方向发展。

河流冲刷作用主要为河流的下切及侧蚀冲刷，既增加了斜坡的高度，又削弱了坡脚的支撑力，改变了斜坡的应力状态，造成坡脚应力集中而容易破坏。如平武县斩龙垭滑坡（第七章滑坡实例五），该滑坡位于涪江支流的岸边，河水不断冲蚀滑坡堆积物，减小了滑坡前缘阻力，促进滑坡下段牵引式滑动。同时，河水位的变动也使滑坡前缘土体含水量等发生变化，加速滑坡运动。

河水位升降改变了坡体内的水文地质条件，水位上升时造成地下水位抬升，潜在滑带浸水范围扩大，强度降低，阻滑力减小；水位下降时产生动水压力，增大了下滑力。如都江堰市白岩山 2 号滑坡（第七章滑坡实例十），该滑坡剪出口处为莲花洞水库，莲花洞水库校核洪水位 743.15m，设计洪水位 741.33m，正常蓄水位 740.20m，历史最高水位 742.00m。在运行期间将产生 5m 左右的水位落差，库岸土将经过回水→浸润→浸泡→水位回落→动水压力增加这一变化过程，这一过程将进一步改变土体结构和应力状态，产生库岸再造，并降低库岸的稳定性，甚至导致库岸滑塌。

人类活动主要表现在开挖坡脚、植被破坏和地面加载等。在工程建设中，开挖坡脚而引起古老滑坡复活或新生滑坡的现象非常常见。它主要是削弱了坡脚的支撑力，改变了坡体的应力状态和地下水的渗流场。"5·12"地震后勘查的滑坡有 12 处都涉及修路、建房开挖坡脚问题，开挖坡脚形成的新临空面成为了滑坡的剪出口，在地震或降水的综合作用下，有可能发生下滑。如平武县大桥中学后坡滑坡（第七章滑坡实例四），一是在坡体前缘修建大桥中学时对滑坡前缘坡脚进行了切坡，曾造成局部滑动；二是在滑坡前缘斜坡上修路形成高角度边坡，最高处达 7.5m。在地震期间受降水影响道路内侧部分挡土墙受损，滑坡体局部出现拉张裂缝。地面加载主要是在斜坡上堆载，如填筑路基和弃碴，村民在滑坡体上建房等。

总体来说，滑坡是具有滑动条件的斜坡在多种因素综合作用下的结果。但对某一特定滑坡总有一或两个因素对滑坡的发生起控制作用，可以称它为主控因子。在滑坡防治中应着力找出主控因子及其作用的机制和变化幅度，并采取主要工程措施消除或控制其作用以稳定滑坡，对其他因素则采取一般性措施达到综合性治理的目的。

由于"5·12"地震震级较高，同发型滑坡和后发型滑坡[3]都比较多。同发型滑坡是指在地震时产生的滑坡，其地震动力响应为主控因素，斜坡地质结构为次级控制因素[4]；后发型滑坡是指震后由于各种原因发生的滑坡，其地质结构为主控因素，地形地貌为次级控制因素。

汶川地震灾区滑坡，除地震瞬间发生的滑坡外，相当一部分滑坡是在震后由于各种原因发生的。

这种后发型滑坡是地震累积效应作用的结果：强震过程中，边坡各部分对地震的响应并不一样，坡顶的动力加速度比坡脚要大，这种坡顶的放大效应造成瞬时拉应力，使得边坡的坡肩一定范围内产生弧形裂缝，这种裂缝虽然没有导致边坡的失稳破坏，但它导致了边坡稳定性降低（地震的累积效应）[5]。由于边坡土石松动开裂，为震后雨水的入渗创造了条件，从而可能导致边坡地下水径流条件发生变化，边坡岩土体力学参数降低，再加上频发的余震，极可能导致斜坡失稳。这种后发型边坡失稳的机制可以认为是边坡岩土体力学参数的降低、震后水的软化作用以及余震共同作用的结果。一部分同发型滑坡在地震时虽然已经发生滑动，但是地震发生在旱季，好多滑坡没有发生整体滑动，在雨季时同后发型滑坡一样，滑坡体地质结构破坏，力学参数降低，也有可能发生整体下滑。

三、滑坡基本特征

（一）滑坡平面形态特征

滑坡的平面形态和滑坡的地形条件和斜坡形状有直接的关系。震后勘查的滑坡平面形态可分为5种，分别是簸箕形（扇形）、舌形、长椅形、倒梨形（纺锤形）、牛角形（长条形）（图4-4）。

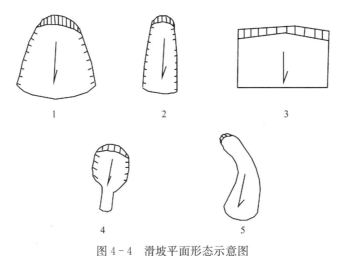

图4-4　滑坡平面形态示意图

1—簸箕形（扇形）；2—舌形；3—长椅形；4—倒梨形（纺锤形）；5—牛角形（长条型）

震后勘查的45个滑坡中有39个形态为簸箕形（扇形）和舌形，其中以平武县南坝镇魏坝滑坡、平武县赵家坟滑坡群为典型代表；滑坡形态为长椅形的滑坡有2个，分别为彭州市龙门山镇白水河汽车站滑坡（第七章滑坡实例七）和大邑县悦来镇盐井村10社代家沟滑坡；滑坡形态为倒梨形（纺锤形）的滑坡有2个，分别为平武县茶树岭滑坡和平武县大桥镇小楼村花园坪院子滑坡；滑坡形态为牛角形的滑坡有2个，分别为平武县木扩山滑坡和平武县毛坡山滑坡。

滑坡的后缘大多为第四系岩土和基岩的分界线，由于地震作用，具有明显的弧状张拉裂隙。侧缘多以沟谷和山脊为界，前缘大多为居民房屋开挖的陡坎、山前公路或河流等，一般具有较高的临空面。

（二）滑坡变形阶段与变形特征

不同的研究者从不同的角度出发将滑坡的发育过程分为不同的阶段：如日本学者渡正亮比照地貌发育过程把滑坡分为青年期、壮年期、老年期；我国徐邦栋教授将之细分为蠕动阶段、挤压阶段、匀速滑动阶段、加速滑动阶段、固结压密阶段、消亡阶段；《滑坡防治》一书中将其分为蠕动挤压阶段、滑动阶段、剧滑阶段和固结压密阶段；《重庆市三峡库区滑坡危岩勘查规定（试行）》（2002年5月）按照滑动面、滑动前缘、滑动后缘、滑坡两侧及滑坡体的变形特征将其分为变形阶段、蠕动阶段、滑动阶段和稳定阶段。

按照震后滑坡的受力和变形特点将其分为蠕动阶段、挤压阶段、滑动阶段和稳定压密阶段（表4-16）。但震后滑坡的发展阶段并不完全是循序渐进的，部分滑坡在地震力作用下，直接进入滑动阶段。

表 4 - 16 滑坡变形阶段划分表

变形阶段	变形特征					稳定状态
	滑动带（面）	滑坡后缘	滑坡前缘	滑坡两侧	滑坡体	
蠕动阶段	主滑带剪应力超过其抗剪强度发生蠕动,逐渐扩大并使牵引段发生拉裂	地表或建筑物上出现一或数条地裂缝,由断续分布而逐渐贯通	无明显变形	无明显变形	无明显变形	局部 $F_s<1.0$；整体 $F_s>1.0$
挤压阶段	主滑段和牵引段滑面形成,滑体沿其下滑推挤抗滑段,抗滑段滑带逐渐形成	主拉裂带贯通,加宽,外侧下错,并向两侧延长	地面有局部隆起,先出现平行滑动方向的放射状裂隙,再出现垂直滑动方向的鼓胀裂隙,有时有坍塌,泉水增多或减少	中、上部有羽状裂隙出现并变宽,两则剪切裂缝向抗滑段延伸	中、上部下沉并向前移动,下部受挤压而抬升、变松	局部 $F_s<1.0$；整体 $F_s>1.0$
滑动阶段	抗滑段滑面贯通,从地面剪出,整个滑动面贯通,滑坡整体移动,随滑动距离增加,滑坡加速滑动至破坏	后部形成裂隙带或陷落带,出现高陡的滑坡壁并有擦痕	滑体滑出剪出口覆盖在原地面上形成明显的滑坡舌,有时泉水增多	两侧羽状裂隙被剪切裂隙错断并形成明显的侧壁,见有滑动擦痕	重心显著降低、坡度变缓、裂隙增多,变宽,建筑物倾斜,上下出现醉汉林	$F_s<1.0$
稳定压密阶段	滑动后滑动带因排水而逐渐固结	滑坡壁坍塌变缓,填塞滑坡洼地,裂隙逐渐闭合	抗滑段增大,滑坡停止滑动,裂隙逐渐闭合	侧缘坍塌变缓	滑坡逐渐压密而沉实	$F_s>1.0$

1. 蠕动阶段

一定地质结构的斜坡,由于河流冲刷、海浪侵蚀、人工开挖或加载,或因地下水的上升或地震等作用,引起坡体内部应力调整,在斜坡的中下部产生应力集中,常常在主滑段下段滑动面上的剪应力超过该处土体实有的抗剪强度而产生塑性变形——蠕变。随着塑性区扩大,中部坡体向下挤压,引起后部牵引段失稳与稳定坡体间产生主动破裂而出现拉张裂隙。此阶段滑体中部、前缘及两侧均无明显的变形迹象,主要是主滑段滑动带的蠕动变形。滑坡整体稳定系数大于1.0。如都江堰市杜仲林滑坡,该滑坡只在滑坡中部村道出现裂缝,前缘出现局部垮塌,其他变形迹象不明显,没有明显的滑带形成。

2. 挤压阶段

滑坡后缘主拉裂隙出现之后,为地表水的灌入和下渗软化滑带土提供了有利条件,主滑段和牵引段向前移动共同推挤抗滑段滑体,主拉裂隙向滑体两侧延伸并张开加大和下错,滑体中上部两侧出现羽状张裂隙,呈雁行排列。滑坡抗滑段滑面尚未形成时,滑坡整体受挤压,首先因受挤压而出现大致平行主滑方向的放射状张裂隙,继而出现垂直主滑方向的因坡体被挤压隆起的鼓胀裂隙,开始时断时续后逐渐贯通。滑坡抗滑段滑面逐渐形成后,其剪出口或在边坡坡脚,或在边坡上,或在坡脚以外断续出现,逐渐贯通。滑坡两侧裂隙向下延伸与剪出口裂隙相通,但无明显下错。滑坡体表现为中部下沉和向前平移,而前缘以上升为主,整个滑坡的稳定系数仍大于1.0,约在1.0～1.05之间。如平武县魏家湾滑坡(第七章滑坡实例二),主要表现为地面裂缝和建筑物变形。地面裂缝主要分布于滑坡体后部和前缘,后部3条裂缝为地震引起的张拉裂缝,裂缝宽约5～10cm,深约25～40cm；前缘裂缝为滑坡体多年蠕动变形形成的鼓胀裂缝,裂缝延伸长度一般5～15m,裂缝宽一般1～5cm,最宽可达20cm,深一般20～40cm,最深达55cm。建筑物变形主要表现在滑坡前缘浆砌石防洪堤上,其侧面出现4条明显裂缝,缝隙长5～15m,宽5～10mm,反映出滑坡有轻微向前拱动之趋势。

3. 滑动阶段

当抗滑段滑动面全部形成和贯通后，滑坡进入整体滑动阶段。滑体中、上、下部滑移速度呈现同一数量级。滑坡后缘下沉增大、滑坡壁增高，两侧壁逐渐出现，羽状张裂隙被侧壁剪切裂隙错断。滑坡前缘滑出剪出口而堆积于沟堑或河道中形成滑坡舌状突出及部分地面隆起形成鼓丘。滑坡经一个短期匀速滑动，随滑带土强度的降低而加速下滑，造成较严重的破坏。滑体后部急剧下沉出现陷落洼地和反坡平台，形成较高的滑坡壁，壁上可见新鲜的滑动擦痕。滑坡前缘脱离原滑床覆盖在前方地面上形成滑坡舌或前方受阻而隆升爬高。滑坡两侧形成明显的侧壁与后壁连通，上部高而中部低，滑坡体重心大大降低，滑体上裂缝增多、增大，建筑物严重变形，甚至倒塌，滑坡前、后缘因变形大而形成醉汉林。

震后勘查的滑坡主要由地震诱发，受地震波的影响，许多滑坡在地震发生时瞬间发生快速的滑动，而没有经过蠕动阶段和挤压阶段。如平武县魏坝滑坡（第七章滑坡实例三），地震时前缘向前滑动近50m，后缘形成明显的后缘壁，壁高达10m，后缘壁上擦痕明显，滑坡中上部可见马刀树。

4. 稳定压密阶段

有些滑坡，随着滑体前缘滑出原滑床，阻滑力增大，重心降低及滑动中排出部分地下水减小了滑带的孔隙水压力，滑动过程由加速→等速→减速→停止。雨季时，在降水作用下又重复上述过程，这样周期性的运动可能延续若干年，位移总量不断增大，而每次的位移量不断减小，直到稳定。

综上所述，滑坡的变形特征主要有4种形式：滑动、错台、局部滑塌、裂缝。

(1) 滑动。滑坡整体向迁出方向产生滑动，滑体变形较大，在坡面上形成醉汉林、马刀树等。

(2) 错台。滑坡整体位移不大时，在滑坡中后部形成阶梯形错台。

(3) 局部滑塌。滑坡局部变形比较剧烈，形成多级剪出口。

(4) 裂缝。滑坡发生变形，一般在后缘形成贯通的张拉裂缝，在滑坡前缘形成鼓胀裂缝。

"5·12"地震前已经发生变形的滑坡8个，占17.8%，其他37个滑坡和不稳定斜坡均由地震诱发。"5·12"地震时，造成大部分坡体失稳，发生整体滑动，其中平武县南坝镇魏坝滑坡向前滑动了近50m，后缘出现了10m高的陡壁。部分坡体虽然没有发生整体滑动，但滑坡中后部形成了阶梯形错台，在滑坡前缘形成鼓胀裂缝，如平武县高庄场镇后坡滑坡。少量坡体在地震时未发生明显的变形，只是在坡体上出现了少量裂缝，如平武县南坝镇吴家坪滑坡。

四、滑坡物质结构特征

震后勘查的滑坡，其滑体的物质主要由地表残坡积、崩坡积碎石土和粉质黏土含碎石层组成。由于是震后滑坡，滑体土物质相对松散，具有大量的孔隙，透水性较强，有利于地表水和降水入渗。滑体土碎石含量一般在50%～70%之间，粒径一般为2～10cm，充填物一般为粉质黏土。

滑坡大部分由地震诱发，破坏力大，但持续时间较短，因此滑带土的确定比较困难，一般通过钻探很难找到软弱的滑动面。主控的滑动面一般为土岩分界面，通过探井、槽探等方法能确定滑带的滑坡共27个，滑带土一般由粉质黏土含碎石组成，碎石含量一般在10%～30%之间。与一般滑坡相比，震后滑坡的滑动面较粗糙。有18个滑坡无明显滑带，潜在滑动面为土岩分界面或碎石土中的软弱夹层。震后滑坡的滑面后段一般开始于滑坡后缘裂隙，中段为岩土分界面，前段于第四系残坡积中的软弱地层中剪出。

滑床一般由基岩构成，基岩岩性主要有板岩、千枚岩、砂岩与页岩互层、粉砂岩与泥岩互层等，个别滑床为结晶灰岩。

震后勘查的45个滑坡及不稳定斜坡的基本特征见表4-17。

表 4-17 滑坡基本特征一览表

序号	滑坡名称	滑坡类型	滑坡规模 $10^4 m^3$	滑坡形态	滑坡物质结构		
					滑体	滑带	滑床
1	彭州市龙门山镇白水河汽车站滑坡	土质滑坡、新滑坡、中型	10.0	长条形（长椅形）	卵石土	冲洪积卵石土	漂砾、卵石夹砂
2	平武县平通镇太阳坪山南西侧不稳定斜坡	土质滑坡、新滑坡、大型	300.0	舌形	含碎石粉质黏土、碎石土	粉质黏土含碎石	砂质板岩、千枚岩
3	彭州市新兴镇君山村6社马家湾不稳定斜坡	土质滑坡、新滑坡、小型	4.9	簸箕形	粉质黏土含岩屑碎石	粉质黏土	砂岩夹页岩
4	平武县坝子场镇后坡不稳定斜坡	土质滑坡、新滑坡、中型	22.8	舌形	碎石土及粉质黏土夹碎石	粉质黏土夹碎石	绢云千枚岩
5	彭州市新兴镇龙怀村10组牛滚凼不稳定斜坡	土质滑坡、新滑坡、小型	3.2	舌形	含角砾粉质黏土夹块石	含角砾粉质黏土夹块石	泥岩夹粉砂岩，以泥岩为主
6	平武县豆叩镇魏家湾滑坡	土质滑坡、老滑坡、大型、推移式	122.0	舌形	碎石土	粉质黏土含少量碎石	千枚岩
7	彭州市龙门山镇连盖坪滑坡	土质滑坡、新滑坡、中型	79.0	舌形	卵石土（夹漂石）	卵石土（夹漂石）	页岩、砂岩和灰岩
8	平武县高庄场镇后坡滑坡	土质滑坡、新滑坡、中型	62.9	舌形	碎块石土	粉质黏土夹小碎石	千枚岩、结晶灰岩和泥质结晶灰岩
9	平武县黑水场镇后山滑坡	土质滑坡、新滑坡、大型	105.0	舌形	碎块石土	粉质黏土含碎石	千枚岩
10	都江堰市蒲阳镇徐家垭口潜在不稳定斜坡	土质滑坡、新滑坡、中型、推移式	51.8	舌形	含碎石粉质黏土	含碎石粉质黏土	砂岩、泥岩、碳质页岩为主夹煤
11	平武县南坝镇魏坝滑坡	土质滑坡、新滑坡、大型、牵引式	404.0	舌形	碎块石土	含碎石粉质黏土	变质岩屑砂岩及粉砂岩夹板岩
12	大邑县静惠山盆望羌台滑坡	土质滑坡、新滑坡、小型	0.2	簸箕形	含卵砾石粉质黏土	含卵砾石粉质黏土	含卵砾石粉质黏土
13	平武县赵家坟滑坡群	土质滑坡、新滑坡、特大型	1170.0	舌形	块石土及含碎石的粉质黏土	粉质黏土或黏土为主	绿泥石板岩、绢云母板岩
14	大邑县悦来镇盐井村10社代家沟滑坡	土质滑坡、新滑坡、小型	3.5	长椅形	粉质黏土夹碎石	粉质黏土夹碎石	粉砂质泥岩
15	平武县旧州村老街上滑坡	土质滑坡、新滑坡、小型	8.5	簸箕形	粉质黏土及碎石土	粉质黏土及碎石	变质粉砂岩
16	平武县大桥中学后坡滑坡	土质滑坡、老滑坡、中型	27.4	簸箕形	碎石土	粉质黏土含碎石	千枚岩、绢云母石英千枚岩
17	大邑县金星乡雁鹅村14社雷达岗滑坡	土质滑坡、新滑坡、中型	30.2	簸箕形	含大块石碎石土	含碎石粉质黏土	钙质胶结砾岩夹泥质砂岩
18	平武县大桥镇斩龙垭滑坡	土质滑坡、老滑坡、大型	162.0	长舌形	碎块石土	粉质黏土	绢云母千枚岩
19	都江堰市龙池镇关门石1#滑坡	土质滑坡、新滑坡、中型	13.8	簸箕形	碎石土	粉质黏土夹碎石	花岗岩
20	平武县龙安镇东皋村木里成社滑坡	土质滑坡、新滑坡、小型	0.5	舌形	碎石土	含碎石粉质土	绢云英千枚岩
21	平武县木扩山滑坡	土质滑坡、老滑坡、小型	35.4	牛角形	碎石土，局部为含角砾粉质黏土	含角砾粉质黏土	千枚岩
22	都江堰市灌口镇灵岩村杜仲林滑坡	土质滑坡、老滑坡、小型	4.7	舌形	含碎石粉质黏土	粉质黏土	粉砂岩夹砂质泥岩

续表

序号	滑坡名称	滑坡类型	滑坡规模 $\frac{}{10^4 m^3}$	滑坡形态	滑坡物质结构		
					滑体	滑带	滑床
23	南江县赵家碥滑坡	岩质滑坡、老滑坡、中型	77.0	簸箕形	砂质泥岩夹泥质砂岩	基岩软弱破碎带	泥质砂岩、砂岩
24	都江堰市大观镇红梅村综合点潜在不稳定斜坡	土质滑坡、新滑坡、小型	39.2	舌形	粉质黏土夹碎块石土	含碎石粉质黏土	中层砂岩、粉砂岩与砂质泥岩
25	都江堰市龙池镇东岳村汤家沟滑坡	土质滑坡、新滑坡、小型	1.32	舌形	粉质黏土夹碎石	碎石土	泥砂岩夹碳质页岩
26	都江堰市虹口乡红色村塔子坪上方滑坡	土质滑坡、新滑坡、大型	104.0	舌形	粉质黏土夹碎石	粉质黏土含碎石	安山岩
27	安县高川乡政府滑坡	土质滑坡、新滑坡、小型	7.0	簸箕形	粉质黏土夹碎石	粉质黏土夹碎石	白云质灰岩
28	安县较场坝滑坡	土质滑坡、新滑坡、大型	427.4	簸箕形	黏土、岩块、碎石混合组成的碎块石土	粉质黏土夹少量碎石	白云岩及白云质灰岩夹页岩
29	平武县茶树岭滑坡	土质滑坡、老滑坡、中型	83.0	纺锤形	碎石土，局部为含角砾粉质黏土	粉质黏土含碎石	含硅质板岩与含炭质千枚岩互层
30	平武县豆叩镇大河里滑坡	土质滑坡、新滑坡、中型	10.4	舌形	碎块石土	含角砾粉质黏土	千枚岩、结晶灰岩、泥质结晶灰岩
31	平武县平溪村场镇滑坡	土质滑坡、新滑坡、中型	35.0	舌形	碎石土	粉质黏土及碎石	灰岩
32	平武县南坝镇吴家坪滑坡	土质滑坡、新滑坡、中型	45.0	扇形	碎石土	含碎石粉质黏土	变质砂岩
33	安县永安镇川祖庙滑坡	土质滑坡、新滑坡、中型	81.4	扇形	粉质黏土、黏土，含岩屑碎石	粉质黏土	泥岩及碎石土
34	平武县南坝镇麻园子滑坡群	土质滑坡、新滑坡、中型	146.6	舌形	碎块石土	粉质黏土含碎石	炭硅质板岩和千枚岩
35	安县永安镇土桥阴山滑坡群	土质滑坡、新滑坡、中型	62.1	扇形	碎石土	黏土、碎石土	泥岩和灰岩
36	平武县南坝镇何家坝滑坡(不稳定斜坡)	土质滑坡、新滑坡、中型	69.0	舌形	碎块石土	粉质黏土夹小碎石	变质岩屑砂岩及粉砂岩夹板岩
37	安县安昌镇川主村张口岩不稳定斜坡	土质滑坡、新滑坡、大型	60.0	扇形	粉质黏土及粉质黏土夹块石	粉质黏土夹块石	泥岩、砂岩及灰岩
38	平武县旋地滑坡	土质滑坡、新滑坡、小型(有危岩)	17.0	舌形	腐殖土、耕植土、粉质黏土和少量碎块	粉质黏土含碎石	薄板状结晶灰岩、薄层千枚岩
39	绵阳市涪城区上马村居民安置点不稳定斜坡	土质滑坡、新滑坡、小型	4.0	簸箕形	素填土，含少量建筑垃圾	粉质黏土	黏土质卵石土
40	绵阳市涪城区八角村居民安置点不稳定斜坡	土质滑坡、新滑坡、小型	3.2	簸箕形	粉质黏土、黏土，含岩屑碎石	粉质黏土含碎石	粉质黏土、黏土，含岩屑碎石土

序号	滑坡名称	滑坡类型	滑坡规模 $\overline{10^4\mathrm{m}^3}$	滑坡形态	滑坡物质结构		
					滑体	滑带	滑床
41	平武县南坝镇沙湾2#滑坡	土质滑坡、新滑坡、小-中型	46.9	簸箕形	碎块石土	含角砾粉质黏土	变质岩屑砂岩及粉砂岩夹板岩
42	平武县大桥镇小楼村花园坪院子滑坡	土质滑坡、新滑坡、小型	4.4	纺锤形	含角砾粉质黏土	含角砾粉质黏土	千枚岩
43	平武县毛坡山滑坡	土质滑坡、新滑坡、中型	11.4	牛角形	含角砾粉质黏土	角砾粉质黏土粉土	千枚岩
44	平武县平南乡华光村青湾里滑坡	土质滑坡、老滑坡、小型	9.0	舌形	碎石土	碎石土	绢云母千枚岩
45	平武县豆叩镇裕华村梁风台滑坡	土质滑坡、新滑坡、中型	12.0	舌形	碎石土	粉质黏土、碎石土	千枚岩

第三节　震后滑坡稳定性评价

一、滑坡破坏模式

滑坡变形破坏模式分析是滑坡稳定分析研究的基础。由于滑坡变形破坏的复杂性和表现形式的多样性，使得滑坡变形破坏模式研究受到国内外学者的广泛重视。孙玉科在前人丰富研究成果基础上，结合研究和生产实践，以岩体结构为最基本的控制因素，综合考虑工程地质岩组特征、岩性、地应力、地下水、滑体滑床形态和变形破坏方式，将层状结构滑坡划分为溃屈破坏、倾倒变形破坏、水平错位、崩塌、顺层滑动、圆弧滑动、圆弧—顺层滑动；将块状结构滑坡划分为单平面多块体滑动、平面滑动和坡脚剪坏、同向双平面滑动、多平面阶梯状滑动、单平面与后缘张裂滑动、异向双平面滑动、单平面滑动；将完整岩体划分为追踪裂隙和圆弧滑动；将碎裂结构滑坡和散体结构滑坡划分为圆弧滑动。孙广忠等基于地质基础、滑体滑床形态、变形破坏方式和运动形态建立了9种滑坡地质模型，包括：楔形体滑坡、圆弧面滑坡、顺层面滑动滑坡、倾倒变形滑坡、溃屈破坏滑坡、复合型滑面滑坡、开裂变形体、堆积层滑坡、崩塌碎屑流滑坡。罗国煜等人以优势面组合破坏形式为基础，综合考虑岩石蚀变、地应力和地下水，归纳出火成岩区岩石滑坡变形和破坏的6个主要类型和14种工程地质模式。加拿大学者Brawner等人根据实际经验提出6种最常见的岩石滑坡变形破坏模式。黄润秋通过调查20世纪以来中国发生的大型滑坡，对其发生机制进行研究，概况总结出滑坡典型的地质—力学模式：滑移—拉裂—剪断"三段式"模式、"挡墙溃决"模式、近水平岩层的"平推式"模式、反倾岩层大规模倾倒变形模式和顺倾岩层的蠕滑（弯曲）—剪断模式等。邹丽芳等人就滑坡几何形状、岩层强度和长细比、层面力学参数、地下水、开挖作用等因素对倾倒变形的影响进行了阐述，对弯曲倾倒、块状倾倒及块状—弯曲倾倒3种不同破坏模式破坏机理进行了分析。李天扶指出滑坡破坏机理和破坏类型均与层间挤压带的分布和它们与其他结构面或与临空面的组合关系密切相关，并通过工程实践，将层状岩体滑坡顺层破坏机理归纳为平面旋转滑动、解体滑动和渐进破坏。左保成等人通过室内物理力学模型试验发现，反倾岩层的层面剪切强度和岩层厚度是影响滑坡稳定性的重要因素，而岩层倾角对反倾滑坡的变形影响不大，且反倾岩质滑坡的抗倾覆能力随着反倾岩层的层面强度、岩层厚度及岩层倾角的增大而增大。

由于滑坡岩土体自身内部的个性特征及其所处环境的多样性和复杂性，滑坡变形破坏模式并非单一的，而是多种多样的，具体的滑坡都是基本破坏模式中的一种或多种的组合。

震后勘查的滑坡的破坏模式主要有碎石土顺基岩面滑动、填土弧形滑动、堆积层顺层滑动、岩层顺层滑动[6]4种类型（图4-5）。其中岩层顺层滑动1个，为南江县赵家碥滑坡；堆积层顺层滑动2个，分别为大邑县静惠山盆望羌台不稳定斜坡和彭州市龙门山镇白水河汽车站滑坡；填土弧形滑动1个，为绵阳市涪城区八角村二期居民安置点不稳定斜坡；其他滑坡均为土层（碎石土）顺基岩面滑动，共41个。

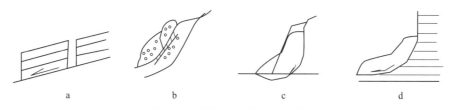

图4-5 滑坡破坏模式示意图

a—岩层顺层平面型滑动；b—堆积层顺层滑动；c—填土弧形滑动；d—土层（碎石土）顺基岩面滑动

滑体与滑床的界面多为斜坡残坡积层与基岩的分界面，呈折线形共42个；弧线形1个，为绵阳市涪城区八角村二期居民安置点不稳定斜坡；直线形2个，为南江县赵家碥滑坡和绵阳市涪城区上马村二期居民安置点不稳定斜坡。

二、滑坡岩土体物理力学参数

用于滑坡体稳定性计算的物理力学参数主要有滑体土的重度和滑带土的抗剪强度。

合理确定滑带土强度指标是滑坡稳定性综合评价的一个主要内容。在滑坡稳定性分析中，最主要的参数是滑动面（带）抗剪强度。目前确定滑带抗剪强度大致有3种方法，即工程类比法、试验方法与反演分析法。

工程类比法可以综合考虑滑坡的工程地质条件和已有工程经验来确定参数，其参数值具有很大的经验性和一定的说明力，但参数的模糊度较大，一般使用于预可行性研究阶段和定性分析。这种方法给出的参数值对于工程安全评价有时是可靠的，但并非合理。对于技术经济比较分析，这种方法给出的参数有必要配合其他方法进行论证。

试验方法是目前最常用的方法，在工程可行性研究阶段和定量分析时，强度参数应通过室内外试验测求，再结合工程地质条件来综合分析确定。试验研究中，应考虑滑带土的物理指标，如塑性指数、黏粒含量、矿物成分及比表面积，这些指标都可以表征滑带土的结构联系特征，反映粒团亲水性和分散度。许多研究人员提出了滑带强度与其物理性质指标的多元统计关系，利用这种关系分析，可以更好的确定强度指标的分布规律和变化规律。试验方法的最大优点是可以直接测定土的强度参数，其缺点是局限性太大。在试验时，只能在代表性的位置取样或现场试验。这种"代表性"能在多大程度上代表滑动面（带）的岩土体特性以及自然受力状态，仍然具有很大的模糊性。当然，通过大量的试验，应用统计方法，可以较合理确定参数的取值范围。需注意的是，滑体天然重度和饱和重度可取数值的平均值，而滑带土的抗剪强度指标应采用标准值进行计算。取得试验结果后，应依据成果数据计算平均值、标准差与变异系数，进而求得指标的标准值。

对于已滑动的滑坡和有明显破坏迹象的滑坡，可以用反分析方法来求强度参数。可按如下安全系数（F_s）取值方法：

（一）对于已经滑动过的滑坡，可以采用滑体复原法，F_s为0.95~1.00；

（二）对于暂时稳定的滑坡，F_s可以取1.00~1.05。

这种简单的反分析方法，实际上很难确定其滑动面岩土体的真实强度参数。滑带的强度参数与其物质构成、结构和自然物理状态有直接关系，对已经滑动的滑坡，其相应的条件发生很大改变，反分析求得的参数不能代表现在的强度特征。另外由于滑体与滑带土的不均一性，其强度参数也是不均一的。因此反分析求得的强度参数是一个综合平均值。反算法不能唯一确定内聚力与内摩擦角，还必须结合试验或经验值来假定试算。反算的强度参数是否合理，关键在于计算时F_s的取值。

应该说，对滑坡稳定性评价，强度参数的确定是一个复杂的问题，一般情况下很难得到一个准确的真值。因此，在工程设计中，比较常用的做法是在试验的基础上，结合工程类比给定一个范围值，结合实际情况和滑坡变形资料作反分析计算。

对于滑体土的重度求取，可在滑坡体上进行大重度试验，试验坑体积不应小于 0.5m×0.5m×0.5m，也可采取原状土样，做滑体土天然重度测试。

表 4-18 列出了震后勘查的 45 个滑坡的滑体重度建议值和滑带土抗剪强度建议值。

表 4-18　滑坡岩性及计算参数汇总表

序号	滑坡名称	滑体岩性	滑体天然重度 (kN/m³)	滑体饱和重度 (kN/m³)	滑带土岩性	滑带土天然试验		滑带土饱和试验	
						内聚力 C/kPa	内摩擦角 φ/(°)	内聚力 C/kPa	内摩擦角 φ/(°)
1	彭州市龙门山镇白水河汽车站滑坡	卵石土	21.4	23.0	冲洪积卵石土	4.0	40.0	2.0	38.0
2	平武县平通镇太阳坪山南西侧不稳定斜坡	含碎石粉质黏土、碎石土	20.0	21.0	粉质黏土含碎石	28.5	16.5	27.5	15.5
3	彭州市新兴镇君山村6社马家湾不稳定斜坡	粉质黏土含块石	19.2	19.9	粉质黏土	27.0	11.0	18.0	7.4
4	平武县坝子场镇后坡不稳定斜坡	粉质黏土夹碎石	20.0	21.0	粉质黏土夹碎石	23.5	16.0	21.5	14.5
5	彭州市新兴镇龙怀村10组牛滚凼不稳定斜坡	含角砾粉质黏土夹块石	19.3	19.8	含角砾粉质黏土夹块石	33.0	12.6	20.4	9.2
6	平武县豆叩镇魏家湾滑坡	碎石土	19.7	20.6	粉质黏土含少量碎石	26.5	16.5	23.5	14.5
7	彭州市龙门山镇连盖坪滑坡	冲洪积卵石土(夹漂石)	21.3	23.0	冲洪积卵石土(夹漂石)	4.0	40.0	2.0	38.0
8	平武县高庄场镇后坡滑坡	碎块石土	19.6	20.3	粉质黏土夹小碎石	25.9	16.5	21.8	14.0
9	平武县黑水场镇后山滑坡	碎块石土	19.5	20.5	粉质黏土含碎石	32.0	22.0	29.0	20.0
10	都江堰市蒲阳镇徐家垭口潜在不稳定斜坡	含碎石粉质黏土、黏土	19.5	20.5	含碎石粉质黏土	29.0	12.0	24.8	9.7
11	平武县南坝镇魏坝滑坡	含碎石粉质黏土	19.8	20.2	含碎石粉质黏土	31.0	17.8	28.2	16.3
12	大邑县静惠山盆望羡台滑坡(不稳定斜坡)	含卵砾石粉质黏土	19.2	20.4	含卵砾石粉质黏土	20.5	15.0	18.0	14.0
13	平武县赵家坟滑坡群	碎块石土及含碎石的粉质黏土	20.7	21.0	粉质黏土或黏土为主	28.0	22.0	24.0	17.0
14	大邑县悦来镇盐井村10社代家沟滑坡	粉质黏土夹碎石	22.9	23.4	粉质黏土夹碎石	20.0	12.0	16.5	10.1
15	平武县旧州村老街上滑坡	粉质黏土及碎石	19.8	20.5	粉质黏土及碎石	34.0	21.0	31.0	18.0
16	平武县大桥中学后坡滑坡	碎石土,粉质黏土填充	19.4	20.0	粉质黏土含碎石	24.0	19.0	23.0	17.0
17	大邑县金星乡雁鹅村14社雷达岗滑坡	含大块石碎石土	19.0	19.5	含碎石粉质黏土	17.5	26.5	14.0	23.5
18	平武县大桥镇斩龙垭滑坡	含碎石粉质黏土	19.7	20.0	粉质黏土	16.0	13.0	15.5	12.0

序号	滑坡名称	滑体岩性	滑体天然重度（kN/m³）	滑体饱和重度（kN/m³）	滑带土岩性	滑带土天然试验		滑带土饱和试验	
						内聚力 C/kPa	内摩擦角 φ/(°)	内聚力 C/kPa	内摩擦角 φ/(°)
19	都江堰市龙池镇关门石1#滑坡	碎石土、粉质黏土填充	18.9	19.4	粉质黏土夹碎石	23.0	21.0	19.0	19.4
20	平武县龙安镇东皋村木里成社滑坡	碎石土	20.4	24.1	含碎石粉质黏土	24.0	18.0	21.0	15.0
21	平武县木扩山滑坡	碎石土,局部为含角砾粉质黏土	17.7	18.1	含角砾粉质黏土	21.0	17.5	18.0	15.5
22	都江堰市灌口镇灵岩村杜仲林滑坡	含碎石粉质黏土	19.6	20.1	粉质黏土	18.0	8.0	13.0	6.5
23	南江县赵家碥滑坡	砂质泥岩夹泥质砂岩	24.9	25.8	基岩软弱破碎带	6.0	16.0	5.0	15.5
24	都江堰市大观镇红梅村综合点潜在不稳定斜坡	粉质黏土夹碎块石土	19.6	20.2	含碎石粉质黏土	21.0	19.0	18.0	16.0
25	都江堰市龙池镇东岳村汤家沟滑坡	碎石土	19.7	20.0	碎石土	26.0	21.5	24.0	19.0
26	都江堰市虹口乡红色村塔子坪上方滑坡	粉质黏土夹碎块石	19.7	20.8	粉质黏土含碎石	29.0	23.6	26.0	22.0
27	安县高川乡政府滑坡	粉质黏土夹碎石	18.5	19.0	粉质黏土夹碎石	12.0	30.0	9.0	24.0
28	崇州市三郎镇欢喜村18组从树包不稳定斜坡	碎石土	19.5	20.0	粉质黏土夹少量碎石	15.0	10.0	10.0	8.0
29	安县较场坝滑坡	碎块石土,粉质黏土充填	19.7	19.9	粉质黏土含碎石	28.0	32.0	26.0	30.0
30	平武县茶树岭滑坡	碎石土,局部为含角砾粉质黏土	17.4	18.1	含角砾粉质黏土	19.0	22.0	16.0	20.5
31	平武县豆叩镇大河里滑坡	碎块石土	19.2	19.7	粉质黏土含碎石	18.5	23.0	15.5	21.0
32	平武县平溪村场镇滑坡	碎石土	19.8	20.3	含碎石粉质黏土	36.0	15.0	24.0	14.4
33	安县永安镇川祖庙滑坡	粉质黏土、黏土,含岩屑碎石	19.1	20.1	粉质黏土	30.8	15.6	26.2	14.1
34	平武县南坝镇麻园子滑坡群	碎块石土	19.9	20.4	粉质黏土含碎石	29.3	20.3	26.1	19.4
35	安县永安镇土桥阴山滑坡群	黏土、碎石土	19.1	19.4	黏土、碎石土	25.6	13.5	22.3	11.0
36	平武县南坝镇何家坝滑坡	碎块石土	19.4	19.6	粉质黏土夹小碎石	35.0	23.6	19.0	21.5
37	安县安昌镇川主村张口岩不稳定斜坡	粉质黏土及粉质黏土夹块石	19.4	19.9	粉质黏土夹块石	35.0	23.6	29.0	21.5
38	平武县旋地滑坡	粉质黏土含碎石	21.0	22.0	粉质黏土含碎石	37.0	12.0	32.0	8.0

续表

序号	滑坡名称	滑体岩性	滑体天然重度/(kN/m³)	滑体饱和重度/(kN/m³)	滑带土岩性	滑带土天然试验		滑带土饱和试验	
						内聚力 C/kPa	内摩擦角 φ/(°)	内聚力 C/kPa	内摩擦角 φ/(°)
39	绵阳市涪城区上马村二期居民安置点不稳定斜坡	素填土、粉质黏土	19.4	19.8	粉质黏土	18.0	8.0	15.0	6.5
40	绵阳市涪城区八角村二期居民安置点不稳定斜坡	碎石土	19.4	19.8	粉质黏土含碎石	28.0	22.0	28.0	12.0
41	平武县南坝镇沙湾2#滑坡	含碎石粉质黏土	19.8	20.2	含角砾粉质黏土	31.5	19.6	24.8	15.2
42	平武县大桥镇小楼村花园坪院子滑坡	含角砾粉质黏土	17.4	18.1	含角砾粉质黏土	18.0	17.0	15.0	14.9
43	平武县毛坡山滑坡	角砾粉质黏土粉土	17.7	18.1	角砾粉质黏土粉土	22.0	26.0	20.0	24.0
44	平武县平南乡华光村青湾里滑坡	碎石土	19.3	20.3	碎石土	26.0	19.5	31.0	17.0
45	平武县豆叩镇裕华村梁风台滑坡	碎石土	20.0	20.9	粉质黏土、碎石土	33.0	15.5	30.4	13.0

从表4-18可以看出，滑体土主要为碎石土和含碎石（角砾）粉质黏土，滑带土主要为含碎石（角砾）的粉质黏土。利用数理统计的方法，统计了滑体天然重度、饱和重度，滑带土天然状态、饱和状态下内聚力、内摩擦角的平均值、标准差及变异系数（表4-19）。

表4-19 滑体天然重度、饱和重度；滑带土天然状态、饱和状态下内聚力、内摩擦角统计表

统计指标	滑体重度/(kN/m³)		滑带土天然试验		滑带土饱和试验	
	天然重度	饱和重度	内聚力 C/kPa	内摩擦角 φ/(°)	内聚力 C/kPa	内摩擦角 φ/(°)
范围值	17.4~24.9	18.1~25.8	12.0~37.0	8.0~32.0	9.0~32.0	6.5~30.0
平均值	19.7	20.4	25.6	18.1	21.5	15.7
标准差	1.25	1.49	6.49	5.60	5.85	5.44
变异系数	0.06	0.07	0.25	0.31	0.27	0.35
样本个数	45	45	40	40	40	40

注：滑带土的内聚力、内摩擦角的统计中去除了岩石和碎石土的指标。

从表4-19可以看出，滑体重度的变异系数较小，为0.06~0.07，说明滑体土的物理成分差异性较小。而滑带土抗剪强度指标变异系数较大，为0.25~0.35，说明其数据离散性大，滑带土的力学性质差异较大。

不同岩性滑体的天然重度和饱和重度平均值统计表见表4-20。

表4-20 不同岩性滑体的天然重度和饱和重度统计表

岩性	滑坡个数	滑体天然重度平均值/(kN/m³)	滑体饱和重度平均值/(kN/m³)
卵石土	2	21.4	23.0
碎石土	21	19.4	20.1
含碎石粉质黏土	9	19.2	19.8
粉质黏土夹碎块石	12	19.8	20.6
砂质泥岩	1	24.9	25.8

滑带土天然试验内聚力和内摩擦角散点分布见图 4-6。从散点图可知，滑带土天然试验内聚力数据主要集中在 15.0～35.0kPa，内摩擦角数据主要集中在 15.0°～25.0°。滑带土饱和试验内聚力和内摩擦角散点分布见图 4-7，从散点图可知，滑带土饱和试验内聚力数据主要集中在 15.0～30.0kPa，内摩擦角数据主要集中在 10.0°～25.0°。

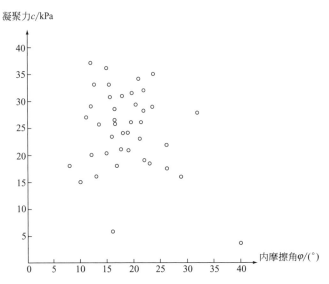

图 4-6　滑带土天然试验内聚力和内摩擦角散点分布图

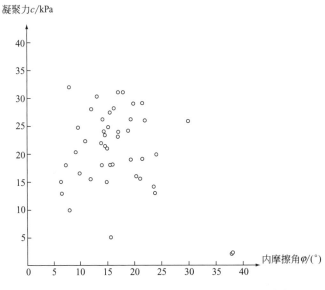

图 4-7　滑带土饱和试验内聚力和内摩擦角散点分布图

三、震后滑坡滑带土物理力学参数与碎石含量的关系

经研究发现，对于岩性为含碎石（角砾）粉质黏土的滑带土而言，震后滑坡滑带土内聚力的大小与碎石含量的关系如下：在碎石含量小于50％时内聚力变化不大，随着碎石含量的增加内聚力略有减小，碎石含量≤10％时，内聚力平均值为 26.3kPa；10％＜碎石含量≤30％时，内聚力平均值为25.8kPa；30％＜碎石含量≤50％时，内聚力平均值为 23.9kPa。当碎石含量＞50％时，内聚力减小很快，当碎石含量大于70％时，内聚力基本可以忽略不计。

震后滑坡滑带土内摩擦角的大小与碎石含量的关系如下：在碎石含量≤10％时，内摩擦角平均值为 15.3°；10％＜碎石含量≤30％时，内摩擦角平均值为 17.4°；30％＜碎石含量≤50％时，内摩擦角平均值为 24.4°；当碎石含量＞50％时，内摩擦角增加较快，当碎石含量在 70％时，内摩擦角平均值为 40°。通过对大量实验资料的统计分析，得出了震后滑坡滑带土的内摩擦角（φ）与滑带土中碎石含量（X）的经验公式：$\varphi = 0.0029X^2 + 0.126X + 14.33$。

上述经验值和经验公式可在震后滑坡应急勘查评价时参考使用。

四、滑坡稳定性计算与评价

震后勘查的 45 个滑坡和其他相似滑坡工程实践证明，以工程地质分析对比法为基础辅以力学计算两者相结合的方法是滑坡稳定性评价中较为合理的方法。前者为后者提供了滑坡的变形类型、范围和边界条件，后者则可得到滑坡稳定和设计所用参数的定量值，为滑坡稳定性判断和治理工程设计提供了依据。

在基本查清组成滑坡的地层岩性、地质构造、岩土体的风化程度及强度等条件下，结合人类工程活动等影响因素，即可确定滑坡可能发生的破坏类型与破坏模式。滑坡的稳定性分析可按简化的 3 种计算模式进行（圆弧型、平面型、折线型），采用极限平衡法（推力传递法、摩根斯顿-普赖斯法）、图解法、工程地质比拟法等进行综合分析。

（一）计算模式

1. 圆弧形（瑞典条分法）

当滑坡由均质土或类均质土组成时，滑坡的破坏模式可以简化为圆弧形或似圆弧形破坏，可以通过搜索最危险圆弧滑带来验算滑坡的稳定性。

2. 折线形（传递系数法）

当滑坡中存在两组或两组以上的不利结构面时，其变形和破坏往往受其结构面组合形态与规律控制，常见有陡倾结构面与缓结构面的组合，这类滑坡的破坏即归纳为结构面组合型计算模式。其相应的滑坡变形破坏主要以折线形破坏为主，或折线形与圆弧形的复合破坏。

3. 平面形（极限平衡法）

当滑坡内存在控制性结构面，这种结构面可以是基岩顶面、不同成因或不同时期堆积物界面、差异风化界面、岩层层面、断层、长大节理面以及软弱破碎带控制界面等。由于这种控制性结构面在坡体的变形破坏中起着决定性或控制性作用，致使变形破坏主要体现为平面形破坏，或平面形与圆弧形的复合破坏形式。在具体的分析计算过程中，是以相对单一的控制界面为主要剪切依附面，进行坡体的稳定性验算。

（二）计算指标的确定

滑坡稳定性（分析）检算指标，一般通过室内试验指标、现场试验指标、相关经验指标以及反算指标等综合确定。

（三）计算公式

滑坡稳定性计算、滑坡推力计算等可参照《滑坡防治工程勘查规范》（DZ/T0218—2006）附录 E 中的有关公式。

1. 堆积层（土层）滑坡—滑动面为圆弧形（图 4-8）

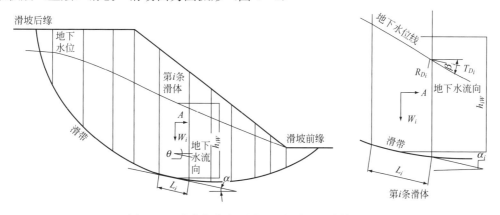

图 4-8　瑞典条分法（圆弧型滑动面）计算模型

（1）滑坡稳定性计算

$$K_f = \frac{\sum \{[W_i(\cos a_i - A\sin a_i) - N_{W_i} - R_{D_i}]\tan\varphi_i + C_iL_i\}}{\sum \{W_i(\sin a_i + A\cos a_i) + T_{D_i}\}} \tag{4-1}$$

其中：

孔隙水压力 $N_{W_i} = \gamma_w h_{iw} L_i \cos\alpha_i$，即近似等于浸润面以下土体的面积 $h_{iw}L_i\cos\alpha_i$ 乘以水的容量 $\gamma_W(kN/m^3)$；

渗透压力产生的平行滑面分力 T_{D_i}：

$$T_{D_i} = \gamma_w h_{iw} L_i \sin\beta_i \cos(\alpha_i - \beta_i) \tag{4-2}$$

渗透压力产生的垂直滑面分力 R_{D_i}：

$$R_{D_i} = \gamma_w h_{iw} L_i \sin\beta_i \sin(\alpha_i - \beta_i) \tag{4-3}$$

式中：W_i 为第 i 条块的重量，kN/m；C_i 为第 i 条块的内聚力，kPa；φ_i 为第 i 条块内摩擦角，(°)；L_i 为第 i 条块滑面长度，m；a_i 为第 i 条块滑面倾角，(°)；β_i 为第 i 条块地下水流向，(°)；A 为地震加速度，单位重力加速度 g；K_f 为稳定系数。

若假定有效应力

$$\overline{N_i} = (1 - \gamma_U)W_i\cos\alpha_i \tag{4-4}$$

其中 r_U 是孔隙压力比，可表示为

$$r_U = \frac{滑体水下体积 \times 水的容重}{滑体总体积 \times 滑体容重} \approx \frac{滑体水下面积}{滑坡总面积 \times 2} \tag{4-5}$$

简化公式

$$K_f = \frac{\sum \{(W_i((1-\gamma_U)\cos\alpha_i - A\sin\alpha_i) - R_{D_i})\tan\varphi_i + C_iL_i\}}{\sum \{W_i(\sin\alpha_i + A\cos\alpha_i) + T_{D_i}\}} \tag{4-6}$$

（2）滑坡推力计算公式

对剪切而言：

$$H_s = (K_s - K_f) \times \sum(T_i \times \cos\alpha_i) \tag{4-7}$$

对弯矩而言：

$$H_m = (K_s - K_f)/K_s \times \sum(T_i \times \cos\alpha_i) \tag{4-8}$$

式中：H_s，H_m 为推力，kN；K_s 为设计的安全系数；T_i 为条块重量在滑面切线方向的分力，kN。

2. 堆积层（土层）滑坡—滑动面为折线形（图 4-9）

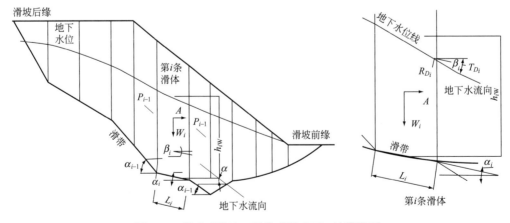

图 4-9 传递系数法（折线型滑动面）计算模型

（1）滑坡稳定性系数

$$K_f = \frac{\sum_{i=1}^{n1}((((W_i((1-\gamma_U)\cos\alpha_i - A\sin\alpha_i) - R_{D_i})\tan\varphi_i + C_iL_i)\prod_{j=i}^{n1}\psi_j) + R_n}{\sum_{i=1}^{n1}((W_i(\sin\alpha_i + A\cos\alpha_i) + T_{D_i})\prod_{j=i}^{n1}\psi_j) + T_n} \qquad (4-9)$$

其中：

$$R_n = (W_n(1-\gamma_U)\cos\alpha_n - A\sin\alpha_n) - R_{D_n})\tan\varphi_n + C_nL_n \qquad (4-10)$$

$$T_n = (W_n(\sin\alpha_n + A\cos\alpha_n) + T_{D_n} \qquad (4-11)$$

$$\prod_{j=i}^{n1}\psi_j = \psi_i\psi_{i+1}\psi_{i+2}\cdots\psi_{n-1} \qquad (4-12)$$

式中：ψ_j 为第 i 块段的剩余下滑力传递至第 $i+1$ 块段时的传递系数（$j=i$），即

$$\psi_j = \cos(\alpha_i - \alpha_{i+1}) - \sin(\alpha_i - \alpha_{i+1})\tan\varphi_{i+1} \qquad (4-13)$$

其余注释同上。

（2）滑坡推力

应按传递系数法计算，公式如下：

$$P_i = P_{i-1} \times \psi + K_s \times T_i - R_i \qquad (4-14)$$

式中：P_i 为第 i 条块的推力，kN/m；P_{i-1} 为第 i 条块的剩余下滑力，kN/m。

下滑力 T_i

$$T_i = W_i(\sin\alpha_i + A\cos\alpha_i) + \gamma_w h_{iw}L_i\cos\alpha_i\sin\beta_i\cos(\alpha_i - \beta_i) \qquad (4-15)$$

抗滑力 R_i

$$R_i = (W_i(\cos\alpha_i - A\sin\alpha_i) - N_{W_i} - \gamma_w h_{iw}L_i\cos\alpha_i\sin\beta_i\sin(\alpha_i - \beta_i))\tan\varphi_i + C_iL_i \qquad (4-16)$$

传递系数

$$\psi = \cos(\alpha_{i-1} - \alpha_i) - \sin(\alpha_{i-1} - \alpha_i)\tan\varphi_i \qquad (4-17)$$

孔隙水压力 N_{W_i}

$$N_{W_i} = \gamma_w h_{iw}L_i \qquad (4-18)$$

即近似等于浸润面以下土体的面积 $h_{iw}L_i$ 乘以水的容重 γ_w。

渗透压力平等滑面的分力 T_{D_i}

$$T_{D_i} = \gamma_w h_{iw}L_i\cos\alpha_i\sin\beta_i\cos(\alpha_i - \beta_i) \qquad (4-19)$$

渗透压力垂直滑面的分力

$$R_{D_i} = \gamma_w h_{iw}L_i\cos\alpha_i\sin\beta_i\sin(\alpha_i - \beta_i) \qquad (4-20)$$

当采用孔隙压力比时，抗滑力 R_i 可采用如下公式

$$R_i = (W_i((1-r_U)\cos\alpha_i - A\sin\alpha_i) - \gamma_w h_{iw}L_i)\tan\varphi_i + C_iL_i \qquad (4-21)$$

式中：r_U 为孔隙压力比。

3. 岩质滑坡（图 4-10）

$$K_f = \frac{(W(\cos\alpha - A\sin\alpha) - V\sin\alpha - U)\tan\varphi + CL}{W(\sin\alpha + A\cos\alpha) + V\cos\alpha} \qquad (4-22)$$

其中：

后缘裂缝静水压力

$$V = \frac{1}{2}\gamma_w H^2 \qquad (4-23)$$

沿滑面扬压力

$$U = \frac{1}{2}\gamma_w LH \qquad (4-24)$$

其余注释同上。

（四）计算工况

本次勘查滑坡稳定性计算工况一般分为 3 种。工况 I：自重＋地表荷载；工况 II：自重＋地表荷

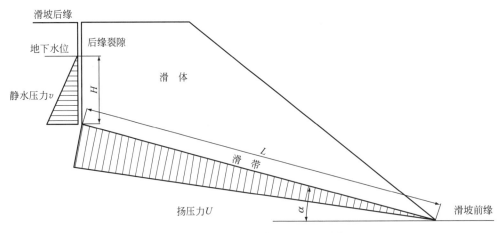

图 4-10　岩质滑坡计算模型（极限平衡法）

载＋暴雨；工况Ⅲ：自重＋地表荷载＋地震。

（五）滑坡稳定性评价

根据计算的滑坡稳定系数 F_s 进行滑坡稳定性评价（表 4-21）。

表 4-21　滑坡稳定状态分级表

稳定系数 F_s	$F_s<1.00$	$1.0 \leqslant F_s<1.05$	$1.05 \leqslant F_s<1.15$	$F_s \geqslant 1.15$
滑坡稳定状态	不稳定	欠稳定	基本稳定	稳定

震后勘查的 45 个滑坡的稳定性统计见表 4-22。

表 4-22　滑坡稳定状态统计表

滑坡稳定状态	不稳定	欠稳定	基本稳定	稳定
个数	6	26	10	3
百分比/%	13.3	57.8	22.2	6.7

滑坡失稳破坏的原因可以归纳为 3 个方面。第一，滑坡内部岩土性质的改变，最主要的是强度降低；第二，滑坡平衡状态的破坏；第三，外部荷载作用。

滑坡的稳定性受多种因素的影响。内在因素包括：组成滑坡的岩土性质、结构、初始应力状态、地下水的作用等；外部因素包括：工程荷载条件、振动、滑坡形态的改造、气象条件和植物作用等。

从震后勘查的滑坡的失稳调查统计来看，首先地震因素改变了滑坡体的岩土性质、结构、改变了滑坡的初始应力状态，使滑坡体裂缝发育、坡体物质松散化；其次和地震后连日暴雨也有密切关系，暴雨作用下，增大了滑体的重度，同时使滑带土的抗剪强度降低，从而为滑坡的滑动提供了条件。总结滑坡的内聚力和内摩擦角的变化特征可以看出，内摩擦角变化的影响程度高于内聚力变化的影响程度。

从力学分析上讲，所有滑坡都涉及剪切应力下岩土体的破坏，其失稳原因可以根据两个方面进行评述：①促使剪应力增加的因素；②促使抗剪强度降低的因素。显然，震后勘查的滑坡大多是由于地震诱发的，是由于地震力使滑坡内部物质结构性质发生变化，即抗剪强度的降低引起的。

（六）滑坡稳定性敏感因素分析

滑坡稳定性受各种内在和外在因素的影响，如滑坡的形态、滑坡岩土体的物理力学性质、地表水等。考虑滑坡稳定性计算时，应对这些因素进行敏感性分析，以便确定滑坡的主控因素。当对滑带土强度进行敏感性分析时，先确定一套基准参数，然后运用传递系数法计算出基准条件下滑坡稳定系数 F_s，在此基础上变动其中某一参数，其他参数固定不变，依据计算参数在其变动范围变动时稳定性系数随之变化的结果，得出敏感系数 S。计算公式如下：

$$S=(\eta_1/\eta_2)\times100;\tag{4-25}$$

$$\eta_1=\Delta F_s/F_{os};\tag{4-26}$$

$$\eta_2=|\Delta X|/(X_{max}-X_{min})\tag{4-27}$$

式中：ΔX 为某因素的变化量；$X_{max}-X_{min}$ 为某因素的变化范围；ΔF_s 为 F_s 对应 ΔX 的变化量；F_s 为稳定系数；F_{os} 为 F_s 的基准值。

第四节　震后滑坡勘查方法

一、勘查工作布置原则

震后滑坡勘查工作为应急勘查，与常规勘查工作相比，要求项目负责人具有较丰富的勘查工作经验，在最短的时间内，按要求完成勘查工作。滑坡应急勘查需要在勘查手段的选择、勘探（剖面）线的布置、工作量的确定等方面遵循以下基本原则：

（1）满足查明滑坡体地质特征和形成机制及进行稳定性评价的需要；

（2）满足拟采用治理工程措施布置和施工图设计的需要；

（3）遵循"保证重点、兼顾一般"的原则，重点突出；

（4）充分利用已有地质成果，在现有经济技术条件许可的前提下，尽可能采取综合手段，提高研究程度；

（5）多种手段互为补充：震后勘查主要采用工程测量、工程地质测绘、钻探、浅井、现场试验及室内试验等综合手段进行勘查；

（6）勘查工作部署遵循有关规程、规范，树立"质量第一"和"为下道工序（设计、治理）服务"的质量管理观念。

二、采取的主要勘查技术措施

综合震后的 45 处滑坡（含不稳定斜坡）的勘查手段，主要采用了工程测量、工程地质测绘、勘探、试验、变形监测等技术措施。

滑坡（含不稳定斜坡）应急勘查工作程序（图 4-11）和采取的技术措施如下：

（一）收集资料

充分收集工作区地形图、区域地质资料、遥感图像、气象、水文、地震、降雨资料、前人滑坡调查和监测资料，以及当地防治滑坡的经验。

（二）现场踏勘

现场踏勘是编制勘查设计的依据，本次应急勘查，项目主管部门和实施单位都特别重视现场踏勘，项目主管部门还安排专家对项目实施单位踏勘进行现场指导。现场踏勘需要确定以下几方面内容：

①确定具体勘查对象的位置；②现场判断灾害体性质、规模（范围）、稳定性状况、发展演化趋势；③现场确定通过勘查应查明的关键问题；④现场圈定工程地质测绘范围和工作方案；⑤现场初步确定勘查工作布置方案；⑥现场初步确定可能采取的治理工程措施与具体布置位置。

（三）地形测量

地形测量坐标系统尽可能采用西安 80 坐标系统，受震后勘查条件限制，允许采用自定义坐标系统，自定义坐标系统需要建立不少于 3 个基准点进行控制，按 E 级控制点埋桩保留，便于今后施工阶段放线，并能够与西安 80 坐标系对接。

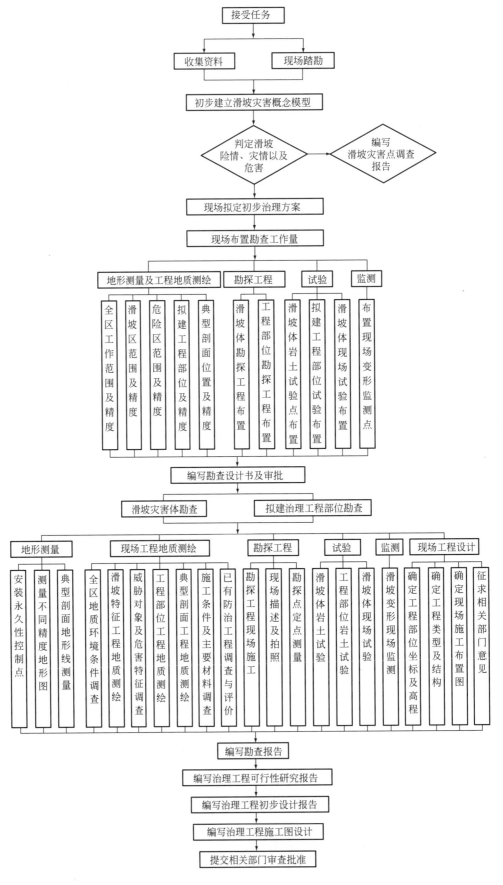

图 4-11 滑坡应急勘查技术路线图

测量范围应包括滑坡后缘壁至前缘剪出口及两侧缘壁之间的整个滑坡,并外延到滑坡可能影响的范围。震后勘查的 45 处滑坡(含不稳定斜坡)确定的测绘范围一般都外延 50m,当采用排水工程时,应对滑坡体外设置排水工程所在地区进行测量。

地形测量平面图和剖面图比例尺的选择根据滑坡的规模及影响范围而定,震后勘查的 45 个滑坡(含不稳定斜坡)地形测量比例尺统计见表 4-23。

表 4-23　地形测量比例尺选择统计表

影响面积/km²	不同平面比例尺滑坡数量/个				不同剖面比例尺滑坡数量/个	
	1:10000	1:2000	1:1000	1:500	1:500	1:200
>1	1					1
≥0.2~≤1		5	2		6	1
<0.2				37	18	19

平面比例尺选择 1:10000 进行地形测量的有 1 个滑坡,为平武县南坝镇沙湾 2# 滑坡,该滑坡体分布及周边影响面积为 1.54km²;比例尺选择 1:2000 进行地形测量的有 5 个滑坡,分别是平武县高庄场镇后坡滑坡、平武县黑水场镇后山滑坡、都江堰市蒲阳镇徐家垭口潜在不稳定斜坡、平武县南坝镇何家坝滑坡、平武县南坝镇旋地滑坡。5 个滑坡的分布及周边影响面积分别为 0.281km²,0.3km²,0.461km²,0.8km²,0.71km²,5 个滑坡(含不稳定斜坡)在区域上虽然选择了 1:2000 地形测量,但在局部灾害体上和拟设防护工程部位都选择的是 1:500 地形测量;选择 1:1000 进行地形测量的有 2 个滑坡,为都江堰市大观镇红梅村综合点潜在不稳定斜坡和安县安昌镇川主村张口岩不稳定斜坡,其分布及周边影响面积分别为 0.561km²,0.2km²;选择 1:500 进行地形测量的有 37 个滑坡,其分布及周边影响面积都小于 0.2km²,占勘查滑坡总数的 82%,其特点是规模较小,占比例大。

剖面地形测量重点放在了灾害体和拟设防护工程部位,比例尺选择 1:500 的有 24 个滑坡,占勘查滑坡总数的 53%;选择 1:200 的有 21 个,占勘查滑坡总数的 47%。

(四)工程地质测绘

工程地质测绘是勘查工作中一项最重要最基本的勘查方法,也是在勘查工作中走在前面的一项勘查工作,本次承担的 45 处滑坡(含不稳定斜坡)勘查重点均放在了工程地质测绘上。

工程地质测绘主要任务是判别滑坡的真实性,查明滑坡区地质构造特征(岩土体分布、岩性段划分、岩体构造、裂隙发育程度等)、地形地貌和微地貌特征(滑坡体的平面形态、表面坡度等),调查测绘滑坡体各种变形迹象,分析滑坡的力学特征,准确判定滑坡活动块体范围和界线。

工程地质测绘要依据地形地貌形态、岩层露头及一些地表和建筑物的变形和破坏迹象,作出是不是滑坡及其大致范围、规模和稳定状态的判断,并预测工程活动可能带来的影响。

主要工作内容和技术要求:

(1)工程地质测绘采用的平面、剖面图比例尺与地形测量比例尺相匹配,图面上大于 2mm 的地质要素应按比例表示,对特殊的地质现象可放大表示。

(2)工程地质测绘的每个地质观测点均应作好原始记录,并应有观测点的平、剖面示意图或素描图、照片等。代表性观测点还应采集相应的标本。

(3)工程地质测绘内容包括地形地貌特征测绘、岩(土)体工程地质结构特征测绘、滑坡体特征测绘、滑坡体变形特征及活动迹象测绘、水文地质条件测绘、人类工程活动调查、灾害损失和影响调查等。

(4)需要提交的成果包括:野外测绘实际材料图、野外工程地质调查草图、实测地质剖面图、各类观测点记录卡片、照片集、工程地质测绘工作总结等。

（5）按照专业技术规范要进行测绘成果的检查验收。

（五）勘探

震后勘查勘探方法主要有钻探、槽探与浅井，受地形及时间限制，普遍采用了槽探和浅井，钻探控制使用，只布设在主勘探线和拟建防治工程部位。

主要工作内容和技术要求：

1. 勘探线布设

勘探线布设是为了揭示滑坡体内在特征，进行稳定性评价，满足工程治理设计要求。在滑坡体上要布设勘探线，根据勘查目的选择不同的勘探方法。勘探剖面采用钻孔、浅井和探槽进行控制，具体位置可根据勘查目标及现场施工条件适当、合理调整。

本次滑坡勘查工作勘探线布设特点为：

（1）勘探线的布设要根据勘查阶段和滑体规模而定，由于本次工作任务特殊，勘探线原则上按三纵三横布设。沿滑动方向一般布置 3 条纵向勘探线，其中主轴线方向为控制性纵向勘探线，在主轴线两侧至少各布置 1 条辅助纵向勘探线，其线间距不宜大于 200m，一般为 50~100m；沿垂直滑动方向一般也布置 3 条横向勘探线，在滑坡体转折处和可能采取防治措施的地段必须有横向勘探线。

本次滑坡勘查布设勘探线最多的是平武县赵家坟滑坡群，共布设 9 条纵勘探线，8 条横勘探线；勘探线布设最少的是都江堰龙池镇汤家沟滑坡，共布设 1 条纵勘探线，1 条横勘探线。有 31 个滑坡横、纵勘探线布设了 2~4 条，占滑坡（含不稳定斜坡）勘查总数的 60.78%。

（2）勘探工作顺序为先主剖面后辅剖面，先集中勘探一条剖面，然后再根据勘探情况，对其他剖面的勘探方法和工作量进行合理调整。

（3）控制性纵勘探线上的勘探点不得少于 3 个，点间距一般控制在 30~50m。其余勘探线上勘探点的数量、点间距应根据勘查阶段及实际情况而定，但点间距不应超过 80m。纵横勘探线端点均应超过滑坡周界 30~50m。

2. 钻探

钻孔勘查的工作任务主要是查明滑坡体物质组成及结构、厚度，滑床特征，绘制滑床顶面高程等值线图或相应的滑体埋深等值线图，配合进行取样、水文地质试验等工作。

主要工作内容及技术要求：

（1）全孔采心钻进，岩心采取率为：滑体＞75%，滑床＞85%，滑带＞90%。为了保证滑坡钻探的采心率，用无泵或小水量钻进，严禁开大水钻进。滑坡体松散层可采用双管单动、植物胶、塑胶护壁。为保证采样和试验质量，钻孔开孔、终孔直径及孔身结构按照钻孔设计书要求执行。一般钻孔深度要穿过最下一层滑面，并进入滑床 3~5m，防治工程部位的控制性钻孔进入滑床的深度宜大于滑体厚度的 1/2，并不小于 5m。钻孔验收后，对不需保留的钻孔进行封孔处理，土体中的钻孔一般用黏土封孔，岩体中的钻孔采用现场拌制混凝土封孔。单孔按照《钻探技术规范》（DZ/007—91）进行作业和检查验收。

（2）钻进过程中应观测钻进的难易及速度的变化，测量、记录缩径、掉块、塌孔、卡钻、涌水、漏水及套管变形的部位，以配合判定次级滑动面。在预测的滑面深度上下回次进尺应控制在 0.5m 左右或更小。无岩心段长度不得超过 0.5m。

（3）每个钻孔施工过程中必须观测起、下钻水位和地下水的初见水位、稳定（静止）水位并做好记录。必要时应采集不同深度的土样测定含水量，绘制含水量随深度变化曲线。

（4）钻孔岩心中滑面（带）土的物质组成应进行现场鉴定，滑面倾角和擦痕方向应进行测量记录。

3. 槽探

槽探是在地表开挖的长槽形工程，一般不加支护。探槽常用于追索滑体边界、构造线、断层，揭示地层露头，了解堆积层厚度、岩性等。槽探多布设在滑坡的边界和地表裂缝部位，一般垂直于岩层走向布设，以期在较短距离内揭示更多的地层。

主要工作内容及技术要求：

(1) 探槽长度根据实际开挖情况而定，深度一般在3.0m以内，底宽不应小于0.8m。

(2) 做好槽探的工程地质编录，特别注意软弱夹层、破裂结构面、岩土结构面和滑动面（带）的位置和特征的编录，并进行数字摄影。对于围岩失稳而必须支护的地段，应及时进行素描、拍照、录像、采样，必要时在支护段应预留窗口。

(3) 槽探素描比例尺一般采用1∶100，应沿其长壁及槽底进行，绘制一壁一底的展示图。如两壁地质现象不同，则绘制两壁素描图。为了便于平面图上应用，槽底长度可用水平投影，槽壁可按实际长度和坡度绘制，也可采用壁与底平行展开法。

(4) 按要求在预定层位采取岩土样。

(5) 应提交的成果有地质素描图、重要地段施工记录、照片集、录像带、取样送样单、勘查小结等。

(6) 工程施工按《地质勘查坑探规程》(DZ0141—94) 检查验收。

4. 浅井

浅井常用于直接观测滑体结构和滑面（带）特征、采集原状土样，并配合进行大重度试验。

主要工作内容和技术要求：

(1) 开口断面一般为圆形或方形，圆形直径不小于1.5m，方形尺寸1.5m×1.5m，取原状土时应挖侧洞，以满足试验要求为准。

(2) 浅井采用人力分段开挖方法，人工成孔工序为：场地平整→放孔→开挖第一段→地质描述→护壁钢筋绑扎→支模浇筑、测高程点、定轴线→搭设脚手架、安装出土设备→开挖第二段→清理井壁、校核中心线垂直度及断面尺寸→地质描述→拆第一段护壁模板、绑扎第二段护壁钢筋、支模浇筑第二段护壁砼→重复第二段作业工序直至设计深度。

(3) 护壁砼在现场拌制，第一段护壁高出自然地面150～200mm，防止雨水及杂物入井。护壁厚度150mm，采用ϕ8钢筋网片，钢筋间距150mm。井圈中心线与设计轴线的偏差不得大于150～200mm。护壁砼强度为C_{20}，根据地质稳定程度，每段护壁长度0.5～1.0m。

(4) 探井开挖前应在井位处搭设脚手井架，井架高4m，井架尺寸大于井孔尺寸的1.5倍，脚手架上安装摇臂拨杆，配备1台卷扬机作为出土设备，卷扬机处搭设工棚防止日晒雨淋，保证安全操作。

(5) 浅井开挖中有地下水渗出时，可采取提桶、水泵排水，并进行简易水文地质试验。

(6) 浅井施工完成后，尽可能加以妥善保留，作为地下深部变形、地下水动态长期观测井综合利用。对如果保留后可能加剧滑坡变形的浅井要做完全回填处理。

(7) 对浅井揭露的滑坡体特征，在护壁支护前必须进行详细的记录描述、素描、照相、录像和描绘展示图，展示图的比例尺为1∶50～1∶100。重要地质现象部位在井壁上可留观测窗。

(8) 浅井工程施工按《地质勘查坑探规程》(DZ0141—94) 检查验收。

(六) 试验

主要试验项目有大重度试验、抽水试验、土样试验、岩样试验、水质检测等。

主要工作内容及技术要求：

(1) 大重度试验目的是取得滑坡土体的天然重度指标，以准确计算各滑坡块体的重量。在各滑坡块体上选择有代表性的部位进行大重度测试。一般采用容积法，试件体积根据土石粒径或尺寸确定，一般不小于50cm×50cm×50cm，体积通过卷尺测量、计算，试坑内岩土体试样通过称重法确定，并测定试样的含水率。

(2) 抽水试验目的是取得评价、计算所需的水文地质参数，如水头值、渗透系数、影响半径、给水度等。当钻孔出水量较大时，可采用做1～2个降深的稳定流抽水试验。抽水时及停抽后均应同步进行观测孔（或附近影响区范围内的钻孔）水位动态观测。钻孔抽水试验按有关规范进行。抽水试验钻孔根据监测工作的需要可作为地下水长期观测孔保留。水文地质参数测定方法及其适用条件应符合《岩土工程勘察规范》（GB50021—2001）附录 E 的规定。

（3）岩样试验目的是确定滑床岩石的物理力学指标（包括含水率、密度、吸水率、饱和吸水率、单轴抗压强度、抗拉强度、抗剪强度等），为支挡工程设计提供岩体强度参数。在钻孔中取岩心样时，单块样品直径（岩心径）不应小于 85mm，长度不应小于 150mm。在浅井中刻槽取样时，单块样品长×宽×高不小于 250mm×250mm×250mm。样品均应标示顶底面、结构面产状及剪切试验方向，易风化岩石的样品应及时蜡封。

（4）土样试验目的是确定滑坡体和滑带土体的物理力学指标（包括含水率、密度、吸水率、饱和吸水率、单轴抗压强度、抗剪强度等）。土样应主要在滑坡主勘探线及代表性的辅助勘探线上采取。在坑井中采集原状土样时，每件样品的规格不小于 200mm×200mm×200mm，样品均应标示顶底面、结构面产状及剪切试验方向。在钻孔中采集原状土样时，应使用薄壁取土器，采用静力压入法，样品直径（岩心径）不应小于 85mm。所采样品尽量避免扰动并及时蜡封。

滑带土抗剪强度指标是试验的重点，抗剪强度的取值直接影响滑坡体的稳定性评价和推力计算及治理工程设计，必需通过试验取得准确的抗剪强度（C，φ 值）。根据滑坡性质、组成滑带土的类型与结构，结合滑坡目前的稳定状态，宜选择以下的试验（测试）方法：室内滑面重合剪，剪切试验的剪切方向应与滑动方向一致；滑带重塑土或原状土多次剪，以求得滑带土残余强度。为了评价滑体在饱和状态下的稳定性，对原状土还需要做饱和快剪。

（5）水质化验的目的是取得滑坡区地表水和滑体内地下水的水质指标。地表水和地下水样均应进行水质简分析和侵蚀性 CO_2 分析。地下水样可在代表性的浅井抽水管口采集。样品体积，简分析样为 500～1000mL，侵蚀性 CO_2 分析样为 250～500mL，做侵蚀性 CO_2 分析的水样应加 2～3g 大理石粉。

（6）岩土样和水样的保存和送检应符合有关规定的要求，试验按有关试验操作规程进行。

（七）变形监测

地表变形监测主要采用宏观地质调查与相对位移监测法。监测周期一般为 5 天一次，遇到异常情况适当缩短监测周期。每次监测均应用专门表格进行记录，并及时整理分析，遇异常情况时，迅速书面上报业主与相关部门，情况紧急时应做灾害预报。勘查工作结束后，提交勘查阶段监测报告及相关附图附件。

三、滑坡勘查中注意的问题

滑坡勘查的目的是为治理设计提供依据，首先必须查明滑坡范围、规模、形态特征、变形特征、物质组成、滑坡类型和诱发因素。如忽视对滑坡的变形特征的综合分析研究，特别是裂缝性质的研究，会给滑坡的稳定性分析带来困难，给治理设计带来一定难度。在滑坡勘查中应当注意以下几个问题。

（1）一般滑坡勘探布设 3 条勘探剖面线，每条勘探线不少于 3 个勘探点，钻孔深度要揭穿主滑面以下一定深度。特别是如果没有在拟设抗滑桩的部位布设钻孔，或者钻孔深度达不到抗滑桩设计深度，将得不到合理有效的设计参数，给滑坡治理设计带来困难。

（2）对滑坡基本特征要进行详细调查和准确描述。

滑坡基本要素：坡高、坡长、坡宽、坡向、坡度、面积、体积（规模）。

滑坡的变形情况及边界：后缘、前缘（剪出口）、边线（界）、坡体变形（地面裂缝、建筑物变形、树木变形等）。

滑坡体结构：物质结构（组成）、滑体土及物质组成、滑带（面）土及物质组成、滑床土（岩）及物质组成。

（3）进行必要的滑坡勘探野外试验和室内试验数据采集，选择有代表性的钻孔进行系统采样试验，特别是滑带土和滑床土（岩）的试验。岩质滑坡在野外必须确定滑床岩石的岩性、泥化程度、抗压强度；土质滑坡必须确定滑床土的密实度及抗压强度。滑床岩土体强度试验往往被忽视，这给抗滑工程锚固段设计带来困难。

（4）地下水是诱发滑坡的重要因素，其至是主控因素，应重视对滑坡地下水的勘查，以免造成已治理的滑坡在雨季仍会滑动的现象。

（5）滑坡监测工作是指导滑坡勘查、滑坡治理设计、治理工程可信度评价的有力手段，其主要任务是对滑坡边坡进行变形监测、施工安全监测、应力监测、防治效果监测、巡查监测。在施工期间，监测结果作为判断滑坡边坡稳定状态、指导施工、反馈设计和防治效果检验的重要依据。要建立较完整的监测剖面和监测网，使之系统化、立体化。监测应满足以下要求：形成立体监测网；监测滑坡边坡变形动态，对变形发展和变形趋势作出预测；在整个治理工程施工中进行跟踪监测，超前预报，确保施工安全。

第五节　震后滑坡治理措施

一、采用的主要治理措施

国际地科联（IUGS）滑坡工作组（WGL）整治委员会将滑坡治理措施分为四大类，即：改变斜坡几何形态、排水、支挡结构物、斜坡内部加固。本次勘查的 45 处滑坡（含不稳定斜坡）设计的治理措施（表 4-24、表 4-25）主要选用了抗滑桩、重力挡墙和排水，其他还有裂缝夯填、削方清坡、回填坡脚等工程治理措施。14 个滑坡治理项目设计了抗滑桩，使用频率 33.3%；25 个滑坡治理项目设计了重力挡墙，使用频率 59.5%；18 个滑坡治理项目设计了排水工程，使用频率 42.9%。其他工程治理措施中 9 个滑坡治理项目设计了裂缝夯填，使用频率 21.4%；3 个滑坡治理项目设计了削方清坡，使用频率 7.1%；3 个滑坡治理项目设计了回填坡脚，使用频率 7.1%。滑坡治理措施设计时不仅仅设计单一的措施，一般采用多种措施综合治理。采取单项措施的有 14 个滑坡治理项目，占总项目的 31.1%，其中 11 个滑坡治理项目采用了重力挡墙，占采用单项措施项目的 78.6%。采取多项综合措施的有 28 个滑坡治理项目，占总项目的 62.2%，其中 9 个滑坡治理项目采用了抗滑桩＋截排水沟，占采用多项措施项目的 32.1%；6 个滑坡治理项目采用了重力挡墙＋截排水沟，占采用多项措施项目的 21.4%。不治理的滑坡 3 个，占总项目的 6.7%。

表 4-24　滑坡治理措施统计表

治 理 措 施	使 用 次 数	使用频率/%
抗滑桩	14	33.3
重力挡墙	25	59.5
截排水沟	18	42.9
裂缝夯填	9	21.4
削方清坡	3	7.1
回填坡脚	3	7.1

表 4-25　滑坡治理工程统计表

措施类别	治理措施	使用次数	使用频率/%
单项措施	抗滑桩	1	31.1
	重力挡墙	11	
	裂缝夯填	2	
	小计	14	

措施类别	治理措施	使用次数	使用频率/%
综合措施	抗滑桩＋截排水沟	9	62.2
	抗滑桩＋裂缝夯填	2	
	重力挡墙＋截排水沟	6	
	重力挡墙＋削方清坡	3	
	重力挡墙＋裂缝夯填	2	
	重力挡墙＋回填坡脚	2	
	截排水沟＋裂缝夯填	1	
	抗滑桩＋重力挡墙＋裂缝夯填	1	
	抗滑桩＋截排水沟＋裂缝夯填	1	
	重力挡墙＋截排水沟＋回填坡脚	1	
	小计	28	
不治理		3	6.7
合　　计		45	

二、治理措施设计主要技术要求

（一）抗滑桩

1. 设计荷载组合

根据《滑坡防治工程设计与施工技术规范》（DZ/T0219—2006）要求，结合"5·12"地震后滑坡的特点，确定防治工程荷载组合如下：

工况Ⅰ：自重＋地表荷载；工况Ⅱ：自重＋地表荷载＋暴雨；工况Ⅲ：自重＋地表荷载＋地震。

2. 设计标准与设计安全系数

（1）工程安全运行年限。防治工程结构设计安全运行期一般定为50年。

（2）安全系数。滑坡防治工程设计安全系数取值，建议采用表4-26中的数值。

表4-26　滑坡防治工程设计安全系数建议表

安全系数类型	防治级别与工况								
	Ⅰ级防治工程			Ⅱ级防治工程			Ⅲ级防治工程		
	设计	校核		设计	校核		设计	校核	
	工况Ⅰ	工况Ⅱ	工况Ⅲ	工况Ⅰ	工况Ⅱ	工况Ⅲ	工况Ⅰ	工况Ⅱ	工况Ⅲ
抗滑动	1.30～1.40	1.10～1.15	1.10～1.15	1.25～1.30	1.05～1.10	1.05～1.10	1.15～1.20	1.02～1.05	1.02～1.05
抗倾倒	1.70～2.00	1.30～1.50	1.30～1.50	1.60～1.90	1.20～1.40	1.20～1.40	1.50～1.80	1.10～1.30	1.10～1.30
抗剪断	2.20～2.50	1.40～1.50	1.40～1.50	2.10～2.40	1.30～1.40	1.30～1.40	2.00～2.30	1.20～1.30	1.20～1.30

3. 抗滑桩结构设计

（1）抗滑桩的设计荷载。抗滑桩所受推力可根据滑坡的物质结构和变形滑移特性，分别按三角形、矩形或梯形分布考虑，设计时一般选用矩形。抗滑桩设计可参考都江堰市白岩山2号滑坡特征与治理方案（第七章滑坡实例十）。

抗滑桩设计荷载包括：滑坡体自重、孔隙水压力、渗透压力、地震力等。对于跨越库水位线的滑坡，须考虑每年库水位变动时对滑坡体产生的渗透压力。

抗滑桩所受荷载为该处桩后滑动推力（各种工况下的最大值）与桩前滑体抗力（取滑体极限平衡时滑坡推力与桩前被动土压力的小值）之差。

（2）结构设计安全系数。由于在推力计算时已考虑了荷载组合，并计入了安全系数，故结构重要性系数为1.0，永久荷载分项系数为1.0。因推力计算考虑了所需的安全系数，抗滑桩断面设计中推力荷载分项系数取1.0。

（3）材料的设计强度。桩身混凝土可采用普通混凝土。当施工许可时，也可采用预应力混凝土。桩身混凝土的强度宜为C20，C25或C30。当地下水或环境土有侵蚀性时，水泥应按有关规定选用，一般采用C30。

纵向受拉钢筋应采用Ⅱ级以上的带肋钢筋，直径应大于16mm。净距应在120～250mm之间。如用束筋时，每束不宜多于3根。如配置单排钢筋有困难时，可设置两排或三排，排距宜控制在120～200mm之内。钢筋笼的混凝土保护层应大于50mm。

（4）抗滑桩平面布置、截面尺寸及锚固深度。根据工程具体情况进行桩的平面布置，间距（中对中）宜为5～10m，一般设计为5m或6m。截面形状以矩形为主，截面宽度一般为1.5～2.5m，截面长度一般为2.0～4.0m。当滑坡推力方向难以确定时，应采用圆形桩。

按控制锚固段桩周地层的强度考虑桩的锚固深度，要求抗滑桩传递到滑动面以下地层的侧向应力不大于地层的侧向容许抗压强度。抗滑桩嵌固段嵌入滑床的深度约为桩长的1/3～2/5，一般为1/3。

（5）桩身配筋。桩的两侧及受压边，应适当配置纵向构造钢筋，其间距宜为400～500mm，直径不应小于12mm。桩的受压边两侧，应配置架立钢筋，其直径不宜小于16mm。

箍筋宜采用封闭式。肢数不宜多于3肢，其直径在10～16mm之间，间距应小于500mm。

（6）桩侧岩土体应力校核。抗滑桩的稳定性与嵌固段长度、桩间距、桩截面宽度，以及滑床岩土体强度有关，可用围岩允许侧压力公式判定：

1）较完整岩体、硬质黏土岩等

$$\sigma_{max} \leqslant \rho_1 \times R \qquad (4-28)$$

式中：σ_{max}为嵌固段围岩最大侧向压力值，kPa；ρ_1为折减系数，取决于岩土体裂隙、风化及软化程度，沿水平方向的差异性等，一般取值为0.1～0.5；R为岩石单轴抗压极限强度，kPa。

2）一般土体或严重风化破碎岩层

$$\sigma_{max} \leqslant \rho_2 \times (\sigma_p - \sigma_a) \qquad (4-29)$$

式中：ρ_2为折减系数，取决于土体结构特征和力学强度参数的精度，一般取值为0.5～1.0；σ_p为桩前岩土体作用于桩身的被动土压应力，kPa；σ_a为桩后岩土体作用于桩身的主动土压应力，kPa。

（二）重力挡墙

重力挡墙一般适用于规模小、厚度薄的滑坡阻滑治理工程。重力挡墙工程应布置在滑坡主滑地段的下部区域。当滑体长度大而厚度小时宜沿滑坡倾向设置多级重力挡墙。

1. 设计荷载组合

重力挡墙设计荷载组合与抗滑桩设计荷载组合相同。

2. 设计标准

（1）工程安全运行年限。防治工程结构设计安全运行期一般为50年。

（2）安全系数。根据滑坡防治工程等级确定。在防治工程等级为Ⅱ级时，安全系数取值为：工况Ⅰ自重＋地表荷载为1.15，工况Ⅱ自重＋地表荷载＋暴雨为1.10，工况Ⅲ自重＋地表荷载＋地震为1.05。

抗滑稳定系数：1.30；抗倾覆稳定系数：1.50；结构构件重要性系数：1.00。

3. 重力挡墙设计

（1）重力挡墙设计要求：

1）挡土墙墙型一般有 4 种型式（图 4-12）。在地形地质条件允许情况下，宜采用仰斜式挡土墙；施工期间滑坡稳定性较好且土地价值低，宜采用直立式；施工期间滑坡稳定性较好且土地价值高，宜采用俯斜式。本次治理设计多选用直立式，可参考平武县豆叩镇魏家湾滑坡特征与治理方案（第七章滑坡实例二）。

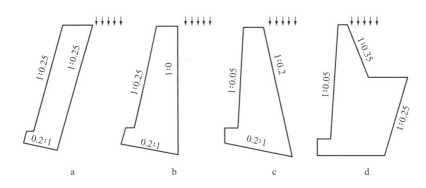

图 4-12　重力式挡土墙断面一般型式图
a—俯斜式挡土墙　b—直立式挡土墙　c—仰斜式挡土墙　d—衡重式挡土墙

2）挡土墙基础埋置深度必须根据地基变形、地基承载力、地基抗滑稳定性、挡土墙抗倾覆稳定性、岩石风化程度以及流水冲刷计算确定。土质滑坡挡土墙埋置深度必须置于滑动面以下不小于 1~2m。

3）重力式挡土墙采用毛石砼或素砼现浇时，毛石砼或素砼墙顶宽不宜小于 0.6m，毛石含量 15%~30%。

4）挡土墙墙胸宜采用 1:0.5~1:0.3 坡度。墙高小于 4.0m，可采用直立墙胸。地面较陡时，墙面坡度可采用 1:0.2~1:0.3。

5）挡土墙墙背可设计为倾斜的、垂直的和台阶形的，整体倾斜度不宜小于 1:0.25。

6）挡土墙基础宽度与墙高之比一般为 0.5~0.7，基底宜设计为 0.1:1~0.2:1 的反坡，土质地基取小值，岩质地基取大值。

7）墙基沿纵向有斜坡时，基底纵坡不大于 5%，当纵坡大于 5% 时，应将基底做成台阶式。

8）当基础砌筑在坚硬完整的基岩斜坡上而不产生侧压力时，可将下部墙身切割成台阶式，切割后应进行全墙稳定性验算。

9）在挡土墙背侧应设置 200~400mm 的反滤层，孔洞附近 1m 范围内应加厚至 400~600mm。回填土为砂性土时，挡土墙背侧最下一排泄水孔下侧应设倾向坡外且厚度不小于 300mm 的防水层。

10）挡土墙后回填表面设置为倾向坡外的缓坡，坡度取 1:20~1:30，或墙顶内侧设置排水沟，可通过挡土墙顶引出，但注意墙前坡体冲刷。

11）为排出墙后积水，须设置泄水孔。根据水量大小，泄水孔孔眼尺寸宜为 50mm×100mm，100mm×100mm，100mm×150mm 方孔，或 $\phi 50$~$\phi 200$mm 圆孔。孔眼间距 2~3m，倾角不小于 5%。上下左右交错设置，最下一排泄水孔的出水口应高出地面 ≥200mm。

12）在泄水孔进口处应设置反滤层，且必须用透水性材料（如卵石、砂砾石等）。为防止积水渗入基础，须在最低排泄水孔下部，夯填至少 300mm 厚的黏土隔水层。

13）挡墙每隔 5~20m 设置一道沉降缝，缝宽 20~30mm，缝中填沥青麻筋、沥青木板或其他有弹性的防水材料，沿内、外、顶三方填塞，深度不小于 150mm。

（2）重力挡墙推力及稳定性验算。重力挡墙推力可采用《滑坡防治工程设计与施工技术规范》（DZ/T0219—2006）附录 1 中滑坡推力公式和土压力计算公式计算，取其最大值。重力挡墙工程结构设计安全系数推荐如下：

基本荷载情况下，抗滑稳定性 $K_s \geqslant 1.3$；抗倾覆稳定性 $K_s \geqslant 1.5$。

特殊荷载情况下，抗滑稳定性 $K_s \geqslant 1.2$；抗倾覆稳定性 $K_s \geqslant 1.3$。

重力挡墙推力及稳定性验算目前采用北京理正岩土计算软件完成。在 3 种工况下，需要对滑动稳定性、倾覆稳定性、地基应力及偏心距、基础强度、墙底截面强度等进行验算。

（三）排水工程

本次承担的滑坡治理设计中的排水工程均为地表排水工程。

1. 设计标准

地表排水工程按 20 年一遇暴雨重现期进行设计，设计截排水沟的降水历时标准为 1 小时。

2. 设计原则

排水沟应最大限度地拦截滑坡外区域地表水进入滑坡区域内，同时尽可能地快速排出滑坡区域内的地表水。排水沟布设应尽可能利用已有的自然冲沟，减少工程量。一般根据滑坡体整体空间结构形态，结合实际地形特点，在滑坡体后缘外侧附近布设 1 条截水沟，在滑坡体中部靠下布设 1 条截水沟，在滑坡体两侧布设排水沟，连接截水沟和排水沟，排水至滑坡体下游沟谷中。

3. 排水沟设计

（1）排水沟断面形状可为矩形、梯形、复合型及 U 形等（图 4-13），一般为梯形、矩形，可参考平武县大桥中学后坡滑坡特征与治理方案（第七章滑坡实例四）。

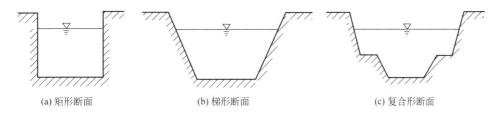

(a) 矩形断面 (b) 梯形断面 (c) 复合形断面

图 4-13 排水沟断面形状示意图

（2）地表排水工程设计频率地表水汇流量可根据中国公路科学研究所提出的经验公式计算，即：

$$Q_P = \varphi S_P F \tag{4-30}$$

式中：Q_P 为设计频率地表水汇流量，$\mathrm{m^3/s}$；S_P 为设计降雨强度，$\mathrm{mm/h}$；φ 为径流系数；F 为汇水面积，$\mathrm{km^2}$。

（3）排水沟过流量计算公式为：

$$Q = WC\sqrt{Ri} \tag{4-31}$$

式中：Q 为过流量，$\mathrm{m^3/s}$；R 为水力半径，m；i 为水力坡降；W 为过流断面面积，$\mathrm{m^2}$；C 为流速系数，$\mathrm{m/s}$。

（4）排水沟进出口平面布置，宜采用喇叭口或八字形导流翼墙。导流翼墙长度可取设计水深的 3～4 倍。

（5）当排水沟通过裂缝时，应设计成叠瓦式的沟槽，可用土工合成材料或钢筋混凝土预制板制成。

（6）排水沟的安全超高不应小于 0.3m。

（7）当自然纵坡大于 1:20 或局部高差较大时，可设置跌水。当跌水高差在 5m 以内时，宜采用单级跌水；当跌水高差大于 5m 时，宜采用多级跌水。

（8）排水沟宜采用浆砌片石或块石砌成。当地质条件较差时，如坡体松软段，可用毛石混凝土或素混凝土修建。砌筑排水沟砂浆的标号，宜用 M7.5～M10。对坚硬块片石砌筑的排水沟，可用比砌筑砂浆高一级标号的砂浆进行勾缝，且以勾阴缝为主。毛石混凝土或素混凝土的标号，宜用 C10～C15。

（9）陡坡和缓坡段沟底及边墙，应设伸缩缝，缝间距为 10～15m。伸缩缝处的沟底，应设齿前墙，伸缩缝内应设止水或反滤盲沟或两种措施同时采用。

（四）其他治理措施

采用的其他治理措施有裂缝夯填、削方清坡、反压坡脚等，这些措施配合主要治理措施综合使用。

1. 裂缝夯填

裂缝夯填是为了防止雨水沿裂缝下渗增加坡体荷载和动静水压力，对坡体裂缝采用黏土夯填。其要求如下：

（1）裂缝的开挖长度及宽度应超过裂缝两端各 0.5m，深度超过裂缝尽头 0.5m，开挖坑槽底部的宽度至少 0.5m，边坡应满足稳定及新旧填土结合的要求。

（2）坑槽开挖应做好安全防护工作，防止坑槽进水、土壤干裂或冻裂；挖出的土料要远离坑口堆放，坑槽开挖后要尽快回填。

（3）回填前必须将回落的松散土等杂物清除干净。

（4）回填的土料要选择塑性较大的黏性土，并控制含水量接近于最优含水量。需要检验回填土的质量有无杂物及回填土的含水量是否在控制的范围内。如含水量偏高，可采用翻松、晾晒或均匀掺入干土等措施；如回填土的含水量偏低，可采用预先洒水润湿等措施。

（5）回填土应分层铺摊，每层铺土厚度应根据土质、密实度要求和机具性能确定。一般蛙式打夯机每层铺土厚度为 200～250mm；每层人工打夯至少夯打三遍，打夯应一夯压半夯，夯夯相接，行行相连，纵横交叉，严禁采用水浇使土下沉的所谓"水夯"法。每层铺摊后，随之耙平，要特别注意坑槽边角处的夯实质量，夯实度≥93%。

（6）回填土每层填土夯实后，应按规定进行环刀取样，测出干土的质量密度；达到要求后，再进行上一层的铺土。

（7）填土全部完成后，应进行表面找平，凡超过地面高程的地方，及时铲平；低于地面高程的地方，应补土夯实。

（8）雨季施工基槽的回填土要连续进行，尽快完成。施工中注意雨情，雨前应及时夯完已填土层或将表面压光，并做成一定坡势，以利排除雨水。

（9）冬季回填土每层铺土厚度应比常温施工时减少 20%～50%；填土前，应清除基底上的冰雪和保温材料；填土的上层应用未冻土填铺。回填土施工应连续进行，防止基土或已填土层受冻，应及时采取防冻措施。

2. 削方清坡

削方清坡主要包括滑坡后缘减载、表层滑体或变形体的清除、削坡降低坡度以及设置马道等。其要求如下：

（1）当开挖高度大时，宜沿滑坡倾向设置多级马道，沿马道应设横向排水沟。边坡开挖设计时，应确定纵向排水沟位置，并且与城市或公路排水系统衔接。

（2）削方减载后形成的边坡高度大于 8m 时，开挖必须采用分段开挖，边开挖边护坡，护坡之后才允许开挖至下一个工作平台，严禁一次开挖到底。根据岩土体实际情况，分段工作高度宜 3～8m。

（3）边坡高度大于 8m，宜采用喷锚支护、钢筋砼格构等护坡措施。如果高边坡设有马道，坡顶开口线与马道之间，马道与坡脚之间，也可采用格构护坡方案。

（4）边坡高度小于 8m，可以一次开挖到底，采用浆砌块石挡墙等护坡方法。

（5）当堆积体或土质边坡高度超过 10m 时，须设马道放坡，马道宽 2.0～3.0m。当岩质边坡高度超过 20m 时，须设马道放坡，马道宽 1.5～3.0m。

（6）为了减少超挖及对边坡的扰动，机械开挖必须预留 0.5～1.0m 保护层，人工开挖至设计位置。

（7）采用爆破方法对后缘滑体或危岩体进行削方减载，必须专门对周围环境进行调查，对爆破振动、对整体隐定性的影响和爆破飞石对周围环境的危害作出评估。

（8）在清除表层危岩体和确保施工安全的情况下，尽可能采用导爆索进行光面爆破或预裂爆破。凿岩一般 3～4m，由上至下一次成型。以机械浅孔台阶爆破为主，并对超欠挖部分进行修整成型。

（9）块石爆破采用岩体内浅孔爆破与块体表面聚能爆破相结合的方式。对于块体厚度大于 1.5m，而易于凿岩的块石，以块体内浅孔爆破为主；厚度小于 1.5m，凿岩施工条件极差的块石，以表面聚能爆破为主；厚度在 1.5m 左右，宽厚比近于 1 的块石，可以两种方法并用。

3. 回填坡脚

回填坡脚是采用土石等材料堆填滑坡体前缘，以增加滑坡抗滑能力，提高其稳定性。当滑坡剪出位于库（江）水位之下，且地形较为平坦时，回填坡脚将具有提高滑坡稳定性，保护库岸、增加土地和处理弃碴等综合功效。其要求如下：

（1）回填体应经过专门设计，其对于滑坡稳定系数的提高值可作为工程设计依据；未经专门设计的回填体，其对于安全系数的提高值不得作为设计依据，但可作为安全储备加以考虑。

（2）回填坡脚填料宜采用碎石土，碎石土碎石粒径小于 8cm，碎石土中碎石含量 30％～80％。碎石土最优含水量需做现场碾压试验，含水量与最优含水量误差小于 3％。

（3）碎石土应碾压，无法碾压时必须夯实，距表层 0～80cm 填料压实度≥93％，距表层 80cm 以下填料压实度＞90％。

（4）库（江）水位变动带的回填坡脚须对回填体进行地下水渗流和库岸冲刷处理，设置反滤层和进行防冲刷护坡。

三、滑坡防治工程中应当注意的问题

地震灾区滑坡防治工程是专业性很强的特殊工程，在对滑坡灾害体特性、成灾机制及其稳定性深入认识的基础上，要紧密结合保护对象，采用经济、实用、可靠、先进的滑坡治理技术，充分考虑实地施工条件，拟订方案进行治理工程设计，对方案进行技术、经济比较并优化组合。

（1）首先确定滑坡防治工程是采取工程治理措施，还是监测预警或搬迁避让；其次应明确保护对象、受威胁对象范围、地质灾害类型、防治工程等级、设计安全系数及滑坡稳定性；同时对滑坡灾害体可能失稳范围、破坏方式、失稳后堆积形态和可能造成的损失进行分析，对治理所需费用、工期及治理效果做出预算和预测，进行效益与投资经济分析。当防治工程设计得不偿失或效益过小时，应明确提出采取避让方案或降低保护标准，加强监测预报与预警措施，避免或减少灾害损失。

（2）对于确定采取工程措施治理的防治工程项目，评估其是否进行了多方案的比较。切忌工程治理方案缺乏针对性，如拟定的工程治理方案未充分认识灾害体的成灾机理和保护对象的关系，治理思路和保护目标不明确，采取的工程构筑物针对性或适宜性不强，对治理方案作简单化处置，存在预期治理效果不佳或安全隐患，对拟定的治理方案无对比方案或各方案间无可比性。

（3）防治工程措施应由简到繁，优先考虑提高地质灾害体自身稳定的增稳措施，其次再考虑其他加固措施。滑坡治理工程分为减滑工程和抗滑工程两类。减滑工程目的在于改变滑坡的地形、土质、地下水等自然状态，使滑坡运动停止或缓和；抗滑工程则在于利用抗滑的工程建筑来支挡运动的全部或部分滑坡，减轻或免于地震滑坡灾害。

（4）注意排水工程、抗滑桩与抗滑挡墙设计的适用性。对于内摩擦角 φ 值较大，黏聚力 C 值很小的碎块石土，滑坡内的地下水位高低对滑坡稳定性影响很大。当降雨、地下水位升降、地下水渗流作用对滑坡变形与稳定性影响较大时应优先考虑排水工程措施。抗滑桩一般不宜用于牵引式滑坡、无明确滑面及可靠滑床、滑坡体为松散土或软弱土、无被动土压力区、水位以下及水位变动区。抗滑挡墙宜用于薄层牵引式滑坡，滑坡体阻滑段厚度不大于 6 m，承受滑坡推力不宜大于 200 kN/m；不宜用于厚层滑坡及地下水丰富地段。对开挖土石方会危及边坡稳定或正在滑移的滑坡，应采用不需开挖滑坡前缘的补偿式抗滑挡墙。抗滑挡墙埋深宜在滑面以下 1～2 m。

（5）滑坡防治措施是综合性的，有工程措施和非工程措施，减载、回填坡脚、支挡、排水、水土保持是行之有效的方法。支挡工程费用最高，但支挡工程失效屡见不鲜，就其类型而言有断桩、拔桩、桩身整体位移等。常见的断桩部位一是桩顶部，二是滑动面附近桩身，前者是桩顶部未设构造筋或构造筋太少所造成，后者是配筋量不足或者抗剪筋距离太大所造成。拔桩现象少见，产生拔桩现象是对滑坡性质认识不清，将抗滑桩设置在鼓丘上部，在滑坡向前推移遇阻时，土体斜向向上运动，将抗滑桩连同横梁向上抬起，造成抗滑工程失效。桩身整体位移现象多见于滑床地层抗侧压力低，锚固段不能抵抗滑坡推力，造成桩身整体失效。锚固段过长造成浪费，锚固段过短容易产生桩身"坐船"现象。

（6）地表水、雨水、渠水的渗透，可使滑坡活化，所以必须防止水的渗透，对边坡的坡顶及坡面进行排水处理。常用的排水工程以地表排水工程为主，主要用于截排降雨形成的地表径流，减少入渗对滑坡稳定性的影响。截水沟布置于滑坡区外用于拦截可能汇入滑坡区的地表径流，排水沟布置于滑坡区内将降雨形成的地表径流引排出滑坡区。排水沟布置重点是考虑其有效性，应充分利用滑坡区已有排水沟渠、自然沟道加以完善，充分考虑新建排水沟条数、沟的线路、排水方向、汇入口位置，形成有效合理的排水系统。原则上不能将滑坡区外的水引入滑坡区内借用滑坡区内排水沟排放。滑坡区内强烈变形区慎布排水沟。在透水性强的地段，应对已发生的裂缝，用黏土或水泥浆填充，并用薄膜覆盖；在透水性弱的地段，对重要部位也应采取防渗处理。

（7）滑坡治理是在动态条件下进行施工的，必须先治稳后治根。在整个工程实施前，首先要稳定滑坡，如减载、回填坡脚、降低地下水位等，当滑坡处于相对稳定状态时，再进行工程施工。为保证施工顺利进行，挖孔桩要设护壁支挡，不能为节省资金取消护壁，或用简易方法代替。如果护壁不好，混凝土浇注后强度还未达到要求桩身就受力，这样会带来桩体内伤，影响抗滑桩质量。

（8）不恰当的人类工程活动，会使已治理的滑坡灾害体再次发生失稳。因此，应加强防治工程维护，避免在已经治理的滑坡灾害体上增加新荷载，尤其是房屋建筑，如非建不可，应进行地质灾害评估，建筑物地基必须置于完整基岩上；已经治理的滑坡上应调整农业种植结构，取消或减少水稻种植面积、水塘数量，并做好防渗处理；已经治理的滑坡灾害体上截排水沟应经常维修管理，及时清障并保证排水通畅。

地震灾区滑坡灾害分布广，且多发生在地质环境条件复杂地区，工程治理困难。因此，防治地震滑坡灾害应贯彻避让和综合治理相结合，长远的措施和短期的工程措施相结合的原则，合理确定防治方案。总之，只有通过不断实践、探索、总结才能进一步提高滑坡防治水平。

第六节 小　　结

本章通过对汶川"5·12"地震灾区9县（市、区）震前震后滑坡地质灾害分布发育、基本特征进行总结对比，并结合河北省地矿局承担的地震灾区45处滑坡应急治理勘查成果的分析研究，取得如下主要结论：

（1）对汶川地震灾区9个县（市、区）（绵阳市平武县、安县、北川县、涪城区，巴中市的南江县及成都市的都江堰市、彭州市、大邑县、崇州市）震前震后的滑坡规模、滑坡物质组成、滑体厚度、滑坡的运动形式、滑坡与地形坡度关系进行了统计及分析。研究发现滑坡规模、物质组成及滑坡与地形坡度的关系震前与震后变化不大，而震后浅层滑坡所占比例明显增加，由震前的35.20%提高到震后的85.63%。

（2）对震后勘查的45处滑坡进行了统计，滑坡类型以中小型、浅层和堆积层（土质）滑坡为主，滑坡平面形态以簸箕形（扇形）和舌形为主。

（3）震后滑坡发生的主要诱发因素是地震。与地震同时发生的滑坡，地震力和重力是滑坡下滑的主要因素，而在地震后由于各种原因发生的滑坡，震后降水与河流冲刷坡脚、人工建房切坡等为主要原因。

（4）震后滑坡滑体的物质主要由地表残坡积、崩坡积碎石土和粉质黏土含碎石层组成。滑带土一般为粉质黏土含碎石，滑动面较粗糙，滑面后段一般开始于滑坡后缘裂隙，中段为岩土分界面，前段于第四系残坡积层中的软弱地层中剪出。滑床一般由基岩构成，基岩岩性主要有板岩、千枚岩、砂岩与页岩互层、粉砂岩与泥岩互层。

（5）滑坡的滑动模式主要为土层（碎石土）顺基岩面滑动，滑体与滑床的界面多为斜坡残坡积层与基岩的分界面，滑面大部分呈折线形。

（6）对滑坡的稳定性分析计算与推力计算是滑坡防治工程的重点，在计算过程中滑带各段抗剪强度指标（C，φ 值）的选取又是稳定性分析计算与推力计算的重点。通过总结，滑带各段抗剪强度指标（C，φ 值）的选取有 3 种方法：试验法、经验数据对比、反算法。由于地质条件和土性的差别很大，不同滑坡滑带土的 C，φ 值差别较大。取样试验因取样代表性、试验方法等问题导致数值分散，故参考试验值并结合经验值，用反算法求主滑段滑带土的 C，φ 值是主要采取的方法。

（7）依据汶川地震灾区震后 45 处滑坡的实际勘查资料，首次对地震灾区震后滑坡岩土体物理力学参数进行了系统研究。一是运用数理统计方法统计了震后滑坡的滑体天然重度、饱和重度及滑带土天然状态、饱和状态下内聚力、内摩擦角：滑体天然重度范围值为 17.4～24.9kN/m³，平均值为 19.7kN/m³；饱和重度范围值为 18.1～25.8kN/m³，平均值 20.4kN/m³。滑带土天然快剪试验内聚力范围值为 12.0～37.0kPa，平均值为 25.6kPa；内摩擦角范围值为 8.0～32.0°，平均值为 18.1°。滑带土饱和快剪试验内聚力范围值为 9.0～32.0kPa，平均值为 21.5kPa；内摩擦角范围值为 6.5～30.0°，平均值为 15.7°。二是对滑坡滑带土内聚力、内摩擦角与碎石含量的关系进行了研究。对于岩性为含碎石（角砾）粉质黏土的滑带土而言，震后滑坡滑带土内聚力的大小与碎石含量的关系如下：在碎石含量小于 50%时内聚力变化不大，随着碎石含量的增加内聚力略有减小（碎石含量≤10%时，内聚力平均值为 26.3kPa。10%＜碎石含量≤30%时，内聚力平均值为 25.8kPa。30%＜碎石含量≤50%时，内聚力平均值为 23.9kPa）；当碎石含量＞50%时，内聚力减小很快，当碎石含量大于 70%时，内聚力基本可以忽略不计。震后滑坡滑带土内摩擦角的大小与碎石含量的关系如下：在碎石含量≤10%时，内摩擦角平均值为 15.3°；10%＜碎石含量≤30%时，内摩擦角平均值为 17.4°；30%＜碎石含量≤50%时，内摩擦角平均值为 24.4°；当碎石含量＞50%时，内摩擦角增加较快，当碎石含量在 70%时，内摩擦角平均值为 40°。

通过对大量实验资料的统计分析，得出了震后滑坡滑带土的内摩擦角（φ）与滑带土中碎石含量（X）的经验公式：$\varphi = 0.0029X^2 + 0.126X + 14.33$。在滑坡应急勘查或应急排危时，通过布置少量的工作量查清滑带土的碎石含量，依据该经验公式计算滑带土的内摩擦角，可在较短的时间内对滑坡的稳定性做出初步评价，为滑坡的应急治理或应急排危提供技术依据。

上述研究成果在地震灾区具有代表性，取得的滑坡岩土体物理力学参数的经验值和经验公式在震后滑坡应急勘查评价中具有重要参考使用价值。

（8）提出了震后滑坡应急治理勘查工作的思路、应急勘查技术路线图及工作手段和方法。本次滑坡勘查主要采用了地形测量、工程地质测绘、勘探、试验、变形监测等技术措施。勘查工作在充分收集资料的基础上以工程地质测绘为主；勘探方法主要有钻探、槽探与浅井，受地形及时间限制，普遍采用了槽探和浅井，钻探则控制使用，只布设在主勘探线和拟建防治工程部位。由于本次工作任务特殊，勘探线原则上按三纵三横布设。另外，从研究地震对滑坡类型、形成条件、基本特征等方面的影响和作用入手，提出了震后滑坡勘查中应注意的问题。

（9）滑坡治理措施主要选用了抗滑桩、重力挡墙、排水三种工程治理措施，其他还选用了裂缝夯填、削方清坡、回填坡脚等工程治理措施。滑坡的防治工程措施应根据滑坡的特征和保护对象有针对性的选择，总体治理原则有 3 种：第一避让，第二清除滑体或减少下滑力，第三增加抗滑力。

滑坡治理的实践性很强，只有从大量的工程实践中发现问题，解决问题，进一步的研究探索，才能促使滑坡治理学科的不断发展。通过本次对 45 处滑坡的勘查与设计工作的总结与分析，所取得的研究成果对今后类似地区滑坡的勘查与治理工程设计具有一定的指导意义和参考价值。

参 考 文 献

[1] 章勇武，马惠民.2007.山区高速公路滑坡与高边坡病害防治技术实践［M］.北京：人民交通出版社

[2] 殷跃平等.2009.汶川地震地质与滑坡灾害概论［M］.北京：地质出版社

[3] 国土资源部宣传教育中心.2004.崩塌滑坡灾害防治

[4] 曾超，李曙平，李群等.2009.地震灾区公路滑坡发育特征及形成机理分析［J］.公路工程，34（3）：143～146.

[5] 郑颖人，陈祖煜，王恭先等.2007.边坡与滑坡工程治理［M］.北京：人民交通出版社

[6] 王恭先.2007.滑坡学与滑坡防治技术［M］.北京：中国铁道出版社

第五章 震后崩塌特征与防治技术

四川省汶川"5·12"地震后,河北省地矿局的地勘单位在四川省成都市的都江堰市、彭州市、大邑县、崇州市,绵阳市平武县、安县、北川县、涪城区,巴中市的南江县等9个县(市、区)开展震后地质灾害勘查工作。本章利用四川省县(市、区)震前地质灾害调查与区划成果,震后应急排查、地质灾害详细调查及应急勘查成果资料,仅对上述9县(市、区)地震前后的崩塌地质灾害的分布、发育特征,震后崩塌(危岩)的形成条件、稳定性评价、勘查方法及治理措施等进行了统计分析论述。

第一节 "5·12"地震前后崩塌的分布及发育特征

一、"5·12"地震前崩塌的分布及发育特征

据有关资料统计,地震前9个县(市、区)共有地质灾害点1274处,其中崩塌地质灾害隐患点187处,占地质灾害隐患点总数的14.7%(表5-1)。其分布及发育特征具有如下特点。

(1)地震前崩塌以小型为主,占全部崩塌点的85%;其次为中型崩塌,占12.3%,大型崩塌为2.7%(表5-2)。

表5-1 "5·12"地震前崩塌点数统计表

市	县	崩塌点数/处	总地灾点数/处	百分比/%	密度/(处/100km²)
成都市	都江堰市	19	56	33.9	1.5
	彭州市	9	158	5.7	0.6
	大邑县	26	119	21.8	1.7
	崇州市	37	116	31.9	3.4
绵阳市	平武县	19	80	23.7	0.3
	北川	21	255	8.2	0.7
	安县	7	83	8.4	0.5
	涪江区	3	51	5.9	0.4
巴中市	南江县	46	356	12.9	1.3
合计		187	1274	14.7	0.77

表5-2 "5·12"地震前崩塌规模统计表

市	县	大 型		中 型		小 型		合计/处
		数量/处	比例/%	数量/处	比例/%	数量/处	比例/%	
成都市	都江堰市			1	5.3	18	94.7	19
	彭州市	1	11.1			8	88.9	9
	大邑县			2	7.7	24	92.3	26
	崇州市	1	2.7			36	97.3	37
绵阳市	平武县			1	5.3	18	94.7	19
	北川			3	14.3	18	85.7	21
	安县	2	28.6	2	28.6	3	42.8	7
	涪江区					3	100.0	3
巴中市	南江县	1	2.2	14	30.4	31	67.4	46
合计		5	2.7	23	12.3	159	85.0	187

（2）崩塌物质均为岩质崩塌。

（3）崩塌失稳主要引发因素为降雨，失稳发生时间段为5～9月，多集中于7～8月，并具有与大雨、暴雨同期或略为滞后的特点。

（4）崩塌灾害点多发育在龙门山断裂及影响带区域。该地域地质构造复杂，裂隙发育，岩体的均一性和完整性较差，强度较低，并遭受风化剥蚀强烈。

（5）崩塌多发育于山区，发育密度一般为0.3～3.4处/100km²。

二、"5·12"地震后崩塌的分布及发育特征

据详细调查资料统计，地震后9个县（市、区）共有地质灾害点3143处，其中崩塌地质灾害隐患点995处，占地质灾害隐患点总数的31.7%（表5-3）。其分布及发育特征具有如下特点。

表5-3 "5·12"地震后崩塌点数统计表

市	县（市、区）	崩塌点数/处	地质灾害点总数/处	百分比/%	密度/(处/100km²)
成都市	都江堰市	191	431	44.3	15.7
	彭州市	113	440	25.7	8.0
	大邑县	96	258	37.2	6.2
	崇州市	112	227	49.3	10.3
绵阳市	平武县	122	397	30.7	2.0
	北川	147	474	31.0	5.13
	安县	92	353	26.1	6.5
	涪江区	8	70	11.4	1.1
巴中市	南江县	114	493	23.1	3.3
合计		995	3143	31.7	4.5

（1）地震后崩塌仍以小型为主，为全部崩塌点的70.4%，但所占比例有所降低。其次为中型崩塌，占23.0%。大型崩塌和巨型崩塌分别占5.9%和0.7%（表5-4）。

表5-4 "5·12"地震后崩塌规模统计表

市	县	巨型		大型		中型		小型		合计/处
		数量/处	比例/%	数量/处	比例/%	数量/处	比例/%	数量/处	比例/%	
成都市	都江堰市			1	0.5	38	19.9	152	79.6	191
	彭州市	5	4.4	13	11.5	29	25.7	66	58.4	113
	大邑县			1	1.0	10	10.4	85	88.6	96
	崇州市					7	6.2	105	93.8	112
绵阳市	平武县			3	2.4	29	23.8	90	73.8	122
	北川			22	15.0	53	36.0	72	49.0	147
	安县	2	2.2	13	14.1	35	38.0	42	45.7	92
	涪江区							8	100	8
巴中市	南江县			6	5.3	28	24.6	80	70.1	114
合计		7	0.7	59	5.9	229	23.0	700	70.4	995

（2）崩塌主要分布在高中低山区，占98.8%，丘陵区发生较少，占1.2%（表5-5）。

（3）破坏方式以倾倒式为主，滑移式和坠落式次之，分别所占比例为49.7%，22.1%和28.2%（表5-6）。

（4）崩塌主要发育在坡度大于60°的斜坡之上，所占比例70.3%，斜坡坡度60°以下所占比例29.7%（表5-7）。

表 5－5　"5·12"地震后崩塌与地貌关系统计表

市	县	高山区		中山区		低山区		丘陵区		点数合计（处）
		点数/处	比例/%	点数/处	比例/%	点数/处	比例/%	点数/处	比例/%	
成都市	都江堰			102	53.4	89	46.6			191
	崇州市	50	44.6	29	25.9	33	29.5			112
绵阳市	平武县			103	84.4	19	15.6			122
	北川			96	65.3	51	34.7			147
	安县			42	45.6	50	54.4			92
	涪江区							8	100	8
合计		50	7.4	372	55.4	242	36.0	8	1.2	672

表 5－6　"5·12"地震后崩塌破坏方式统计表

市	县	倾倒式		滑移式		坠落式		合计/处
		数量/处	比例/%	数量/处	比例/%	数量/处	比例/%	
成都市	都江堰市	102	53.4	11	5.8	78	40.8	191
绵阳市	平武县	107	87.7	13	10.7	2	1.6	122
	北川	62	42.2	67	45.6	18	12.2	147
	安县	7	7.6	32	34.8	53	57.6	92
	涪江区	1	12.5			7	87.5	8
巴中市	南江县	56	49.1	26	22.8	32	28.1	114
合计		335	49.7	149	22.1	190	28.2	674

表 5－7　"5·12"地震后崩塌与斜坡坡度关系统计表

市	县	<40°		40°～60°		60°～80°		>80°		点数合计/处
		点数/处	比例/%	点数/处	比例/%	点数/处	比例/%	点数/处	比例/%	
成都市	都江堰市	3	1.6	69	36.1	103	53.9	16	8.4	191
巴中市	南江县	4	3.5	22	19.3	60	52.6	28	24.6	114
绵阳市	平武县	7	5.7	30	24.6	74	60.6	11	9.1	122
	北川	11	7.5	39	26.5	95	64.6	2	1.4	147
	安县	1	1.0	14	15.3	67	72.8	10	10.9	92
	涪江区					2	25.0	6	75.0	8
合计		26	3.9	174	25.8	401	59.5	73	10.8	674

（5）在 995 处崩塌点中岩质崩塌 988 处，所占比例的 99.3%，土质崩塌 7 处，所占比例 0.7%。

（6）崩塌多集中于龙门山断裂及影响带区，且地震和暴雨为主要引发因素。

（7）地震后崩塌发育密度 1.1～15.7 处/100km²，与震前相比有显著增加。

三、"5·12"地震前后崩塌的分布及发育特征对比分析

地震以后崩塌点数量、规模、破坏方式、发育密度都发生了巨大的变化。

（1）据资料统计，崩塌点大量增加，震前崩塌点 187 处，地震以后崩塌点 995 处，新增点 808 处，增加了 4 倍多，且每个县（市、区）境内都有增加。其中，都江堰市增加数量最多，新增 172 处，增加了 9 倍多。这些新增点大部分为"5·12"地震时形成，地震不仅造成崩塌数量增加，而且其规模和影响范围有所扩大。

（2）崩塌点在总的地质灾害点中所占比例增加。地震前崩塌点所占比例为 14.7%，地震以后所占比例增加到 31.7%。地震以后的地质灾害点大量增加，相比较之下，崩塌比滑坡和泥石流地质灾害增幅较大，这说明地震作用易引发崩塌地质灾害。

（3）崩塌的规模发生变化。地震前后均以小型崩塌为主，但是，地震以后中型崩塌和大型崩塌比例明显增加，而且地震以后出现了巨型崩塌。

（4）崩塌地质灾害点分布密度增加。9 县（市、区）崩塌点平均密度由 0.77 处/100km^2 增加到 4.5 处/100km^2，且每个县（市、区）都呈增长趋势。其中，都江堰市由震前 1.5 处/100km^2 增加到 15.7 处/100km^2。可以看出地震是引发崩塌灾害形成、发展和发生的重要因素。

第二节　震后崩塌形成条件及基本特征

一、崩塌类型

（一）崩塌分类

崩塌分类主要有以下几种方法。

（1）按崩塌的物质组成，可将崩塌分为土体崩塌和岩体崩塌。也可以将崩塌分为崩积土崩塌、表层土崩塌、沉积土崩塌和基岩崩塌 4 种类型。

（2）按规模划分（表 5-8）。

表 5-8　崩塌规模等级[1]

规模等级	小型	中型	大型	特大型
体积 V/万 m^3	$V<1$	$1\leqslant V<10$	$10\leqslant V<100$	$100\leqslant V$

（3）按危岩单体体积划分（表 5-9）。

表 5-9　危岩单体按体积分类[2]

危岩单体体积 V/m^3	$V\leqslant10$	$10<V\leqslant50$	$50<V\leqslant100$	$100<V$
危岩单体类型	小型	中型	大型	特大型

（4）按危岩带体积划分（表 5-10）。

表 5-10　危岩带按体积分类[2]

危岩带体积 V/m^3	$V\leqslant500$	$500<V\leqslant1000$	$1000<V\leqslant5000$	$5000<V$
危岩带类型	小型	中型	大型	特大型

（5）按照形成机理划分（表 5-11）。

表 5-11　按照形成机理分类[1]

类　型	岩　性	结构面	地　形	受力状态	起始运动形式
倾倒式崩塌	黄土、直立或陡倾坡内的岩层	多为直立节理、陡倾坡内直立层面	峡谷、悬崖、直立岸坡	主要受倾覆力作用	倾倒
滑移式崩塌	多为软硬相间的岩层	有倾向临空面的结构面	坡度通常大于 55°	滑移面主要受剪切力	滑移、坠落
鼓胀式崩塌	黄土、黏土、坚硬岩层下伏软弱岩层	上部垂直节理，下部为近水平的结构面	陡坡	下部软岩受垂直挤压	滑移、倾倒
拉裂式崩塌	多见于软硬相间的岩层	多为风化裂隙和重力拉张裂隙	上部突出的悬崖	拉张	坠落
错断式崩塌	坚硬岩层、黄土	垂直裂隙发育，通常无倾向临空面的结构面	大于 45° 的坡度	自重引起的剪切力	下错、坠落

（6）按危岩体离开母岩的方式划分（表 5-12）。

表 5-12 按照危岩体离开母岩的方式分类[2]

崩塌类型	危岩体离开母岩的方式
滑移式崩塌	危岩沿软弱结构面滑移，于陡崖（坡）处塌落
倾倒式崩塌	危岩转动倾倒塌落
坠落式崩塌	悬空或悬挑式危岩拉断、切断塌落

（7）按崩塌区落石规模和处理难易程度划分（表 5-13）。

表 5-13 按照崩塌区落石规模和处理难易程度分类[3]

崩塌区落石体积 V/m^3	$V>5000$	$5000 \geqslant V>500$	$500 \geqslant V$
处理难易程度	破坏力强，难以处理	介于Ⅰ、Ⅲ类之间	破坏力小，易于处理
崩塌类型	Ⅰ类	Ⅱ类	Ⅲ类

（8）按危岩体相对高度划分（表 5-14）。

表 5-14 危岩体按相对高度分类[2]

危岩体相对高度 H/m	危岩体相对高度 $H \leqslant 15$	危岩体相对高度 $15<H \leqslant 50$	危岩体相对高度 $50<H \leqslant 100$	危岩体相对高度 $100<H$
危岩类型	低位危岩	中位危岩	高位危岩	特高位危岩

（9）根据崩塌体移动形式和速度可分为散落型崩塌、滑动型崩塌（很像滑坡）、流动型崩塌[4]。

（二）"5·12"地震灾区崩塌类型

按照对危岩体脱离母岩的方式、相对高度和危岩带的体积规模，对本次应急勘查的 25 处崩塌灾害点进行统计分析，其结果见表 5-15 至表 5-17。

表 5-15 按照危岩体脱离母岩的方式分类

类　型	滑移式	倾倒式	坠落式	复合式
力学机制	滑移面主要受剪切力	主要受倾覆力作用	自重引起的拉断、切断	复合
比例/%	24	44	20	12

表 5-16 按危岩带体积分类

类　型	小　型	中　型	大　型	特大型
体积 V/m^3	$V \leqslant 500$	$500<V \leqslant 1000$	$1000<V \leqslant 5000$	$5000<V$
比例/%	12	20	24	44

表 5-17 危岩体按相对高度分类

危岩类型	低位危岩	中位危岩	高位危岩	特高位危岩
相对高度 H/m	$H \leqslant 15$	$15<H \leqslant 50$	$50<H \leqslant 100$	$100<H$
比例/%	4	4	16	76

二、崩塌形成条件

地形地貌、地层岩性、地质构造是发生崩塌的内在因素，降水、地下水、地震（震动）、风化作用以及不合理的人类活动是引发崩塌的外在因素，二者都对崩塌的形成与发展起着重要作用。当崩塌的内在因素具备后，必须要与相应外在因素共同作用才能发生崩塌。

（一）形成崩塌的内在因素

1. 地形地貌

从地貌条件看，崩塌多分布于山地和高原地区，多发于地形高陡的斜坡处，如山地陡崖、峡谷陡坡、冲沟岸坡、深切河谷的凹岸等地带。崩塌的形成要有适宜的斜坡坡度、高度和形态以及有利于崩落的临空面，在上缓下陡的凸坡（图5-1a）和凹凸不平的陡坡（图5-1b）上易形成危岩体或发生崩塌。

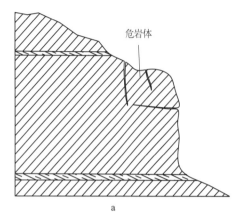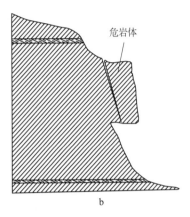

图5-1　边坡坡面形状

a—上缓下陡的凸坡；b—凹凸不平的陡坡

根据崩塌勘查资料，按坡面坡度统计，约三分之一的崩塌分布于坡度大于65°斜坡之上；按坡面形态统计，多分布于45°以上陡坡、台阶式陡坎、陡崖之上；按相对高差统计，约四分之三的崩塌分布于相对高差大于100m斜坡之上（表5-18）。

表5-18　崩塌区地貌条件统计表

坡面坡度	坡度分级 $\alpha/°$	$\alpha \leq 45$	$45 < \alpha \leq 55$	$55 < \alpha \leq 65$	$65 < \alpha$
	比例/%	20	16	28	36
断面形态	形态类型	台阶式	45°以上陡坡	陡崖	复合式
	比例/%	16	48	8	28
相对高差	相对高差分级 H/m	$H \leq 15$	$15 < H \leq 50$	$50 < H \leq 100$	$100 < H$
	比例/%	4	4	16	76

2. 岩性

岩性特征对岩质边坡的崩塌具有明显控制作用。一般来讲，块状、厚层状的硬质脆性岩石常形成较陡峻的斜坡。这样的斜坡，若裂隙（节理）发育且存在临空面，极易形成崩塌。软质岩和极软质岩易遭受风化剥蚀，形成缓坡，不易形成崩塌。硬软岩石互层，尤其是上硬下软，遭受差异性风化，易形成上凸下凹的坡面，也易形成崩塌。

由于沉积作用形成的厚层状砂砾岩、砂岩、灰岩等硬质岩石，在构造及风化作用下常形成陡峻的斜坡或陡崖，裂隙（节理）发育，易形成崩塌。若硬质岩石与软弱岩石互层，且硬质岩石在上，软质岩石或软弱结构面在下，下部软质岩石或软弱结构面受风化剥蚀形成凹岩腔，上部硬质岩石裂隙发育时，容易发生大规模崩塌。页岩或泥岩组成的斜坡一般情况下，比较平缓，不易发生崩塌。

岩浆岩一般较为坚硬，很少发生大规模的崩塌。但当裂隙发育，且存在顺坡向的不利结构面时，易产生崩塌或落石；岩脉或岩墙与围岩之间的不规则接触面也为崩塌落石提供了有利的条件。

变质岩中结构面较为发育，常把岩体切割成大小不等的岩块，所以经常发生规模不等的崩塌落石。片岩、板岩和千枚岩等变质岩组成的边坡常发育有褶曲构造，当褶曲构造中的岩层倾向与坡向相同时，多发生沿弧形结构面的滑移式崩塌。

当不同成因的岩性组合时，以沿裂隙或不利结构面发生崩塌。

根据勘查资料，从岩石坚硬程度分类来看，硬质岩石和软硬组合型岩石是崩塌的主体，软质岩类发生崩塌较少。从斜坡的岩性组成来看，沉积岩占80%，变质岩占16%，复合岩性占4%（表5-19、图5-2）。

表5-19　崩塌区岩石类别条件统计表

岩石特征[5]	坚硬程度	硬质岩石	软质岩石	极软岩	软硬岩石组合
	比例/%	40	24	0	36
岩　类	岩　性	沉积岩	岩浆岩	变质岩	复合
	比例/%	80	0	16	4

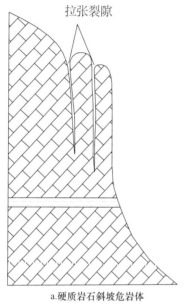
a.硬质岩石斜坡危岩体

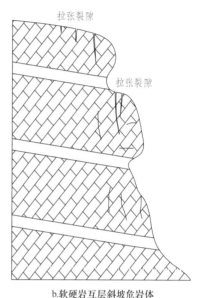
b.软硬岩互层斜坡危岩体

图5-2　不同地层条件形成危岩体示意图

3. 地质构造

区域性断裂构造主要控制崩塌区域分布，局部构造和裂隙控制崩塌的形成。当陡峭的斜坡走向与断裂构造平行时，易形成崩塌；在几组断裂交汇的陡峻边坡或陡崖地带，易形成较大规模的崩塌；断裂、裂隙（节理）密集区，断裂裂隙相互切割，岩体破碎，坡度较陡的斜坡常发生崩塌或落石。

褶皱不同部位的岩体遭受破坏的程度各异，发生崩塌的条件也不一样。褶皱核部位岩层变形强烈，常形成大量垂直层面的裂隙。在多次构造和风化作用下，破碎岩体往往产生一定的位移，从而成为潜在崩塌体（危岩体）。如果危岩体受到震动、水压力等外力作用，就可能产生各种类型的崩塌落石。褶皱轴向与坡面平行时，高陡边坡就可能产生规模较大的崩塌。在褶皱两翼，当岩层倾向与坡向相同时，易产生滑移式崩塌；特别是当岩层构造节理发育且有软弱夹层存在时，可以形成大型滑移式崩塌。

裂隙（节理）的发育和分布情况对危岩的形成和发展起着重要的作用。裂隙面为不利结构面，与周边岩体相比其力学强度低，风化速度快，容易贯通，促使危岩发育和失稳。一般情况下，若两组裂隙交叉点位于坡面以内，将岩体切割成楔形体，该楔形体极有可能发育成为危岩体。多组裂隙相互切割形成的危岩体较为破碎。

坡面往往是危岩的临空面，其与地层层面、断裂、裂隙结构面相互组合关系对崩塌的形成起着至关重要的作用。根据坡面与岩层产状相互关系，进一步可分为顺向坡、逆向坡、斜向坡和横向坡。通过25处勘查资料统计（表5-20），斜向坡占68%，逆向坡占20%，顺向坡占8%，横向坡占4%。从构造分布位置看，56%为单斜构造，36%分布于断裂带附近，8%分布于褶皱轴部。

表 5 - 20 崩塌发育与坡面、构造关系统计表

坡面与结构面关系	逆向	顺向	斜向	横向
所占比例/%	20	8	68	4
构造部位	向斜轴部	背斜轴部	断裂附近	单斜
所占比例/%	4	4	36	56

（二）形成崩塌的外在因素

影响崩塌形成的外在因素比较多，主要有降水、地震（震动）、风化作用、地下水、植物以及不合理的人类活动等，这些因素是崩塌的引发因素，对崩塌的形成与发展起着重要作用。

暴雨时或暴雨后不久是崩塌发生集中时期。因为暴雨增加了岩土体的负荷，软化了软弱层或结构面，减弱了对上覆岩土体的支撑力，进而产生崩塌。据统计因暴雨发生或加剧的有 8 处，其中 2 处在暴雨过程中失稳。

地震、人工爆破产生的振动可能引发崩塌。地震时，地壳的强烈震动可使边坡岩体中各种结构面的强度降低，甚至改变整个边坡的稳定性，从而导致崩塌的产生。在硬质岩层构成的陡峻斜坡地带，地震更易引发崩塌。勘查资料显示，25 处崩塌点中，"5·12"地震以前存在 11 处，这 11 处在地震时再次发生崩塌，另有 14 处是伴随"5·12"地震产生。这些崩塌点中，地震以后仅有两处因暴雨再次引发。因此可以说，"5·12"地震对这些崩塌的发生、发展起到至关重要的作用。

风化作用的影响。风化作用包括化学和物理风化作用，风化作用越强烈，岩体越破碎，越有利于危岩形成和发展。崩塌勘查证明，在软硬岩互层的沉积岩地区，陡倾的岩质边坡表面风化剥落速度不一致，下伏的软岩易风化形成凹岩腔，上部的硬岩向外悬挑，形成危岩[6,7]。

地下水对崩塌的发生发展作用也是很大的。裂隙充填物或软弱结构面在水的软化作用下，其抗剪强度大大降低，使崩塌体与母岩之间的抗拉强度减弱。岩体中的地下水在得到大气降水补给的情况下，孔隙水压力增高，使边坡上的潜在崩塌体更易于失稳。

植被因素。植物根系的根劈作用对危岩稳定不利。随着根部不断增长变粗，岩石裂隙和软弱层面不断扩展，加速危岩的发育。另外，植物根系分泌有机酸能分解岩石矿物，加剧岩石风化作用，也对危岩稳定不利。

建筑开挖边坡、修建铁路公路、露天开矿等人类工程活动，常常造成自然边坡的坡度变陡从而引发崩塌。

三、崩塌的发育过程

根据前人的研究成果[6]和本次勘查资料发现，崩塌发育过程是一个能量逐渐积累的过程，也就是量变到质变转换的过程。当能量聚集到一定值后，岩土体结构便遭到破坏，导致灾害的发生。灾变的"孕育—潜存—引发"三阶段之间是相互关联的，前者为后者提供了物质能量基础，为后一阶段的发展提供条件。崩塌发育过程一般可分为三个阶段：早期、中期和晚期发育阶段，早、中期相当于一个量变过程，晚期则是一个质变过程。（表 5 - 21）。

表 5 - 21 崩塌发育阶段划分表[6]

阶段划分		早 期	中 期	晚 期
阶段特性		孕育阶段	潜存阶段	引发阶段
表现形式		裂隙孕育	裂隙发育	裂隙贯通
应力特征	状态	还没有积累较大的应力	局部应力已经超过承载力极限值	应力进一步积累，当达到临界值并在外力作用下发生失稳
	分布	无序性	无序性	有序性

阶段划分	早　期	中　期	晚　期
破坏强度	破坏力尚未形成	形成潜在破坏力	破坏力强烈爆发
能量转换	能量聚集	能量储存	能量释放
时间比率	较长占70%以上	短暂占25%以上	瞬间5%以下

（一）崩塌早期阶段（裂隙孕育阶段）

危岩体的孕育具备两个基本条件：岩体至少有一个非水平的临空面和不利结构面。岩体不利结构面主要表现在断层、软弱结构面、裂隙和层理等。经地质构造作用、重力作用、风化作用和地貌演变的作用，岩体中存在构造结合面、沉积结合面和风化结构面等，这些不利结构面成为危岩体孕育裂隙的基础。地貌演变对形成岩体裂隙结构面有促进作用。河流侵蚀或人工开挖，改变原始地貌，破坏地应力平衡，引起地应力释放，导致岩体内出现平行于临空面的卸荷裂隙。这种裂隙的产生继续发展和其他结构面贯通，形成潜在危岩体。重力和风化作用促进岩体内裂隙的发展，形成危岩体。重力作用有一个垂直于结构面的向下分力，因此，沿结构面最易被拉开，基岩体裂隙形成。在风化作用下，岩体中的结构面由闭合结构面向微张—张升—宽张发展。结构面的产状直立，雨水易于渗入，在雨水、冰劈、气温、植物根系等长期作用下，结构面易于张开、贯通。一旦结构面贯通，则被切割的岩体就形成了危岩体（图5-3）。

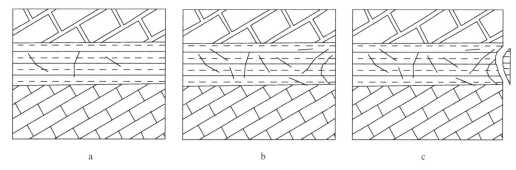

图5-3　地质构造岩体裂隙示意图
a—软弱结构面产生裂隙；b—软弱结构面裂隙发育；c—临空面裂隙贯通

（二）崩塌中期阶段（裂隙发育阶段）

危岩体的中期阶段，是裂隙逐步发育的阶段，裂隙的规模和数量不断增加，裂隙之间不断贯通并相互切割。此阶段，危岩体主要表现为下列特征：①裂隙的数量不断增加，规模不断增大，相互之间出现交叉或切割，发育速度越来越快；②整体上呈无序状，前期自由组织发展，后期有向有序化、结构化发展的趋势；③岩体完整性逐渐减弱，力学强度指标不断降低，局部应力比较集中，超过岩石的承载能力的极限值；④中期阶段的晚期，危岩体稳定性差，多数有蠕变现象或整体处于临界失稳状态。

（三）崩塌晚期阶段（裂隙突变阶段）

危岩体的失稳过程是一个短暂现象，具有突发性，产生的破坏作用巨大。危岩体中期阶段结束后，危岩体的稳定性较差或处于临界失稳状态，在外界诱导因素的作用下，继续发展，危岩体便进入下一个状态，即失稳状态。在"5·12"地震的强大地震力的作用下，地震灾区的危岩体状态瞬间发生变化，主要表现为三点：①震前稳定性较差或处于临界状态的危岩体，瞬间失稳，形成大量的崩塌；②震前稳定较好的危岩体，在强大地震力作用下，加剧了裂隙的发育速度，形成稳定性非常差的危岩体或发育到临界失稳状态；③震后的余震作用和降雨的引发下，地震灾区又发生多次崩塌。

四、崩塌基本特征

本次勘查的 25 处崩塌（危岩）以岩质崩塌为主，其基本特征也主要表现为岩质崩塌的基本特征。

（一）危岩体（带）基本特征

（1）根据勘查资料统计（见表 5 - 18，表 5 - 22），崩塌体一般为块状、石块、柱状，呈条带状排列。崩塌体多分布于陡崖或高角度的斜坡地带，坡度越大发生崩塌的几率也越大，坡度越小发生崩塌的几率也越低，且从坡度大到小呈现递减的趋势。

（2）从危岩带发育体积来看（见表 5 - 16），危岩带以特大型和大型为主，占总危岩体（带）的 68%，中型为 20%，小型为 12%。

（3）危岩体（带）多发生于厚层、中厚层状较破碎和较完整的岩层中（表 5 - 22），占总数的 88%，破碎的薄层危岩中占总数的 12%，完整岩层中危岩体不发育。

表 5 - 22　危岩体（带）结构特征统计表

结构类型及完整程度[8]	结构体类型	整体状	块状、厚层状	裂隙块状、中厚层状	碎裂状、散体状
	完整程度	完整	较完整	较破碎	破碎、极破碎
	比例/%	0	24	64	12
结构面间距	间距/cm	>100	100～40	40～20	≤20
	比例/%	28	32	40	0
结构面数量	发育组数 n/组	≤2	3	4	>4
	比例/%	0	40	44	16
主控结构面	类型	层理面	片(劈)理、节理面	软弱夹层	风化层界面
	比例/%	8	52	28	12
结构体特征	岩体形状	巨块状	块状、柱状	块状、板状	碎块状、碎屑状
	块径/cm	>100	50～100	20～50	≤20
	比例/%	40	32	16	12
风化特征	风化程度	微风化	中等风化	强风化	全风化
	比例/%	36	40	24	0
基座特征	坚硬程度	坚硬岩	较硬岩	较软岩	软岩
	比例/%	4	56	36	4

（4）结构面的间距和数量以及产状是控制危岩体（带）的主要因素，结构面的间距过大或密集不易形成危岩体，且在结构面中大都存在主控结构面，主控结构面一般为层理、节理（裂隙）或软弱夹层。结构面的数量一般在 3～4 组。

（5）形成危岩体（带）的岩体，一般呈微风化和中风化，危岩基座以较软岩和较硬岩为主。

（二）崩塌堆积体特征

崩塌堆积体特征反映崩塌的历史，从崩塌堆积体表面状况可判断崩塌产生的大致时间，从不同粒径崩塌物的分布可判断崩塌物的运动距离、运动方式，根据堆积体的稳定状态可判断进一步产生灾害的可能性。因此，调查崩塌堆积体的特征也十分重要。根据统计（表 5 - 23），崩塌堆积体一般均处于基本稳定～稳定状态，堆积体表面坡度一般小于 40°。崩塌堆积体自身再次产生灾害的可能性较小。崩塌堆积物的最大块径和体积变化较大，这种变化主要与崩落的岩性、危岩结构面的发育情况有关。

表 5 - 23　崩塌堆积体特征统计表

块径	最大块径 d/cm	$d>100$	$50<d\leqslant100$	$20<d\leqslant50$	$d<20$
	所占比例/%	28	28	12	32
体积	落石体积 V/m³	$V\leqslant500$	$500<V\leqslant1000$	$1000<V\leqslant5000$	$5000<V$
	所占比例/%	32	4	24	40
坡度	坡度分级 α/°	$\alpha\leqslant35$	$35<\alpha\leqslant40$	$40<\alpha\leqslant45$	$45<\alpha$
	所占比例/%	46	32	19	3
稳定性	稳定性	稳定(包括无堆积体)	基本稳定	欠稳定	不稳定
	所占比例/%	40	38	18	4

五、震后崩塌形成机制分析

通过研究地震前后崩塌的形成过程，发现震后崩塌的形成机制发生了较大变化，主要体现在以下 4 个方面。

（一）崩塌形成的基础条件发生了变化

由于强烈的震动和斜坡显著的地形放大效应，坡体被震裂、松弛乃至解体，岩土体结构受到严重破坏，大量不稳定的危岩体为崩塌的发育和发生提供了基础条件。

（二）崩塌发育形成过程发生了变化

"5·12"地震改变了地震灾区崩塌的发育阶段，缩短了崩塌形成时间。自然形成的崩塌一般需要经历"裂隙孕育—裂隙发育—裂隙突变"3 个阶段的长期发育形成。"5·12"地震大大缩短了中间阶段（裂隙发育阶段），形成大量的不稳定危岩体，缩短了崩塌的发育时间。地震时，甚至越过裂隙发育阶段，直接发生灾变，形成崩塌。

（三）震后危岩体物理力学参数发生了变化

地震以后岩土体结构松散、破碎，发育大量的拉张、剪切裂缝，岩土体的物理力学特性发生了巨大的变化。岩土体结构破碎、裂隙发育，雨水入渗能力和地下水在岩土体中的运移能力加剧，降低了不利结构面的抗剪强度。震后岩土体特性的变化有利于崩塌的形成，危岩的发育速度要比地震以前快的多，而且这种效应要持续很长一段时间。

（四）危岩失稳的引发因素主要为余震和降雨

由于"5·12"地震强大地震力作用，在很短的时间内形成大量危岩（带），这些岩土体结构破碎，稳定性差，在余震或降雨作用下，非常容易失稳，形成崩塌。与地震以前相比较，震后引发危岩失稳所需要的外力急剧减小，发生崩塌频率大大增加。据统计，"5·12"地震后，2009～2011 年 9 县（市、区）在降雨和余震作用下发生崩塌 30 余次，其中，平武县水观乡平溪村古坟沟危岩体，在余震 4.7 级的情况下就发生了崩塌。

第三节　震后崩塌稳定性评价

一、"5·12"地震灾区危岩脱离母岩模式

经统计分析，地震灾区危岩体的破坏模式以倾倒式、坠落式、滑移式 3 种类型为主。

（一）滑移式危岩

总结分析"5·12"地震后危岩崩塌特征，总体上边坡陡峭，大多大于 60°；在不稳定岩体下部有倾向临空面的结构面或软弱面，滑移面主要受力为剪切力。按坡向和岩层倾向关系，大致分为 3 种：

①顺向坡，坡向与岩层产状基本一致；②逆向坡，坡向与岩层产状基本相反；③斜向坡，坡向与岩层产状斜向相交。

顺向坡滑移式危岩：不利结构面（滑移面）一般与坡向基本平行，岩层中存在有利于危岩发展的结构面或是软弱夹层。此种危岩，一般后部不会形成陡倾裂隙，不利结构面大致倾向坡面。例如：平武县南坝镇鹞子岩崩塌带W4-2危岩体，该危岩体所处斜坡为顺向坡，坡向280°，坡度75°，岩性为板状结晶灰岩，产状255°∠55°。主要受两组裂隙切割成，裂隙①位于危岩体后侧，裂隙产状255°∠75°；裂隙②位于危岩体两侧，产状30°∠80°，底部为早期崩塌形成的凹岩腔（图5-4）。

斜向坡滑移式危岩：不利结构面（滑移面）与坡向不一致，一般呈一定角度，岩层中存在有利于危岩发展的结构面。根据裂隙发育情况，岩体后部形成倾向坡面的拉张裂缝，裂缝发展后基本与滑移面贯通。根据拉张裂隙的产状大致分为两种：①裂隙产状基本与滑移面一致；②近乎垂直的陡倾裂隙。平武县木座乡新驿村小盘羊山崩塌WYK-15危岩体所处斜坡为斜向坡，坡向256°，坡度80°，岩性为中厚层砂岩，产状160°∠30°。危岩主要受两组裂隙切割成为块状危岩体，裂隙①位于危岩体后侧，产状300°∠60°；裂隙②位于危岩体两侧，产状180～210°∠60°。其破坏模式表现为滑移式（图5-5）。平武县木皮乡金丰村曾岩窝崩塌WYK-04危岩体所处斜坡为斜向坡，坡向265°，坡度65°，岩性为中厚层粉砂岩，产状135°∠40°，层面为控滑面。危岩体后侧发育一组裂隙，产状315°∠65°，危岩突出呈悬挑状，两侧为临空面。破坏模式为滑移式（图5-6）。

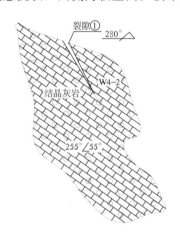 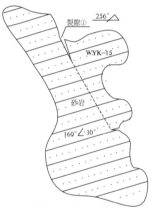 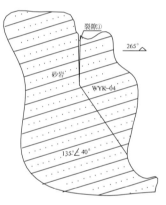

图5-4 平武县鹞子岩崩塌带 W4-2危岩体　　图5-5 平武县小盘羊山崩塌 WYK-15危岩体　　图5-6 平武县曾岩窝崩塌 WYK-04危岩体

（二）倾倒式危岩

陡峭斜坡上的厚层状岩体被垂直裂隙切割，当坡脚长期受到冲刷掏蚀，或是下部软弱岩层经差异风化，形成凹岩腔，加之重力长期作用，危岩体垂向拉张裂隙扩展，岩体逐渐向外侧倾斜，最终发生倾倒。倾倒式危岩重心一般位于倾覆点以内，在"5·12"地震的强大水平地震力作用下，失稳形成崩塌。例如，大邑县花水湾镇千佛村18组崩塌WY01危岩体，所处斜坡为逆向坡，坡向70°，坡度81°，岩性为中厚—巨厚层砂岩与薄层泥岩互层，产状253°∠11°。主要受两组裂隙和一侧的临空面控制，岩体被切割成近似柱状危岩体。裂隙①位于危岩体东侧侧，产状172°∠76°；裂隙②位于危岩体后侧，产状73°∠88°；临空坡面近直立。长期风化作用，下部泥岩部位形成凹岩腔。WY01危岩重心位于倾覆点以内，在"5·12"地震时发生了倾倒式失稳（图5-7）。

此外，高挑悬出的岩体，在重力长期作用下，岩体上部出现拉张裂隙，使岩体不断向临空面倾斜，最终以倾倒式失稳，这类危岩体重心往往位于倾覆点以外。例如，平武县木皮乡金丰村曾岩窝崩塌WYK-07危岩体所处斜坡为斜向坡，坡向262°，坡度75°，岩性为中厚层砂岩，产状135°∠43°。危岩突出呈悬挑状，两侧为临空面，下部为凹岩腔，危岩体后侧发育一组裂隙，产状258°∠75°。WYK-07危岩重心位于倾覆点以外，在"5·12"地震时发生了倾倒式失稳（图5-8）。

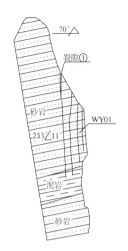

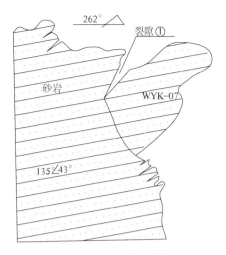

图 5-7 大邑县千佛村 18 组崩塌
WY01 危岩体剖面示意图

图 5-8 平武县曾岩窝崩塌
WYK-07 危岩体剖面示意图

(三) 坠落式危岩

这类危岩往往形成于高陡斜坡上部凸出的悬崖上，岩体以悬臂梁的形式突出。突出的岩体通常发育构造节理和风化裂隙，在长期重力作用下，节理裂隙不断由上向下扩展。一旦拉应力大于这部分岩体的抗拉强度，危岩体会突然向下崩落。大多数坠落式危岩都在危岩体后部形成陡倾的拉张裂缝，在自身重力、雨水冲刷、风化作用下加速了危岩体的发育速度。例如，平武县木座乡新驿村小盘羊山崩塌 WYK-23 危岩体所处斜坡为斜向坡，坡向 282°，坡度 85°，岩性为中厚层砂岩，产状 160°∠30°。危岩突出呈悬挑状，两侧为临空面，下部为凹岩腔。危岩体后侧发育一组裂隙，产状 280°∠70°，在重力作用下形成陡倾裂缝。WYK-23 危岩破坏模式为坠落式 (图 5-9)。

当岩体比较破碎，结构面上的岩石抗拉强度比较低时，尽管突出悬挑的岩体后部没有形成陡倾裂隙，岩体也会形成危岩体。当拉应力大于不利结构面的抗拉强度时，也会突然坠落，形成崩塌。例如，平武县木座乡新驿村小盘羊山崩塌 WYK-09 危岩体所处斜坡为斜向坡，坡向 265°，坡角 65°，岩性为中厚层砂岩，产状 160°∠33°。危岩突出悬挑，两侧为临空面，下部为凹岩腔，顶部有拉张裂缝和风化裂隙，但没有形成陡倾且深的裂缝。该危岩破坏模式为坠落式 (图 5-10)。

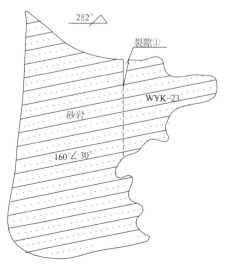

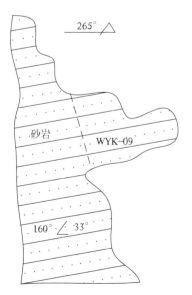

图 5-9 平武县小盘羊山崩塌
WYK-23 危岩体剖面示意图

图 5-10 平武县小盘羊山崩塌
WYK-09 危岩体剖面示意图

二、危岩稳定性评价

(一) 定性分析及评价

1. 宏观判断

此方法主要是根据现场调查结果进行地层岩性、产状、坡度、坡向及裂隙组合综合分析，同时进行工程类比，判断危岩稳定性及其破坏力。

(1) 宏观判断要素。宏观判断主要的要素为危岩体所处的地形地貌、地层岩性、地质构造发育情况、岩体完整程度（风化程度）、降雨和地下水条件、发育历史及人类活动等情况。

1) 地形地貌。根据危岩体所处的斜坡形态、高度、坡度及植被发育情况，分析其对危岩体发育的影响。从前面叙述的危岩体形成影响因素可知，高度大于20m，坡度大于45°，尤其是大于60°的高陡斜坡、孤立山嘴或凹形陡坡等，不利于岩体的稳定。斜坡上植被的根劈作用一定程度上促使危岩体失稳。

2) 地层岩性。根据危岩体和下伏基岩的岩性、产状，分析各层基岩的软硬程度以及产状与坡面的空间关系。例如，软硬相间的岩层不利于岩体的稳定；岩层产状与坡面一致易形成滑移或倾倒式崩塌，不一致时，易形成坠落式崩塌。

3) 地质构造。分析对危岩体造成影响的各种构造面（节理、裂隙面、岩层界面、断层面、裂缝、软弱结构面等）发育程度、分布和发育密度、填充情况、贯通情况、各结构面交叉切割情况，以此判断危岩体的稳定性。坡体中裂隙越发育，危岩体越不稳定，与坡体延伸方向近于平行的陡倾构造面，最易于造成岩体失稳。

4) 危岩体完整程度。危岩体完整程度主要受各种结构面的切割程度和风化作用影响。危岩体的完整程度对其稳定性、破坏模式以及失稳后的破坏力都有很大的影响。对危岩体完整程度、岩体破碎程度、块径大小以及主要块径集中范围、风化程度等进行分析。一般来说，危岩体完整程度越差，危岩体越不稳定，越容易发生局部失稳；破碎的岩体失稳后，危岩体整体性越好，其破坏力越强，岩体完整性越差，其破坏力越小，且常出现掉块现象。

5) 降雨和地下水。分析降雨和地下水对危岩体稳定性的影响，宏观判断其稳定性。一般情况下，降水强度越大，持续时间越长，裂隙内积水越深，越容易软化危岩体结构面力学强度，危岩体越不稳定；地表河湖、水库岸坡受水流波浪冲刷也易造成危岩体失稳，尤其在岩层软弱相间时，更易发生岩体失稳现象；地下水的水位上升，也可能造成危岩体失稳。

6) 发育历史。对危岩体的发育历史进行分析，主要包括演变过程、影响因素、有无崩塌历史、发生频率等，有助于对危岩体稳定性做出判断。了解崩塌（危岩）的发育历史，就是掌握在什么条件下发生了崩塌或变形，进而判断现在危岩体的稳定性。

7) 人类活动。人类工程也是造成危岩失稳的重要因素，分析人类工程活动对危岩崩塌的影响，判断其可能造成岩体失稳现象。

(2) 实例分析。选取7处崩塌实例（表5-24），对3种破坏模式进行宏观判断（表5-25）。

表5-24 "5·12"地震灾区典型危岩实例一览表

编号	工程实例	破坏模式	备　注
SL1	大邑县花湾镇千佛村18组崩塌WY01危岩	倾倒式	有软弱夹层,重心位于倾倒点以内
SL2	平武县木皮乡金丰村曾岩窝崩塌WYK-07危岩	倾倒式	重心位于倾倒点以外
SL3	平武县木座乡新驿村小盘羊山崩塌WYK-23危岩体	坠落式	与母岩间有陡倾裂缝
SL4	平武县木座乡新驿村小盘羊山崩塌WYK-09危岩体	坠落式	与母岩间无陡倾裂缝

续表

编号	工程实例	破坏模式	备　　注
SL5	平武县木座乡新驿村小盘羊山崩塌 WYK-15 危岩体	滑移式	斜向坡,后部无陡倾裂缝
SL6	平武县南坝镇鹞子岩崩塌带 W4-2 危岩	滑移式	顺向坡,后部无陡倾裂缝
SL7	平武县木皮乡金丰村曾岩窝崩塌 WYK-04 危岩	滑移式	斜向坡,后部有陡倾裂缝

表 5-25　典型危岩稳定性宏观判断分析表

编号 因素	SL1	SL2	SL3	SL4	SL5	SL6	SL7
地形地貌	逆向坡,坡度81°,有利于危岩发育	斜向坡,坡度75°,有利于危岩发育	斜向坡,坡度85°,有利于危岩发育	斜向坡,坡度65°,有利于危岩发育	斜向坡,坡度80°,有利于危岩发育	顺向坡,坡度75°,有利于危岩发育	斜向坡,坡度65°,有利于危岩发育
地层岩性	上部为厚层砂岩下部薄层泥岩	中厚层砂岩	中厚层砂岩	中厚状砂岩	中厚状砂岩	板状结晶灰岩,倾向与坡面基本一致	中厚层粉砂岩
结构面	节理裂隙发育,贯通性较好。后部和左侧结构面陡倾,右侧临空面,下部为软弱层面	后部拉张裂隙发育,切割强烈;两侧为临空面,下部有凹腔	两侧为临空面,下部为凹腔,危岩体后部发育一组裂隙,贯通性好,倾向与坡面基本一致,切割强烈	两侧为临空面,下部为凹腔,顶部侧拉张裂隙发育,贯通性一般	节理裂隙发育,贯通性较好。裂隙①:位于危岩体后侧,产状300°∠60°,倾向与坡面夹角60°;裂隙②:位于危岩体两侧,产状180°~210°∠60°,倾向与坡面夹角14°~44°	裂隙①:位于危岩体后侧,基本与岩层产状一致,255°∠75°;裂隙②:位于危岩体两侧,产状30°∠80°,底部为早期崩塌形成的凹腔	两侧为临空面,危岩体后侧发育一组陡倾裂隙,倾向坡面
岩体完整性	中-强风化,较破碎,特别是下部泥岩,风化严重	较完整	较完整	较完整	完整性一般	完整性一般	完整性一般
水文条件	该区降雨丰富,降雨入渗,结构面抗剪强度降低	该区降雨丰富,降雨入渗,结构面抗剪强度降低	该区降雨丰富,降雨入渗,结构面抗剪强度降低	该区降雨丰富,降雨入渗,结构面抗剪强度降低	降雨沿后缘裂隙入渗,滑面抗剪强度降低,有利于危岩失稳	降雨沿后缘裂隙入渗,滑面抗剪强度降低	降雨沿后缘裂隙入渗,滑面抗剪强度降低
发育历史	历史上发生小规模崩塌,"5·12"地震时多处发生崩塌	"5·12"地震时,局部已经崩落	"5·12"地震时,下部已经发生崩落	"5·12"地震时,局部已经发生崩落	"5·12"地震时,局部已经发生崩落	"5·12"地震时,局部已经发生崩落	"5·12"地震时,局部已经发生崩落
人类活动	一般	一般	一般	一般	一般	一般	一般
危岩形态	危岩被切割成柱状	块状,突出悬挑临空,重心偏离	块状,突出悬挑临空	块状,突出悬挑临空	块状	块状	块状
评价结果	欠稳定,倾倒式破坏	不稳定—欠稳定,倾倒式破坏	不稳定—欠稳定,坠落式破坏	不稳定—欠稳定,坠落式破坏	不稳定—欠稳定,滑移式破坏	不稳定—欠稳定,滑移式破坏	不稳定—欠稳定,滑移式破坏

2. 赤平投影

岩质边坡的各种破坏形式主要是受坡面和结构面控制,把握结构面的几何特征,是正确判断边坡可能失稳模式的关键。采用赤平投影方法,可以合理地在一个平面上同时显示倾向和倾角两个参数。该方法是根据现场实测结果,将边坡某一调查点岩体中发育的多组裂隙绘制成赤平投影图,根据所绘制成的赤平投影图对该处边坡岩体的稳定性进行定性判别。

分析：平武县木座乡新驿村小盘羊山崩塌 WYK-15 危岩体，主控裂隙面裂隙①位于危岩体后侧，产状 300°∠60°；裂隙②位于危岩体两侧，产状 180°～210°∠60°；临空面 P（坡面），倾向 256°，坡度 80°。3 组控制面进行赤平投影（图 5-11），裂隙①和裂隙②交点位于坡面以内，可定性判断危岩体可能失稳。

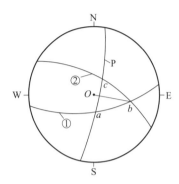

裂隙①：300°∠60°；

裂隙②：200°∠60°；

坡面 P：256°∠80°。

裂隙①和裂隙②交点 b 位于斜坡 P 内部，3 组控制面将岩体切割成 abc 块体为不稳定体，失稳方向为 bo。

图 5-11　平武县小盘羊山崩塌 WYK-15 危岩体赤平投影分析图

（二）定量计算及评价

1. 计算工况

危岩的计算工况一般为以下 3 种：

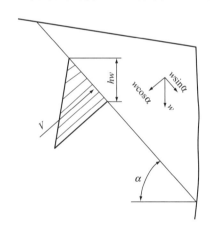

图 5-12　滑移式危岩稳定性
计算模型（后缘无陡倾裂隙）

工况 Ⅰ：自重状态（包括裂隙水压力）；

工况 Ⅱ：自重状态＋暴雨（降雨的重现期按 20 年选取）；

工况 Ⅲ：自重状态＋地震（包括裂隙水压力）。

2. 计算模型及公式[2][7]

（1）滑移式危岩稳定性计算：

1）后缘无陡倾裂隙时按公式（5-1）计算，计算模型为图 5-12。

$$F=\frac{(W\cos\alpha-Q\sin\alpha-V)\cdot \text{tg}\varphi+Cl}{W\sin\alpha+Q\cos\alpha} \tag{5-1}$$

式中：F 为危岩稳定性系数；W 为危岩体自重，kN/m；Q 为地震力，kN/m；V 为裂隙水压力，kN/m；C 为滑移面内聚力标准值，kPa；l 为滑移面长度，m；φ 为滑移面内摩擦角标准值，（°）；α 为滑面倾角，（°）。

2）后缘有陡倾裂隙、滑面缓倾时，滑移式危岩稳定性按照后缘有裂隙的岩质滑坡模式（图 5-13）计算，计算公式为（5-2），计算模型见图 5-13。

$$F=\frac{(W\cos\alpha-Q\sin\alpha-V\sin\alpha-U)\text{tg}\varphi+Cl}{W\sin\alpha+Q\cos\alpha+V\cos\alpha} \tag{5-2}$$

式中：U 为滑面扬压力，kN/m；其余符号意义同前。

（2）倾倒式危岩稳定性计算：

1）由后缘岩体抗拉强度控制时，分两种情况考虑，当危岩体重心在倾覆点之外时按公式（5-3）计算，当危岩体重心在倾覆点之内时按公式（5-4）计算。计算模型见图 5-14。

$$F=\frac{\frac{1}{2}f_{lk}\cdot\frac{H-h}{\sin\beta}\left(\frac{2}{3}\frac{H-h}{\sin\beta}+\frac{b}{\cos\alpha}\cos(\beta-\alpha)\right)}{W\cdot a+Q\cdot h_0+V\left(\frac{H-h}{\sin\beta}+\frac{h_w}{3\sin\beta}+\frac{b}{\cos\alpha}\cos(\beta-\alpha)\right)} \tag{5-3}$$

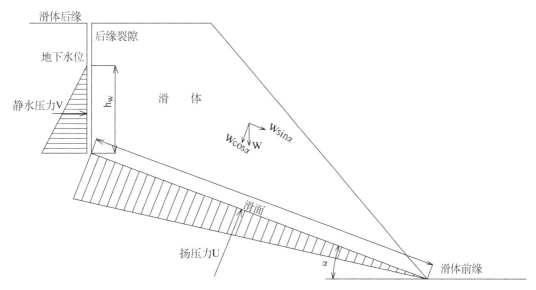

图 5-13　滑移式危岩稳定性计算模型（后缘有陡倾裂隙）

$$F = \frac{\frac{1}{2}f_{lk} \cdot \frac{H-h}{\sin\beta}\left(\frac{2}{3}\frac{H-h}{\sin\beta} + \frac{b}{\cos\alpha}\cos(\beta-\alpha)\right) + W \cdot a}{Q \cdot h_0 + V\left(\frac{H-h}{\sin\beta} + \frac{h_w}{3\sin\beta} + \frac{b}{\cos\alpha}\cos(\beta-\alpha)\right)} \tag{5-4}$$

式中：h 为后缘裂隙深度，m；h_w 为后缘裂隙充水高度，m；H 为后缘裂隙上端到未贯通段下端的垂直距离，m；a 为危岩体重心到倾覆点的水平距离，m；b 为后缘裂隙未贯通段下端到倾覆点之间的水平距离，m；h_0 为危岩体重心到倾覆点的垂直距离，m；f_{lk} 为危岩体抗拉强度标准值，kPa；α 为危岩体与基座接触面倾角，(°)，外倾时取正值，内倾时取负值；β 为后缘裂隙倾角，(°)。其他符号意义同前。

2）由底部岩体抗拉强度控制时，按公式（5-5）计算，计算模型见图 5-15。

$$F = \frac{\frac{1}{3}f_{lk} \cdot b^2 + W \cdot a}{Q \cdot h_0 + V\left(\frac{1}{3}\frac{h_w}{\sin\beta} + b\cos\beta\right)} \tag{5-5}$$

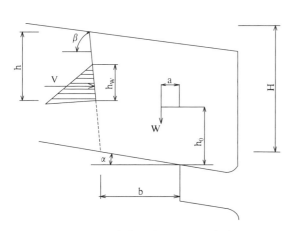

图 5-14　倾倒式危岩稳定性计算模型（由后缘岩体抗拉强度控制）

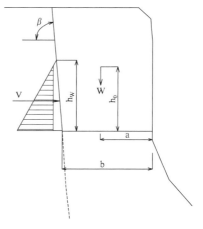

图 5-15　倾倒式危岩稳定性计算模型（由底部岩体抗拉强度控制）

式中各符号意义同前。

3）坠落式危岩稳定性计算：

① 后缘有陡倾裂隙的悬挑式危岩，计算模型见图 5-16，按公式（5-6）和（5-7）计算，稳定性系数取两种计算结果中的较小值。

$$F = \frac{C(H-h) - Qtg\varphi}{W} \tag{5-6}$$

$$F = \frac{\zeta \cdot f_{lk} \cdot (H-h)^2}{Wa_0 + Qb_0} \tag{5-7}$$

式中：ζ 为危岩抗弯力矩计算系数，依据潜在破坏面形态取值，一般可取 $1/12 \sim 1/6$，当潜在破坏面为矩形时可取 $1/6$；a_0 为危岩体重心到潜在破坏面的水平距离，m；b_0 为危岩体重心到潜在破坏面形心的垂直距离，m；C 为危岩体内聚力标准值，kPa；φ 为危岩体内摩擦角标准值，（°）。其他符号意义同前。

② 对后缘无陡倾裂隙的悬挑式危岩，计算模型见图 5-17，按公式（5-8）和（5-9）计算，稳定性系数取两种计算结果中的较小值。

$$F = \frac{C \cdot H_0 - Qtg\varphi}{W} \tag{5-8}$$

$$F = \frac{\zeta \cdot f_{lk} \cdot H_0^2}{W \cdot a_0 + Q \cdot b_0} \tag{5-9}$$

式中：H_0 为危岩体后缘潜在破坏面高度，m。其他符号意义同前。

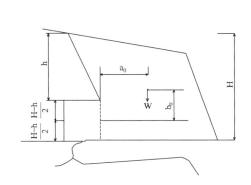
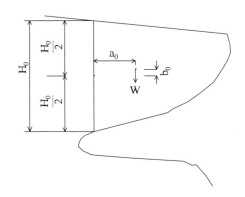

图 5-16　坠落式危岩稳定性计算模型（后缘有陡倾裂隙）　　　图 5-17　坠落式危岩稳定性计算模型（后缘无陡倾裂隙）

3. 危岩岩土物理力学参数

危岩岩土物理力学参数取值的合理性直接决定着危岩体稳定性计算结果，笔者在总结前人研究成果[2][7]和汶川震后地质灾害应急勘查资料的基础上，提出了以下取值方法。

（1）自重力（W）：

1）地下水位以上按天然重度计算；

2）考虑降雨对危岩体自重的影响时，如降雨入渗深度小于地下水位埋深，降雨入渗范围内按饱和重度计算，降雨入渗范围以下地下水位以上仍按天然重度计算；如降雨入渗深度大于地下水位埋深，地下水位以上均按饱和重度计算；降雨入渗深度视当地暴雨强度、土体入渗系数和渗透系数确定。

（2）地震力（Q）：在危岩体稳定性计算过程中，只考虑最不利的水平地震力的影响，采用公式（5-10）取值。

$$Q = \zeta_e W \tag{5-10}$$

式中：Q 为作用于危岩体或其某条块的水平地震力，kN/m；ζ_e 为地震水平系数。

（3）抗剪强度参数（C，φ 值）。抗剪强度参数（C，φ 值）是进行危岩稳定性分析的关键参数，例如在计算坠落式危岩时必须确定危岩岩体的抗剪强度参数；而计算滑移式危岩时，则采用主控滑面的抗剪强度参数，不同的情况下，采用的抗剪强度指标是不同的。

1）危岩岩体抗剪强度参数。计算坠落式危岩稳定性时，岩体内摩擦角标准值（φ）可由岩石内摩擦角根据岩体完整性乘以 0.80～0.95 的折减系数确定，岩体内聚力标准值（C）可由岩石内聚力乘以 0.20～0.40 的折减系数确定（表 5-26）。

表 5-26　危岩岩体抗剪强度参数折减系数表

岩体完整性 参数	破碎	裂隙发育	裂隙较发育	裂隙不发育
内摩擦角标准值 φ	0.80	0.85	0.90	0.95
岩体内聚力标准值 C	-	0.20	0.30	0.40

2）主控结构面抗剪强度参数。主控结构面抗剪强度（C，φ 值）可采用公式（5-11）和公式（5-12）。

$$C = \frac{(H_0 - e_0)C_1 + e_0 C_0}{H_0} \tag{5-11}$$

$$\varphi = \frac{(H_0 - e_0)\varphi_1 + e_0 \varphi_0}{H_0} \tag{5-12}$$

式中，C 为主控结构面内聚力标准值，kPa；φ 为主控结构面平均内摩擦角标准值，（°）；C_0 为主控结构面贯通段内聚力标准值，kPa；φ_0 为主控结构面贯通段内摩擦角标准值，（°）；C_1 为主控结构面未贯通段内聚力标准值，kPa，取岩石内聚力标准值的 0.4 倍；φ_1 为主控结构面未贯通段内摩擦角标准值，（°），取岩石内摩擦角标准值的 0.95 倍；H_0 为危岩体高度，m；e_0 为危岩体主控结构面贯通段长度，m。

（4）岩体抗拉强度和抗压强度。岩体抗压强度标准值可由岩石抗压强度乘以岩体裂隙影响系数确定，裂隙影响系数在裂隙不发育时取 1.00，较发育时取 0.67，发育时取 0.33。

岩体抗拉强度标准值（f_{lk}）可由岩石抗拉强度乘以 0.20～0.40 的折减系数确定，折减系数应根据裂隙的发育程度、裂隙产状与受拉方向的关系综合确定。一般在计算时，倾倒式危岩，折减系数取 0.4；后缘有裂隙的坠落式危岩，折减系数取 0.2；后缘无裂隙的坠落式危岩，折减系数取 0.3。

（5）裂隙水压力（V）和滑面扬压力（U）。

裂隙水压力和滑面扬压力计算公式为：

$$V = \frac{1}{2}\gamma_w h_w^2 \tag{5-13}$$

$$U = \frac{1}{2}\gamma_w l h_w \tag{5-14}$$

式中：V 为后缘裂隙水压力，kN/m；U 为滑面水压力，kN/m；h_w 为裂隙充水高度，m，取裂隙深度的 $1/2$～$2/3$；l 为滑面长度，m。

4. 危岩稳定性评价标准

国土资源部颁布的《滑坡防治工程勘查规范》（DA/T 0218-2006）中的判别标准见表 5-27。重庆市颁布的《地质灾害防治工程勘察规范》（DB50/143—2003）在判别危岩体稳定状态时，引入危岩体的安全系数 F_t 作为危岩体基本稳定和稳定状态的界限值（表 5-28），此值考虑了崩塌灾害防治工程等级和危岩类型（表 5-29），此类判别标准更适用于重大工程的勘查与评价。

表 5-27　危岩体稳定程度等级划分表（国土资源部）[1]

崩塌类型	不稳定	欠稳定	基本稳定	稳定
滑移式危岩	$F<1.0$	$1.0 \leqslant F<1.2$	$1.2 \leqslant F<1.3$	$\geqslant 1.3$
倾倒式危岩	$F<1.0$	$1.0 \leqslant F<1.3$	$1.3 \leqslant F<1.5$	$\geqslant 1.5$
坠落式危岩	$F<1.0$	$1.0 \leqslant F<1.5$	$1.5 \leqslant F<1.8$	$\geqslant 1.8$

表 5-28　危岩稳定状态（重庆市）[2]

危岩类型	危岩稳定状态			
	不稳定	欠稳定	基本稳定	稳　定
滑移式危岩	$F<1.0$	$1.00\leqslant F<1.15$	$1.15\leqslant F<F_t$	$F\geqslant F_t$
倾倒式危岩	$F<1.0$	$1.00\leqslant F<1.25$	$1.25\leqslant F<F_t$	$F\geqslant F_t$
坠落式危岩	$F<1.0$	$1.00\leqslant F<1.35$	$1.35\leqslant F<F_t$	$F\geqslant F_t$

注：F_t 为危岩稳定性安全系数，参照表 5-29 选取。

表 5-29　危岩稳定性安全系数 F_t 取值表（重庆市）[2]

危岩类型	危岩崩塌防治工程等级					
	一　级		二　级		三　级	
	非校核工况	校核工况	非校核工况	校核工况	非校核工况	校核工况
滑移式危岩	1.40	1.15	1.30	1.10	1.20	1.05
倾倒式危岩	1.50	1.20	1.40	1.15	1.30	1.10
坠落式危岩	1.60	1.25	1.50	1.20	1.40	1.15

　　《三峡库区三期地质灾害防治工程地质勘察技术要求》在《地质灾害防治工程勘察规范》（DB50/143—2003）的基础上，对危岩稳定安全系数 F_t 进行了进一步修订。滑移式危岩稳定安全系数 F_t 参照滑坡进行确定（表 5-30），倾倒式和坠落式危岩根据危岩崩塌危害性等级进行确定（表 5-31）。

表 5-30　滑移式危岩稳定性安全系数 F_t 取值表（重庆市）[2]

防治工程等级	一　级	二　级	三　级
非校核工况稳定安全系数（F_t）	1.25	1.15	1.05
校核工况稳定性安全系数（F_t）	1.05	1.03	1.01

表 5-31　滑移式危岩稳定性安全系数 F_t 取值表（三峡库区）[7]

危岩类型	危岩崩塌危害等级		
	一　级	二　级	三　级
倾倒式危岩	1.50	1.40	1.30
坠落式危岩	1.60	1.50	1.40

5. 工程实例

　　对前面列举的 7 个典型危岩进行计算，本次评价采用《滑坡防治工程勘查规范》（DA/T 0218—2006）中的判别标准（表 5-27），评价结果见表 5-32 至表 5-38。

表 5-32　大邑县花湾镇千佛村 18 组崩塌 WY01 危岩体计算结果及评价表

计算工况	岩体抗拉强度 f_{lk}/kPa	未贯通段下端至倾点距离 b/m	块体重力 W/(kN/m)	重心到倾点水平距离 a/m	水平地震力 Q/(kN/m)	重心到倾点垂直距离 h_0/m	裂隙水压力 V/(kN/m)	充水高度 h_w/m	后缘裂隙倾角 β/(°)	稳定系数 F	评价结果
工况 I	330	6	3960	2.5	0	0	540.8	10.4	88	2.11	稳定
工况 II	297	6	3960	2.5	0	0	1584.2	17.8	88	1.38	基本稳定
工况 III	330	6	3960	2.5	396	125	540.8	10.4	88	1.29	欠稳定

表 5-33　平武县木皮乡金丰村曾岩窝崩塌 WYK-07 危岩体计算结果及评价表

计算工况	块体重度 γ/(kN/m³)	块体面积 S/m²	块体重力 W/(kN/m)	水位高 h_0/m	岩体高度 h/m	水平地震力 Q/(kN/m)	支点 1 至重力延长线的垂直距离 a_1/m	支点 2 至重力延长线的垂直距离 a_2/m	上支点压力 kPa	稳定系数	稳定性评价
工况 I	26.5	29.5	781.75	1	3.5	0	2.05	2.2	790	1.248	欠稳定
工况 II	26.5	29.5	781.75	1.2	3.5	0	2.05	2.2	730	1.185	欠稳定
工况 III	26.5	29.5	781.75	1	3.5	39.09	2.05	2.2	790	1.033	欠稳定

表 5－34　平武县木座乡新驿村小盘羊山崩塌 WYK－23 危岩体计算结果及评价表

计算工况	块体重度 γ /(kN/m³)	块体面积 S/m²	块体重力 W/(kN/m)	后缘裂隙垂直距离 H/m	后缘裂隙深度 h/m	水平地震力 Q/(kN/m)	黏聚力 C/kPa	内摩擦角 φ/(°)	岩体抗拉强度 f_{lk}/kPa	a_0	b_0	ζ	稳定系数 方法1	稳定系数 方法2	评价结果 取小值
工况Ⅰ	26.8	5.28	141.50	3.3	0.5	0	55.4	14.1	276	1.60	1.25	1/6	1.096	1.596	欠稳定
工况Ⅱ	27.5	5.28	145.20	3.3	0.5	0	53.5	13.1	235	1.60	1.25	1/6	1.032	1.324	欠稳定
工况Ⅲ	26.8	5.28	141.50	3.3	0.5	7.07	55.4	14.1	276	1.60	1.25	1/6	1.084	1.536	欠稳定

表 5－35　平武县木座乡新驿村小盘羊山崩塌 WYK－09 危岩体计算结果及评价表

计算工况	块体重度 γ /(kN/m³)	块体面积 S/m²	块体重力 W/(kN/m)	破坏面高度 H_0/m	水平地震力 Q/(kN/m)	黏聚力 C/kPa	内摩擦角 φ/(°)	岩体抗拉强度 f_{lk}/kPa	a_0	b_0	ζ	稳定系数 方法1	稳定系数 方法2	评价结果 取小值
工况Ⅰ	26.8	13.6	364.48	3.2	0	277	70.5	414	1.550	1.37	1/6	2.432	1.253	欠稳定
工况Ⅱ	27.5	13.6	374	3.2	0	267.5	65.5	352.5	1.550	1.37	1/6	2.289	1.040	欠稳定
工况Ⅲ	26.8	13.6	364.48	3.2	18.224	277	70.5	414	1.550	1.37	1/6	2.291	1.200	欠稳定

表 5－36　武县木座乡新驿村小盘羊山崩塌 WYK－15 危岩体计算结果及评价表

计算工况	块体重度 γ /(kN/m³)	块体面积 S/m²	块体重力 W/(kN/m)	裂隙充水高度 h_w/m	滑面长度 l/m	黏聚力 C/kPa	内摩擦角 φ/(°)	滑面倾角 α/(°)	水平地震力 Q/(kN/m)	裂隙水压力 V/(kN/m)	稳定系数 F	评价结果
工况Ⅰ	26.8	18	482.4	0	10.6	35.8	7.71	47	0	0	1.202	基本稳定
工况Ⅱ	27.5	18	495	5.5	10.6	34.5	7.07	47	0	151.25	1.074	欠稳定
工况Ⅲ	26.8	18	482.4	0	10.6	35.8	7.71	47	24.12	0	1.142	欠稳定

表 5－37　平武县南坝镇鹞子岩崩塌带 W4－2 危岩体计算结果及评价表

计算工况	块体重度 γ /(kN/m³)	块体面积 S/m²	块体重力 W/(kN/m)	裂隙充水高度 h_w/m	滑面长度 l/m	黏聚力 C/kPa	内摩擦角 φ/(°)	滑面倾角 α/(°)	水平地震力 Q/(kN/m)	裂隙水压力 V/(kN/m)	稳定系数 F	评价结果
工况Ⅰ	26.9	30.5	820.45	0	26.2	22.1	27.9	64	0	0	1.043	欠稳定
工况Ⅱ	28.9	30.5	881.45	2.1	26.2	21.3	26.7	64	0	22.05	0.936	不稳定
工况Ⅲ	26.9	30.5	820.45	0	26.2	22.1	27.9	64	41.0225	0	0.993	不稳定

表 5－38　平武县木皮乡金丰村曾岩窝崩塌 WYK－04 危岩体计算结果及评价表

计算工况	块体重度 γ /(kN/m³)	块体面积 S/m²	块体重力 W/(kN/m)	裂隙充水高度 h_w/m	滑面长度 l/m	黏聚力 C/kPa	内摩擦角 φ/(°)	滑面倾角 α/(°)	水平地震力 Q/(kN/m)	裂隙水压力 V/(kN/m)	扬压力 U/(kN/m)	稳定系数 F	评价结果
工况Ⅰ	26.5	4.2	111.3	0	3.4	15.5	40.54	45	0	0	0	1.525	稳定
工况Ⅱ	28.5	4.2	119.7	0.6	3.4	11.5	38.51	45	0	1.8	10.2	1.133	欠稳定
工况Ⅲ	26.5	4.2	111.3	0	3.4	15.5	40.54	45	5.565	0	0	1.412	稳定

（三）震后危岩稳定性评价应注意的问题

1. 危岩致灾体结构模型的建立

致灾体的结构模型是评价危岩稳定性的前提，更是确定危岩治理方案的基本要素。致灾体结构模型主要包括危岩（体）的边界条件、几何尺寸、失稳方式、节理裂隙面等不利结构面的发育情况、危岩体的物理特性等。要建立符合实际的物理结构模型，必须对危岩（带）进行现场测绘与测量，详细调查各种因素，进行综合分析确定。

2. 不利结构面力学参数的确定

"5·12"地震破坏了斜坡区岩土体结构，并且造成大量不利结构面，形成危岩。这些危岩往往不具备对不利结构面现场取样的施工条件或是取样效果不佳，造成在稳定性计算时难以确定合理的力学参数，尤其是抗剪强度指标。通过总结本次四川地震灾区应急勘查工作经验，提出如下建议：①详细调查不利结构面特征。主要包括结构面岩性、发育程度、分布情况、发育密度、填充情况、贯通情况、结构面交叉切割情况、风化程度、完整程度、延伸以及几何尺寸、变形历史、地下水变化以及降雨入渗情况等，在详细调查基础上综合分析，结合当地经验值初步确定不利结构面的力学参数；②工程类比法确定力学参数。在详细调查结构面特征的基础上，选取周边区域与之相类似岩体可以进行取样或是现场试验的，进行类比确定力学参数；③反演计算确定力学参数。对项目区以及周边相类似的已经发生崩塌的岩体，恢复其失稳以前的结构模型，反演计算确定力学参数；④通过危岩岩体力学参数进行折减确定不利结构面的力学参数。对危岩体和不利结构面进行详细调查，选取危岩体典型部位取样进行力学试验，将取得的力学参数进行一定的折减，作为稳定性计算的参数。危岩不利结构面力学参数的确定是一个关键的环节，建议在以后工作中采取多种手段，综合分析合理确定。

3. 危岩稳定性综合评价

对危岩稳定性评价时必须结合现场调查分析，建立物理力学结构模型，在野外定性判断的基础上进行力学定量计算，并对野外调查、定性及定量计算结果进行分析，综合评价危岩的稳定性。

三、危岩破坏后的运动轨迹分析及计算

（一）运动轨迹分析与计算[9~11]

危岩体破坏后运动路径的影响因素较多，例如斜坡形状、高度和角度、覆盖层情况、地表植被及块体的形状等。其块体的运动形式主要表现为滑动、滚动、坠落、弹跳和滚跳等。可将危岩破坏后的过程分为4个阶段：初始位移阶段、碰撞阶段、滚动阶段及滑动阶段。

1. 初始位移阶段

危岩体失稳模式不同，其初始运动状态也就不同。根据不同模式下危岩发生向下崩落时获取初始能量方式，可大体将危岩落石的初始位移阶段按以下3种方式来考虑。

（1）直落式。此方式产生的落石其初始能量主要来源自身重力，一般发生在坠落式危岩体。其运动速度可由公式（5-15）确定。

$$u = \sqrt{2gH} \tag{5-15}$$

式中：u 为危岩体的崩落速度，m/s；g 为自由落体加速度，m^2/s；H 为危岩体崩落高度，m。

（2）转动式。主要发育于倾倒式危岩，在变形破坏时，危岩体的顶部首先脱离母岩，然后沿基座支点转动，造成失稳（图5-18）。

设块体对角线长为 L，对质心转动惯量为 J_c，设危岩失稳瞬间为圆周运动与斜抛运动的临界状态，此时，由动力学可得公式（5-16）。

$$mg\cos\alpha - N = \frac{mu_0^2}{L} \tag{5-16}$$

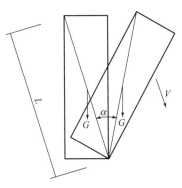

图5-18 倾倒式危岩计算简图

式中：m 为危岩块体质量，kg；g 为重力加速度，9.8 m/s^2；α 为危岩块体旋转角度，（°）；N 为危岩块体所受外力，N；L 为通过危岩块体中心的长度，m；u_0 为危岩块体初始速度，m/s。

在危岩开始下落时，危岩离开岩体，设 $N=0$，得公式（5-17）。

$$gL\cos\alpha = u_0^2 \tag{5-17}$$

考虑危岩为平面运动，则其下落后的动能（E_{ev}）：

$$E_{ev} = \frac{1}{2}J_c\left(\frac{u_0}{L}\right)^2 + mu_0^2 = \frac{3}{5}mu_0^2 \tag{5-18}$$

由动能定理得公式（5-19）和（5-20）：

$$\frac{3}{5}mu_0^2 = mgL(1-\cos\alpha) \tag{5-19}$$

$$u_0 = \sqrt{\frac{5}{3}gl(1-\cos\alpha)} \tag{5-20}$$

在 x 方向的分速度为：　　　　　$u_{0x} = u_0\cos\alpha$ 　　　　　　（5-21）

在 y 方向的分速度为：　　　　　$u_{0y} = u_0\sin\alpha$ 　　　　　　（5-22）

（3）滑移式。主要发育于滑移式危岩体中，危岩体初始状态主要沿母岩（或基岩）发生剪切滑移破坏。其计算简图如图5-19所示，破坏时块体沿着滑裂面运动，受力分析见公式（5-23）和（5-24）。

下滑力：　　　　　$T_b = mg\sin\alpha$ 　　　　（5-23）

阻滑力：　　　　$T_r = mg\cos\alpha + CL$ 　　　（5-24）

由牛顿第二运动定律可得：$a = \dfrac{T_b - T_r}{m}$ 　　（5-25）

根据运动定律，假设岩体离开母体所经历的时间为 t，可得：

$$t = \sqrt{\frac{2L}{a}} \tag{5-26}$$

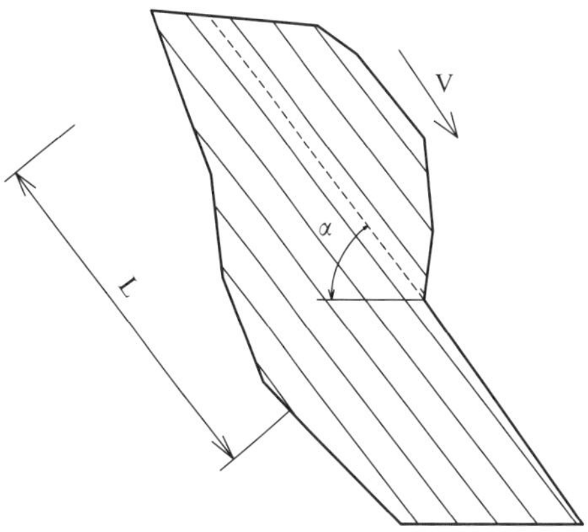

图5-19　滑移式危岩体计算简图

$$u_0 = at \tag{5-27}$$

将初始速度在水平与垂直方向上的分解，得：

$$u_{0x} = u_0\cos\alpha \tag{5-28}$$

$$u_{0y} = u_0\sin\alpha \tag{5-29}$$

式中：α 为滑移面与水平面的夹角；C 为滑移面内聚力。

2. 碰撞阶段

落石在获得初始能量后从高处开始向下运动，之后与坡面发生碰撞。在不考虑空气等外界因素的影响下，设落石的水平方向速度在撞击前不发生变化，落石与坡面的碰撞点则可由落石的初始运动速度及坡面情况，利用能量守恒原理进行求解，如图5-20所示，建立如下方程组：

$$\begin{cases} t = \dfrac{s}{u_{0y}} \\ H + s \cdot \tan\alpha = u_{0y}t + \dfrac{1}{2}gt^2 \end{cases}$$

求解得：　　　$s = \left[\left(\tan\alpha - \dfrac{u_{0y}}{u_{0x}}\right) + \sqrt{\left(\dfrac{u_{0y}}{u_{0x}}\right)^2 + \dfrac{2gH}{u_{0x}^2}}\right] \cdot \dfrac{u_{0x}^0}{g}$ 　　（5-30）

进而求得落石撞击前水平与垂直方向速度为：

$$\begin{cases} u_{1x} = u_{0x} \\ u_{1y} = u_{0y} + \left[\left(\tan\alpha - \dfrac{u_{0y}}{u_{0x}}\right) + \sqrt{\left(\dfrac{u_{0y}}{u_{0x}}\right)^2 + \dfrac{2gH}{u_{0x}^0}}\right] \cdot u_{0x} \end{cases} \tag{5-31}$$

式中：s 为落石初始位置至撞击点的水平距离，m；α 为碰撞斜面与水平面夹角，取坡面坡度，（°）；t 为落石开始下落至撞击所经历的时间，s；H 为落石初始位置至落点的垂直距离，m，其余符号同上。

一般落石与坡面发生的碰撞为斜面碰撞，接触点的相对速度不在它们的公法线上，如图5-21所示，可分别将落石的速度分解到撞击斜面的法向和切向上：

$$\begin{cases} u'_{1x} = u_{1x}\cos\alpha + u_{1y}\sin\alpha \\ u'_{1y} = u_{1y}\cos\alpha + u_{1x}\sin\alpha \end{cases} \tag{5-32}$$

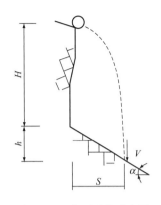

图 5 - 20　落石碰撞示意图

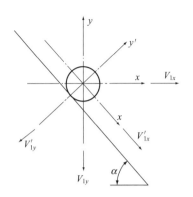

图 5 - 21　速度分解示意图

由于存在瞬间摩擦的作用，岩块对坡面的撞击过程将产生一定的能量损失，为在计算中体现这一损失，目前较为普遍采用的方法是定义法向和切向恢复系数，即：

$$\begin{cases} R_s = \dfrac{U_{is}}{U_{rs}} \\ R_n = \dfrac{U_{in}}{U_{rn}} \end{cases} \tag{5-33}$$

式中：U_{is}，U_{in} 为分别为落石碰撞前的切向与法向方向上的速度；U_{rs}，U_{rn} 为分别为落石碰撞后的切向与法向方向上的速度；R_s，R_n 为分别为切向和法向方向的恢复系数（可查表 5 - 39）。R_s 和 R_n 为 1 时，碰撞过程中无摩擦阻尼作用，碰撞为完全弹性碰撞；R_s 和 R_n 为 0 时，为完全黏滞阻尼状态，碰撞为完全非弹性碰撞。

表 5 - 39　恢复系数取值表

坡 面 特 征	法向恢复系数 R_n	坡 面 特 征	切向恢复系数 R_s
光滑而坚硬的表面和铺砌面如人行道或光滑的基岩面	0.37~0.42	光滑而坚硬的表面和铺砌面如人行道或光滑的基岩面	0.87~0.92
		多数为基岩和无植被覆盖斜面	0.83~0.87
多数为基岩和砾岩区的斜面	0.33~0.37	多数为少量植被的斜坡	0.82~0.85
硬土边坡	0.30~0.33	植被覆盖的斜坡和有稀少植被覆盖的土质边坡	0.80~0.83
软土边坡	0.28~0.30	灌木林覆盖的土质边坡	0.78~0.82

故碰撞后落石的切向与法向方向的速度为：

$$\begin{cases} u'_{2x} = R_s u'_{1x} \\ u'_{2y} = R_n u'_{1y} \end{cases} \tag{5-34}$$

由此，可得到落石撞击后沿水平与垂直方向的分速度：

$$\begin{cases} u'_{2x} = (R_s \cos^2\alpha - R_n \sin^2\alpha) u_{1x} + (R_s + R_n)\sin\alpha \cdot \cos\alpha \cdot u_{1y} \\ u'_{2y} = (R_n \cos^2\alpha + R_s \sin^2\alpha) u_{1y} - (R_s + R_n)\sin\alpha \cdot \cos\alpha \cdot u_{1x} \end{cases} \tag{5-35}$$

发生碰撞之后，如果落石在碰撞斜面的法向分速度不为 0，则落石继续反弹上抛至垂直分速度为 0 时开始重新下落，同时落石又受水平分速度带动向前平移，在落石发生下一次碰撞之前，落石作抛线运动，如图 5 - 22 所示，其最大弹跳高度为：

$$H_{\max} = \dfrac{u_{2y}^2}{2g} \tag{5-36}$$

参照公式（5 - 30）的推导过程，可再次求得前后两次撞击的最大水平距离：

$$S_{\max} = \frac{2\left(\tan\alpha - \dfrac{u_{2y}}{u_{2x}}\right)u_{2x}^2}{g} \qquad (5-37)$$

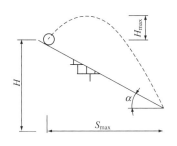

图 5-22　碰撞后的弹跳示意图

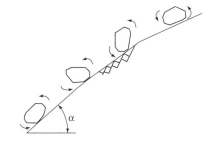

图 5-23　落石滚动示意图

3. 滚动阶段

落石发生碰撞之后，当斜面法向分速度为 0 时，落石便进入滑移或滚动阶段。根据物理学原理发生滚动运动的条件为：

$$mg\sin\alpha < \frac{kmg\cos\alpha}{r} \qquad (5-38)$$

现实情况中，由于斜坡一般都达不到落石滑移运动所需要的坡角，而往往滚动运动较为常见，尤其在落石的运动后期，其加速度为：

$$a_1 = g\sin\alpha - gk\cos\alpha \qquad (5-39)$$

式中：k 为岩块与坡面的滚动摩擦系数（表 5-40）；r 为落石的等效半径，m。

表 5-40　摩擦系数（k）取值表

序　号	山坡坡角 α/(°)	摩擦系数 k 计算公式
1	0~30	$0.41 + 0.0043\alpha$
2	30~60	$0.543 - 0.0048\alpha + 0.000162\alpha^2$
3	60~90	$1.05 - 0.0125\alpha + 0.00000\alpha^2$

注：k 值计算公式可用于有下列情况的山坡：①$\alpha \geqslant 45°$，基岩外露的山坡；②$\alpha = 35 \sim 45°$，基岩外露，局部有草和稀疏灌木的山坡；③$\alpha = 30° \sim 35°$，有草，稀疏灌木，局部基岩外露的山坡；④$\alpha = 25° \sim 30°$，有草，稀疏灌木。

此阶段落石加速度为一正值，落石将断续作加速度运动。随着坡面逐渐变缓，落石的加速度也逐渐减小，到后来会减为负数，落石进入滑移阶段。

4. 滑移阶段

如前所述，当落石切向重力分量大于坡面摩擦力时，将发生滑移运动。由动力学可得落石的加速度：

$$a_2 = g(\sin\alpha - \mu\cos\alpha) \qquad (5-40)$$

式中：μ 为斜坡摩擦系数，参照表 5-40 的 k 值进行计算取值。

滑移阶段落石加速度为一负值，从而可知此阶段落石作减速运动，分两种情况考虑：一是当岩块初始速度比较大，而斜坡比较短时，岩块将滑出该斜面，滑出时的速度由公式（5-41）求得；二是当岩块的初始速度比较小或斜坡的坡长比较长时，岩块滑不出斜面就会停下来，此时，可求得落石滑得的总位移（s），如公式（5-42）。

$$u_{3y}' = \sqrt{2aL + u_{2y}'^2} \qquad (5-41)$$

$$s = -\frac{(u_{3y}' - u_{2y}')}{2a_3} \qquad (5-42)$$

（二）危岩运动路径的确定方法[9]

多数情况下由于危岩所处的陡崖由多级坡面构成，且各坡面形式复杂多变，危岩失稳崩落后并不是完全按照以上 4 个阶段进行运动，有的只进行部分阶段就停止了，而有的将会重复出现某些阶段。对运动形式的判别是确定运动轨迹的关键所在。可建立两个判据，危岩体落地判据（弹跳或滚动）以及危岩体运动状态判据。

1. 危岩体落地判据

危岩体在撞击坡面后能量有所消散，剩余的能量是否能使危岩体弹起，或是使其贴着坡面向下滚动，就需要定义边界条件。当危岩体弹跳高度只有其半径的 1/1000 或更小、且切向速度大于法向速度 1 倍、危岩体几乎贴着坡面向下运动时，依据能量守恒定律有：

$$\frac{1}{2}mv_{in}^2 = mgh\cos\alpha \tag{5-43}$$

式中：h 为危岩体垂直坡面的弹跳高度，m，$h \leqslant r/1000$；r 为危岩体半径，m。

建立的危岩体落地判据为：

$\frac{(u_{2y})^2}{r} \leqslant 0.02\cos\alpha$ 且 $\left|\frac{u_{2x}}{u_{2y}}\right| > 0.5$ 时，危岩体沿坡面滚动或滑动；否则发生弹跳。

2. 危岩体运动状态判据

根据滚动形式分析，当加速度 a 为负值时，其沿坡向下的运动属于减速运动，若这时坡面够长，危岩体可能在此坡段停止下来；若坡面较短，危岩体有足够的动能使其到达下一坡面端点。危岩体会在此端点进入下一阶段的运动。

根据能量守恒定律得：

$$\frac{1}{2}mv_i^2 + fl = mg\sin\alpha \tag{5-44}$$

$$f = kmg\cos\alpha$$

式中，f 为滚动摩擦力，kN；l 为坡面长度，m。

建立危岩体运动状态判据为 l：

当 $l > \frac{0.05v_i^2}{\sin\alpha - k\cos\alpha}$ 时，危岩体在此坡段停止，否则坠入下一个坡段。

（三）工程实例

对平武县南坝镇鹞子岩崩塌带 W4-2 危岩体破坏后运动轨迹进行计算，计算剖面为 VI-VI' 剖面，计算过程及结果见表 5-41。

表 5-41　平武县南坝镇鹞子岩崩塌带 W4-2 危岩体破坏后运动轨迹计算表

坡面点	起点高程 m	落点高程 m	落差 h_i /m	坡面岩性	坡面运动方式	法向弹性系数 R_{ni}	切向摩擦系数 R_{ti}	滚动摩擦系数 K	落点处坡度 /(°)	碰撞前			
										初始水平速度 V_x/(m/s)	初始垂直速度 V_y/(m/s)	法向速度 V_n/(m/s)	切向速度 V_t/(m/s)
0	1095	1070	25		沿坡面滚动				58	1.84	10.45		
1	1070.0	1051.0	19.0	软岩	坡面滚动	0.35	0.84	0.810	58	1.84	14.07	5.89	12.91
2	1051.0	1042.0	9.0	软岩	跳跃运动	0.35	0.84	0.619	41	4.00	14.16	8.06	12.30
3	1042.0	1033.0	9.0	硬土	跳跃运动	0.3	0.81	0.627	42	5.95	12.47	5.29	12.77
4	1033.0	1029.0	4.0	硬土	跳跃运动	0.3	0.81	0.636	43	6.62	10.63	3.26	12.10
5	1029.0	1026.0	3.0	硬土	坡面滚动	0.3	0.81	0.522	26	6.50	10.41	6.51	10.40

续表

坡面点	碰撞(折减)后								
	初始水平速度 V_x/(m/s)	初始垂直速度 V_y/(m/s)	水平距离 S_{max}/m	下降高度 H/m	弹跳高度 H_{max}/m	弹跳水平运动距离 S/m	动能 kJ	运动时加速度 a/(m/s²)	碰撞后运动趋势
0	0.00	0.00	2.82	4.52			741.69		
1	4.00	10.29	5.56	4.83	5.40	4.19	448.77	4.11	加速运动
2	5.95	8.91	4.32	3.89	4.05	5.41	423.07	1.85	加速运动
3	6.62	8.10	2.60	2.42	3.35	5.47	403.38	1.99	加速运动
4	6.50	7.40	5.61	2.73	2.79	4.91	357.31	2.12	加速运动
5	6.72	5.45	7.47	0.00	1.51	3.73	275.74	−0.30	减速运动

危岩破坏模式	滑移式	水平初始速度	1.843m/s	垂直最大运动距离	18.39m	密度/(10³kg/m³)	2.73
运动形式	跳跃式+坡面滚动	垂直初始速度	10.454m/s	最大弹跳高度	5.40m	质量/10³kg	7.371
初始速度	10.618m/s	水平最大运动距离	28.38m	破坏面倾角	80°	块石等效半径	0.927m

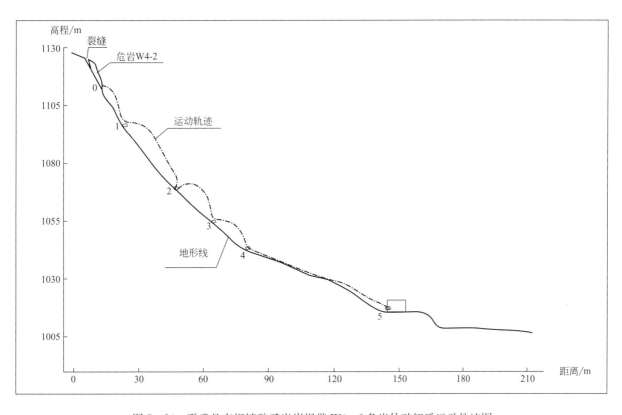

图 5-24　平武县南坝镇鹞子岩崩塌带 W4-2 危岩体破坏后运动轨迹图

第四节　震后崩塌勘查方法

一、采取的主要勘查技术措施

本次勘查的崩塌点共有 25 处,勘查工作中所采用的技术手段和方法基本相似,共投入六种勘查手段和方法。

据统计（表 5-42），本次崩塌勘查中普遍采用的勘查手段是地形测量、地质测绘（包括平面、剖面、立面测绘）、槽探、岩（土）样品测试。部分灾害点使用了浅井、钻探、变形监测、水样分析等手段，仅在个别点采用了物探。由于多数危岩区地貌环境条件恶劣，地形坡度较陡，崩塌堆积物大部分也相对较稳定，采用钻探及硐探施工难度大、费用高、耗时多，往往也难以取得可信和有代表性的成果。所以，崩塌灾害勘查过程中地形测量和地质测绘尤为重要。

表 5-42　勘查手段使用频率统计表

序号	勘查手段		使用频率/%
1	地质测绘	工程地质测绘	100
		立面、剖面测绘	100
2	山地工程	槽探	96
		浅井	25
3	钻探		25
4	物探	面波	4
5	监测	变形监测	46
6	室内测试	岩（土）样测试	100
		水样分析	54

（一）工程地质测绘与调查

工程地质与灾害地质测绘与调查是最基本、最重要的勘查手段，是其他勘探工作布置的基础。危岩带地质测绘比例尺宜为 1：500～1：1000，危岩体的地质测绘比例尺宜为 1：100～1：500。测绘范围应从坡顶卸荷带之外一定位置到堆积区外一定位置。重点调查的内容包括：

（1）崩塌（危岩）发生的地质环境。包括地层岩性、地形地貌、地质构造、水文地质、外动力地质现象等。重点调查崩塌危岩所处地貌部位、形态特征、陡坎坡度与高度、坡面形态特征、坡顶与坡脚形态，以及危岩所在斜坡的岩土体组成、组合、分布及产状特征等。注意区分沉积岩、岩浆岩和变质岩的工程地质特征。

（2）危岩体和崩塌堆积体的形态特征及边界条件。包括位置、形态、分布高程、几何尺寸、规模、边界、临空面、断裂面等。危岩体崩塌面形态、展布、产状、壁面特征、崩塌壁与构造、裂隙的发育关系，崩塌运移路线。

（3）危岩体和崩塌堆积体的地质结构。主要包括岩土物质组成及结构构造，变形破坏特征，控制崩塌的岩体结构面特征（包括结构面类型、成因、性质、产状、规模、充填物和充水情况），崩塌裂缝产状、规模和分布，崩塌裂缝与岩体结构面的关系，结构面与陡坡产状、危岩形成之间的关系。崩塌堆积体粒径及其分布。重视卸荷裂隙的调查，分析崩塌岩块与节理裂隙的关系。

（4）危岩体基座或下卧软弱层岩性、产状、分布等特征。危岩体之下天然洞穴（溶洞等）或矿产开采及采空区情况，危岩体斜坡坡脚受天然河水冲刷、掏蚀或人为破坏情况。调查非地质孕灾因素（如库水位、降雨、冲蚀、人工作用等）的强度、周期以及它们对危岩体稳定性的影响，重点分析水库效应对涉水危岩体和崩塌堆积体稳定性的影响。

（5）调查崩塌发育史。通过查阅地方志和走访以及现场填图，调查历史上该危岩体发生崩塌的时间、规模、气象条件、发生原因、发生次数、运行路线等。

（6）分析评价预测崩塌灾害的成灾范围及可能派生灾害的范围，灾害影响范围内人口及实物。

（二）轻型山地工程（槽探、浅井）

探槽是在地表开挖的长槽形工程，深度一般不超过 3m，多半不加支护。目的是剥除浮土揭示露头、了解残坡积层的厚度、岩性、追索构造线、断层、崩滑体边界、卸荷裂隙等控制性结构面的产出情况等。多垂直于岩层走向布设，以期在较短距离内揭示更多的地层。

浅井是垂直向地下开掘的小断面的探井，深度小于 15m 者称为浅井，大于 15m 者为竖井。浅井一般进行简易支护，竖井需进行严格的支护。目的是探查深部地质现象，如风化岩体的划分、岩土体的结构构造、崩滑体的结构构造、断层、崩滑带、软夹层、裂缝和溶洞等以及采集不扰动土样、进行现场原位试验及变形监测。一般应布置在危岩的后缘主勘探线附近。适用于岩层倾角平缓的地带，当勘探的目标层在地下水位以下且水量较丰时不宜采用。

（三）钻探

钻探的主要目的任务是：

（1）了解崩塌（危岩）岩土体的岩性结构、结构面情况、软夹层、风化带、岩溶、崩塌体的边界、裂缝、崩塌体的底界、崩滑带和崩塌体的形态特征及规模。

（2）查明崩塌堆积体的厚度、结构、形态特征、坡面形态、地质构成与崩积体的界面特征。

（3）探查崩塌体（危岩）和崩塌堆积体的水文地质条件、地下水水位，获取地下水水样；可进行跨孔物探探测、取样进行室内岩土体物理力学试验、崩塌变形监测。

崩塌（危岩）勘查应用钻探手段很少，一般用于崩塌堆积体的勘查，主要针对被动防治工程布置钻探点。若崩塌（危岩）具备实施钻探勘查条件，勘探点应布置于主勘探线上。垂直（倾斜）勘探孔的深度应穿过最底层危岩体崩滑面（带），进入稳定岩土体（危岩体基座内）5m。水平（倾斜）钻孔应穿过危岩体后缘裂缝（或卸荷带）进入稳定岩土体内 5m。若危岩体底部有溶洞或采空区，勘探孔应穿过并进入稳定基岩内。

（四）物探

常用的物探方法是高密度电法、浅震反射波法，根据不同物探方法的应用条件和应用范围，因地制宜地选择物探方法。主要目的是用于了解岩性变化、下伏基岩起伏和断裂破碎带的分布等，一般用钻孔和山地工程对物探成果予以验证。高密度电法适用于物性差异较大、地形地物变化较小的地段，浅震反射波法一般在非人口密集区使用。本次勘查中采用浅震反射波法（面波）一次。

（五）监测

"5·12"地震后山体结构松散破碎，危岩稳定性差，余震不断，随时可能形成崩塌。在勘查期间针对危险性大、稳定性差的危岩进行了现场监测。监测内容主要为裂缝、裂隙、不理结构面的变形情况。监测手段采用钢尺测量、高精度 GPS（RTK）定期测量。本次勘查为震后应急勘查，对危岩体采用现场监测，不仅有利用掌握危岩体的变形规律，更能准确判断危岩体的发展趋势。但是，危岩体一般所处的斜坡高陡、松散，交通不便，勘查过程中很难做到及时监测。

（六）室内试验

室内岩土体物理力学试验主要是取得主控结构面样品的抗剪强度指标，其他岩石的抗压强度指标、天然含水量、天然休止角、密度、相对密度、粒度等指标也应及时取得，要十分注意岩（土）样的代表性。变形监测工作应本着少而精的原则，抓住主要因素，根据被勘查崩塌体的形体特征、变形特征和赋存条件，因地制宜地进行布设。

（七）其他勘查方法

由于本次勘查为震后应急勘查，时间紧任务重，利用以上 6 种主要勘查方法基本达到了查清崩塌灾害体的目的。在相关单位开展工作中，还应用了以下高科技手段。

1. 三维激光扫描

由于危岩往往位于斜坡高陡部位，接触测量难以达到，此时可以采用三维激光扫描手段对危岩的几何尺寸、结构面产状和地形剖面进行测量，精度高，但是相对费用较贵。在汶川地震后都江堰—汶川公路快速抢通过程中，成都理工大学采用了三维激光扫描技术，以精度高、速度快的特点准确摸清了沿线的崩塌、滑坡、泥石流等地质灾害。

2. 遥感

遥感是综合性的对地观测高新科学技术，它凭借飞机、人造卫星等飞行器携带光学、红外、微波等摄影和非摄影仪器，对地面进行拍摄，经过数据传输、图像处理、分析判读、编制成图，从而获取地面目标的信息。遥感是当今信息时代获取地震地质灾害状况的最佳手段。"5·12"地震后，利用遥感技术及时查明了震区灾害情况，为救灾指挥、次生灾害预防、灾害评估以及灾后重建等决策提供了大量的基础信息。

二、崩塌勘查中应注意的问题

从有关规范、规程以及本次崩塌勘查投入的工作手段看，工程地质与灾害地质测绘与调查是最基本、重要的手段。因此，工程地质与灾害地质测绘是建立灾害地质基本模型的最基础的工作。

（一）充分搜集研究已有资料

收集资料是各项地质勘查工作的基础，在各行业规范、规程中均放在第一位，足以说明收集资料工作的重要性。尤其是在陌生地区工作，收集资料工作更加重要。如果该项工作做的好，可起到事半功倍的效果。因此，在勘查工作开始前要十分重视有关资料的收集工作。崩塌勘查需要收集的资料主要包括：危岩体所在地区地形图（不同时段、最大比例尺）；地质资料（地形地貌、地层岩性、地质构造、水文地质和岩土试验资料等）；气象水文资料、地震资料、灾情资料、威胁对象等，有遥感资料的地区还应收集遥感资料等。

（二）工程测量精度问题

地形图是开展勘查、治理设计的最基础资料，各种勘查手段、防治工程都将标示于地形图上，从而提供给有关人员使用。然而，多数地区的地形图不能满足崩塌勘查及治理设计的精度要求，一般情况下均要进行专项地形图的测绘工作。由于多数崩塌区地形条件比较复杂且变化较大，部分地段地形测绘人员难于到达，或需要耗费较多的时间，或免棱镜全站仪所测点的数量不够、位置不准等。这些因素将直接影响地形图反映实际地形的准确性，进而影响其他勘查工作的部署、危岩体稳定性判断、治理工程量计算、治理费用的核定。地形测量必须达到相应比例尺精度，每个危岩体应有实测剖面控制。

（三）工程地质测绘与调查重点解决的问题

如前所述，工程地质与灾害地质测绘与调查是崩塌勘查最基本、最重要的一项工作，直接决定勘查成果质量与防治工程的布设。工作中要重点注意以下问题：

（1）首先对勘查区内整体斜坡进行地质测绘与调查，分析地层岩性、地质构造、节理裂隙、斜坡形态、植被发育、水文地质等内容，进行综合评价斜坡的整体稳定性。其次，针对每处危岩逐个展开调查。

（2）崩塌区岩性及其组合特征，岩石坚硬程度（坚硬岩、较坚硬岩、较软岩、软岩、极软岩），危岩体产出位置、形态、高程、大小、规模、物质组成，危岩体的破坏方式、崩塌堆积体的物质组成、规模和范围、滚石的落距、灾情及险情核实等。由于危岩多处在陡峭的岩石山坡上，有些地段是地质人员无法到达的，可用三维激光扫描仪进行三维激光扫描，确定危岩体分布具体范围、几何位置、几何尺寸、节理裂隙展布等。

（3）岩体结构（岩体内结构面和结构体的排列组合形式）。对岩石边坡而言，主要包括断层、软弱层面、节理裂隙、软弱片理和软弱带等各种力学成因的破裂面或破裂带。应详细调查结构面组数及其产状、密度（单位长度内的结构面数量）或结构面间距、主要结构面结合程度（张开度小于 1mm，1～3mm，大于 3mm，被充填）、主要结构面类型（节理、裂隙、层面、小断层等）、层面或主要结构面与坡面的关系［顺向、逆向、横向（近水平岩层）、斜切］等。特别是控制性结构面、卸荷裂隙产状、规模和分布、卸荷裂隙与岩体结构面的关系。这些是确定危岩体的边界、规模、变形破坏模式的先决条件，也是危岩体的稳定性评价及防治措施的基础。

结构体的调查，主要查明结构体形状（巨块状、块状、柱状、层状、板状、碎块状碎屑状），岩体地质类型（巨块状岩浆岩和变质岩、巨厚层沉积岩、块状岩浆岩和变质岩、厚层沉积岩、副变质岩、中厚层沉积岩、构造影响的破碎岩层、断层破碎带、强风化及全风化带）。

（4）岩体的风化、卸荷深度。卸荷带最大宽度是确定危岩体可能失稳规模的重要依据，卸荷裂隙的性状是确定危岩体变形破坏模式的主要参考。尤其是在震后危岩勘查中有不少是地表具有覆盖层的危岩，查明卸荷带的宽度和深度就显得尤为重要，需要通过山地工程予以查明，确定不同风化带的厚度是支护措施设计的主要参数，如锚索长度的设计。

（5）危岩体的失稳模式（坠落式、滑移式、倾倒式）。坠落式危岩的表现形式为危岩体下方悬空或支撑承载力不足，破坏是由于危岩体剪切面的剪切力和下方支撑的承载力（悬空时为零）不足以抵抗自重所致，稳定性计算多以剪断破坏模式，也有绕支点的转动倾覆破坏模式，加固方式以支撑或锚索（锚杆）为主；滑移式危岩为剪切破坏，由于滑面上的下滑力大于其抗剪强度，加固方式以锚索（锚杆）为主；倾倒式危岩产生绕危岩体基座外缘倾倒破坏，该破坏的产生与三方面因素有关，即危岩体形状（重心位置）、危岩体平行于临空面的裂隙的贯通程度以及基座的承载力大小，加固方式以填缝灌浆或锚索（锚杆）为主。可以看出，变形破坏模式是危岩体稳定性分析及治理措施选择的基础，是地质测绘中需要注意的问题。

（6）运动特征（运动轨迹、运动速度）。影响危岩运动特征的因素很多，主要包括块石（崩塌体）本身的大小、形状及力学性质、边坡的高度、坡度、坡形、坡面组成物质及其表面的起伏程度、覆盖层及植被等。危岩失稳后的运动形式也非常复杂，包括坠落（自由落体）、滑移、滚动、撞击、跳跃、解体和静止等形式。在危岩调查中，主要是通过调查崩塌体（块石）的分布、最大块度、最远滚距等为防治措施提供相应的参数，在有条件的地区，可通过滚石试验来确定块石的解体、堆积情况、弹跳高度、冲击力等参数。也可通过理论计算对崩塌落石在坡脚的速度以及落地点位置作出初步估算和预测。

（四）勘查工作中应注意的其他问题

（1）在编写勘查设计书阶段，应基本掌握崩塌（危岩）的基本特征，并初步拟定治理工程方案，在此基础上现场布置勘查工作量。

（2）现场调查时应详细调查地质灾害特征，现场绘制致灾体物理结构模型，定性判别危岩体的稳定性。

（3）对治理工程方案进行现场设计。

（4）应结合致灾体特征与治理工程方案进行勘查。

三、勘查技术路线

"5·12"地震这一"极端"事件，造成大量的崩塌（危岩）地质灾害具有一定的特殊性，只是采取常规的勘查技术路线，难以达到目的。本次勘查为震后一次性应急勘查，既要遵循相关规范，一定程度上又不得不超越规范的要求，采取新的勘查技术思路。经过本次勘查，总结崩塌应急勘查路线图（图 5-25）。

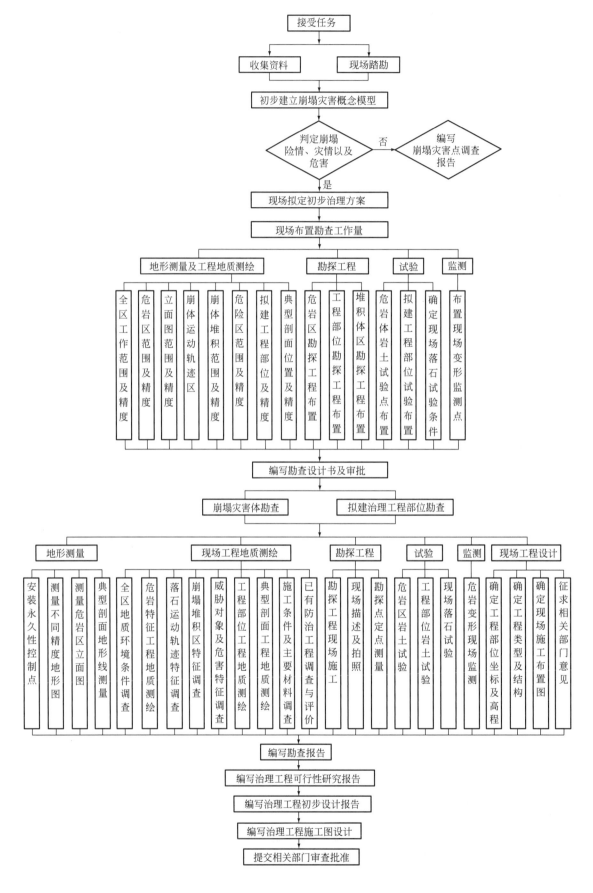

图 5-25 崩塌应急勘查路线图

第五节　震后崩塌治理措施

一、震后崩塌防治工程主要措施

震后崩塌防治工程措施，归结起来可以分为被动防护和主动防护两类。被动防治工程措施主要有：落石槽、拦石墙、被动防护网、明洞或棚洞、避让；主动防治工程措施主要有：削坡、清除危石、排水、挡墙支挡、支顶、锚固、浆砌片石护面、主动防护网。所有这些措施，都需要具体情况具体分析，有针对性地使用，才能收到良好的效果。

（一）被动防治工程措施

1. 落石槽

公路修建于坡脚附近时，都应首先考虑在坡脚留置或设置具有一定宽度和深度的沟槽来承接落石，落石槽的设置要保证落石不致直接落到需要保护的区域。但是，当场地条件受限，需要通过增加开挖来提供满足宽度要求的落石槽区域时，则会增大开挖量，由此带来的投资增加可能超过采用其他工程措施的费用，且会带来较大的环境破坏。

2. 拦石墙

一种修建于落石路径上（坡脚或坡面上）的拦挡结构，通常由浆砌片石或浇筑混凝土构成。结构的刚性特征决定了它的抗冲击效果较差。因此，受经济、场地条件和结构自身稳定性等因素限制，其修建尺寸通常是有限的，抗冲击能力也是有限的。另外结构本身在遭受落石冲击破坏时可能成为人为落石源，故需要有稳定而庞大的基础，而这样的基础通常需要进行较大的开挖。这样又对场地条件提出了较高要求，特别是在坡度较陡时常难以实现。

3. 被动防护网

被动防护网由钢丝绳网或环形网、固定系统（锚杆、拦锚绳、基座和支撑绳）、减压环和钢柱 4 个主要部分构成。钢柱和钢丝绳网连接组合构成一个整体，对所防护的区域形成面防护，从而阻止崩塌岩石土体的下坠，起到边坡防护作用。与刚性拦截和砌浆挡墙相比较，施工工艺相对简单，节省了工期和资金。这种防护措施适用于建筑设施旁有缓冲地带的高山峻岭，可把岩崩、飞石等拦截在建筑设施之外，避开灾害对建筑设施的毁坏。但受经济、场地条件和结构自身稳定性等因素限制，在坡度较陡时常难以实现。

4. 明洞或棚洞

采用明洞（类似于隧道内衬的封闭式结构）或棚洞（封闭或半封闭的悬臂式结构）措施，可将落石隔离在保护对象以外。明洞或棚洞通常由混凝土或浆砌石构成，并在洞顶铺填砂土和砾石缓冲混合料，以防止落石对结构的破坏。这种工程措施防落石效果好，不需要做任何维护，安全性和安全感均很高。但其缺陷是造价高，特别是地基条件较差需要设置深基础时，或外侧下边坡较陡而需从坡下向上修筑外边墙时，其造价将会明显增加。

5. 避让

对于潜在崩塌落石规模和频率极大、特别是可能伴有其他边坡地质灾害发生的地方，避让可能是一种有效而最为安全可靠的措施。避让的根本目的是将建筑物修建在潜在灾害所威胁的范围以外，做到一劳永逸。但其缺陷通常也是明显的，首先是必然会需要更大的投资，其次是可能会丧失部分使用功能或提高其功能使用的成本。

（二）主动防治工程措施

1. 削坡

在较稳定的岩体斜坡上，将危险斜坡岩体按照一定的设计坡度进行爆破开挖，目的是为了减小斜坡体的重量，同时也是为了清除表面较松散的岩体，使斜坡坡度达到理想的稳定坡度。但削坡不宜在岩体破碎强烈，开挖影响较大的岩体上进行，开挖工程量也较大。

2. 清除危石

该方法主要适合于近于完全脱离母岩的危石、孤石和浮石。在一定条件下，危石清除方法是最为经济的措施。但是它通常是难以实现彻底清除的，且随着风化或侵蚀过程的继续，必将产生新的危石，必须根据情况进行周期性清除，这种方法仅是一种暂时性措施。此外，作业过程的风险程度较高，除了必须确保作业人员的人身安全外，还必须保证坡脚建筑物免遭破坏，不能满足时，应尽量不予采用。

3. 排水

排水的主要目的在于提高边坡的稳定性，特别是对侵蚀作用比较敏感的边坡，其效果尤为明显。因此，通常作为一种辅助措施予以考虑。

4. 挡土墙支挡

挡土墙是治理坡脚应力集中、低矮边坡或较高边坡坡脚溜坍、塌落甚至小规模滑坡等极为有效的常见措施，包括混凝土、加筋土、浆砌石等挡土墙及石笼。挡土墙的修建需要具备良好的承载力基础及较大的横向空间。当边坡高陡时，对危岩落石的防护效果较差。

5. 支顶

支顶是加固巨型倒悬或外悬危岩体的最佳方法。该方法技术简单适用，其主要作用在于利用支顶结构的支撑作用来平衡危岩的坠落、错落或倾倒趋势，提高危岩的稳定性。支顶结构自身体积和重量一般较大，需要有很好的基础，否则其自身稳定性将存在问题，施工难度和风险等较大。

6. 嵌补

嵌补是对外悬或坡面凹腔形成的危石采用浆砌片石、混凝土或水泥砂浆填筑，以提高危石稳定性的一种方法。嵌补结构也必须要有稳定的基础，且必须与坡面紧密结合。此外，对坡面危石较多时，要进行大量的局部开挖，以给嵌补结构提供基础平台，由此对环境的破坏较大，特别是当边坡陡峻时，嵌补可能难以实施。

7. 锚固

对可确定的危岩采取锚固是一种较好的选择，锚固结构简单，对环境影响较轻。但是，要完全查清坡面危岩事实上是很难的。在采用锚固措施来加固危岩时，需要在危岩上进行大量的钻孔锚固作业，其振动可能导致危岩滚落，存在一定风险。

8. 浆砌片石护面

用以封闭边坡，防止坡面风化剥落和水土流失等各种坡面地质灾害。该方法技术简单，经济实用，较为美观，是低矮边坡和第一级边坡的一种重要护坡手段。但封闭地表水下渗的同时也限制了地下水的排泄，防止水土流失的同时也毁灭了植被，破坏了植被生长条件。一旦封闭区域以外的地下水补给和排水不畅，护坡结构本身将可能发生局部垮塌或爆裂破坏。该方法对坡面条件要求高，因结构抗力低，存在自身稳定性问题。为此要求边坡不能太陡，单级高度不能过高，对高度较大的边坡，需分级开挖后分级砌筑，工程量较大。

9. 主动防护网

主动防护网是以钢丝绳网为主的各类柔性网覆盖包裹（钢丝绳锚杆、预应力支撑绳固定）在所需防护斜坡或岩石上，以限制坡面岩石土体的风化剥落或破坏以及危岩崩塌（加固作用）、或将落石控制于一定范围内运动（围护作用）的一种崩塌防治措施。作用原理上类似于喷锚和土钉墙等面层护坡体系，具有局部受载、整体作用的效果。其特点是：系统的开放性，地下水可以自由排泄，避免了由于地下水压力的升高而引起的边坡失稳问题；对坡面形态特征无特殊要求，不破坏和改变坡面原有地貌形态和植被生长条件；技术成熟，机械化程度高，施工速度快，对地形适应能力强，也比较经济。

二、震后崩塌防治工程措施统计分析

本次崩塌的防治工程措施充分体现了防治相结合的特点。据本次 25 处崩塌点防治工程统计，有 68% 采取了治理工程（主动防治工程）与防护工程（被动防治工程）相结合的方案，24%崩塌防治方案为纯粹被动防护措施，8%使用纯粹主动治理措施（表5-43）。在各种防治手段中使用频率最高的是清危和拦石墙，其次是被动防护网，第三是主动防护网、填堵裂缝、落石槽，其他防治手段使用频率较低（表5-44）。

表5-43　崩塌治理工程防治措施情况统计表

措 施 类 别	手　　段	手 段 次 数	措施频率/%
主动+被动	被动网+清危	6	68
	拦石墙+清危	11	
主动	主动网+清危	2	8
被动	被动网	2	24
	拦石墙	4	

表5-44　本次崩塌防治工程统计表

工 程 措 施	防治手段	使用次数	使用频率/%
主动防护工程	清危岩	15	63
	主动网	4	17
	填　缝	4	17
	削　坡	3	13
	支　撑	3	13
	嵌　补	3	13
	锚　固	2	8
	排　水	1	4
	护　面	1	4
被动防护工程	拦石墙	15	63
	被动网	11	46
	落石槽	4	17
	搬　迁	1	4

本次崩塌防治手段中，清除危岩、被动网和拦石墙使用频率较高，这与崩塌所具有的特征密切相关。崩塌一般位于高陡斜坡上，往往不具备主动防护的施工条件，尤其是地震以后，斜坡表层岩土体结构松散，稳定性较差，主动防护工程活动易引发危岩失稳。为此，被动防护措施在本次勘查中使用的频率较高。

本次崩塌的防治工程措施也充分体现了多种手段巧妙组合的崩塌灾害防治思路。25处崩塌防治工程方案中，36%的方案使用了3种手段，28%的方案使用了2种手段，使用3种以上或2种以下方案所占比例较少（表5-45）。

表5-45　崩塌治理手段组合情况统计表

手 段 组 合	使 用 次 数	使用频率/%
1种手段	3	12
2种手段	7	28
3种手段	9	36
4种手段	3	12
5种手段	3	12

三、崩塌防治工程中应注意的主要问题

（一）目的要明确

崩塌防治工程的布设一定要围绕致灾危岩体和威胁对象，要因灾施治、有的放矢。如果危岩体没有明确的威胁对象，或崩塌发生后不造成人员伤亡和财产损失，那么崩塌只是一种地质现象，而不能称其为崩塌灾害。另外，崩塌防治工程对受威胁的对象不能起到防护作用，崩塌防治工程也是没用的。所以，在进行崩塌灾害防治工程布设时必须以保护受威胁对象为出发点，注意防治工程措施的针对性，即针对危岩体及其威胁对象。

（二）崩塌防治的一般原则

1. 优先考虑避让

一般情况下，人类认识自然、改造自然的能力（包括认识能力、技术能力和经济能力等），尚不足以与大规模的崩塌等重大地质灾害抗衡。所以，在防治大型崩塌灾害时应以防为主，优先考虑主动撤离躲避。当受灾对象无法躲避或躲避代价高于治理代价等不能躲避的情况下，再考虑工程防治。

2. 防、治结合

崩塌灾害的防治与其他灾害的防治一样，也应当贯彻"以防为主，防治结合"的原则。纯粹的"防"和纯粹的"治"都不能使崩塌灾害得到有效防控，只有防治结合，才能取得防治的最佳效果。

3. 多种治理手段组合、综合治理

孕灾地质体是十分复杂的多因素的集合体，地质灾害防治应是综合性的，应立足整体考虑，综合治理。不应局限于对孕灾地质体采取单一工程措施，不应追求某单一防治手段都达到最优状态，应当多种防治手段巧妙组合，综合应用，力争以最低投入获得最佳防治效果。

（三）防治标准和技术水平

防治工程应达到的安全标准，应考虑投资水平的承受能力和减灾效益两个方面的合理性。因为，现阶段经济上还不能完全满足高标准防治工程的需要，应根据所欲保护的受灾对象的重要性及可撤离程度、财力水平和有关的工程规范合理确定。标准过低，治而无效；过分追求高标准，多耗资金。同时，对一个防治对象的不同部位或不同影响方面，也可区别对待。但总体上要力求根治，不留后患。因此，在进行崩塌防治工程设计时要十分注意防治工程的标准和现有的技术水平。

（四）防治工程措施

崩塌灾害防治工程以致灾地质体为核心。在防治工程设计中应突出地质观与工程观的融合。针对地质体变形破坏的不同机制（如倾倒、滑移、坠落等），不同的主要致灾因素（如降雨、地下水、冲蚀、采空等），环境岩土体的稳定性、可利用状况以及施工条件和环境保护条件等，综合考虑选择工程措施。崩塌灾害往往是多因素综合作用的结果，一般宜采用多种措施的最佳组合方案进行综合治理，同时还要重视防治措施与施工手段的适宜性。

在崩塌（危岩）防治中，清除危岩和避让是最有效的方法。对高位危岩体的防治，一般采用被动防治措施；对低位危岩体，可采用主动与被动联合防治。若采用主动防治措施时，要充分考虑危岩体所在危岩带的整体稳定性。若采用被动防治措施时，要分析危岩的运动轨迹和地形地貌特征是否具有采用被动防护的条件。不管哪种防护措施，必须以保证威胁对象的安全为前提。

第六节　小　结

本章通过对汶川"5·12"地震灾区9县（市、区）震前震后崩塌地质灾害分布发育、基本特征进行总结对比，并结合河北省地矿局承担的地震灾区25处崩塌应急治理勘查成果的分析研究，取得如下主要结论：

（1）"5·12"地震后研究区发育崩塌995处，是震前发育崩塌数量的5.3倍。地震前后崩塌的规模虽然以小型崩塌为主，但是地震后中型及中型以上崩塌所占比例为29.6%，较震前的15%增加了14.6个百分点，而且震后出现了巨型崩塌。地震前后崩塌的物质组成发生了变化，地震前均为岩质崩塌，地震后出现了土质崩塌。

（2）"5·12"地震后，崩塌地质灾害主要分布于山区大于60°的斜坡部位；以中小型规模、倾倒式和复合式破坏的岩质崩塌为主。

（3）地形地貌、地质构造、地层岩性及结构条件是崩塌形成、发生、发展的内在因素，地震、降水和人类工程活动是引发崩塌的外在因素，"5·12"地震是引发崩塌的重要外在因素。

（4）崩塌的发育过程是一个能量逐渐积累，由量变到质变的过程，一般经历"孕育—潜在—引发"三个阶段。"5·12"地震产生的强大外力作用加速了崩塌的发育过程，它不仅使震前已有的危岩瞬间失稳，而且使部分震前稳定性较好的岩体形成崩塌或危岩体（带）。

（5）本次崩塌地质灾害勘查，采用的勘查手段主要有地形测量、工程地质测绘、槽探、浅井、钻探、岩土试验等。在上述手段中，工程地质测绘是最基本的工作手段，工程地质测绘成果是崩塌体物理力学结构模型建立、定性分析、定量计算和制定防治措施以及确定防治工程部位的基础资料。

（6）崩塌（危岩）的稳定状态应采用野外宏观判断、赤平投影法分析和力学计算等方法综合确定。

（7）在危岩带（体）稳定性分析和计算中，危岩体的重度、结构面岩土体 C，φ 值是非常关键的物理力学参数。重度值一般可采用室内外试验获取，而 C，φ 值的取得非常困难，在实际中常采用反演计算、经验值和室内试验综合取值。

（8）针对崩塌地质灾害特点，采用了主动、被动和主动与被动联合防治措施。在崩塌（危岩）防治中，清除危岩和避让是最有效的方法。对高位危岩体的防治，一般采用被动防治措施；对低位危岩体，可采用主动与被动联合防治。若采用主动防治措施时，要允分考虑危岩体所在危岩带的整体稳定性；若采用被动防治措施时，要分析危岩的运动轨迹和地形地貌特征是否具有采用被动防护的条件。不管采用主动或被动防护，都宜做到工程有效，对当地环境影响最小，造价合理。

本次勘查为应急式一次性详细勘查，主要为崩塌（危岩）地质灾害治理工程施工图设计提供依据。通过本次勘查，对勘查区内崩塌（危岩）的基本特征、形成机制和影响因素有了新的认识，并在勘查方法、危岩稳定性分析及参数选取、防治工程措施等方面进行了系统总结研究，提出了新的建议。对崩塌（危岩）勘查和防治工程的研究是一个逐步探索实践的过程，需要大量的工程实践和理论研究相结合来推动其发展。本研究成果对以后进行的崩塌（危岩）防治实践与理论研究均具有较高的参考价值和指导意义。

参 考 文 献

[1]　中华人民共和国国土资源部.2006.DA/T 0218-2006 滑坡防治工程勘查规范［S］.北京：中国标准出版社

[2]　重庆市质量技术监督局.2003.DB50/143—2003 地质灾害防治工程勘察规范［S］.重庆

[3]　1998.岩土工程师常用规范选（上册）.北京：中国建筑工业出版社，196

[4]　张洪江.2000.土壤侵蚀原理［M］.北京：中国林业出版社，76

[5]　中华人民共和国建设部.2009.GB 50021-2001 岩土工程勘察规范（2009 年版）［S］.北京：中国建筑工业出版社，136

[6]　高海伟.2008.危岩崩塌的链式演变过程及信息跟踪技术应用［D］.重庆：重庆交通大学，16～20

[7]　三峡库区地质灾害防治工作指挥部.2004.三峡库区三期地质灾害防治工程地质勘察技术要求［R］

[8]　中华人民共和国水利部.1995.GB 50218-94 工程岩体分级标准［S］.北京：中国计划出版社，6

[9]　王亮.2009.危岩变形失稳机理及防治技术研究［D］.重庆：重庆交通大学

[10]　林富财.2009.危岩体失稳运动特征与工程防治对策研究［D］.成都：成都理工大学，49～55

[11]　唐红梅，易朋莹.2003.危岩落石运动路径研究［J］.重庆建筑大学学报，25（1）：17～23

第 三 篇
典型地质灾害特征与防治实例

第六章 典型泥石流特征与防治实例

泥石流实例一：安县桑枣镇梓潼沟泥石流特征与治理方案

刘和民　邢忠信　黄云龙　王建辉　曹鼎鑫　曾令海

（河北省地矿局第四水文工程地质大队）

一、前言

安县桑枣镇梓潼沟泥石流位于安县西北部桑枣镇西北约3km的茶坪河左岸，为"5·12"地震后应急排查确定的新的地质灾害隐患点。沟谷流域面积25.61km²，主沟长约13.16km。"5·12"地震后上游出现大量崩塌和较大规模滑坡，山坡顶部岩体崩塌及坡面松散土体滑塌，崩滑堆积物成为泥石流物源，并堵塞沟道形成小的堰塞体。沟谷分布有滑坡堆积物32处，崩塌堆积体有12处，公路弃碴5处，沟床堆积物2处，流域总松散物源量178.45万m³，可移动物源26.2万m³。泥石流直接威胁沟道两侧及下游人民群众生命财产安全，其潜在危险性等级为大型。治理工程采用"拦挡坝群＋防护堤＋沟道清淤"的方案。

二、地质环境条件

梓潼沟地处四川盆地西北缘，龙门山脉西南部。地貌形态属于构造侵蚀的中低山—河谷平坝地貌。流域总体呈北西—南东向，西北侧最高点海拔1200m，东南最低点海拔644m，相对高差556m。流域内地层主要分布有第四纪冲洪积层、残坡积层、崩积层、滑坡堆积层和二叠系上统吴家坪组、三叠系下统飞仙关组、三叠系中统嘉陵江组、侏罗系中统千佛岩组。地质构造复杂，断裂发育。地下水类型主要有第四系孔隙水及基岩裂隙水两类，接受大气降水补给，排泄方式为大气蒸发或泉水出露。

区内主要人类活动为开荒伐木和开采石灰石矿，改变了原始地形地貌，破坏了地表植被，加剧了水土流失；矿石及废石等堆积于山坡坡脚及沟道内，挤压堵塞沟道，增加了堆积物源。

三、泥石流形成条件分析

1. 地形地貌及沟道条件

梓潼沟流域面积25.61km²，主沟长约13.16km，沟谷整体呈"V—U"字形，宽窄变化较大，可分为左右两个支沟，相对高差约556m，平均沟床纵比降36.8‰。流域地貌为构造侵蚀的中低山—河谷平坝地貌，山峰林立，岸坡陡峻，支沟较发育。由于沟谷纵向较长，有利于松散固体物源、雨水及地表水的汇集，同时沟谷两侧山坡地形较陡，沟床具备一定的纵比降，为泥石流的形成提供了地形地貌条件。梓潼沟流域划分成泥石流的物源形成区、流通区和堆积区（图1）。

物源形成区分左右两个支沟，其中左支沟汇水面积11.86km²，沟长7.47km，沟谷纵坡降30.5‰；右支沟汇水面积1.83km²，沟长1.36km，沟谷纵坡降111.0‰。支沟沟谷断面以"V"字形为主，纵向上呈折线形。

流通区分布于主沟中下段，沟长5.8km，高程644～750m，面积10.96km²，占流域面积的42.8%。流通区平均纵坡16.7‰，沟道总体形态呈"U"形。

堆积区主沟长度1047.7m，平均沟床纵比降13‰，高程643.75～657.51m，面积约0.96km²，梓潼沟出山口至与主河茶坪河交汇处，沟道顺直，呈"U"形，排水较顺畅。

图1 梓潼沟泥石流分区及治理工程示意图

2. 地震对地貌的影响

地震对地貌的影响主要表现在两个方面，一是崩塌、滑坡破坏了局部地段山体的完整性，崩滑堆积物在坡面、坡脚地带形成倒锥形或扇形堆积体，并产生滑坡壁、圈椅状地形等新的微地貌单元，从而改变了原有的沟谷地貌特征；二是大量松散物源在洪水携带下淤堵沟道形成堰塞湖，影响正常行洪并存在极大安全隐患。

3. 物源条件

地震前沟谷流域内植被覆盖较好，坡面岩土体结构均较稳定，只是左、右支沟内由于爆破修建道路，沿沟道一侧线状堆积有松散弃碴石，挤占沟道。受强震影响，山坡顶部岩体崩塌及坡面松散土体滑塌，崩滑堆积物成为泥石流物源，并堵塞沟道形成小的堰塞体。沟谷分布有滑坡堆积物 32 处，松散物方量 115.76 万 m³；崩塌堆积体有 12 处，松散物方量 0.73 万 m³；公路弃碴 5 处，体积 3.37 万 m³；沟床堆积物 2 处，体积约 4.1 万 m³，流域总松散物源量 178.45 万 m³。上游物源形成区内分布有固体物源 122.1 万 m³，其中可移动物源 23.5 万 m³；下游物源 56.44 万 m³，其中可移动物源 2.7 万 m³（表 1）。

表1 梓潼沟泥石流物源类型及方量表

类　　型	修路弃碴	矿山废碴	沟床堆积体	滑坡崩塌堆积体	物源总量	可形成泥石流的动储量
方量/万 m³	3.37	54.48	4.10	116.49	178.45	26.2

4. 水源条件

梓潼沟流域属于中亚热带湿润季风气候区，雨量充沛，年平均降水量1223.8mm，降雨主要集中在5～10月，占年降雨量87％。由于地形复杂，往往形成局地强暴雨天气，是导致泥石流暴发的主要原因之一。

四、泥石流基本特征

1. 泥石流灾害史及灾情

资料显示，近50年来梓潼沟未发生过灾害性泥石流。在1955年及1967年分别发生洪水灾害，冲淹两侧低洼农田和附近房屋。受"5·12"地震影响流域内产生大量崩塌、滑坡松散堆积物源，部分沟道底部已被淤堵，梓潼沟成为泥石流灾害隐患点。

2. 泥石流类型

梓潼沟泥石流主沟发育于山体深切沟谷地带，泥石流的形成流通区明显，按集水区地貌特征划分，属于沟谷型泥石流。物源主要由滑坡、崩塌及沟床堆积物侵蚀提供，按照固体物质补给方式分类，属于崩滑及沟床侵蚀型泥石流。泥石流主要由于暴雨或特大型暴雨引起，按激发、触发及诱发因素分类，属于暴雨型泥石流。

3. 泥石流活动特征

梓潼沟泥石流一次堆积总量<1万 m³，洪峰流量100～200m³/s，规模为大型。主河河型无变化、主流未偏移、泥沙补给长度为30％～60％、松散物储量5～10万 m³/km²，活动强度为较强。泥石流发生频率为低频，中等堵塞，综合致灾能力较强。泥石流受灾体工程质量较差、位于危险区，受灾体的承（抗）灾能力差，泥石流成灾可能性大。

五、泥石流特征值计算

1. 泥石流流体重度

梓潼沟多年未发生过泥石流灾害，无法采用现场调查试验法测定泥石流流体重度，根据物源特征、易发程度评分等，采用查表法确定泥石流流体重度 $\gamma_C=1.607t/m^3$。

2. 泥石流流速

根据梓潼沟内泥石流物源特征，以稀性泥石流为主，采用公式（3-2）、公式（3-3）确定泥石流流速。泥石流中石块运动速度，在缺乏大量试验数据和实测数据的情况下，采用公式（3-15）计算，其中摩擦系数值取4.0，最大石块的粒径取值为1.0m。

3. 泥石流流量

梓潼沟多年未发生过泥石流灾害，泥石流流量采用雨洪法按公式（3-9）、公式（3-10）计算：其中泥石流泥砂修正系数取0.586，泥石流堵塞系数综合取值1.4，计算结果见表2。

4. 一次泥石流过流总量

一次泥石流过流总量按公式（3-11）计算，其中流域面积25.61km²，K值取0.0378，经计算，泥石流一次总量为0.77万 m³。

5. 一次泥石流固体冲出物

一次泥石流冲出的固体物质总量按公式（3-12）计算，结果为0.28万 m³。

6. 泥石流冲击压力

泥石流冲击力分为流体整体冲击力和大石块的冲击力，前者按公式（3-13）计算，后者按公式（3-14）计算，结果见表3。

表2 泥石流流量流速计算结果一览表

参数 频率	位置	流域面积/km²	清水流量 Q_B/(m³/s)	泥石流流量 Q_C/(m³/s)	泥石流流速 V_c/(m³/s)
5%	5号坝	6.02	45.46	93.72	5.23
	4号坝	7.81	50.16	103.41	4.95
	3号坝	11.18	60.57	124.89	4.52
	2号坝	11.63	60.78	125.31	4.29
	1号坝	13.61	70.78	145.94	4.05
	沟口	24.65	85.93	177.18	3.06
2%	5号坝	6.02	57.71	118.98	5.84
	4号坝	7.81	63.68	131.29	5.53
	3号坝	11.18	76.90	158.55	5.05
	2号坝	11.63	77.16	159.09	4.80
	1号坝	13.61	89.86	185.28	4.53
	沟口	24.65	109.10	224.94	3.42

表3 泥石流体整体冲击力和大石块冲击力计算表

位置	V_C/(m/s)	δ/kPa	F/kN	W/t
1号拦挡坝	4.53	37.57	319.50	1.40
2号拦挡坝	4.80	42.10	338.14	1.40
3号缝隙坝	5.05	56.93	357.21	1.40
4号拦挡坝	5.53	56.05	390.17	1.40
5号拦挡坝	5.84	62.50	412.00	1.40

7. 泥石流冲起高度

泥石流冲起最大高度按公式（3-17）计算，结果为1.61m。

六、泥石流发展趋势分析

1. 泥石流易发程度分析与评价

泥石流沟的综合评判包括两个内容：一是根据泥石流的客观条件（变量），即泥石流沟的判别因素判别其是否为泥石流沟。二是对判定属于泥石流沟的沟谷，依据判别因素的量级，评定其在一定的暴雨激发下泥石流活动的规模和强度，即易发（严重）程度。泥石流沟易发程度按《泥石流灾害防治工程勘查规范》DZ/T0220—2006)进行数量化综合评判，该沟整体上属于低易发泥石流沟（分值77），左支沟为中等易发泥石流沟（分值88）。

2. 泥石流发展趋势预测

"5·12"地震后，梓潼沟流域内发生多处崩塌，松散物质储量大于100万 m³，可能参与泥石流活动的松散物动储量较多，如对梓潼沟不及时进行工程治理，在强降雨作用下，将形成突发性泥石流，危害沟道两侧及下游企业、居民生命财产安全。

七、泥石流防治工程技术方案

1. 防治思路

（1）该泥石流沟物源主要为崩滑堆积物及沟床堆积物，物源散布且量大，为控制泥石流发生的规模，改变输砂条件，减少物质来源，宜采用低坝群分段治理模式。

（2）为改善梓潼沟下游段泥石流的输移条件，减少泥石流对沿沟两侧居民住户危害，在需要保护的区段修建防护堤，使洪水和泥石流顺畅排泄。同时对矿碴堆进行护坡和清淤治理。

2. 防治技术方案

（1）拦挡工程。梓潼沟泥石流物源主要分布在形成区段，根据物源分布位置结合地形特点，在形成区建造 5 座拦挡坝（4 座重力实体坝＋1 座缝隙坝），1，2，3 号坝位于泥石流形成区上游，4，5 号坝位于形成区中游，除 3 号缝隙坝体采用钢筋混凝土结构外，其余坝体主体均采用浆砌块石结构。其主要作用：拦蓄泥石流固体颗粒、减缓纵坡、降低流速、消减能量；稳固沟床，防止沟床下切；库区回淤反压坡脚可稳定沟床两岸，防止沟岸坍塌，减少坡面松散物源汇入；控制行洪流路，确保行洪河段安全。

（2）防护、清淤工程。沟道下游流通区段部分居民住房等紧临沟道修建，现有简易防护堤高度低，坚固性不够，在沟道一侧有居民住户的地段修建和加高防护堤，以保护居民住户安全。

为防止采矿区段采矿弃碴淤埋排水沟道，在废石堆边坡修建浆砌石护坡，同时对矿区已淤塞沟道进行疏导，恢复原有沟床断面形状，保障过流深度，能顺利排除洪水和正常年份雨水。

3. 防治工程复查评价

梓潼沟泥石流治理工程于 2010 年 5 月竣工。2010 年 8 月 19 日，该流域突降近几十年来罕见暴雨，9 月 7 日项目组人员及时进行了现场复查工作。

经初步调查，梓潼沟谷流域 2010 年 8 月 19 日突降的暴雨为近几十年来极罕见暴雨，远超过工程设计标准。左支沟内已建拦挡工程发挥了应有作用，重力式实体坝和缝隙坝均承受住了此次暴雨泥石流冲击考验，消能和拦蓄固体物源效果较好，起到了防灾减灾的作用，而且治理工程稳定性较好，未有损坏现象。而右支沟勘查时属于低易发泥石流沟，沟内固体物源也较少，因此应急治理方案中没有在右支沟内布置消能和拦挡工程。由于后期削坡修路弃碴堆于沟道内，新增了不少松散物源，在持续暴雨诱发下右支沟发生了沟谷泥石流，虽然由于主沟内 1 号坝有效的拦挡，没有造成灾害损失，但也给我们敲响了警钟，为此建议右支沟沟道内增修拦挡工程。

八、结语

（1）受"5·12"地震影响，梓潼沟两侧山体发生多处崩塌、滑坡，物源剧增，为地震诱发的泥石流隐患点。泥石流类型为暴雨、沟谷型泥石流，易发程度为低易发—中等易发，潜在危险性等级为大型。

（2）梓潼沟内固体物源丰富，松散物源静储量约 178.45 万 m³，其中滑坡堆积物方量 115.76 万 m³，崩塌堆积松散物方量 0.73 万 m³，沟床堆积方量 4.1 万 m³，修路弃碴 3.37 万 m³，采矿弃碴 54.48 万 m³。可能参与泥石流活动的动储量约 26.2 万 m³。

（3）防治方案为建 4 座拦挡坝和 1 座缝隙坝、进行消能和调节流量。对紧临沟道有居民住房段修建和加固防护堤坝，对采矿区弃碴淤塞段进行清淤。

（4）梓潼沟泥石流治理工程完工后，经受了近 2 年汛期的考验，有效地保护了当地人民群众的生命财产安全。

泥石流实例二：都江堰市龙池镇南岳村碱坪沟泥石流特征与治理方案

于孝民 杨春光 万 凯 李如山 张振东

（河北省地矿局第二地质大队）

一、前言

碱坪沟位于都江堰市龙池镇南岳村 4 社所在地，东南直距都江堰市区约 10km。流域面积 3.6km²，主沟短、沟床宽阔且纵比降小，支沟长，沟床纵比降大，沟内松散物丰富。"5·12"地震前属低频泥石流，震后暴发频率增大，处于发展期阶段，泥石流严重威胁沟口及下游的在建自来水厂、龙溪河左岸龙池景区公路、输电线路及新建龙溪河左岸龙池景区石雕公园和南岳村的安全。防治工程采用"多级拦挡＋防护堤"的措施。

二、地质环境条件

碱坪沟所在区域属典型高中山峡谷地貌，三面环山一面出口的漏斗状地形，上部深切沟谷发育，多为"U"形谷。沟域内出露地层主要为震旦系下统火山岩组和残坡积层、崩积层、滑坡堆积层、泥石流堆积层。碱坪沟所在区域地质构造复杂，断裂发育，虹口映秀断裂的一支从碱坪沟内通过。区域地震基本烈度为Ⅵ—Ⅷ度区，属地震强烈区。碱坪沟地下水主要为基岩裂隙水和第四系孔隙水两类，径流短，富水性较差。

三、泥石流形成条件分析

1. 地形地貌及沟道条件

碱坪沟泥石流流域面积 3.6km²，相对高差 1089m，平均沟床纵比降 363‰，分为左支沟漆树坪，右支沟黄柏坪，主沟碱坪沟。根据沟床纵比降、地形地貌及物源分布特征，整个泥石流沟由较为典型的形成区、流通区和堆积区组成。

（1）泥石流形成区。碱坪沟泥石流形成区总面积为 2.58km²。其中左支沟面积 0.99km²，沟长 0.81km，沟谷纵比降 537‰，右支沟面积 1.59km²，沟长 1.46km，沟谷纵比降 463‰。支沟沟谷断面形态以"U"形为主，而且各支沟跌水岩坎均较发育，纵坡比降较大，谷底一般宽 10～20m，谷坡一般 35～50°，局部接近 75°。

（2）泥石流流通区。流通区面积 1.01km²，沟段长 1550m，沟床平均比降 226‰。该段沟谷较为开阔平直，沟床起伏小，过水断面大多较平顺，沟床宽度 30～50m，利于泥石流流通。由于 2009 年 7 月 17 日泥石流，一次性将流通区主沟床总体上抬高了约 2.0m，沟床表面被块石、碎石层所覆盖，但排水仍较顺畅。

（3）泥石流堆积区。碱坪沟堆积扇不规则，堆积区面积 0.05km²，堆积区长 930m，平均纵比降 65‰。2009 年 7 月 17 日泥石流，一次性将龙溪河河床抬高了 13m，使得河水水位被骤然提升。

2. 物源条件

碱坪沟泥石流固体物源共 111 处，分布于形成区及流通区内，存在形式分为沟床堆积物源和坡面侵蚀物源两种类型（图 1）。其中沟床内大型崩滑堆积体有 4 处，总体积 39.53 万 m³，均为"5·12"地震所形成，堆积体表面岩土松散，粒径 0.1～1.5m，多为碎石，见少量大块石，呈带形堆积；大型坡面崩滑堆积物 1 处，体积 29.5 万 m³，坡度 31°，表面岩土松散，粒径 0.1～0.4m，呈带形堆积。固体物源总方量为 78.90 万 m³，根据地形地貌条件、崩滑堆积物的颗粒组成及沟床、坡面物源的稳定状态，综合确定碱坪沟一次可参与泥石流的固体物源动储量为 8.31 万 m³。

3. 水源条件

沟域多年平均降水量 1134.8mm，月最大降水量为 592.9mm，日最大降水量为 233.8mm，1 小时最大降水量为 83.9mm，10 分钟最大降水量为 28.3mm，一次连续最大降雨量 457.1mm，一次连续最长降雨时间为 28 天。降水量在时间上分配严重不均，5～9 月降水量占全年降水量的 80%，且多地域性暴雨，因此，5～9 月也是地质灾害的高发期。长时间大量的降水不仅为泥石流形成提供了充足水源，也易使沟床两侧坡面松散堆积物和破碎岩体及软弱岩土层形成崩塌、滑坡等，为泥石流形成创造物源条件。

四、泥石流基本特征

1. 泥石流灾害史及灾情、危害性分析

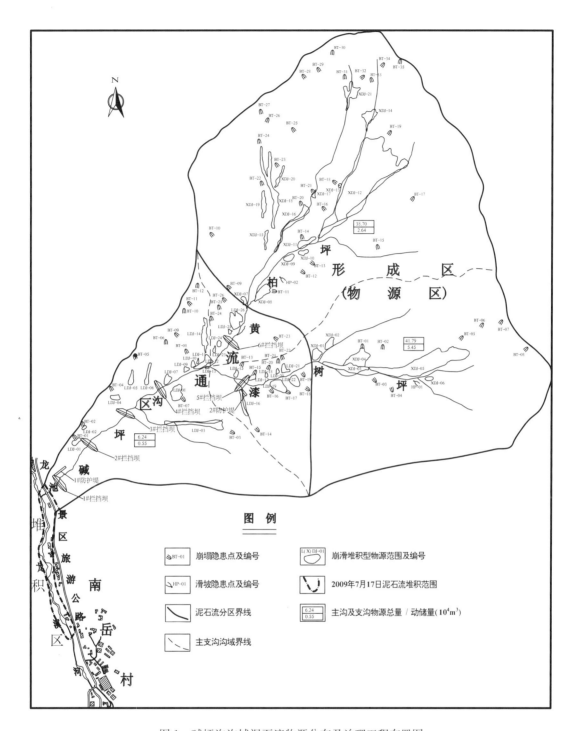

图1 碱坪沟沟域泥石流物源分布及治理工程布置图

"5·12"地震前,碱坪沟在1978年曾发生过一次泥石流,规模较小,未造成经济损失和人员伤亡。地震当年的雨季就发生了沟内泥石流,随后次年7月17日再次发生泥石流,并冲出沟口形成灾害。泥石流於埋龙池公路,堵塞涵洞,损毁1幢民宅和1处农家乐,堵塞河道,造成主河龙溪河严重淤高。泥石流直接威胁到龙溪河左岸(碱坪沟沟口右侧)在建的自来水厂、龙池公路及南岳村的安全。

2.泥石流各区段冲淤特征

泥石流沟纵坡230‰以上的沟段内无泥石流淤积物,沟底基岩出露;泥石流纵坡176‰以下的沟段,沟床内有泥石流淤积物,沟底被松散层覆盖;其余沟段有冲有淤。形成区沟谷内冲刷明显,只是在钝角弯略有淤积。流通区支沟段冲刷明显，基本无淤积，而主沟段则相反，淤积明显，整个主沟床几乎都被堆积物所覆盖。堆积区以淤为主。

3. 泥石流发生频率和规模

碱坪沟泥石流震前属低频泥石流，"5·12"地震后，沟内物源激增，极端异常天气又频繁出现，其发生频率加大。目前该泥石流为发展期（壮年期）。碱坪沟泥石流洪峰流量约 $100\sim200\text{m}^3/\text{s}$，泥石流规模为大型。

五、泥石流特征值计算

1. 泥石流流体重度

泥石流流体重度采用两种方法取得，而后综合取值。

（1）现场配比法。在泥石流堆积扇上进行了 5 组现场流体配比试验，结果流体平均重度为 $2.13\text{t}/\text{m}^3$；

（2）查表法。根据《泥石流灾害防治工程勘查规范》（DZ/T0220—2006）数量化评分，确定泥石流重度为 $1.786\text{t}/\text{m}^3$。

综合取值，泥石流流体重度为：主沟 $1.971\text{t}/\text{m}^3$，左支沟 $1.793\text{t}/\text{m}^3$，右支沟 $1.766\text{t}/\text{m}^3$。

2. 泥石流峰值流量

泥石流峰值流量采用雨洪法和形态调查法分别进行计算，而后进行综合取值。

（1）雨洪法按照公式（3-9）、公式（3-10）计算，结果见表2。

（2）形态调查法按照公式（3-8）计算，结果见表3。

表 2　暴雨泥石流峰值流量计算成果表

沟　道	频率/%	F/km²	Q_p/(m³/s)	Q_c/(m³/s)
主沟	5/2	3.6	12.688/15.977	91.292/114.955
左支沟	5/2	1.25	5.664/7.132	32.830/41.340
右支沟	5/2	1.68	7.613/9.586	40.095/50.488

表 3　碱坪沟主沟泥石流过流断面实测统计表

序　号	断面编号	断面面积/m²	流速/(m/s)	流量/(m³/s)
1	7-7′	21	6.33	132.93
2	9-9′	24.7	8.47	209.21
3	26-26′	10.6	10.81	114.75
4	23-23′	9.76	10.8	105.41

对比表2和表3计算结果，采用形态调查法求得计算结果普遍略大于雨洪法求得的结果。由于采用形态调查法计算结果没有暴雨频率的概念，仅能代表当次泥石流的特征值。而雨洪法则根据现有沟域面积、沟域植被发育分布情况和径流系数等进行计算，更具有全面性，因此，泥石流峰值流量采用表3的计算结果。

3. 泥石流流速计算

碱坪沟泥石流主、支沟均属黏性泥石流，按照公式（3-4）进行计算，结果见表4。泥石流冲出物中石块运动速度按照公式（3-15）计算，结果为 4.56m/s。

表 4　泥石流流速计算成果表

沟　名	断面编号	V_C/(m/s)	综合取值/(m/s)
主　沟	$15-15'/12-12'/9-9'/7-7'$	9.43/8.20/8.47/6.33/5.20	7.53
左支沟	$25-25'/24-24'/23-23'$	11.11/11.03/10.8/10.96	10.79
右支沟	$31-31'/28-28'/26-26'$	10.97/9.73/10.81	10.50

4. 一次泥石流过流总量

一次泥石流总量和冲出固体物质总量分别按公式（3-11）、公式（3-12）计算，结果见表5。

表 5　一次泥石流过程总量计算成果表

沟　道	计算频率/%	Q_c/(m³/s)	Q/m³
主　沟	5/2	91.292/114.955	33193.82/41797.73
左支沟	5/2	32.830/41.340	17905.48/22546.62
右支沟	5/2	40.095/50.488	21867.73/27535.90

5. 泥石流冲击力、爬高和最大冲起高度

泥石流整体冲压力按公式（3-13）计算，结果为0.41Mpa。泥石流中块石冲击力按公式（3-14）计算，结果为158.69MPa。泥石流爬高按公式（3-16）计算，结果为4.63m。最大冲起高度按公式（3-17）计算，结果为2.89m。

六、泥石流发展趋势分析

1. 泥石流易发程度分析与评价

按照《泥石流灾害防治工程勘查规范》（DZ/T0220—2006）中泥石流沟易发程度数量化评分表进行评定，综合评定碱坪沟左支沟（漆树坪）115分，右支沟（黄柏坪）111分，依据泥石流沟易发程度数量化综合评判等级标准表确定碱坪沟属于易发泥石流沟。

2. 泥石流发展趋势预测

目前碱坪沟泥石流正处于发展期（壮年期），沟底和沟谷两岸有大量的崩滑堆积体分布，这些崩滑堆积物多处于潜在不稳定状态，在大雨或暴雨的条件下物源向沟内运移，再次发生泥石流的可能性大。

（1）在连续超长降雨的情况下，暴雨强度达到20mm以上或者6小时以上的连续暴雨时，该沟暴发泥石流的可能性较大；

（2）根据沟内泥石流物源的岩性情况，该沟发生泥石流时仍将为黏性泥石流，其规模将与2009年7月17日泥石流的规模相当或略小，随着物源量的减少，泥石流将由黏性变为稀性泥石流。

（3）发生泥石流时，由于扇顶部分（沟口处）的沟槽变窄，泥石流满槽后外溢的可能性很大，对沟口右岸的新建水厂将可能产生影响。

七、泥石流防治工程技术方案

1. 防治工程总体思路

碱坪沟总体沟域面积不大，主沟具有沟短、沟床宽阔且纵比降小的特点，支沟具有沟长稍长，沟床纵比降大，沟内松散物源量巨大等特点。并且碱坪沟泥石流属于发展期（壮年期）的暴雨型黏性泥石流，同时该泥石流堆积区容纳泥石流堆积物的能力较小，并且龙池景区公路、景区输电线路及南岳村等危害对象都难于避让。因此，防治工程的总体思路是：多级拦挡，以拦为主、拦护结合。"拦"就是在碱坪沟沟内修筑拦挡坝，对泥石流进行有效拦挡，减轻其对下游的危害；"护"就是修筑防护堤，保护危害对象等。

2. 防治工程设计

拦挡工程布置主要利用碱坪沟中下段纵坡相对较缓，沟道宽窄相间的特点，并与沟域泥石流物源动储量分布情况相匹配，坝位的选择尽可能选择沟道狭窄、上游库容较大的地段，并尽可能选择在沟床弯道下游泥石流能量部分消散，坝肩坝基地质条件良好沟段设坝。

根据泥石流特征值计算结果，最终采用多级拦挡为主进行防治。总体方案为：拟建6座拦挡坝，主沟4座，左支沟1座，右支沟1座，防护堤2段。

（1）拦挡坝体断面和结构设计

拦挡坝设计坝高5.2～9.2m，有效坝高4～8m，基础埋深1.5m，坝顶长度25.5～69.3m，坝顶宽度1m。坝体圬工采用M10浆砌块石结构，坝顶溢流口采用厚0.4m的C25砼结构，坝基底铺设厚0.2m的C25砼垫层。

拦挡坝溢流口下方坝身底部设1～2排4～14个泄水孔，孔间净距为0.6m，排间净距为0.6m，泄水孔为矩形，净高0.5m，净宽0.5m，周边采用厚5cm的C25砼结构。拦挡坝回淤范围由平面图圈定，拦挡工程库容和可减少物源量计算结果见表6。

表6 拦挡坝稳拦物源能力一览表

项目	1#坝	2#坝	3#坝	4#坝	5#坝	6#坝	总计
沟谷纵比降/‰	184	166	221	211	309	296	
回淤纵坡比降/‰	92	83	111	106	155	148	
回淤长度/m	18	48	37	36	17	21	
回淤平面面积/m²	73	384	275	272	101	123	
回淤坝库区平均深度/m	2	4	3.75	3.75	3	3	
坝的回淤库容/m³	1911.4	10787.9	13182.3	14613.5	2127	2487.7	45109.8
防止沟床揭底冲刷减少物源/m³	417.5	1170.3	1535.8	1696.5	637.2	359.8	5817.1
合计稳拦物源量/m³	2328.9	11958.2	14718.1	16310	2764.2	2847.5	50926.9

（2）防护堤设计

1#防护堤位于1号拦挡坝上游，长18m，高3.4m，顶宽1.5m，底宽4.2m；2#防护堤位于5号拦挡坝上游，长5.0m，高4.6m，顶宽1.5m，底宽5.2m。采用M10浆砌块石，基础埋深1.5m，基础底部采用10cm厚C25砼垫层。

综上所述，根据碱坪沟泥石流发育状况、沟道特征及沟内施工条件等因素，设计采用拦挡为主的泥石流防治方案，可以满足一定时期内对碱坪沟泥石流进行综合防治的目标，达到保护人民群众生命财产安全的目的。碱坪沟内物源量巨大，对该沟泥石流灾害的防治工作是一项长期且艰巨的任务，因此，从长远角度考虑，封山育林、涵养水土，减少流失非常必要，以此逐渐控制泥石流的发生或消减泥石流的规模。

八、结语

（1）"5·12"地震前，碱坪沟内林木茂盛，松散物质很少，仅30多年前发生过一次小规模泥石流。"5·12"地震使碱坪沟山体受到严重破坏，地形地貌发生明显改变，在山坡上形成崩滑堆积物和崩滑隐患点100多处，沟内松散物质骤增，总量近80万方，并且大多堆积在坡脚和沟床上，为泥石流的发生提供了充足的物质条件。随后2009年7月17日大雨，碱坪沟就发生了大型泥石流灾害。

（2）碱坪沟属于典型的三面环山一面出口的漏斗状地形，面积3.6km²，具有沟床总体纵比降较大，沟内松散物源量巨大，危害对象难于避让等特点。并且该泥石流属于发展期暴雨型黏性泥石流，雨季再次发生泥石流灾害的可能性很大。

（3）根据碱坪沟泥石流特征，结合危害对象特点，确定灾害防治思路为多级拦挡、以拦为主、拦护结合。防治工程为拦挡坝 6 座、防护堤 2 段。

泥石流实例三：都江堰市玉堂镇龙凤村王家沟泥石流特征与治理方案

郑彦峰，付世骞，师明川

（河北水文工程地质勘察院）

一、前言

王家沟泥石流位于都江堰市玉堂镇龙凤村。王家沟在震前几十年来未发生过泥石流地质灾害，"5·12"地震造成王家沟沟内山体滑塌，物源剧增，加之流域面积和沟谷纵坡较大，暴雨频发，该泥石流成为高频泥石流。泥石流直接威胁到王家沟两侧居民及沟道下游震后安置点的安全。针对该泥石流特征采用"拦排结合"的治理方案，设计谷坊坝、排导槽及防护堤等防治工程。治理工程完工后，经受住了 2010 年、2011 年两次泥石流考验，有效防护了下游安全。

二、地质环境条件

王家沟泥石流位于泊江河右岸支流上游，流域地貌形态上属于构造侵蚀的中山—河谷平坝地貌。流域最高点海拔 2350m，最低点海拔 920m，相对高差 1430m。区域内主要出露地层主要为第四系和三叠系上统须家河组、侏罗系莲花口组、侏罗系中下统自流井群的沙溪庙组、遂宁组。

都江堰市区域在地质构造体系上为龙门山构造带的中南段，属华夏构造体系。区域地震动峰值加速度为 0.20g，地震动反应谱特征周期为 0.4s，地震基本烈度为Ⅷ度。

王家沟泥石流区域内地下水类型主要有第四系松散岩类孔隙水及基岩裂隙水两类。第四系松散岩类孔隙水主要赋存于第四系残坡积层的松散层孔隙中；基岩裂隙水主要储存在低山地带岩体表面风化带中，有泉水露头。

区内主要人类工程为农耕和修建安置点，对整体地质环境影响较轻，安置点修建位置在主沟沟口左岸的扇形地上，处在泥石流危险区内。

三、泥石流形成条件分析

1. 地形地貌及沟道条件

王家沟泥石流流域面积 8.22km²，主沟长 3.86km，平均沟床纵比降 224‰。可分为形成区（包括清水区和物源区）和流通堆积区，各段地形地貌条件如下。

王家沟泥石流清水区分布在主沟和各支沟中上游沟谷两侧的山坡区域，汇水面积 6.44km²，地形陡峻，斜坡坡度多为大于 40°，山坡局部接近 80°，植被覆盖率较高，达 70%以上。王家沟主沟西部分水岭至与白谷子沟交汇处沟谷为泥石流物源区，沟槽横断面呈"V—U"字形，沟底平均宽度约 15m，长 2.97km，高程 2350~1020m，沟谷纵坡 448‰，汇水面积 0.335km²。沟谷两侧山坡坡度上游大于 45°，局部大于 80°，中下游坡度在 35°~45°，坡面植被覆盖率 65%。该段为泥石流物源主要来源地。

王家沟泥石流没有典型的流通区，形成区至安置点段为泥石流流通堆积区，堆积区沟谷相对宽阔平坦，宽度 50~100m，河床宽度在 20~30m，长约 1.0km，面积 0.122m²，高程 920~1020m，沟谷纵坡 100‰，溪流沿南侧山坡坡底流向下游，溪流沟槽底部平均宽 20~25m，区内山坡植被覆盖率为 30%，溪流北侧缓坡地种植有少量经济作物。安置点段扇形地完整性较差，长度约 450m，高程 950~920m，沟谷纵坡 73‰，堆积区植被覆盖较差。

2. 物源条件

王家沟泥石流松散固体物源较丰富，且集中分布于王家沟主沟和支沟下游沟道及沟段两岸山坡。物源类型主要包括崩滑堆积物源、沟道堆积物源和坡面侵蚀物源等三类，以沟道堆积物源为主，总物源量为 93.8 万 m^3，现阶段可启动方量约 12.1 万 m^3。根据对 2008 年已发生泥石流的调查，其平均一次固体物质冲出量为 1.75 万 m^3 左右，占现有沟域动储量的 13％。

3. 水源条件

暴雨是王家沟泥石流暴发的主要诱因，沟域内多年平均降雨量 1134.8mm，日最大降雨量 233.8mm 左右，1 小时最大降雨量 83.9mm，为泥石流形成创造了条件。持续降雨不仅增大了坡体的自身重量，还促使坡体软化和滑面抗剪强度降低，从而降低了泥石流起动的临界雨量。

四、泥石流基本特征

1. 泥石流灾害史及灾情、危害性分析

震后 2008 年 7～8 月份发生 4 次泥石流，累计固体物质冲出量约 7 万 m^3，共冲毁 1 户民房和沟道两侧近 20 亩山坡地及经济林地。泥石流危险区范围主要为沿沟两岸预测最高泥位线以下区域，以及安置点附近因弯道超高可能淹没的区域，面积约 0.46km^2，威胁着龙凤村及震后安置点的安全。

2. 泥石流各区段冲淤特征

泥石流冲淤特征各区不一。形成区的冲淤特征表现为以冲为主，流通堆积区上游以冲为主，下游以堆积为主。

3. 泥石流堆积物特征

王家沟沟道内堆积物沉积厚度为 1.5～10m，多为碎石土组成，含少量块石，粒径小于 2mm 的砂粒、粉粒和黏粒占 4.3％，粒径在 2～20mm 的砾石占比例约 21.9％，粒径大于 20mm 的碎石占比约 58.8％，块石比例约占 15％，多呈棱角状一次棱角状。说明王家沟流域总体上在强降雨条件下，水动力条件强大，细小颗粒（特别是沟道浅部）大部分被洪水带走，而将粗颗粒物质留于沟道内。

4. 泥石流发生频率和规模

王家沟泥石流震前为低频泥石流，地震当年发生 4 次泥石流，已转为高频泥石流，泥石流规模等级为大型。

5. 泥石流的成因机制和引发因素

王家沟泥石流属暴雨沟谷型泥石流。在泥石流形成过程中，沟域内地形陡峻，沟谷纵坡大，为水源和泥沙的汇聚提供了有利的地形地貌条件；王家沟物源区段两岸及沟道内由于地震后产生大量不稳定岸坡和沟道堆积物，为泥石流的发生提供了丰富的松散固体物源；暴雨则是泥石流形成的主要引发因素。

五、泥石流特征值计算

1. 泥石流流体重度

野外现场用配浆法共做 3 组测定，测定泥石流重度分别为 1.57t/m^3，1.62t/m^3，1.60t/m^3。按《泥石流灾害防治工程勘查规范》（DT/T0220-2006）附表 G.2 数量化评分为 97 分，查表得泥石流重度为 1.67t/m^3。综合考虑确定王家沟泥石流重度为 1.60t/m^3。

2. 泥石流流速计算

鉴于泥石流沟物源及堆积物特征，以稀性泥石流为主，在泥石流沟道中拟建工程部位前后和沟口选择 6 个典型测流断面，泥石流流速采用公式（3-2）计算，结果为 2.55～4.11m/s，其中沟口处为 4.08m/s。

3. 泥石流流量计算

泥石流流量分别采用雨洪法和形态调查法进行计算。雨洪法泥石流流量按公式（3-9）进行计算，得出暴雨频率 P＝5％和 P＝2％沟道内的断面流量分别为 46.20～124.39m^3/s 和 53.55～144.20m^3/s。形态调查法泥石流流量按公式（3-8）计算，结果为 47.15～125.74m^3/s。

采用形态调查法计算结果没有暴雨频率的概念，仅能代表当次泥石流的特征值，而雨洪法则根据现有沟域面积、沟域情况进行计算，更具有全面性，因此泥石流峰值流量采用雨洪法计算求得的结果。

4．一次泥石流过流总量

一次泥石流过流总量按照公式（3-11）进行计算，其流量相当于 P=5% 的雨洪法计算的峰值流量（123.40m³/s），泥石流历时约 1 小时，一次泥石流过流量为 5.02 万 m³。

5．一次泥石流固体冲出量

一次泥石流冲出的固体物质总量按照公式（3-12）进行计算，结果为 1.83 万 m³。

6．泥石流整体冲压力

泥石流整体冲压力按公式（3-13）计算，主要拟布设拦挡工程部位各断面的冲压力为 12.87～36.62kN。

7．泥石流爬高和最大冲起高度

泥石流爬高及最大冲起高度分别按公式（3-16）、公式（3-17）计算，泥石流爬高为 0.49m，泥石流最大冲起高度为 1.38m。

8．泥石流弯道超高

泥石流弯道超高按照公式（3-19）进行计算，结果为 1.85m。

六、泥石流防治工程设计

1．总体设计

王家沟泥石流治理工程为"拦排结合"的方案。治理工程总体设计为：

（1）分别在王家沟物源区（不稳定岸坡分布段）11-11′剖面、10-10′剖面处设置 3#，2# 谷坊坝，起到减少沟床下切和削峰减流的作用，减少到达安置点沟口处的大块石数量，并调节下游泥石流洪峰流量，减轻下游防护工程及排导工程的压力；

（2）在 5-5′剖面（在建桥梁）上游接一段"V"形排导槽，将王家沟上游泥石流物质导入下游主沟，使其安全通过在建桥梁涵洞；

（3）在安置点段主沟左、右岸两侧修建 1#，2# 防护堤，防止泥石流、洪水对沟岸边坡的冲刷、侵蚀，以保护安置点房屋安全，其中右岸防护堤与既有段相连，起到保护沟岸边坡的作用。

（4）在 6-6′剖面处布置 1# 谷坊坝，谷坊坝靠右岸侧设置溢流口，其下衔接 3# 防护堤使泥石流沿沟右侧排泄，防止泥石流改道左侧而威胁左岸 2 座房屋，同时也防止其提前冲入主沟对主沟治理工程造成威胁。

（5）在安置点段及主沟与支沟交汇处上游 220m 的弯道处修建 4# 防护堤，防止泥石流冲入道路东侧沟道而威胁下游安置点安全。

治理工程平面布置见图 1。

2．分项工程设计

（1）谷坊坝设计。谷防坝坝体断面和结构设计见表 1。

表 1　谷坊坝断面设计尺寸统计表

名　　称	坝高/m	有效坝高/m	基础埋深/m	坝顶宽度/m	坝顶厚度/m	基底宽度/m
3# 谷坊坝	7	3.5	2	22.4	1.5	6.5
2# 谷坊坝	6.5	3	2	35.0	1.5	6
1# 谷坊坝	7	3	2	49.2	1.5	6.5

谷坊坝体坝工采用 M10 浆砌块石结构，坝基底铺设厚 0.2m 碎石垫层，见图 2。

（2）防护工程设计。1# 防护堤净高 4m，基础埋深 1.5m，顶宽 1.5m，基底宽度 3.15m，内侧（未临沟侧）直立，外侧坡比 1:0.3，采用 M10 浆砌块石结构。在 20 年一遇洪水条件下，沟道内平均

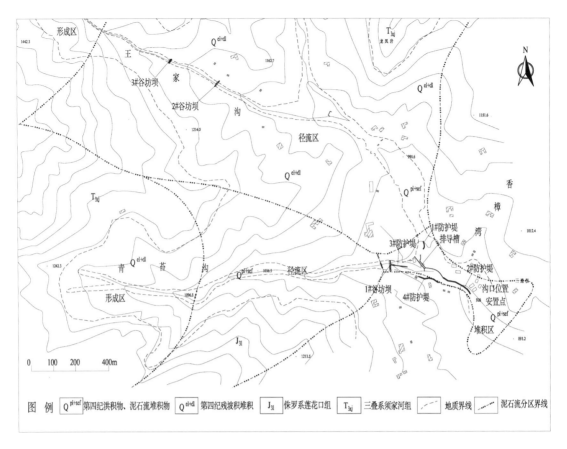

图1 王家沟泥石流工程地质与治理工程示意图

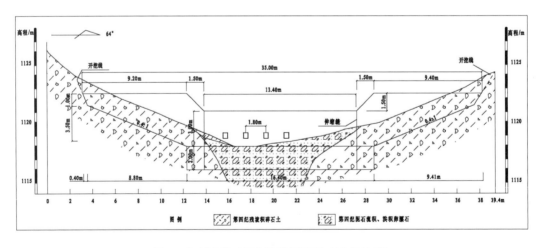

图2 典型治理工程布置横剖面图（2#谷坊坝）

泥深为1.16m，弯道超高为1.45m，能够防止泥石流冲出沟道，威胁下游安全；2#防护堤上游段净高3m，基础埋深1m，顶宽1.5m，基底宽度2.7m，内侧（未临沟侧）直立，外侧坡比1∶0.3，下游段结构设计与1#防护堤相同，采用M10浆砌块石结构；3#防护堤结构设计同2#防护堤上游段，在20年一遇洪水条件下泥石流平均泥深为1.4m，能防止泥石流改道，冲入主沟，毁坏排导槽；4#防护堤与1#防护堤结构设计相同。

（3）排导工程设计。排导槽长37.61m，采用"V"形断面，宽度按6m设计。排导槽两边边墙净高3m，墙底铺砌0.8m，浆砌石结构，外侧（临沟侧）直立，内侧边坡比1∶0.3，顶宽1.2m，基础宽度 2.34m。排导槽进出口段均配八字墙，其中上游左岸八字墙长 28.46m，右岸八字墙长 31.22m；下游左岸八字墙与 2# 防护堤顺接，右岸八字墙长 9.41m，保证泥石流的顺利排出。其断面尺寸及结构设计详见图 3。

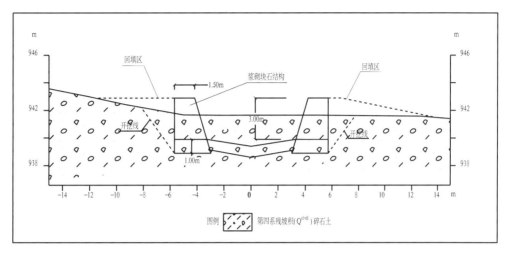

图 3　排导槽断面设计示意图

3. 设计变更与治理工程运行效果评价

原治理工程设计中按冲蚀经验公式计算冲蚀深度。由于设防标准偏低，在治理工程施工及运行过程中经历了几次大暴雨过程，实际冲蚀深度大大超过了设计深度，造成坝下及沟谷两侧防护工程、排导槽等冲蚀、掏蚀现象较严重。后续设计变更及补充设计主要针对该情况进行一系列防冲刷措施设计，主要内容为：清沟工程、新增防护工程、排导槽铺底变更、护脚墙、护坦工程、防冲肋、潜坝工程。2013 年 10 月 14 日对治理工程进行了回访，治理工程总体运行良好，治理工程冲蚀、掏蚀问题基本解决。

王家沟泥石流治理工程施工完成后经受住了 2010 年 8 月、2011 年 7 月及 2013 年雨季多次泥石流的考验，有效防护了下游安全。

在以后类似泥石流治理工程设计中，防冲蚀措施应得到重视和加强，可采用护坦、潜坝、防冲肋等多项、综合性措施，防止治理工程遭受山洪、泥石流冲蚀、掏蚀，避免造成主体工程损坏。

七、结语

王家沟泥石流流域面积较大，沟谷纵坡较大，物源丰富，暴雨频发，震后成为高频泥石流。安置点位于泥石流堆积区，受泥石流的严重威胁。针对该泥石流特征提出"拦排结合"的治理方案，设计谷坊坝、排导槽及防护堤等防治工程。后经设计变更和补充设计，加强了坝下及沟谷两侧防护工程、排导槽等部位的防冲蚀、掏蚀措施。治理工程完工后，经受住了多次山洪泥石流考验，有效防护了下游安全。

泥石流实例四：都江堰市虹口乡红色村干沟泥石流特征与治理方案

郝文辉　刘亚军　贡长青　孟凡杰　刘文军

（河北省地矿局秦皇岛矿产水文工程地质大队）

一、前言

干沟泥石流位于都江堰市虹口乡红色村 4 社东北侧，处于白沙河右岸。是"5·12"地震后多次暴发的典型泥石流灾害点。干沟沟短，沟谷狭窄，纵坡降大，地震造成的崩滑堆积物及震后泥石流堆积物丰富，新近泥石流堆积扇发育明显，加之暴雨频发，发生泥石流灾害的可能性极大，对沟口居民的生命财产安全和震后重建工作构成严重威胁。治理工程采用"拦挡坝＋排导槽＋防护堤＋防冲肋坎"的分段综合治理方案。

二、泥石流形成条件分析

1. 地形地貌及沟道条件

干沟泥石流流域地貌以中山—低中山侵蚀地貌为主，地形平面形态呈树叶状，周边山峰林立，岸坡陡峻，支沟呈叶脉状展布，沟道短坡降大，这种地形有利于松散固体物源、雨水及地下水汇集，同时沟谷地形坡度陡，跌水明显，流域内巨大的谷岭高差、陡峻岸坡及较大的沟床纵比降为泥石流的形成提供了地形地貌条件。

干沟泥石流流域面积约 1.12 km²，主沟全长 1.972km，最高点海拔 1772.6m，下游白水河处标高 920m，相对高差大，所在沟谷平面形态呈 V—U 字形，沟谷两侧山坡坡度一般 30°～40°，沟谷呈上陡下缓特征，沟谷纵坡降 398.07‰左右。其中，上游形成区沟谷长约 1121m，平均纵坡降 530.78‰；流通区沟长约 219m，平均纵坡降 273.97‰；堆积区沟长约 632m，坡降 205.70‰。干沟泥石流沟沟口以上汇水面积约 0.859km²，沟口以下堆积区面积 0.261km²（图 1）。

2. 物源条件

干沟地处龙门山区，地质构造复杂，断裂发育，岩体破碎较严重，基岩风化带较厚，由于"5·12"地震造成沟谷两侧山体崩塌、滑坡，大量固体松散物堆积于坡脚及沟底，为泥石流形成提供了充足的固体物源。沟域内物源类型主要分三类：一是崩滑堆积物源。大部分为"5·12"地震后新增物源，主要分布于主沟和支沟沟岸及沟源部位，分布较为广泛。物质组成以碎块石为主，结构较松散，多处于欠稳定状态。二是位于沟谷中下游的泥石流沟床堆积物，主要为震后泥石流堆积形成，以含大块石松散碎石土为主，厚度 2～8m，多处于欠稳定状态，如遭遇大暴雨，沟床水动力条件将大大提高，可能将沟床刨蚀，裹挟大量沟床堆积物形成大规模的泥石流。三是坡面侵蚀物源等潜在物源，主要为沟道两侧的山坡残坡积碎石土，在"5·12"地震作用下，山体松动，部分地段斜坡出现规模不等的滑塌变形，坡体结构变得较为松散，斜坡稳定性变差。这些堆积物现状条件下稳定性较好，但在暴雨和沟水冲刷及侧蚀下，其稳定性变差，局部会失稳，亦是泥石流的重要补给物源。

主要的物源有泥石流沟床堆积物 3 处、崩滑堆积体 8 处及潜在不稳定斜坡物源，物源总量 35.24 万 m³，可起动量 9.12 万 m³（表 1）。

表 1　红色村干沟泥石流物源估算汇总统计表

分　布	崩滑堆积物源/万 m³		坡面侵蚀物源/万 m³		沟床堆积物源/万 m³		合计/万 m³	
	总量	动储量	总量	动储量	总量	动储量	总量	动储量
主沟	18.90	4.40	6.00	1.20	1.98	1.54	26.88	7.14
支沟	5.82	1.38	2.00	0.30	0.54	0.30	8.36	1.98
合计	24.72	5.78	8.00	1.50	2.52	1.84	35.24	9.12

3. 水源条件

干沟泥石流沟域地区降水充沛，多年平均降雨量 1134.8mm，月最大降水量为 592.9mm，日最大降水量为 233.8mm，1 小时最大降水量为 83.9mm，10 分钟最大降水量为 28.3mm，一次连续最大降雨量 457.1mm，一次连续最长降雨时间为 28 天。降雨时间比较集中，主要在 5～9 月份，降雨一般历时间较短但降雨量大，多为暴雨，易产生洪流，降水形式和过程为泥石流形成提供了充足水源，为泥石流的产生提供了水动力条件。

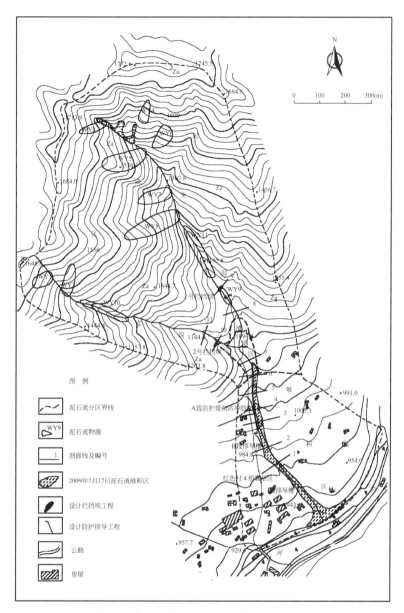

图 1　都江堰市红色村干沟泥石流治理工程平面布置图

三、泥石流基本特征

1. 泥石流各区段冲淤特征

干沟泥石流沟流域可分为形成区、流通区和堆积区。形成区的冲淤特征表现为以冲为主，具体表现包括不同程度的崩滑堆积物质水土流失、小型的支沟泥石流、局部的浅层残坡积溜滑等。流通区冲通淤特征表现为有冲有淤，2009 年 7 月 17 日的泥石流活动基本将流通区沟道填满，沟中堆满了碎块石，部分沟段堆积物已明显高出周围两侧地面，一般冲淤变幅在 1～2m 左右，在暴雨流水冲刷下，易产生漫流、改道，将导致巨大灾害。堆积区的冲淤特征表现为以淤积为主，局部冲刷。泥石流冲出山口后，因地形突然变得开阔和沟谷纵坡变缓，泥石流物质便停积下来形成泥石流堆积扇，同时在沿沟段局部地段也有一定的冲刷痕迹。

2. 泥石流堆积物特征

震后多次泥石流堆积物质几乎将沟谷淤积满，大大改变了原有沟道地形。特别是 2009 年 7 月 17 日泥石流堆积区平面形态沿原有沟道呈长条形展布，堆积前缘至下游白沙河一带，长约 692m，纵坡降 192～

209‰，前后缘相对高度约 140m，面积约 0.0186km²，固体堆积物以块石、碎石为主，堆积厚度 0.8～2.8m，堆积方量约 3.182 万 m³。由于堆积区内原本无明显、良好的排泄沟道，2010 年 8 月 13 日和 2010 年 8 月 18 日泥石流受阻后以漫流形式向下游排泄，直冲下游 4 社居民重建区新建房屋，泥石流固体物质最终在距离白沙河上方范围的区域停淤，形成一宽 10m、长 130m 的扇形堆积区，堆积厚度 0.5～2m。

3. 泥石流灾害史及灾情

干沟泥石流沟在建国以来至"5·12"地震前的近 60 年中未发生过泥石流，仅有少量泥砂冲出，淹埋了少量农田，未造成严重的经济和财产损失，也没有造成人员伤亡。2009 年 7 月 17 日红色村一带普降大暴雨，暴雨历时近两个小时，累计降雨量约 219mm，凌晨 5 点左右发生泥石流，流速达 3.5m/s，估算一次泥石流堆积总量约 32820m³。综合暴雨频率统计分析，本次泥石流接近于 100 年一遇暴雨频率的泥石流。本次泥石流造成 2 人死亡，冲毁猕猴桃园 25 亩，该次泥石流危害等级为小型。2010 年 8 月 13 日、18 日强降雨，红色村干沟再次发生泥石流灾害，致使部分新建民房、道路和猕猴桃园冲毁并掩埋，直接受灾为 9 户 47 人 120 间房，所幸避让及时，未造成人员伤亡。

4. 泥石流发生频率、规模和分类

干沟泥石流沟为老泥石流沟，易发程度原本为低频，震后于 2009～2010 年连续发生了 3 次泥石流，频率剧增，泥石流活动强度为较强，泥石流规模为中型。

按照泥石流的特征分类如下：①按泥石流集水区地貌特征划分，属于沟谷型泥石流。②按照泥石流固体物质补给方式分类，属于崩塌及沟床侵蚀型泥石流。③按泥石流诱发因素分类，属于暴雨型泥石流。

四、泥石流特征值的计算

1. 泥石流流体重度

本次勘查在各沟分别取泥石流堆积体样品，现场试验进行配制流体的状态，根据有代表性的 3 件，采用公式（3-1）计算泥石流重度值，确定干沟泥石流重度为 $\gamma_c = 1.60t/m^3$，泥石流性质均为稀性。

2. 泥石流流速计算

（1）根据弯道超高值求流速。依据 2009 年 7 月 17 日泥石流弯道超高值计算泥石流流速，实测泥石流沟道沟口附近泥痕得出泥面的弯道超高值，进而根据弯道超高与流速的关系式来推算泥石流流速，按公式（3-5）计算，结果为 3.60m/s。

（2）经验公式计算流速。采用公式（3-2）确定泥石流流速。计算结果见表 2。

表 2　泥石流速度计算表

位　置		R_C /m	I_C /‰	γ_H /(t/m³)	φ	n	V_C /(t/m³)
干沟泥石流沟	11-11′断面	1.2	0.506	2.65	0.57	0.080	5.72
	10-10′断面	1.2	0.458	2.65	0.57	0.080	5.44
	9-9′断面	1.1	0.370	2.65	0.57	0.080	4.89
	8-8′断面	1.1	0.348	2.65	0.57	0.080	4.74
	7-7′断面	1.1	0.235	2.65	0.57	0.080	3.66

（3）泥石流中石块运动速度计算。采用公式（3-7）计算泥石流浆体中最大石块运动速度，计算结果见表 3。

表 3　泥石流中最大块石运动速度计算表

沟　名	a	d_{max} /m	V_s /(m/s)
干沟泥石流沟	4.0	1.66	5.15

3. 泥石流流量

本次勘查泥石流流量计算主要采取形态调查法和雨洪法；一次泥石流过程总量主要采取计算法。

（1）形态调查法。计算公式（3-8），计算结果见表4。

表4　干沟泥石流断面处流量计算表

序　号	发生时间	泥位高度/m	沟底比降/‰	断面面积/m²	流速/(m/s)	流量/(m³/s)
断面1	2009.7.17	1.1	235.05	13.60	3.60	48.96

（2）雨洪法。按公式（3-9）、公式（3-10）进行泥石流流量计算，结果见表5。

表5　泥石流流量计算参数及结果一览表

频率	位　置	流域面积 /km²	清水流量 Q_p/(m³/s)	泥石流流量 Q_C/(m³/s)
5%	11-11′断面	0.182	3.54	10.01
	10-10′断面	0.206	3.62	10.23
	9-9′断面	0.501	8.66	24.50
	8-8′断面	0.561	9.11	25.78
	7-7′断面(沟口)	0.820	11.29	31.93
2%	11-11′断面	0.182	4.63	13.09
	10-10′断面	0.206	4.74	13.41
	9-9′断面	0.501	11.32	32.03
	8-8′断面	0.561	11.93	33.73
	7-7′断面(沟口)	0.820	14.81	41.89

分析表明，7-7′断面处1%频率泥石流计算流量为49.72m³/s，与2009年7月17日发生的泥石流峰值流量（48.96m³/s）相当，佐证了上述计算方法的合理性。

（3）一次泥石流总量。一次泥石流总量按公式（3-11）计算，经计算干沟泥石流沟2009年7月17日一次泥石流总量为9.04万 m³。一次泥石流冲出的固体物质总量按公式（3-12）计算，经计算干沟泥石流2009年7月17日一次冲出固体物质总量为3.29万 m³。该沟不同降雨频率一次泥石流总量和相应的固体物质总量见表6。

表6　不同降雨频率一次泥石流暴发总量

项　目	降雨频率 P/%	
	2	5
泥石流总量 /万 m³	7.62	5.80
固体物质总量/万 m³	2.77	2.11

4. 泥石流冲击力

泥石流冲击力分为流体整体冲击力和个别石块的冲击力。

（1）泥石流体整体冲压力按公式（3-13）计算，结果见表7。

表7　泥石流体整体冲击力计算表

位　置	γ_C/(t/m³)	g/(m/s²)	V_C/(m/s)	$\sin\alpha$	λ	δ/(t/m²)	δ/kPa
11-11′断面	1.60	9.8	5.72	1	1.33	7.09	70.95
10-10′断面	1.60	9.8	5.44	1	1.33	6.43	64.25
9-9′断面	1.60	9.8	4.89	1	1.33	5.20	51.97
8-8′断面	1.60	9.8	4.74	1	1.33	4.89	48.86
7-7′断面	1.60	9.8	3.66	1	1.33	2.90	29.05

（2）泥石流中大块石冲击力

泥石流中大块石冲击力按公式（3-14）计算，计算结果见表8。

表8 泥石流体中大块石冲击力计算表

位　　置	r	$C_1 + C_2$	$\sin\alpha$	V_S /(m/s)	W /t	块石粒径/m	F /kN
干沟泥石流	0.3	0.005	1	5.15	6.34	1.66	1961.62

5. 冲起高度和弯道超高

泥石流在受到陡壁阻挡时，会产生冲起，其冲起最大高度按公式（3-17）计算，结果为0.68m。由于泥石流流速快，惯性大，在弯道凹岸处会产生明显超高现象，弯道超高按公式（3-18）计算，结果为0.72m。

五、泥石流发展趋势分析

"5·12"地震后，沟流域内发生多处崩塌，可能参与泥石流活动的松散物动贮量较多；2009年7月17日和2010年8月13日、18日，该沟发生多次泥石流，沟床内泥石流堆积物增多，成为再次发生泥石流的物源，如不及时进行工程治理，在强降雨作用下，将易形成突发性泥石流，危害下游居民重建区的安全。

六、泥石流防治工程技术方案

1. 防治思路

干沟泥石流沟的特点是：①沟短，沟谷狭窄，纵坡降大；②沟内"5·12"地震新近堆积崩塌松散物源量大，且多处于基本稳定—不稳定状态；③沟口以下的堆积区内无明显沟道，一般沟内排水多从堆积区右侧低洼区漫流排泄，正冲红色村4社居民重建区；④该区降雨强度大，易形成暴雨。

泥石流主要是由于暴雨触发物源区内的松散堆积体失稳入沟中而形成，该沟泥石流一旦发生，其势能和动能势必很大，单一的拦挡比较困难，为此对该泥石流沟的治理采用拦排结合的综合治理方案。在形成区采取拦挡措施，主要目的是尽可能多的将泥石流固体松散物质固定、拦截于启动阶段，同时又可达到固定沟床防沟底物质再搬运、调节泥石流流量和流速的目的；在出山以后，根据泥石流沟道分段冲淤特征和实测地形条件，结合保护对象分布特征，进行分段设计，主要采用排导槽＋单边防护堤＋防冲肋坎措施；为达到保护正下方居民重建区的目的，可修建排导槽工程改变泥石流流向，将其引导至原有沟道自然停留，其余的少量泥石流及洪水可通过排导槽排向白沙河，从而达到防治目标。

2. 防治工程设计

根据干沟泥石流中下游段泥石流特征和危险性预测，在主、支沟各建1座拦挡坝进行消能和调节流量；在居民区东侧附近分别修建单边防护堤、防冲肋坎和排导槽，用以固定沟槽、调整泥石流流向、保护村庄安全。

（1）坝体工程设计

1号拦挡坝横断面呈梯形布置（图2），坝顶长25.50m，坝底长10.95m，坝高7.8m，溢流口高1.0m，基础埋深1.8m。在拦挡坝中部设置宽度为2cm的沉陷缝，并填充沥青木板，间距12.5m。坝体主体采用M10浆砌块石结构，溢流口及坝体下游面采用浆砌料石，厚0.5m。坝身设排水孔，排水孔尺寸500×800mm。设计库容为12250m³。

2号拦挡坝横断面呈梯形布置，坝顶长21.80m，坝底长15.80m，坝净高5.0m，溢流口高1.0m，基础埋深2.0m。在拦挡坝中部设置宽度为2cm的沉陷缝，并填充沥青木板，间距12.5m。坝体主体采用M10浆砌块石结构，溢流口及坝体下游面采用浆砌料石，厚0.5m。坝身设排水孔，排水孔尺寸500×800mm。设计库容为8870m³。

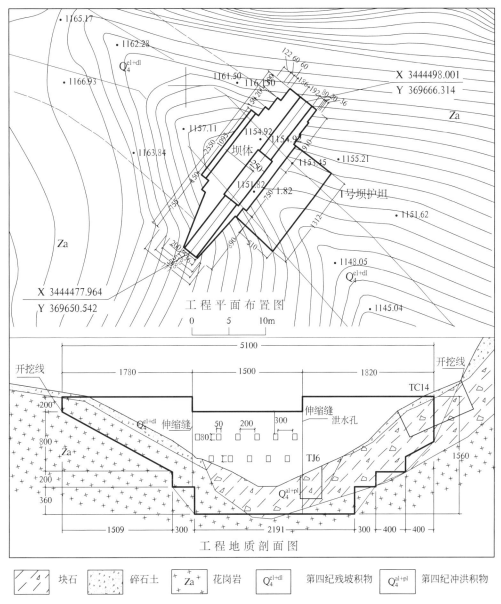

图2　1号拦挡坝设计图

（2）防护排导工程

防护排导工程位于重建居民区附近房屋密集、河道较窄、又受居民区环境建设影响的沟谷岸段，分A段单边防护堤和防冲肋坎（图3）、B段排导槽和C段排导槽，并在B，C双边防护堤段进行铺底。依据各槽段泥石流流量特征并考虑弯道超高等因素确定，一般堤底宽2.5m；防护堤顶宽1.0m，由于弯道凹岸侧受冲击力较大，确定堤岸外侧边坡比为1：0.30，内侧边坡为直立，挡墙下设基础1.5m。排导槽工程总长684.2m，其中A段单边防护堤233.82m；B段排导槽长223.72m；C段排导槽长160.94m。

A段防护堤和防冲肋坎，起点高程1070.0m，终点位于中游附近沟与碎石路相交处，高程为991.5m，相对高差78.5m，河床宽度10.2～12.5m，平均比降262.07‰。A段防冲单边防护堤设计总长233.82m，设置在有居民区附近和坡岸陡的一边。堤高6.0m，安全超高0.5m，基础埋深2.0m，顶宽1.0m，底宽2.05m，主体采用块石浆砌，标号为M10，内侧水泥砂浆抹面，其他表面水泥砂浆勾缝，墙背回填砂卵石或碎石。为防止泥石流对沟道冲刷下切，在该段沟道内设置防冲肋坎，间距15m，肋坎高2.5m，安全超高0.5m，基础埋深2.0m，顶宽1.0m，底宽2.0m，主体采用M10块石浆砌，内侧水泥砂浆抹面。

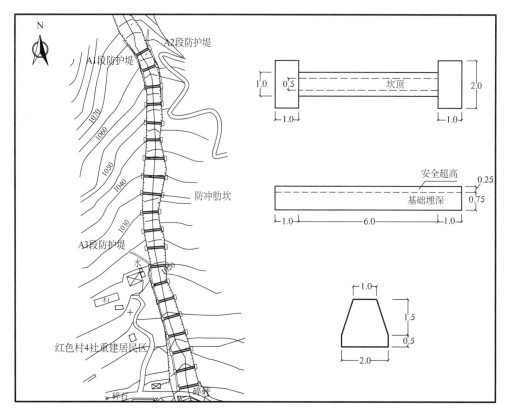

图3　防护堤和防冲肋坎平面布置图及防冲肋坎大样图

B段排导槽，起点高程992.5m，终点位于下游附近沟与沥青路相交处，高程为953.5m，槽间距15.0m，相对高差39.0m，河床宽度10.5～15.5m，平均比降174.33‰。B段排导槽设计总长223.72m，堤高4.5m，安全超高0.5m，基础埋深1.0m，堤顶宽1.0m，底宽2.20m。主体采用M10块石浆砌，内侧水泥砂浆抹面，其他表面水泥砂浆勾缝，墙背回填砂卵石或碎石。铺底设计长度223.72m，厚0.70m，C25混凝土结构，根据纵坡设计为平底槽，断面整体呈矩形。

C段排导槽，起点高程951.4m，终点位于下游附近沟与白沙河河堤相交处，高程为921.2m，相对高差30.2m，河床宽度12.5～20.0m，平均比降187.65‰。C段排导槽设计总长147.24m，槽间距15.0m堤高4.5m，安全超高0.5m，基础埋深1.0m，堤顶宽1.0m，底宽2.20m。主体采用块石浆砌，浆砌块石砂浆标号为M10，内侧水泥砂浆抹面，其他表面水泥砂浆勾缝，沉陷缝设20mm沥青木板，墙背回填砂卵石或碎石。铺底长度147.24m，厚0.70m，C25混凝土结构，根据纵坡设计为平底槽，断面整体呈矩形。

3. 治理工程运行评价

干沟泥石流治理工程于2011年2月21日开工，2011年6月4日竣工。根据2013年10月回访调查，在治理工程竣工后3年雨季中，干沟泥石流沟发生了多次强降雨，且暴发多次泥石流，该治理工程运行良好，有效保护了安置区居民的生命和财产安全，起到了重要的防灾减灾效果。拦挡坝有效拦截多次强降雨启动的大量固体物质，控制了泥石流规模，减少了物质来源，改变了输砂条件；A段单边防护堤和防冲肋坎，有效防止了泥石流和洪水对沟道两岸的冲刷及对沟底的下切；B段和C段排导槽有效改变了泥石流流向并顺利将泥石流向下游白沙河排导，有效防止了泥石流在居民重建区的冲刷和淤积等危害。据调查，2013年7月9日都江堰市24小时累计降雨量达415.9mm，突破了当地日最大降雨量的历史极值，强降雨发生后，干沟又一次发生了泥石流；该治理工程拦挡坝淤满，排导槽上游新建桥以上段淤积，局部溢出，堆积于防护堤两侧，桥以下排导槽部分淤积。通过分析，正常降雨年份防冲肋坎可有效减缓泥石流流速，防止冲刷下切，但在泥石流流量和重度较大时可能发生淤积；

沟道中后期修建的桥涵允许过流量较小易阻挡泥石流的顺利下行；"5·12"地震使地质环境发生了巨大改变，震后极端降雨天气频发，山体震裂仍未稳定，产生的地质灾害效应将在5～10年或者更长的时间显现。因此，震后泥石流防治工程还有待时间进一步验证，同时应做好治理工程的监测与运行维护。

七、结语

干沟泥石流是"5·12"地震后由于暴雨诱发形成多次泥石流的典型灾害点。流域面积小，沟谷短且狭窄，纵坡降大，受"5·12"地震影响，沟内崩滑松散堆积剧增，泥石流物源丰富，在强降雨条件下，再次发生泥石流的可能性大，对红色村4社重建区居民的生命和财产安全构成严重威胁。根据该泥石流的特点，在形成区采取拦挡措施，目的是尽可能多的将泥石流松散物质固定、拦截于启动阶段，同时又可达到固定沟床防沟底物质再搬运、调节泥石流流量和流速的目的；在出山以后，根据新近泥石流沟道分段冲淤特征和地形条件，结合保护对象分布特征，进行分段设计，主要采用排导槽＋单边防护堤＋防冲肋坎，为达到保护正下方居民重建区的目的，可修建排导槽工程改变泥石流流向，将泥石流及洪水可通过排导槽排向白沙河，从而达到防治目的。

泥石流实例五：都江堰市虹口乡上坪西侧老泥石流特征与治理方案

钱　龙　雒国忠　刘　硕　翟　星　冀　广
（河北省环境地质勘查院）

一、前言

上坪西侧老泥石流沟位于都江堰市虹口乡上坪村西侧的蜂桶岩沟内，岷江上游支流白沙河的右岸。泥石流沟口正冲上坪村和居民集中安置点。"5·12"地震后，沟域内松散固体物源量陡然增多、沟道严重堵塞，受2009年7月17日暴雨影响发生了泥石流。根据该泥石流沟内松散物源丰富，上游沟床纵坡降大，中下游地形平缓，及满足下游公路涵洞过流要求，采用了上游拦挡、中下游导流及停淤的综合治理措施。

二、地质环境条件

1. 地形地貌

勘查区地处都江堰市北部中高山区，为侵蚀构造中高山地貌。海拔高程1030～1856m，相对高差826m。山体走向近东西向，山脊狭窄，一般地形坡度在30°以上，上陡下缓，主沟平均纵坡降517‰，沟谷切割较深，型谷形态呈"V"字形。沟口处为早期的泥石流堆积扇，再下为白沙河。"5·12"地震前，山坡植被覆盖程度较高，沟中排泄畅通；"5·12"地震后，沟谷两侧山坡产生大量的崩滑体或堆于山坡或堆于沟底，沟道堵塞严重，微地貌发生较大变化。

2. 地层岩性

勘查区出露地层由老到新依次为震旦系花岗岩和新生界第四系松散物。第四系松散物为冲洪积卵砾石、残破积碎石土、"5·12"地震崩积碎块石及早期泥石流堆积物。

3. 地质构造与地震

沟域地处四川盆地成都新生代凹陷的西北边缘与龙门山构造带中南段的前缘交界部位，主要断裂为映秀断裂和灌县断裂（二王庙断裂）。区内地震活动频繁，地震基本烈度为Ⅷ度区，属地震强烈和邻区强震波及区，区域地震动峰值加速度为0.2g。

4. 水文地质条件

沟域地下水类型主要为第四系孔隙水及基岩裂隙水两类。第四系孔隙水主要赋存于第四系残坡积层的松散层孔隙中，以面状方式或带状方式下渗最后汇于沟中，最终流入白沙河中。基岩裂隙水，主要储存在岩体表面风化带中，接受大气补给，排泄方式为大气蒸发或泉水出露。"5·12"地震前沟内有泉水出露，地震后岩石裂隙向深部发育，地下水沿裂隙向下渗流，泉水消失。

5. 人类工程活动情况

人类工程以农业、生态休闲旅游为主，主要农作物以猕猴桃、厚朴林、杉树等经济、观赏作物为主。山坡地带的人为植树一定程度上增加了沟域内植被覆盖率，对泥石流形成有一定抑制作用。

三、泥石流形成条件

1. 地形地貌及沟道条件

沟谷整体走向近东西，沟道狭窄、上陡下缓，平均纵坡降大，整个沟域形成区、流通区区不太明显；沟口以下堆积区特征比较明显。

形成区位于沟谷中上游，面积约 0.214km²。沟底标高 1850～1207m，沟谷形态呈"V"字形，谷坡坡度陡，一般 35～45°，谷底宽一般 6～15m，沟床平均纵坡降 500‰左右。受"5·12"地震影响，沟谷山坡表层大部分剥落，坡体多处出现裂缝，缓坡、谷底堆积了大量崩塌碎块石土，沟道堵塞严重，沟谷断面形态变化较大。形成区地形有利于暴雨的迅速汇集及泥石流启动。

流通区较短，位于沟谷中下游段，平均纵坡降 280‰，两侧山坡坡度 30～45°，沟道宽 5～8m，沟深 3～5m，左岸沟床掏蚀严重。沟道中堆满了"5·12"地震产生的崩落松散物，后经"7·17"泥石流，流通区沟道基本淤满。

堆积区位于沟口以下，面积 0.35km²。平面形态呈扇型，扇长 366m，扇缘宽约 550m，扇面角约 100°，相对高差约 60m，沿轴向堆积扇纵坡降 196‰。堆积物成分以碎石、巨块石夹粉土为主。

2. 物源条件

沟域内物源类型主要分两类：一是"5·12"地震形成的堆积于沟谷低洼地带及稍缓坡脚处的崩滑堆积物 7 处，大量堆积于沟谷上游段。岩性以碎块石土为主，碎块石成份占比 50%～70%，粒径一般 10～30cm，结构较松散，有利于降水下渗。另一类是位于沟谷中下游的左岸潜在滑坡 3 处和不稳定残坡积物 1 处，以为含大块石松散碎石土为主，厚度 3～8m。目前沟内物源总量 30 万 m³，可启动物源量 4.4 万 m³。

3. 水源条件

沟域处于都江堰暴雨中心区，多年 1 小时最大降雨量 83.9mm，一次连续最大降雨量 457.1mm，一次连续最长降雨时间为 28 天。"5·12"地震前沟中长年有水，地震后沟中无地表水。汇水区坡陡、沟谷纵坡降大，降雨后地表水的汇集速度较快，在连续降雨情况下，沟中物源多处于饱水状态，泥石流启动临界雨量大大降低，在突然较大瞬时暴雨情况下，易引发泥石流灾害。

四、泥石流基本特征

1. 泥石流灾害史及灾情、危害性分析

（1）泥石流灾害史及灾情

上坪西侧老泥石流沟域 1964 年发生泥石流，类型为水石流，沟口附近泥石流堆积高度约 2m，造成约 15 亩稻谷田毁坏。1992 年发生洪水灾害，冲淹老堆积区右侧部分低洼农田，未造成人员及财产损失。2009 年 7 月 17 日发生大暴雨，连续降雨近两个小时，凌晨 5 点左右发生泥石流，历时约 40 分钟，沟口以下堆积泥石流固体物质量约 1.0 万 m³，平均堆积厚度 1.5～2m。造成老堆积区右侧缘养鸡场附近鸡鸭死亡 60 余只，猕猴桃园全毁 3 亩、半毁坏约 12 亩。

（2）泥石流危害性分析

1964～2008 年，上坪泥石流沟"5·12"地震前主要是洪水活动，偶尔携带些小块砂石，泥石流处于间歇期。地震后，泥石流沟内松散物源量急剧增加、地质环境条件发生巨大变化，泥石流复发，由间歇期转化为壮年期，危害性增大。对沟口附近在建居民集中安置点造成严重威胁，泥石流潜在危害性大。

2. 泥石流各区段冲淤特征

"5·12"地震前，泥石流沟基本无堵塞、沟道畅通。"5·12"地震后沟道堵塞严重，中上游堵塞严重，沟底松散物堆积厚度最大达 10m。

2009 年 7 月 17 日泥石流后，沟谷中上游与之前变化不大，仅局部地段冲刷，冲刷深度 3~5m；沟道下游冲淤严重，实测泥位高度 4m，泥位坡降 200‰；堆积区右侧低洼地带变化巨大，大量泥石流固体物质堆积、原排水通道改道。

3. 泥石流堆积物特征

（1）老堆积扇堆积物特征

堆积扇的中部、左缘堆积时期较右缘早，右缘新近堆积特征明显，呈现多期次堆积特征。成分主要为碎石、巨块石夹粉土，碎石、巨块石直径一般 5~50cm，最大 1~1.5m。堆积扇顶部、中部一般颗粒较粗，侧缘及前缘颗粒较细，碎块石级配差，呈次棱角状。

（2）新近堆积物特征

主要为 2009 年 7 月 17 日泥石流形成，固体物质主要在老堆积扇顶部的右侧地势稍低处堆积。形成宽 20~25m，长约 200m 的条带状堆积区，堆积厚度 0.8~2.5m，块石粒径最大为 2m，以粗颗粒物质为主，估算固体物质堆积量约 0.55 万 m³。

4. 泥石流易发程度和规模

根据《泥石流防治工程勘查规范》（DZ/T 0220—2006）附表 G.1 打分得出泥石流沟易发程度数量化分值为 101，易发程度等级为易发。根据上坪泥石流沟洪水位和过流断面实测资料，确定泥石流规模为中型。

5. 泥石流发展趋势分析

"5·12"地震使沟内松散物质大量增加，可启动物源量增加，在强降雨作用下，将形成突发性泥石流，威胁下游居民集中安置点安全。根据《泥石流防治工程勘查规范》（DZ/T 0220—2006）判断上坪西侧泥石流目前处于壮年期。

五、泥石流特征值计算

1. 泥石流流体重度

由于现场条件有限以及现场配浆的局限性大，泥石流流体重度值采用打分查表法，重度为 1.697t/m³。

2. 泥石流断面峰值流量

选取 1 号和 2 号谷坊坝断面，采用雨洪法按公式（3-8）、公式（3-9）、公式（3-10）进行泥石流流量计算，结果见表 1。

表 1　泥石流流量计算参数及结果一览表

参数频率/%	位　　置	流域面积/km²	清水流量 Q_p/(m³/s)	泥石流流量 Q_c/(m³/s)
5	2 号谷坊断面（12-12′）	0.182	4.703	13.028
	1 号谷坊断面（7-7′）	0.252	5.682	15.740
2	2 号谷坊断面（12-12′）	0.182	5.419	15.012
	1 号谷坊断面（7-7′）	0.252	6.626	18.550

3. 泥石流流速计算

断面流速采用公式（3-2）计算，结果详见表 2；最大石块运动速度采用公式（3-5）计算，块石块径取 1.8m，结果为 6.04m/s。

表 2　泥石流流速计算参数及结果一览表

参数频率/%	位　　　置	主沟长 L/km	水力坡降 I/‰	泥石流流速 V_c/(m/s)
5	2 号谷坊断面（12-12'）	700	0.4297	8.42
	1 号谷坊断面（7-7'）	965	0.292	8.37
2	2 号谷坊断面（12-12'）	700	0.4297	11.21
	1 号谷坊断面（7-7'）	965	0.292	9.24

4. 一次泥石流过流总量及一次泥石流固体冲出物

一次泥石流过流总量采用计算公式（3-11）、公式（3-12）计算，结果见表 3。

表 3　不同降雨频率一次泥石流暴发总量

项　　　目	降雨频率 P/%	
	5	2
泥石流总量/万 m³	0.9968	1.1748
固体物质总量/万 m³	0.53	0.63

5. 泥石流整体冲压力

泥石流体整体冲压力根据公式（3-13）计算，结果见表 4。

表 4　泥石流体整体冲击力和大石块冲击力计算表

位　　　置	V_C/(m/s)	δ/kPa
12-12'断面（2♯谷坊坝）	11.21	22.94
11-11'断面	10.81	42.77
7-7'断面（1♯谷坊坝）	9.24	42.84

6. 泥石流最大冲起高度及弯道超高

（1）泥石流最大冲起高度根据公式（3-17）计算，结果为 6.41m；

（2）泥石流弯道超高取实测值 0.8m。

六、泥石流防治工程技术方案

1. 防治原则

（1）因地制宜，遵循各类工程（排导、拦挡、加固）配合使用、综合整治；

（2）采取必要的工程措施，在设计工程年限内，使该泥石流不对保护对象居民集中安置点造成危害。

2. 防治技术方案

采用"中上游建 2 座谷坊坝＋下游建 2 处导流堤（停淤）"的综合治理方案。

（1）沟上游 2♯谷坊坝＋下游 1♯谷坊坝

2♯谷坊坝设于沟谷上游狭窄地段，主要目的是固源，将松散物源拦挡于启动阶段，又可起到固定沟床、防沟底松散物质再搬运、调节泥石流流量和流速的作用；1♯谷坊坝设于泥石流沟下游沟口地带，对上游物源进行拦挡、消能、调节泥石流流量，最大程度拦截泥石流固体物质。

（2）导流堤

导流堤设于沟中游泥石流流通区及沟下游泥石流堆积区，由上至下共设 6 段导流堤。其上段导流堤顶部与 1♯谷坊坝右侧相连，具有防冲、导流功能，下段导流堤与排泄涵洞相接，主要是束流作用。

具体工程布置详见详见图 1、图 2。

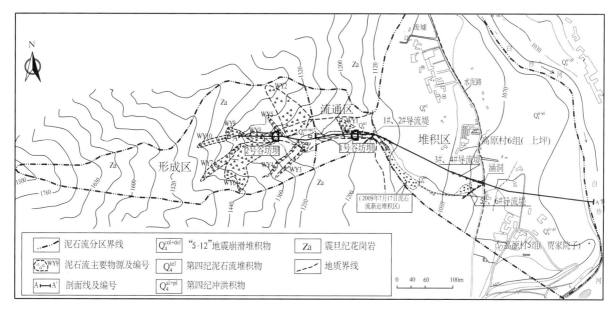

图 1　工程地质与治理工程方案平面示意图

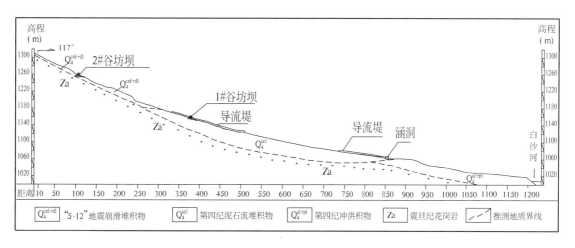

图 2　A-A′工程地质剖面与治理工程布置剖面示意图

3. 分项工程设计

（1）谷坊坝

1#谷坊坝设计谷坊坝坝高 5m，顶宽 2m，坝长 16m，基础埋深 2m，其下游设置副坝，副坝高 2m，坝长 14m。采用混凝土结构。2#谷坊坝设计坝高 4m，顶宽 2m，基础埋深 2m，坝长 15m。采用混凝土结构。

（2）导流堤（停淤场）

导流堤分不同功能段设计，自上而下，设计 1#～6#导流堤。其中，1#和 2#导流堤位于沟口附近、流通区下部、堆积区顶部；3#～6#导流堤位于堆积区下部、公路附近，下接公路涵洞，主要是束流的功能。

导流堤设计为梯形重力式，C15 毛石砼结构，顶宽 1m，边侧墙 1：0.2。基础埋深 0.9～1.2m，总长 287.2m。导流堤之间设计可停淤面积约 15000m²，可停淤量约 1.5 万 m³。

4. 防治工程方案评价

沟中两座谷坊坝可拦挡物源 0.6 万 m³，导流堤上游段可起到部分护坡、护岸的作用，可固定物源约 0.5 万 m³，两导流堤之间可停淤堆积量约 1.5 万 m³，总计约 2.6 万 m³。在治理工程实施后，流出沟口的固体物质减少 58％，满足防治要求。

七、结语

（1）上坪西侧老泥石流沟，沟谷狭窄，山坡、沟谷纵坡坡降大，上下游相对高差大。降水易短时汇集，泥石流势能、动能巨大。

（2）受"5·12"地震影响，在形成区沟道两岸形成崩塌堆积物和残破积物众多，泥石流物源丰富，多处于不稳定的状态；流通区和堆积区坡降相比较小、部分段堵塞严重，不利于排导；流通区沟岸掏蚀、侧蚀严重，为泥石流补充提供物源。沟口正冲居民集中安置点，威胁大、危险性大。

（3）根据上坪西侧老泥石流的特点治理方案为在主要物源区下游设置一道谷坊坝，达到固源拦截、防启动目的；沟口附近设另一谷坊坝，进行二次拦截。沟口以下设导流堤引导泥石流改向，防止泥石流正冲居民安置点。"拦挡坝+导流堤"治理方案，在理论上及实用上均能起到切实可行的治理效果，减少泥石流危害的发生。

（4）勘查与治理过程中存在的问题讨论：

工程实施过程中，2#谷坊坝施工受各种条件限制施工存在一定困难，经专家组现场踏勘会商，取消了2#谷坊坝工程，但未对其他相应工程进行合理调整。

本来2#谷坊坝目的是固源、防泥石流物源启动，取消后将导致启动的泥石流量增大，对下游拦、排工程可能增加负担。取消2#谷坊坝对泥石流防治工程存在一定风险。事实证明了此风险的存在，2010年雨季发生泥石流，当时主体工程进行了实施，对泥石流进行了大量的拦截，起到了相应的作用，但由于泥石流规模较大，上部局部导流堤发生了溢流。从现场情况看，拟建2#谷坊坝附近冲刷、再搬运迹象明显，虽然此次泥石流规模是超原设计标准的，但若不取消2#谷坊坝，其防灾效果会更为明显。

泥石流实例六：都江堰市向峨乡龙竹村3组潜在泥石流特征及治理方案

贡长青　刘亚军　郝文辉　郭　巨　张艳春
（河北省地矿局秦皇岛矿产水文工程地质大队）

一、前言

龙竹村3组潜在泥石流沟位于都江堰市向峨乡东北部。"5·12"地震后，沟道上游出现大量崩塌、滑坡，并发生了支沟性泥石流，沟道雍塞严重，一旦遇暴雨，各支沟极易发生泥石流，进而引发主沟全沟性泥石流灾害，将严重威胁着龙竹村震后集中安置区和部分沿沟居住群众的生命财产安全。对该泥石流采用"4座拦沙坝+局部河流改道+下游防护排导"的治理措施（图1）。

二、泥石流形成条件分析

1. 地形地貌及沟道条件

沟域地处中山区，地势四周高中间低。海拔高度889.2～1788.7m，高差899.5m，山体多北东走向，山脊狭窄，地形坡度在30～55°，上陡下缓，沟谷切割较深，地形宽窄变化较大，整体呈"V—U"字形。形成区发育三条支沟，呈扇状展布，长度1.637～2.789km，海拔高度984.0～1788.7m，高差804.7m，纵坡降251.41‰～326.63‰。

2. 物源条件

泥石流沟地处龙门山区，地质构造复杂，断裂发育，岩体破碎较严重，基岩风化带较厚，河流侵蚀强烈，在人类活动及地震作用下形成崩塌、滑坡，大量松散物质堆积于沟床及两侧，尤其是"5·12"地震后，形成区产生15处不稳定崩滑地质体，其崩滑堆积体在强降雨等因素的作用下失稳，大量松散固体物质下滑到沟床两侧或者直接堵断沟道；在主沟径流的作用下溃决坝体，造成流量突然巨增，同时径流携带溃决处的大量松散固体物质冲向下游，为泥石流形成提供了充足的物源（表1）。

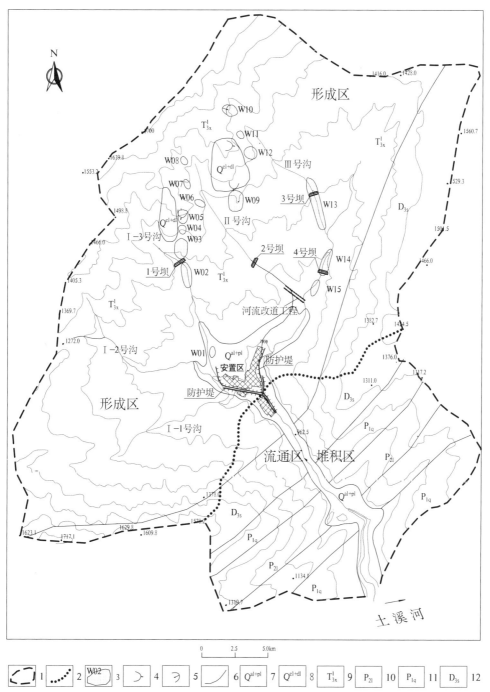

图 1 都江堰市向峨乡龙竹村 3 组泥石流治理工程平面图

1—泥石流沟流域范围；2—分区界线；3—物源及编号；4—滑坡体；5—崩塌体；6—地质界线；7—第四纪冲洪积物；8—第四纪残坡积物；9—三叠系须家河组砂岩；10—二叠系龙潭组页岩；11—二叠系栖霞组灰岩；12—泥盆系沙窝子组白云岩

表 1 泥石流松散物源分类统计表 单位：万 m³

物源类型\沟谷储量	I-3 号沟		II 号沟		III 号沟		合 计	
	总储量	动储量	总储量	动储量	总储量	动储量	总储量	动储量
人为堆放	0.07	0.07	—	—	—	—	0.07	0.07
沟岸崩滑物	5.78	3.59	2.31	1.12	1.54	0.85	9.64	5.56
沟床堆积物	0.17	0.16	—	—	1.82	1.4	1.98	1.56
合计	6.02	3.82	2.31	1.12	3.36	2.25	11.69	7.19

3. 水源条件

龙门山区多年平均降雨量 1134.8mm，最多年 1605.4mm（1978），最少年 713.5mm（1974），月最大降水量为 592.9mm，日最大降水量为 233.8mm，1 小时最大降水量为 83.9mm，10 分钟最大降水量为 28.3mm，一次连续最大降雨量 457.1mm，一次连续最长降雨时间为 28 天。降雨量主要集中在 5～9 月，约占全年降雨量的 80%，且多局地暴雨。这种降水形式和过程不仅为泥石流形成提供了充足水源，也易使沟床两侧松散堆积物及破碎岩体形成崩塌体，为泥石流形成创造条件。

三、泥石流基本特征

1. 泥石流灾害史及灾情

2008 年 9 月 23 日至 24 日普降暴雨，降雨量达 119.2mm，9 月 24 日下午发生泥石流灾害，持续时间近 30 分钟，最大洪流宽 13.4m，水深 1.2m。泥石流堆积物呈长条形分布于形成区下游沟床上，长约 300m，宽 5～11m，厚度 2～5m，由（漂）块石混砂砾石组成。本次泥石流灾害未造成人员死亡，但造成大面积猕猴桃、厚朴等经济作物及部分住房、道路、水利设施的损毁。

2. 泥石流类型及规模

根据泥石流流体性质、地貌特征、物源特征、激发因素及动力特征性质指标，确定泥石流属稀性—暴雨—多支沟沟谷型泥石流（表 2），泥石流规模为中型。

表 2　泥石流分类特征表

性质指标	流体性质	地貌特征	物源特征	激发因素	动力特征
	$1.4～1.6g/cm^3$	多支沟深切沟谷	崩滑体、沟岸侵蚀	暴雨	水体推动
泥石流类型	稀性	沟谷型	崩滑及沟床侵蚀型	暴雨型	水力类

3. 泥石流成因机制

地震形成的崩滑堆积体在强降雨等因素的作用下失稳，大量松散固体物质下滑到沟床两侧或者直接堵断主沟道；堵断主沟道的松散物质在流域上游形成一定规模的动储量物源，在主沟径流的作用下溃决坝体，造成流量突然巨增，同时径流携带溃决处的大量松散固体物质冲向下游，形成泥石流。各支沟泥石流在行进过程中由于流量较大不断侵蚀沟道两岸和沟床底部的松散物质，同时沿岸斜坡地带松散物质大量加入，泥石流规模不断发展壮大。当泥石流运动到狭窄沟道区域时候，流速、流量不断的增加，同时浆体飞溅到沟道两侧岩壁上；当运动到比较开阔平缓地段，泥石流流速降低，大量固体物质开始堆积，并沿沟谷形成条带状堆积体。

四、泥石流特征值计算

1. 泥石流流体重度及流速

泥石流流体重度采用现场配浆法，采用公式（3-1）计算，结果见表 3。泥石流流速、块石移动速度计算采用公式（3-2）、公式（3-3）、公式（3-7）计算，结果见表 4、表 5。

表 3　现场试验测定泥石流重度表

试验地点	试验方法	G_c/kg	V/m^3	$\gamma_c/(t/m^3)$	认同情况	备　　注
Ⅰ沟 （张家沟）	泥痕相似法	18.5	0.012	1.54	适度	平均重度 1.53t/m³
		14.4	0.0098	1.47	偏稀	
		15.7	0.0099	1.59	适度	
Ⅱ和Ⅲ沟		18.9	0.012	1.58	适度	平均重度 1.55t/m³
		19.6	0.013	1.51	偏稀	
		18.7	0.012	1.56	适度	

表4　泥石流控制断面特征及流速计算表

控制断面位置		F/km^2	L/km	$I/‰$	$\gamma_c/(t/m^3)$	R_c/m	$\gamma_h/(t/m^3)$	ϕ	n	$V_c/(t/m^3)$
1号坝	Ⅰ沟	0.46	1.03	219.29	1.53	1.1	2.65	0.47	0.038	8.17
Ⅰ沟沟口		3.68	2.34	178.69		1.1	2.65	0.47	0.038	7.37
6-6'剖面	Ⅱ沟	0.57	1.33	187.23		1.0	2.65	0.50	0.038	7.02
2号坝		0.88	1.57	176.24		1.0	2.65	0.50	0.038	6.81
3号坝	Ⅲ沟	0.76	1.395	203.41	1.55	1.0	2.65	0.50	0.038	7.32
4号坝		2.47	1.968	149.99		1.0	2.65	0.50	0.038	6.29
Ⅲ沟沟口		4.12	3.01	156.87		1.0	2.65	0.50	0.038	6.43

表5　泥石流块石移动速度计算表

沟名	a	d_{max}/m	$V_s/(m/s)$
Ⅰ号沟	4	1.3	4.56
Ⅱ沟、Ⅲ沟	4	1.2	4.38

2. 泥石流流量

本次勘查泥石流流量计算主要采取形态调查法和雨洪法。

（1）形态调查法

选取清晰泥痕的沟段2处作为测流断面，采用公式（3-8）计算，结果见表6。

表6　泥石流断面处流量计算表

断面	发生时间	泥位高度/m	沟底比降/‰	断面面积/m²	流速/(m/s)	流量/(m³/s)
张家沟断面	2008.9.24	1.1	219.29	11.5	8.17	93.96
Ⅲ沟断面	2008.8.13	1.0	149.99	13.7	6.29	86.17

（2）雨洪法

采用公式（3-9）、公式（3-10）计算，结果见表7。

表7　泥石流流量计算表

频率	位置	流域面积/km²	清水流量/(m³/s)	泥石流流量/(m³/s)
5%	1号坝	0.46	16.37	36.17
	Ⅰ沟沟口	3.68	104.69	231.34
	2号坝	0.88	25.35	57.05
	3号坝	0.76	22.74	51.17
	4号坝	2.47	70.56	159.20
	Ⅲ沟沟口	4.12	98.67	222.01
2%	1号坝	0.46	21.20	46.84
	Ⅰ沟沟口	3.68	135.56	299.56
	2号坝	0.88	32.90	74.03
	3号坝	0.76	29.51	66.39
	4号坝	2.47	91.67	206.25
	Ⅲ沟沟口	4.12	128.05	288.11

3. 一次泥石流过流总量、固体冲出物

一次泥石流过流总量采用公式（3-11）计算，固体冲出物采用公式（3-12）计算，结果见表8。

表8　泥石流一次过流总量、固体冲出物计算表

断　　面	发生时间	过流总量/(万 m³/s)	固体冲出物/(万 m³/s)
张家沟断面	2008.9.24	1.32	1.86
Ⅲ沟断面	2008.8.13	0.42	0.62

4. 泥石流冲击力

泥石流冲击力分为流体整体冲击力和个别石块的冲击力，分别采用公式（3-13）、公式（3-14）计算，结果见表9、表10。

表9　泥石流流体整体冲击力计算表

位　　置	$\gamma_c/(t/m^3)$	$g/(m/s^2)$	$V_c/(m/s)$	$\sin\alpha$	λ	$\delta/(t/m^2)$	δ/kPa
1号坝	1.53	9.8	8.17	1	1.33	13.85	138.47
2号坝	1.55	9.8	6.81	1	1.33	9.77	97.70
3号坝	1.55	9.8	7.32	1	1.33	11.28	112.76
4号坝	1.55	9.8	6.29	1	1.33	8.31	83.15

表10　泥石流流体中大块石冲击力计算表

位　　置	r	C_1+C_2	$\sin\alpha$	$V_S/(m/s)$	W/t	块石粒径/m	F/kN
Ⅰ沟（张家沟）	0.3	0.005	1	4.56	14.77	1.3	833.75
Ⅱ和Ⅲ号沟	0.3	0.005	1	4.38	9.51	1.2	630.04

5. 泥石流冲起高度和弯道超高

泥石流冲起最大高度和弯道超高分别按公式（3-17）、公式（3-18）计算。Ⅰ沟（张家沟）泥石流最大冲起高度为3.40m，Ⅱ和Ⅲ沟泥石流最大冲起高度为2.49m。Ⅰ沟（张家沟）泥石流在该处弯道凹岸位置超出高最大高度约为0.52m，Ⅱ和Ⅲ号沟泥石流在该处弯道凹岸位置超出高最大高度约为0.47m，基本与调查结果一致。

五、泥石流发展趋势分析

经勘查分析，龙竹村的张家沟泥石流、Ⅱ和Ⅲ沟泥石流15项易发因素综合评估确定泥石流易发程度等级为中等易发，发展阶段处于形成—发展期。该泥石流沟沟谷狭窄，形成区沟谷两岸有大量的不稳定体分布，在大暴雨的条件下逐步崩滑，崩滑物源向沟内运移，堵塞沟道的可能性大。在暴雨的作用下，松散堆积物将可能再次形成物源，产生新的泥石流灾害，直接从北侧进入龙竹村主沟道，严重威胁龙竹村聚居地的安全。

六、泥石流防治工程技术方案

1. 治理方案

根据泥石流特点，为控制泥石流规模，减少物质来源，改变输砂条件，防止泥石流在支沟流通区淤积，采用排导为主、拦排结合的治理措施。在Ⅰ沟（张家沟）上游修建拦挡坝1座，下游修建防护堤排导；Ⅱ号沟上游修建拦挡坝1座；为避免Ⅱ沟泥石流直接危害安置区，对其下游进行局部河流改道，使泥石流直接排导至Ⅲ号沟；Ⅲ号沟上游修建拦挡坝1座，下游修建防护堤排导。治理方案：4座拦沙坝＋局部河流改道＋下游防护排导。

2. 治理工程设计

（1）拦挡坝工程

根据泥石流特征，拦挡坝采用实体重力坝，断面为梯形，结构采用浆砌块石结构，块石强度等级不低于MU30，砂浆等级为M10，基础埋深1.8～2.0m，为提高坝体的整体稳定性，坝基底部铺0.2m

厚的 C25 砼。拦沙坝迎水坡坡比 1∶0.6，背坡坡比 1∶0.2。坝顶溢流口段采用厚 0.4m 的 C25 砼结构。

1号拦挡坝横断面呈梯形布置，坝顶长 41.21m，坝底长 23.34m，坝净高 5.5m，溢流口高 1.5m，安全超高 0.5m，基础埋深 2.0m。在拦挡坝中部设置宽度为 2cm 的沉陷缝，并填充沥青木板，间距 13.5m。坝体主体采用浆砌块石结构，溢流口及坝体下游面采用浆砌料石，厚 0.5m。坝身设排水孔，排水孔尺寸 300×400mm。设计库容为 4230m³，见图 2。

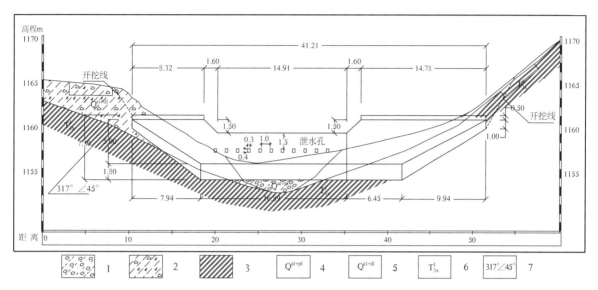

图 2　1 号拦挡坝工程地质剖面图及横断面图

1—卵砾石含粉砂；2—碎石土；3—页岩；4—第四纪冲洪积物；5—第四纪残坡积物；6—三叠系须家河组；7—基岩产状

2号拦挡坝横断面呈梯形布置，坝顶长 33.35m，坝底长 11.61m，坝净高 5.0m，溢流口高 1.5m，安全超高 0.5m，基础埋深 1.8m。在拦挡坝中部设置宽度为 2cm 的沉陷缝，并填充沥青木板，间距 9.06m。坝体主体采用浆砌块石结构，溢流口及坝体下游面采用浆砌料石，厚 0.5m，坝身设排水孔，排水孔尺寸 300×400mm。设计库容为 3390m³。

3号拦挡坝横断面呈梯形布置，坝顶长 19.65m，坝底长 9.77m，坝净高 5.4m，溢流口高 1.5m，安全超高 0.5m，基础埋深 1.8m。在拦挡坝中部设置宽度为 2cm 的沉陷缝，并填充沥青木板，间距 9.06m。坝体主体采用浆砌块石结构，溢流口及坝体下游面采用浆砌料石，厚 0.5m，坝身设排水孔，排水孔尺寸 300×400mm。设计库容为 2770m³。

4号拦挡坝横断面呈梯形布置，坝顶长 42.89m，坝底长 25.10m，坝净高 4.1m，溢流口高 1.2m，安全超高 0.5m，基础埋深 1.8m。在拦挡坝靠近左岸设置宽度为 2cm 的变形缝，并填充沥青木板。坝体主体采用浆砌块石结构，溢流口及坝体下游面采用浆砌料石，厚 0.5m，坝身设排水孔，排水孔尺寸 300×400mm。设计库容为 3860m³。

经复核计算，总库容为 14250m³，坝体满足抗滑移、抗倾覆等稳定性验算。

（2）河流改道工程

河流改道工程位于龙竹村 4 组Ⅱ号沟下游，使该沟形成的泥石流物质流进Ⅲ号沟。设计改道工程长 80.5m，开挖宽度 5.0m，改流河道深 1.0m。拦水挡墙长 80.5m，顶宽 0.8m，高 3.0m，基础埋深 1.5m，墙外侧边坡比为 1∶0.2，内侧边坡直立。拦水挡墙采用浆砌块石砌筑，砌筑砂浆用 M10，石材强度不低于 MU30；拦水挡墙顶用 M10 砂浆抹平，厚度 50mm；泄水孔间距为 3.0m，下排孔高于地面 0.4m，孔尺寸 100mm×100mm，见图 3。

（3）防护堤工程

两处防护堤位于安置区附近房屋密集、河道较窄、又受居民区环境建设影响的沟谷岸段，防护堤

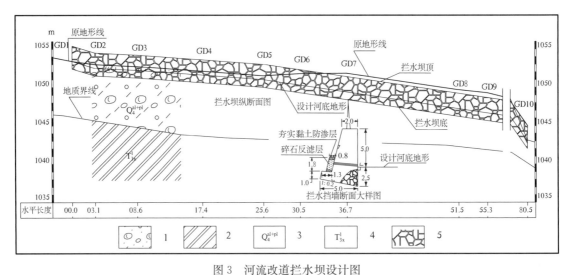

图 3　河流改道拦水坝设计图

1—漂卵石含粉砂；2—页岩；3—第四纪冲洪积物；4—三叠系须家河组；5—拦水坝

总长度 943.33m，地表以上断面形态近似矩形，浆砌块石结构，砂浆标号为 M10，内侧 M10 水泥砂浆抹面，其他表面水泥砂浆勾缝，沉陷缝设 20mm 沥青木板，墙背回填砂卵石或碎石。防护堤高度视各槽段泥石流设计流量并考虑弯道超高等因素确定，一般高 2.5～3.0m；防护堤顶宽 1.0m，由于弯道凹岸侧受冲击力较大，确定堤岸外侧边坡比为 1∶0.2，内侧边坡为 1∶0.1，挡墙下设基础 1.0m，通过验算防护堤墙体满足抗滑移、抗倾覆等稳定性验算，允许过流流量可满足设计需要，见图 4。

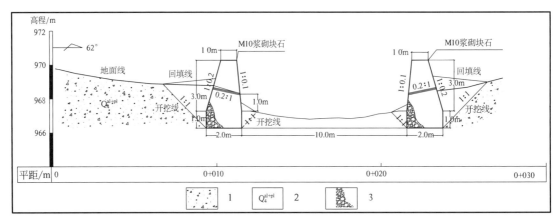

图 4　防护堤工程地质剖面及横断面设计图

1—碎石土；2—第四纪冲洪积物；3—防护堤工程

村西防护堤设计总长 603.13m，其中单边防护堤长 177.97m，净高 3.0m，超高 0.5m，基础埋深 1.0m，上宽 1.0m，下宽 2.2m；双边防护堤（排导槽）长 435.16m，槽宽 10.0m，单侧护堤净高 3.0m，超高 0.5m，基础埋深 1.0m，上宽 1.0m，下宽 2.2m。

村东防护堤设计总长 340.20m，其中单边防护堤长 232.62m，净高 3.0m，超高 0.5m，基础埋深 1.0m，上宽 1.0m，下宽 2.2m；双边防护堤（排导槽）长 107.58m，槽宽 10.0m，单侧护堤净高 3.0m，超高 0.5m，基础埋深 1.0m，上宽 1.0m，下宽 2.2m。

3. 治理工程运行评价

龙竹村 3 组潜在泥石流治理工程于 2010 年 6 月 3 日开工，2011 年 8 月 20 日竣工。根据 2013 年 10 月回访调查，龙竹村 3 组潜在泥石流治理工程经历 3 个水文年且每年均有多次强降雨发生的条件下运行，总体运行良好，有效保护了安置区居民的生命和财产安全，起到了重要的防灾效果。拦挡坝有效拦截历次强降雨启动的部分固体物质，控制了泥石流规模，减少了物质来源，改变了输沙条件；河流改道工程使Ⅱ号沟形成的山洪泥石流物质顺利流进Ⅲ号沟，防止了山洪泥石流的冲刷范围的进一步扩散；防护堤有效改变泥石流流向并顺利向下游排导，有效防止泥石流在安置区的冲刷和淤积。调查发现，局部防护堤、拦挡坝护坦基础产生了掏蚀现象，建议做好治理工程的后期维护。

七、结语

向峨乡龙竹村3组潜在泥石流是"5·12"地震形成的地质灾害隐患点，地形地貌、固体物质和水源条件均有利于泥石流的发生和活动，震后固体物源量大于10万 m^3，在暴雨作用下再次发生泥石流可能性大，对安置区构成严重威胁，灾害危险程度高，危害性大。对该泥石流沟的治理采用排导为主、拦排结合的治理方案，方案为：4座拦沙坝＋局部河流改道＋下游防护排导。方案经济合理，技术先进，便于施工，实施后灾害隐患可得到有效的防治，安置区居民的生命和财产安全得到有效保护。

泥石流实例七：平武县南坝镇杏子树沟泥石流特征与治理方案

刘永涛 甄彦敏 袁 烨 刘国华 王 杰
（河北水文工程地质勘察院）

一、前言

杏子树沟泥石流位于平武县南坝镇建康村，涪江支流石坎河右岸，流域面积2.02km²，主沟长2.71km，平均沟床纵坡降281‰，沟道内松散物质较少，植被较好，在"5·12"地震前没有发生过泥石流。地震时沟内山体整体震裂、松动和破碎，并产生7个较大规模的滑坡，新增大量松散物源，总物源量80.1万 m^3，现阶段可启动方量26.1万 m^3。2009年7月15日暴雨诱发形成了泥石流。目前泥石流处于发展期（壮年期），为高频泥石流沟。泥石流直接威胁沟口建康村与省道105线的安全，并存在堵塞石坎河河道形成堰塞湖的可能。采用了"3座拦挡坝（谷坊坝）＋沟口防护堤＋已建排洪沟"的治理方案。

二、地质环境条件

泥石流沟域位于四川省北部中山区，处于龙门山构造带，区域地震动峰值加速度为0.20g，地震动反应谱特征周期为0.30s，地震基本烈度为Ⅷ度。

流域内出露地层主要为寒武系下统邱家河组炭硅质板岩与第四纪残坡积松散沉积物。沟内岩体风化强烈，节理裂隙发育。

沟域地下水类型主要有松散岩类孔隙水及基岩裂隙水两类。孔隙水主要赋存于第四系残坡积层的松散层中，基岩裂隙水主要储存在低山地带岩体风化壳中。

流域内人类活动有沟谷两侧斜坡上的旱地耕种及人工修路，长期的林地植被破坏，使自然环境恶化，并造成水土流失及加快了斜坡雨水径流速度。

三、泥石流形成条件分析

1. 地形地貌及沟道条件

杏子树沟流域面积2.02km²，主沟长2.71km，平均沟床纵坡降281‰。

泥石流沟形成区为中山—低山沟谷地貌，地形起伏大，相对高差约638m，主沟长1593m，纵向沟谷形态呈折线型，上游跌坎发育，谷底宽3～15m，自然坡度20°～40°，局部接近60°，上段以"V"形为主，下段以"U"型为主，坡面上小型沟谷发育。大部植被覆盖率较低，局部人为破坏严重。

流通区位于泥石流沟中下段，相对高差106m，沟长804m，平均纵坡降117‰。沟道内存在大量泥石流堆积碎块石，沟谷两侧以残坡积物为主，坡面植被较发育。两侧谷坡坡度为20～40°，总体呈

"U"型谷，局部存在小型泥石流支沟，流通段沟床较为开阔，沟床起伏较小。

沟口堆积区地形较平坦开阔，为老冲洪积扇，扇体上部为建康村道角社居民区。泥石流堆积物呈扇形堆积，堆积扇扇体面积3050m²，扇轴长240m，前缘宽10～40m，堆积物挤压石坎河河道产生轻微变形，河道内及河道两侧淤积着大量泥石流堆积物。

2. 物源条件

目前，沟域内总物源量达80.1万 m³，现阶段可启动方量26.1万 m³，包括崩滑堆积物源、沟道堆积物源、坡面侵蚀物源、滑坡堆积物源四类。崩滑堆积物源包括坡面上由于人工修路及地震产生的局部小规模崩滑，崩滑体松散堆积物总体积2万 m³，现阶段可启动方量为0.8万 m³。沟道堆积物源指2009年7月15日泥石流在沟道内的大量堆积物，平均厚度3.5m，体积为2.8万 m³，现阶段可启动方量0.7万 m³。坡面侵蚀物源指由于沟谷两侧斜坡上雨水侵蚀和旱地耕种产生的物源等，在斜坡上存在着约1万 m³的松散堆积物，现阶段可启动方量0.2万 m³。滑坡堆积物源指"5·12"地震时沟道两侧产生的7个滑坡堆积体物源，堆积体体积为0.9～26.2万 m³，总量达74.3万 m³，现阶段可启动方量24.3万 m³。

区域内沟谷深度下切，两岸边坡较为陡峭，滑坡坡积物难以保留，且滑坡堆积物紧靠沟床堆积，在沟内地表水的冲刷掏蚀作用下，固体物质源源不断地进入沟道。此外，沟床堆积物及靠近主沟两侧的崩滑、侵蚀物源，受径流的长期侵蚀作用，在暴雨的作用下，短时径流量的增加，侵蚀能力增强，使得这些松散固体物质和沟床中的松散堆积物被裹挟或冲刷，成为泥石流可启动物源。

3. 水源条件

沟域多年平均降水量为807.6mm，月最大降水量442.5mm（1976年8月），日最大降水量151mm（1993年5月27日）。该地区降水的形式和过程能够为泥石流形成提供充足的水源条件。

四、泥石流基本特征

1. 泥石流危险性分析

危险区范围包括沟口堆积扇扇体上部及周边居民、石坎河河道两侧及下游泥石流可能淹没区域。根据泥石流致灾能力分级量化表，该泥石流沟致灾体的综合致灾能力为很强。对暴雨泥石流活动危险程度和灾害发生机率进行判别，受灾体处于危险工作状态，成灾可能性大。

2. 泥石流冲淤特征

泥石流形成区的冲淤特征表现为以冲为主；流通区的冲淤特征表现为有冲有淤，其冲淤特征与不同沟段坡降及沟谷方向、沟床宽度的变化等有关；堆积区的冲淤特征表现为以淤积为主，局部有冲刷痕迹。

3. 泥石流堆积物特征

沟道内堆积物沉积厚度为1.5～10m，为碎块石土组成，粒径小于2mm的沙粒、粉粒和黏粒占18.9%，粒径在2～20mm的砾石占比例约38.7%，粒径大于20mm的碎石占比约38.4%，块石比例约占4%，沉积较为均匀，多呈棱角状—次棱角状。

沟口堆积区堆积物沉积厚度为2.5～4m，为碎石土组成，含少量块石，粒径小于2mm的沙粒、粉粒和黏粒占16.8%，粒径在2～20mm的砾石占比例约40.9%，粒径大于20mm的碎石占比约39.3%，块石比例约占5%，沉积较为均匀，多呈棱角状—次棱角状。

4. 泥石流发生频率和规模

按照泥石流沟易发程度数量化评分表对杏子树泥石流沟进行量化评分，易发程度为极易发，泥石流暴发规模为中型。

五、泥石流特征值计算

1. 泥石流流体重度

对6组现场配浆试验数据进行现场配浆法计算，得出泥石流流体重度为1.668t/m³。由查表法得出泥石流流体重度为 2.057t/m³。综合取值采用现场配浆试验结果 1.668t/m³。

2. 泥石流流速计算

鉴于泥石流沟物源及堆积物特征，以稀性泥石流为主，在沟道中治理工程部位前后和沟口选择 6 个测流断面，按公式（3-2）计算，经计算沟道内 5 个测流断面流速为 2.70～3.28m/s，沟口处泥石流流速为 3.00m/s。

3. 泥石流流量计算

采用雨洪法和形态调查法进行了泥石流流量计算。雨洪法按公式（3-10）计算出暴雨洪水流量，按公式（3-9）进行泥石流流量计算，得设计暴雨频率 P＝5％和 P＝2％沟道内 6 个测流断面流量分别为 47.445～60.220m³/s 和 56.864～73.007m³/s。形态调查法按公式（3-8）计算，得沟道内 6 个测流断面流量为 52.8～60.6m³/s。

4. 一次泥石流过流总量

一次泥石流过流总量按照公式（3-11）计算，得设计频率 5％泥石流一次过流总量为 2.84 万 m³。

5. 一次泥石流固体冲出量

一次冲出固体物质总量按照公式（3-12）计算，结果为 1.18 万 m³。

6. 泥石流整体冲压力

治理工程部位断面整体冲压力按照公式（3-13）计算，结果为 14.87～24.35kN。

7. 泥石流爬高和最大冲起高度

治理工程部位断面最大冲起高度、最大爬高分别按照公式（3-16）、公式（3-17）进行计算，结果分别为 0.40～0.55m 和 0.59～0.88m，在拦挡坝工程设计应予以考虑。

8. 泥石流弯道超高

选择沟口布设防护堤的 3 处弯道按照公式（3-18）计算超高，结果为 0.052～0.185m，3 处弯道超高均较小。

六、泥石流发展趋势分析

杏子树沟泥石流沟汇水面积较大，沟口堆积扇扇缘和扇高在增长中。沟道内滑坡堆积体物源极为丰富，总量达 80.1 万 m³，泥石流目前处于发展期（壮年期）。在强降雨条件下大量物源向沟内运移，形成堵沟的可能性极大，如不进行及时治理，一旦再次发生泥石流，将对沟口居民的生命财产安全构成威胁。

七、泥石流防治工程技术方案

1. 防治技术方案

杏子树沟物源主要为 7 个滑坡堆积体，物源量大且较集中，危害对象分布在沟口。沟内 3#，4# 滑坡之间为开阔的宽谷地带，沟道宽窄相间，修建拦挡工程库容较大，坝长较小；部分滑坡堆积体轻微堵塞沟道，紧邻滑坡堆积体修建谷坊坝，能够有效地固源稳坡；此外，在临沟口处建一谷坊坝，有效拦挡物源、消能和进行输水量调节。据此，拦挡固源工程在流通区沟道内修建 3 座不同功能的拦挡（谷坊）坝。堆积区沟道总体走向较为顺直，排导条件较好，防护工程在已建排洪沟边墙上部修建单边防护堤。

基于上述条件，治理工程本着"拦排结合"的治理思路，采用"3 座拦挡坝（谷坊坝）＋沟口防护堤＋已建排洪沟"进行治理，详见图 1。

2. 分项工程设计

（1）拦挡（谷坊）坝

拦挡（谷坊）坝有效坝高 2～4.5m，基础埋深 2～2.5m，坝顶宽度 32～46m。坝体坝工采用 M10 浆砌块石结构，溢流口采用厚 0.4m C25 砼结构，坝基底铺设厚 0.2m C25 砼垫层。坝下按 1.5 倍坝高

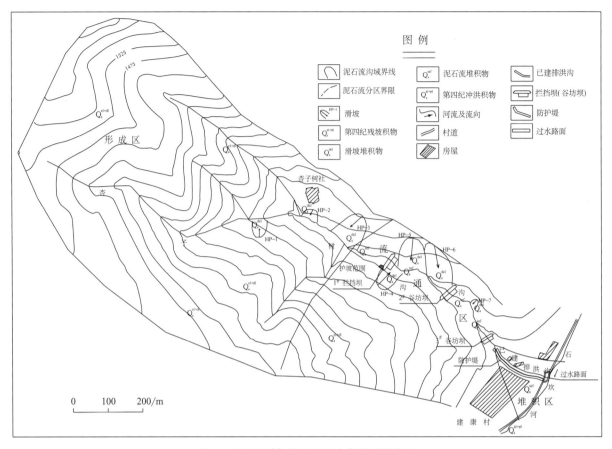

图 1　工程地质与治理工程方案平面示意图

设置护坦，护坦厚度按 1.0m 设计，采用 M10 浆砌块石结构。溢流口下方坝身底部设 1～2 排 8～17 个泄水孔，孔间距为 2m，排间距为 2m，泄水孔为矩形，净高 0.5m，净宽 0.3m，泄水孔周边采用厚 5cm 的 C25 砼结构。

此外，1# 拦挡坝坝后右坝肩部位为 5# 滑坡堆积体，需对坝肩进行防护，在 1# 坝坝后右坝肩部位布置护坡工程，护坡工程采用 M10 水泥砂浆浆砌块石沿坝后坝肩部位斜坡、坡脚进行表面护砌。

对各坝回淤固床稳坡、减少沟床揭底冲刷产生的泥石流物源、库容进行计算，结果见表 1。

表 1　拦挡（谷坊）坝稳拦物源能力一览表

分项分部工程名称	沟谷纵比降/‰	回淤纵坡比降/‰	回淤长度/m	回淤平面面积/m²	回淤坝库区平均深度/m	坝的回淤库容/m³	固床稳坡、防止沟床揭底冲刷减少物源/m³	合计稳拦物源量/m³
1# 拦挡坝	87.5	44	105.5	2498	3.0	7494	12854	20348
2# 谷坊坝	123	67	29.5	560	1.4	796	27008	27804
3# 谷坊坝	105.1	52.5	28.7	892	1.4	1249	1820	4114
合计						9539	41682	51221

通过回淤库容计算，3 座坝的总库容为 0.95 万 m³，小于 20 年一遇暴雨条件下一次泥石流的固体物质冲出量（1.18 万 m³），其余泥石流固体物由下游排导工程排出。通过坝的回淤库容和固床稳坡、防止沟床揭底冲刷减少物源量的统计，3 座拦挡坝总计减少物源动储量为 5.12 万 m³，约占动储量的 19.6%，将为泥石流防治发挥积极的作用。拦挡坝典型工程地质纵剖面图见图 2。

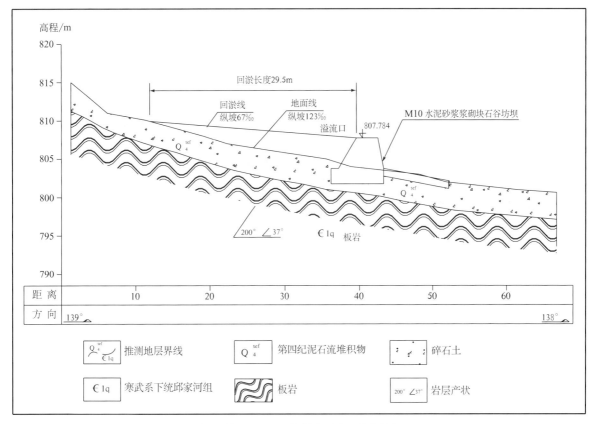

图 2　典型工程地质纵剖面图（2# 谷坊坝）

（2）防护堤

当地在沟口修建了排洪沟工程，排洪沟过水断面为梯形。对已建排洪沟进行过流流量计算，已建排洪沟工程不能满足泥石流过流要求。故沿排洪沟从上往下右侧布置单边防护堤，主要保护沟口建康村道角社防护堤外测居民安全。防护堤总长度约 262.1m，防护堤高度为 1.5m，基础埋深 1.0～1.5m，顶厚 0.8m，基底厚 1.8m，内侧（临排洪沟侧）坡比 1：0.2，外侧坡比 1：0.2，采用 M10 浆砌块石结构（图 3）。在沟口排洪沟出口处设计过水路面附属工程，过水路面面层采用 30cm 厚 C25 砼，路基厚 50cm，压实系数不小于 0.94，路面坡度设计为 0.3%。

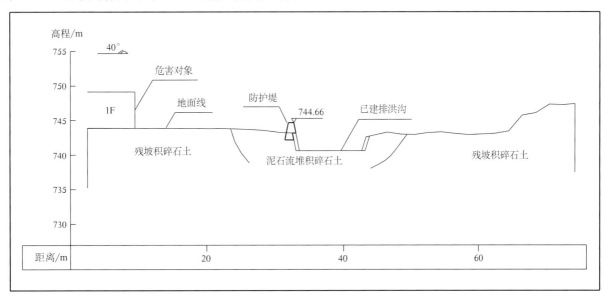

图 3　防护堤工程布置示意图

八、结语

杏子树沟泥石流按集水区地貌、物源、水源类型分别属于沟谷型、崩滑型、暴雨型泥石流，为高频、极易发泥石流。沟道纵坡较大，沟域降雨量丰富。杏子树沟泥石流沟物源丰富，总物源量80.1万m³，现阶段可启动方量26.1万m³，主要物源来自沟道内"5·12"地震产生的7个滑坡堆积体，分布较集中。是汶川地震灾区震后新增泥石流沟的典型代表。

泥石流治理方案采用"拦排结合"的思路，设置不同功能的3座拦挡（谷坊）坝，沟口排导工程充分利用已建排洪沟工程。治理思路较为明确，治理工程空间布置较为合理，各个分项工程紧密结合，具有较强的技术可靠性、施工可行性，且治理工程对环境影响较小，对其他泥石流沟的防治具有一定的参考价值。

目前，治理工程主体工程已完成施工，施工期间发生了数次小型泥石流，治理工程起到了预期的防灾作用。

泥石流实例八：彭州市龙门山镇青杠沟泥石流特征与治理方案

曹鼎鑫　张保江　曾令海　贾进军　杜　泉
（河北省地矿局第四水文工程地质大队）

一、前言

青杠沟位于彭州市龙门山镇九峰村，流域面积3.76km²，主沟整体长4.42km，相对高差约2177m，平均纵坡降487.7‰。沟内泥石流物源主要有沟床堆积物和"5·12"地震形成崩塌堆积物，总物源量6.48万m³，可启动物源2.47万m³。泥石流直接威胁青杠沟沟口公路及灾民安置点群众的生命财产安全，其潜在危险性等级为大型，急需治理。根据沟域特点，提出了两套治理工程比选方案，即以拦挡和排导为主的"中游单级格栅坝拦挡＋下游护岸排导＋下游沟道整理"方案和以拦挡、固源和排导为主的"中游多级谷坊坝拦挡＋下游护岸排导＋下游沟道整理"的方案。

二、地质环境条件

青杠沟地貌整体上属侵蚀构造中山地貌，流域形态近似漏斗形，沟谷呈"U"型，谷坡20～50°，谷宽15～60m。出露地层有第四系全新统崩塌堆积层、残坡积层、泥石流堆积层、二叠系下统及晋宁—澄江期的岩浆岩。

沟域位于龙门山构造带中段，映秀—北川断裂从泥石流沟上游通过。映秀—北川断裂为一条现今仍在活动的压扭性逆冲断层，断层错动带宽30～50m，断层带附近岩体风化强烈，岩石破碎。场地地震烈度为Ⅷ度，地震动峰值加速度为0.20g，地震动反应谱特征周期为0.35s。

区内地下水类型为松散岩类孔隙水和基岩裂隙水，主要接受大气降水及湔江的补给，向下游排泄。

区内人类活动主要为农业开发、农房建设、旅游开发等，这些人类活动客观上对自然环境有一定的改变。

三、泥石流形成条件分析

1. 地形地貌及沟道条件

青杠沟流域面积3.76km²，主沟整体长4.42km，海拔高度3400～1223m，相对高差约2177m，平均纵坡降487.7‰。整个沟域由形成区、流通区和堆积区组成（图1）。

形成区面积2.23km²，占流域面积的63.4%。沟道植被覆盖良好，沟谷切割较深，沟谷长度2.89km，相对高差约1872m，沟谷纵坡降650‰。形成区内地形起伏大，上游纵坡比降较大，下游稍

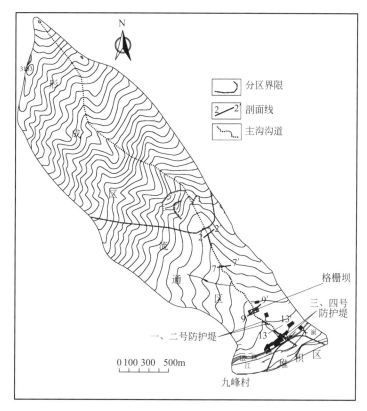

图 1　青杠沟工程地质与治理工程方案平面示意图

缓。谷底宽 10～30m，谷坡坡度 10°～60°，局部接近 70°。

流通区，面积 1.13km²，占流域面积的 30.1%，沟长 1.292km，沟道呈直线型，平均纵坡 213‰，沟谷断面以"U"字形为主，谷底一般宽 40～70m，谷坡坡度一般 30°～60°，局部接近 70°，谷坡植被发育。

堆积区位于主沟沟口至下游主河湔江主河道内，面积 0.05km²，长约 420m，宽约 120m，平均沟床纵比降 158‰。

2. 物源条件

沟内泥石流物源主要有沟床堆积物、"5·12"地震形成崩塌堆积物，总物源量 6.48 万 m³，可启动物源量 2.47 万 m³。其中形成区分布固体物源 2.1 万 m³，可启动物源 0.7 万 m³，主要为 2 处崩塌堆积物和沟床堆积物；流通区固体物源 4.38 万 m³，可启动物源量 1.77 万 m³，以沟道内的泥石流堆积碎块石为主。流通区固体物源以碎块石为主，粒径＞1500mm 的块石占 25%，粒径 1200～1500mm 的占 30%，粒径 600～1200mm 的占 20%，粒径 200～600mm 的占 15%，粒径＜200mm 的占 10%。

3. 水源条件

沟域年平均降雨量 1350mm，日最大降水量为 167mm，6 小时最大降水量为 120mm，1 小时最大降水量为 69.7mm，10 分钟最大降水量为 15mm，最长连续降雨时段 10 天。5～9 月降水量占全年降水量的 80%，且多为局地性暴雨，长时间大量的降水不仅为泥石流形成提供了充足水源，也易使沟床两侧坡面松散堆积物和破碎岩体及软弱岩土层形成崩塌、滑坡等，为泥石流形成创造物源条件。

四、泥石流基本特征

1. 泥石流灾害史及灾情、危害性分析

"5·12"地震之前青杠沟未发生泥石流，在震后 2008 年 7 月 9 日和 2009 年 8 月 3 日发生两次泥石流。2008 年 7 月 9 日的泥石流，在发生前降雨持续了 2 个多小时，泥石流总历时约 20 分钟，将上游震后形成的松散固体物质，大部分冲淤到了主沟的开阔地段处，冲毁一段村民自建土路，未造成其他损失。2009年8月3日的泥石流，在发生前降雨持续了2个多小时，泥石流总历时约10分钟，将上次泥石流堆积在主沟的固体物质冲出沟口，固体物质冲出量约为4500m³，堵塞了湔江河道，形成堰塞湖。

2. 泥石流发生频率和规模

青杠沟域"5·12"地震之前几十年未发生过泥石流，发生频率原本为低频，由于"5·12"地震影响泥石流发生频率增加，转变为高频。

根据青杠沟洪水位和过流断面实测资料，青杠沟一次泥石流堆积总量小于1万 m³，泥石流洪峰量在100～200m³/s之间，确定青杠沟泥石流规模为大型。

3. 泥石流类型

按泥石流集水区地貌特征划分，青杠沟泥石流属于沟谷型泥石流；按泥石流固体物质补给方式分类，青杠沟泥石流属于崩滑及沟床侵蚀型泥石流；按泥石流激发、触发及诱发因素分类，青杠沟泥石流属于暴雨型泥石流；按照泥石流动力特征分类，青杠沟泥石流属于水力类泥石流；按照泥石流流体性质分类，青杠沟泥石流属于稀性泥石流。

五、泥石流特征值计算

1. 泥石流流体重度

泥石流流体重度采用配浆法和查表法两种方法取得，而后综合取值。

配浆法：在泥石流堆积扇上进行了3组现场流体配浆试验，结果流体平均重度为1.713t/m³（表1）。

表1　现场配浆试验统计表

试验编号	重量/kg	体积/cm³	重度/(g/cm³)	备　　注
DR1	5.84	3600	1.62	平均重度1.713g/cm³
DR2	5.56	3200	1.74	
DR3	5.34	3000	1.78	

查表法：根据《泥石流灾害防治工程勘查规范》（DZ/T0220—2006）数量化评分，查表确定青杠沟泥石流重度1.745t/m³（泥沙修正系数 $\varphi=0.842$）。

综合取值：本次泥石流重度的综合取值采用查表法取得的结果。

2. 泥石流流速计算

青杠沟泥石流以稀性泥石流为主，采用公式（3-2）确定泥石流流速，结果见表2。

表2　泥石流流速、流量计算参数及结果一览表

频率 \ 参数	位　置	流域面积/km²	清水流量 Q_B/(m³/s)	泥石流流量 Q_C/(m³/s)	泥石流流速 V_c/(m/s)
5%	2-2'横断面	2.33	53.89	119.13	6.17
	7-7'横断面	2.85	64.93	143.51	6.09
	拟建格栅坝	3.23	68.32	151.01	5.66
	一、二号防护堤	3.36	68.43	151.25	5.53
	三、四号防护堤	3.52	68.76	151.99	5.53
2%	2-2'横断面	2.33	70.11	154.98	6.17
	7-7'横断面	2.85	84.43	186.63	6.09
	9-9'横断面	3.23	88.92	196.54	5.66
	14-14'横断面	3.36	89.10	196.95	5.53
	13-13'横断面	3.52	89.59	198.02	5.53

3. 泥石流流量

雨洪法：按公式（3-10）进行暴雨洪水流量计算，按公式（3-9）进行泥石流流量计算。结果见表2。

形态调查法：根据调查得到的泥石流泥位及求得的泥石流流速，按公式（3-8）计算泥石流流量，结果见表3。

综合取值：本次泥石流流量采用雨洪法计算的结果。

表3 青杠沟泥石流流速及流量计算结果一览表

控制断面位置	过流面积 W_c/m^2	泥石流流速 $V_c/(m/s)$	泥石流流量 $Q_c/(m^3/s)$
2-2′横断面	16.80	6.13	102.97
7-7′横断面	22.40	6.09	136.44
拟建格栅坝	25.50	5.66	144.36
拟建一、二号防护堤	26.65	5.53	147.48
拟建三、四号防护堤	27.30	5.53	151.08

4. 一次泥石流过流总量及固体物质冲出量

一次泥石流过流总量按公式（3-11）计算，一次泥石流冲出固体物质总量按公式（3-12）计算，结果见表4。

表4 一次泥石流过流总量和固体冲出量计算结果一览表

频率 \ 参数	位 置	流域面积/km²	一次泥石流总量/m³	一次泥石流冲出固体物质总量/m³
5%	2-2′横断面	2.33	12994.46	5867.20
	7-7′横断面	2.85	15654.24	7068.13
	拟建格栅坝	3.23	16472.53	7437.60
	一、二号防护堤	3.36	16498.22	7449.20
	三、四号防护堤	3.52	16578.70	7485.54
2%	2-2′横断面	2.33	16904.89	7632.81
	7-7′横断面	2.85	20357.76	9191.84
	9-9′横断面	3.23	21439.00	9680.03
	14-14′横断面	3.36	21483.15	9699.97
	13-13′横断面	3.52	21599.95	9752.71

5. 泥石流整体冲压力

泥石流冲击力分为流体整体冲击力和个别石块的冲击力。泥石流体整体冲压力按公式（3-13）计算，泥石流中大块石冲击力按公式（3-14）计算，结果见表5。

表5 泥石流体整体冲击力和大石块冲击力计算结果一览表

位 置	$V_c/(m/s)$	δ/kN	F/kN	W/kN
9-9′横断面	5.66	75.89	121.85	11.80

6. 泥石流爬高和最大冲起高度

泥石流爬高和最大冲起高度分别按公式（3-17）和公式（3-18）计算，结果见表6。

表6 青杠沟流域泥石流爬高和最大冲起高度计算结果一览表

控制断面位置	泥石流流速/(m/s)	泥石流最大冲起高度/m	泥石流爬高/m
拟建一、二号防护堤	5.53	1.56	2.50
拟建三、四号防护堤	5.53	1.56	2.50

7. 泥石流弯道超高

泥石流弯道超高按公式（3-19）计算，结果见表7。

表7 青杠沟流域泥石流弯道超高计算结果一览表

控制断面位置	泥石流流速/(m/s)	泥面宽度/m	泥石流弯道超高/m
拟建一、二号防护堤	5.53	20.5	1.31
拟建三、四号防护堤	5.53	21	1.45

六、泥石流发展趋势分析

根据泥石流的15项易发因素综合评估，青杠沟标准得分为108，属于易发泥石流沟。泥石流处于发展期（壮年期），在强降雨作用下易形成泥石流灾害。

"5·12"地震后，青杠沟流域内发生多处崩塌，可能参与泥石流活动的松散物动储量较多，虽经过两次泥石流的搬运，仍有一部分松散物源堆积于沟道内。如不对青杠沟及时进行工程治理，在强降雨作用下，将形成突发性泥石流，危害沟道两侧居民生命财产安全。

七、泥石流防治工程技术方案

本次治理工程采取以排导为主、拦挡为辅的治理思路，治理工程力求经济合理，技术先进和便于施工。为此考虑了两个治理方案。

比较方案一：中游单级格栅坝拦挡+下游护岸排导+下游沟道整理。

在青杠沟中游修建一座格栅坝，格栅坝横断面呈长方形布置，格栅段长44.5m，左岸边墙长11.7m，右岸边墙长23m，坝净高5.0m，钢筋混凝土结构，设计库容为7900m³。在青杠沟中游右岸小桥西侧上游修建1号导流防护堤，设计长35m。小桥西侧下游修建2号导流防护堤，设计长29m。在青杠沟下游沟口两侧修建导流防护堤，右岸3号导流防护堤长161.72m，左岸4号导流防护堤长87.9m。对主沟下游至银白公路区段沟道进行清碴处理，清理平均深度为1.8m。

比较方案二：中游多级谷坊坝拦挡+下游护岸排导+下游沟道整理

在青杠沟中游修建四座浆砌毛石结构谷坊坝，用于拦碴滞流，调节泥石流下泄固体物质总量；减缓河床纵坡，降低流速，提高侵蚀基准面，降低泥石流水动力条件，从而达到固源的目的。其中，1号谷坊坝距沟口银白公路1.02km，横断面呈梯形布置，坝顶长21.88m，坝底长11.69m，坝净高2.0m，设计库容为850m³。2号谷坊坝距沟口银白公路0.82km，坝顶长61.92m，坝底长47.83m，坝净高2.0m，设计库容为1080m³。3号谷坊坝距沟口银白公路0.74km，坝顶长37.04m，坝底长30.45m，坝净高2.0m，设计库容为1120m³。4号谷坊坝距沟口银白公路0.45km，坝顶长73.64m，坝底长64.16m，坝净高2.5m，设计库容为1980m³。其他导流防护堤及清碴工程与方案一相同。

八、防治工程方案评价

上述两个方案，从治理目的和针对性角度看，两个方案都是可行的。两方案不同之处在于，方案二为多级低坝而方案一为单级格栅坝。在审查会议上认为，由于管理部门间协调改造公路存在诸多困难，沟口公路桥难以扩大桥下过水桥洞有效过水断面，加之青杠沟上游粒径较大的漂石较多，上游宜采取拦粗排细的方案，应急治理可采用方案一。

我们的意见是：青杠沟流域内泥石流物源有其特点，崩塌、滑坡堆积物提供是其一，径流侵蚀提供是其二，而且后者占很大一部分。即在形成区和流通区，沟床堆积物及靠近主沟两侧的松散堆积物，受径流的长期侵蚀作用局部垮塌，尤其在泥石流作用下，侵蚀能力增强，使得这些原有松散堆积物被裹挟或冲刷，产生二次启动，形成泥石流物质来源。从固源防灾角度看，方案二治理效果更好，有效寿命更长。

实际治理工程采用的是方案一。青杠沟泥石流治理工程完工后，经受了 2011 年汛期泥石流的考验，有效的保护了当地安置点安全。但主沟中下游部分地段，受径流的侵蚀作用局部垮塌成为泥石流物源，致使拦挡工程满库，需要进一步采取治理措施。这也从另一个角度说明，采用多级谷坊坝拦挡固源的优越性和必要性。

九、结语

青杠沟原本为低频潜在泥石流沟，由于"5·12"地震，增加了丰富的固体物源，其发生频率和危险性大大增加，对灾后居民安置点、旅游度假村及下游公路构成严重威胁，采取防治措施很有必要。

青杠沟泥石流的评判和防治，不能只简单地依靠传统的、历史的数据资料，应充分考虑和重视"5·12"地震对次生地质灾害的"激活"和"放大"作用。

青杠沟泥石流物源以主沟内不稳定堆积物二次启动所占的比例较大，拦挡工程布设不宜单纯考虑拦蓄库容的大小，也应兼顾避免沟道内物源产生二次启动，以上游多级低坝拦挡、下游局部护岸排导和沟道整理相结合的综合治理措施为宜。

泥石流实例九：彭州市龙门山镇楼房沟泥石流特征与治理方案

马艳军　邢忠信　崔国树　黄云龙　邢化庐
（河北省地矿局第四水文工程地质大队）

一、前言

楼房沟泥石流位于彭州市龙门山镇九峰村 2 社，流域面积 $0.66km^2$，主沟长 1.866km，无支沟。沟谷纵坡降大，形成区纵坡降 552‰，流通区纵坡降 231‰，堆积区纵坡降约 152‰。"5·12"地震后，沟内产生多处滑坡和崩塌，构成了泥石流的主要物源。松散固体物源总量 9.49 万 m^3，可启动量为 1.68 万 m^3，主要分布在形成区和流通区。泥石流直接威胁着沟口农家乐及旅游者的生命财产安全，急需治理。根据沟域特点，提出了两套治理工程比选方案，即"修建 1 座谷坊坝＋2 座格栅坝＋防护堤＋清淤"与"修建 1 座谷坊坝＋1 座格栅坝＋导流堤＋防护堤"。

二、地质环境条件

楼房沟地处垄状脊状中山地貌区，地势西北高东南低，山体走向北东南西向，山脊狭窄，沟谷切割较深，呈"V"字形。地层为三叠系上统须家河组、三叠系下统和第四系冲洪积层、残坡积层、滑坡堆积层、泥石流堆积层等。

楼房沟位于龙门山构造带中段，映秀—北川断裂从泥石流沟中上部呈南西—北东向穿过。该断裂为一条现今仍在活动的压扭性逆冲断层，元古界黄水河群的石英片岩、安山岩逆冲于三叠系之上，切割深度较大，破碎带宽度为数米至 80m。地震动峰值加速度为 0.20g，地震动反应谱特征周期 0.35s，抗震设防烈度为 Ⅷ 度。

沟域地下水类型主要有第四系孔隙水及基岩裂隙水两类。第四系孔隙水主要赋存于第四系残坡积层的松散层孔隙中，基岩裂隙水主要储存在低山地带岩体表面风化带中。

三、泥石流形成条件分析

1. 地形地貌及沟道条件

楼房沟流域面积 $0.66km^2$，主沟长 1.866km，无支沟，可分为 3 段（图 1）。

（1）形成区。为中山—低山沟谷地貌，沟长 1.05km，面积为 0.343km²；海拔 1320～1900m，相对高差 580m，沟谷纵坡降 552‰；沟谷断面以"V"字形为主，纵向上呈折线型，上游跌坎发育，谷底一般宽 6～15m，谷坡坡度一般 30°～80°。

（2）流通区。为中山—低山沟谷地貌，沟长 0.65km，面积 0.311km²；高程 1170～1320m，相对高差 150m，纵比降 231‰，沟谷断面以"V"字形为主，纵向上呈直线型，沟谷内跌坎发育，谷坡坡度一般 30°～70°，局部接近 80°。

（3）堆积区。地形比较开阔，面积约 0.056km²，海拔 1144～1170m，纵比降约 152‰。大量堆积物挤压下游沟道—玉石沟，致玉石沟沟道明显变形。

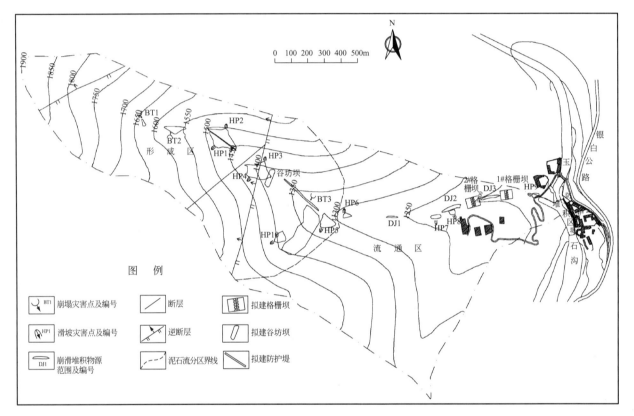

图 1　楼房沟泥石流应急勘查工程地质与治理工程方案平面示意图

2. 物源条件

"5·12"地震后，楼房沟泥石流沟内产生多处滑坡和崩塌，构成了泥石流的主要物源。主要分布在形成区和流通区，其中包括滑坡堆积物 10 处，崩塌堆积物 3 处，沟道堆积物 3 处，松散固体物源总量 9.49 万 m³，可起动量为 1.68 万 m³。其中，10 处滑坡堆积物方量 8.82 万 m³，可起动量为 1.36 万 m³；3 处崩塌堆积物方量 0.45 万 m³，可起动量 0.19 万 m³；3 处沟道堆积物方量 0.22 万 m³，可起动量 0.13 万 m³。滑坡堆积物大部分滑体仍存留于斜坡体上，一部分已滑到沟底堵塞下方沟道。崩塌堆积物主要分布于形成区主沟两侧，岩性破碎。沟道堆积物，主要是泥石流发生后，部分松散固体堆积物堆于沟底。

3. 水源条件

降雨是引发楼房沟泥石流暴发的主要诱因。工作区地处彭州市西北一带暴雨中心边缘地带，多年平均降雨量 1350mm，日最大降雨量 167.0mm 左右，小时降雨量 69.7mm。汇水区平面形态呈椭圆形，降雨后地表水的汇集速度较快，为泥石流形成创造了条件。工作区内每年有雨日数高达上百天，持续的降雨不仅增大了坡体的自身重量，还促使坡体软化和滑面抗剪强度降低，从而降低了泥石流起动的临界雨量。

四、泥石流基本特征

1. 泥石流灾害史及灾情、危险性分析

（1）泥石流灾害史及灾情

通过现场踏勘和调查访问，地震前 20 年该沟未发生过泥石流。"5·12"地震后沟谷发生过 5 次泥石流，2008 年 7，8 月发生 2 次，2009 年 7，8 月发生 3 次。推测 2008 年发生泥石流时的降雨量接近 5 年一遇，2008 年 7 月 13 日，楼房沟第一次小规模的泥石流发生前降雨持续了 2 个多小时，泥石流总历时约 10 分钟，本次泥石流固体物质一次冲出量约 1900m³，固体物淤埋面积约 1700m²，泥石流固体物为块碎石土，块碎石成分为砂岩、粉砂岩和泥岩。2008 年 8 月 12 日楼房沟第二次小规模的泥石流发生前降雨持续了几小时，泥石流总历时约 10 多分钟，本次泥石流固体物质一次冲出量约 2400m³，固体物淤埋面积约 2200m²，泥石流固体物为块碎石土，块碎石成分为砂岩、粉砂岩和泥岩。2009 年 7 月 17 日楼房沟发生了第三次小规模的泥石流，这次泥石流是由于 15～17 日的持续降雨所致，泥石流固体物质一次冲出量约 2600m³，固体物淤埋面积约 3500m²，泥石流固体物为块碎石土，块碎石成分为砂岩、粉砂岩和泥岩。最大一次泥石流发生于 2009 年 8 月 10 日，由于连续数小时强降水所致，泥石流固体物质一次冲出量约 3000m³，固体物淤埋面积约 4800m²，泥石流固体物为块碎石土，块碎石成分为砂岩、粉砂岩和泥岩。泥石流将玉石沟左侧农家乐楼房的一层淤埋，造成了一定的经济损失。2009 年 8 月 22 日，楼房沟发生了第五次小规模的泥石流，这次降雨相对前几次较小，发生的规模及影响范围相对较小，泥石流固体物质一次冲出量约 1300m³，固体物淤埋面积约 2100m²，泥石流固体物为块碎石土，块碎石成分为砂岩、粉砂岩和泥岩。五次泥石流累计堆积了约 1.22 万 m³ 固体物质。

（2）泥石流危险区范围及险情

楼房沟泥石流危险区范围主要为沿沟两岸预测最高泥位线以下区域及楼房沟沟口泥石流威胁的区域，危险区面积为 0.03km²。

（3）泥石流堵溃下游河道的可能性分析

楼房沟发生 5 次灾害性泥石流，泥石流携带大量碎块石堵塞了下一级河流——玉石沟，目前玉石沟淤积状况严重，玉石沟受挤压而偏移。

2. 泥石流类型

根据实地调查，楼房沟泥石流主沟发育于山体深切沟谷地带，物质来源为主沟两侧山坡及沟床松散堆积物，主要属于沟谷型泥石流。

楼房沟泥石流在形成过程中，固体物质主要由滑坡、崩塌提供，在运动及发展过程中，固体物质主要由沟床堆积物侵蚀提供，属于崩滑及沟床侵蚀型泥石流。

流域的泥石流主要由于暴雨或特大型暴雨引起，按激发、触发及诱发因素分类，属于暴雨型泥石流。

楼房沟泥石流的发生，其固体物质是靠水体提供推移力引起和维持其运动的，属于水力类泥石流。

3. 泥石流各区段冲淤特征

（1）形成区的冲淤特征表现为以冲为主的特征。现场调查未发现显著的冲刷迹象，主要原因为这些沟段主要位于沟谷上游地区，虽然纵比降较大，但汇水面积较小，因此尚不形成强烈冲刷所需的水动力条件。

（2）流通区的冲淤特征视不同沟段而表现出不同的特点，其冲淤现象也会出现一定的差异，由于该段沟谷纵比降相对较大（平均 231‰），沟床相对狭窄一般 6～15m，沟道下切较为强烈，这些特点决定，在具备较强的水动力条件时，泥石流冲蚀作用通常大于堆积作用，其冲淤特征表现为以冲为主的特点。

（3）堆积区由于地形变缓，地形开阔等原因，冲淤特征表现为以淤积为主的特点。目前大量的泥石流松散物堆积在该区域。

4．泥石流发生频率和规模

根据以往楼房沟泥石流的灾害史，该泥石流为高频泥石流，泥石流发展阶段为发展期。

根据2009年8月10日楼房沟一次泥石流堆积总量3400m³，洪峰流量40m³/s，确定泥石流规模为小型。

5．泥石流的成因机制和诱发因素

楼房沟地处彭州市西部地区，地质构造复杂，断裂发育，岩体破碎较严重，区域内昼夜温差大，基岩风化带较厚，河流侵蚀强烈，在人类活动及地震作用下形成滑坡、崩塌等地质灾害，大量松散物质堆积于沟床及两侧，为泥石流形成提供了充足的固体物源。

鼓州市西部地区地处中低山区，经常发生强降雨，产生洪流，在狭窄陡深的沟谷中产生强大的动能，为泥石流的产生提供了水动力条件。

从上述分析来看，楼房沟泥石流流域的固体物质、水源条件和地形条件，都有利于泥石流的发生和活动。但泥石流发生与否及其规模大小，主要取决于降雨量和降雨强度。

五、泥石流基本特征值的计算

1．泥石流流体重度

泥石流流体重度采用配浆法和查表法两种方法取得，而后综合取值。

配浆法：在泥石流堆积扇上进行了3组现场流体配浆试验，采用公式（3－14）计算泥石流重度值，结果为1.683t/m³。

查表法：根据《泥石流灾害防治工程勘查规范》DZ/T0220—2006）数量化评分，查表确定泥石流重度为1.738t/m³。

根据当地情况，本次泥石流重度的综合取值采用配浆法取得的结果1.683t/m³，确定泥石流性质为稀性泥石流。

2．泥石流流速

楼房沟泥石流为稀性泥石流，采用公式（3－2）确定泥石流流速，结果见表1。

表1　泥石流流速计算结果一览表

断　面　位　置	沟道宽度/m	泥石流流速 V_c/(m/s)
拟建谷坊坝	9.70	7.45
拟建1号格栅坝	7.53	4.20
拟建2号格栅坝	7.44	4.41
拟建导流堤	9.71	4.02
拟建防护堤	37.2	3.98

3．泥石流流量

为满足泥石流勘查及防治工程设计的需要，本次在楼房沟不同沟段、拟设治理工程等部位选择了5个典型断面进行泥石流流量计算。

雨洪法：按公式（3－10）进行暴雨洪水流量计算，按公式（3－9）进行泥石流流量计算。结果见表2。

表2　泥石流流量计算结果一览表

频率 \ 参数	拟建位置	流域面积/km²	清水流量 Q_p/(m³/s)	泥石流流量 Q_C/(m³/s)
5%	谷坊坝	0.22	9.67	22.75
	1号格栅坝	0.63	20.59	48.42
	2号格栅坝	0.61	20.90	49.15
	导流堤	0.65	20.67	48.62
	防护堤	0.66	20.67	48.62

续表

频率＼参数	拟建位置	流域面积/km²	清水流量 Q_p/(m³/s)	泥石流流量 Q_C/(m³/s)
2%	谷坊坝	0.22	12.56	29.54
	1号格栅坝	0.63	26.78	62.97
	2号格栅坝	0.61	27.16	63.88
	导流堤	0.65	26.90	63.26
	防护堤	0.66	26.27	61.79

形态调查法：根据泥石流泥位及求得的泥石流流速，按公式（3-8）计算泥石流流量，结果见表3。

表3　泥石流流量计算结果一览表

拟建位置	沟道平均宽度/m	断面峰值流量 Q_C/(m³/s)
谷坊坝	9.70	31.81
1号格栅坝	7.53	88.54
2号格栅坝	7.44	87.79
导流堤	9.71	90.17
防护堤	37.20	99.18

综合取值：采用形态调查法求得的泥石流峰值流量普遍大于雨洪法求得的结果。楼房沟发生过5次泥石流，沟道内泥痕、泥位清晰可见，所以形态调查法的结果更为准确，因此，泥石流峰值流量采用形态调查法计算的结果。

4. 一次泥石流过流总量，一次泥石流固体冲出物

一次泥石流过流总量按公式（3-11）计算，结果为0.71万 m³。

一次泥石流冲出固体物质总量按公式（3-12）计算，结果为0.32万 m³。

根据工程设计有效期内泥石流发生两次计算，泥石流总量为1.42万 m³，泥石流两次冲出固体物质量总和为0.64万 m³。

5. 泥石流冲击压力

泥石流冲击压力分为流体整体冲击力和个别大石块的冲击力。泥石流体整体冲击力按公式（3-13）计算，结果见表4。

表4　泥石流体整体冲击力计算表

位置	V_C/(m/s)	受力面与泥石流冲压力方向的夹角 α/(°)	δ/kN
谷坊坝	7.45	90	144.70
1号格栅坝	4.20	90	45.99
2号格栅坝	4.41	90	50.70
导流堤	4.02	90	42.13
防护堤	3.98	90	41.30

泥石流中大块石冲击力按公式（3-14）计算，结果见表5。

表5　泥石流中最大块石运动速度和冲击力计算表

沟名	a	d_{max}	V_s	F/kN	备注
楼房沟	4	2.7	6.57	201.31	

6. 泥石流最大冲起高度及弯道超高

泥石流在受到陡壁阻挡时，会产生冲起，在拟建格栅坝处冲起最大高度按公式（3-17）计算，结果为2.83m。

泥石流弯道超高按公式（3-18）计算，结果为0.20m。

六、泥石流发展趋势分析

根据泥石流的15项易发因素综合评估，综合评分为107分，泥石流沟易发程度为易发。"5·12"地震后，2年内楼房沟发生了5次泥石流，属于高频泥石流，目前所处发展阶段为发展期（壮年期）。

"5·12"地震后，楼房沟流域内发生多处崩塌、滑坡，可能参与泥石流活动的松散物动储量较多，在暴雨诱发下易形成局部崩滑堵塞沟道引发泥石流灾害，如对楼房沟不及时进行工程治理，在强降雨作用下，将形成突发性泥石流，危害沟道下游居民生命财产安全。

七、泥石流防治工程技术方案

1. 总体防治思路

震后楼房沟泥石流沟的主要特征如下：

（1）楼房沟泥石流沟具有物源点多，方量大的特点，物源分布在沟中上游，沟谷狭窄，有简易的小路在沟内通过，由于主沟内有两处较大的滑坡物源，可以考虑在适当部位采取谷坊坝固源进行治理。

（2）在泥石流的流通区沟道坡降较缓，在适当的位置可以布置格栅坝，由于该沟道内有常年的溪水流出，采用格栅坝的好处在于拦大排细，将较大的碎石、块石拦截在沟道内，细小的颗粒物源随水排出沟外。

（3）泥石流堆积区地形狭窄，没有适合储集泥石流物质的空地、荒地，无储淤场可选。

（4）通过对主河玉石沟河床进行调查来看，该河洪水期水位高出河底1~2m左右，河道宽约6~20m，坡度较陡。楼房沟堆积区内的块石粒径0.1~0.7m占50%；粒径0.7~0.8m块石占30%；砾石占20%。在楼房沟堆积区下游地段，堆满大小块石，粒径0.3~0.6m块石占10%；粒径0.1~0.3m块石占30%；粒径0.04~0.1m碎石占50%；砾石占10%。根据下游段和堆积区块石粒径的比较和分析来看，主河具有一定的搬运能力，能将楼房沟堆积区内大部分松散物携带到下游。为此可以采用排导的方式来疏散泥石流堆积物。

（5）沟道两侧覆盖有大量的灌木、草、水杉树，长势较好，且当地降雨量丰富，可以考虑在坡面采用生物工程来治理。

（6）泥石流危害对象主要分布在下游沟口堆积区。

根据以上泥石流沟的几个特点，泥石流的防治要因地制宜，实行小流域综合治理。采取治沟与治坡兼顾，工程措施与生物措施相结合的综合治理方案。治理沟谷的目的是直接起到稳坡固源，有效减少泥石流向下游输送沙石量等作用；坡面是泥石流固体和水源的主要源地，通过治坡控制坡面的崩塌、滑坡等不良地质作用，改变泥石流物源、水源的补给条件，抑制泥石流的发生和发展，延长沟谷工程的寿命。沟谷治理以工程措施为主，坡面治理以生物措施为主。近期以工程措施为先导，远期以生物措施和监测预警预报相结合。

2. 工程措施

工程措施主要由谷坊、拦挡、排导和沟坡整治等工程组成。治理工程力求经济合理，技术先进和便于施工。为此，楼房沟泥石流的治理考虑了下列两种治理方案。

方案一：修建1座谷坊坝+2座格栅坝+防护堤+清淤（见图1）。

（1）谷坊工程。在流域上游的形成区，泥石流物质主要为滑坡、崩塌坡积物及沟床堆积物质，为控制泥石流发生的规模，减少物质来源，在楼房沟主沟内上游建造谷坊坝1座，起到固源压坡脚作用，稳固沟床，防止山洪掏刷沟岸，避免两岸崩滑体的发展，减少泥沙石块向下游的输送量。谷坊坝设计横断面呈梯形布置，坝顶长 14.2m，坝底长 9.2m，坝净高 2.5m，溢流口高 1.6m，安全超高 0.8m，基础埋深 1.5m。坝体主体采用浆砌毛石结构，设计库容为 270m³。

（2）拦挡工程。考虑到下游玉石沟的输送能力，在泥石流流通区修建两座格栅坝（梳齿坝）。

一号格栅坝位于主沟下游出口处，格栅坝设计横断面呈长方形布置，格栅段长 10m，坝净高 5.5m。桩墩采用钢筋混凝土结构，设计库容为 3747m³。

二号格栅坝位于 1 号格栅坝上游，格栅坝设计横断面呈长方形布置，格栅段长 10m，坝净高 5.5m。桩墩采用钢筋混凝土结构，设计库容为 3199m³。

（3）清淤工程。对楼房沟沟口至玉石沟的堆积区内松散物进行清淤，清淤范围 2350m²，深度为 3.4m，方量约 0.8 万 m³，堆放场所位于楼房沟下游 2km 处。

（4）防护堤工程。为保障农家乐生命财产安全，对其紧邻玉石沟一侧修建防护堤，与原有的防护堤相连接。防护堤长度为 95.46m，顶宽 0.8m，基础埋深 1.5m，安全超高 0.5m。采用浆砌毛石结构。

方案二：修建 1 座谷坊坝＋1 座格栅坝＋导流堤＋防护堤

（1）谷坊坝及格栅坝的设计与方案一相同。

（2）由于楼房沟沟口正冲农家乐，且与玉石沟正交，泥石流容易堵塞玉石沟河道，为保障农家乐生命财产安全，消除对玉石沟河道的影响，在沟口顺下游修建单边导流堤，采用钢筋混凝土结构，长度约 100m，并对导流堤内的堆积松散物进行清淤。

（3）防护堤的设计与方案一相同。

两种方案的比选如下：

从治理目的和针对性角度看，两种方案均为可行的。方案一以拦挡为主，排导为辅，方案二拦挡、排导并举。两个方案通过修建谷坊坝和格栅坝，对泥石流进行拦挡，将主要固体物源拦截在沟内，又对农家乐进行有效保护，从而避免了泥石流对下游沟口 5 户农家乐的危害，治理措施具有重点突出，技术可靠的特点。两方案不同之处在于，方案二较方案一少了大量的清淤工程而增加了钢筋混凝土结构的导流堤。方案一通过清淤，疏通了玉石沟，一定程度上消除了楼房沟泥石流对玉石沟河道的影响，并为今后楼房沟一旦发生泥石流提供了一定的停淤场所，工程量和费用较方案二有所减少，施工难度也较小。但今后运行的维护难度较大，后期的清淤工程任务较重，且安全系数不如方案二大。审查会议认为方案一工程量和费用较方案二有所减少，施工难度也较小，应急治理可采用方案一。我们的意见是，泥石流的发生不确定因素较多，从长远和安全的角度，方案二较合适。

3. 生物措施

对全流域采取封山育林及植树造林等措施，有效地建立起水源涵养林、水土保持林、薪炭林、工程防护林、经济林等，采用乔、灌、草相结合的立体方案，扩大流域内乔灌草被及森林覆盖率，使生态平衡得到恢复。通过生物措施，截滞、拦蓄大量的降水地表径流，减少水土流失，达到逐渐控制泥石流的发生或消减泥石流的规模之目的。

八、结语

楼房沟泥石流沟的评判和防治，不能简单地依靠传统的、历史的数据资料，应充分考虑和重视"5·12"地震的影响。楼房沟泥石流与其他泥石流有相似之处，在于"5·12"地震后，造成山体滑坡、崩塌等灾害形成大量松散物从而引发泥石流。与其他泥石流有所不同之处在于该泥石流沟纵向坡度大，沟道狭窄，主沟内的松散物源丰富，总量约 9.49 万 m³，其中滑坡松散物方量 8.84 万 m³，崩塌松散物方量 0.445 万 m³，沟道堆积物方量 0.22 万 m³。2008～2009 年两年间就发生了 5 次泥石流，发生的频率之高也属少见，发生泥石流后，挤压主河道玉石沟，使其弯曲变形，进而威胁附近的农家乐，采取防治措施很有必要。

楼房沟泥石流的防治宜实行小流域综合治理，采取治沟与治坡兼顾，工程措施与生物措施相结合的综合治理方案。沟谷治理以工程措施为主，坡面治理以生物措施为主。近期以工程措施为先导，远期以生物措施为主。为防患于未然，应加强监测和预警预报，以尽量减少损伤。

泥石流实例十：都江堰市龙池镇磨刀沟泥石流特征与治理方案

刘和民　王卫东　梁国琴　王建辉　曾令海

（河北省地矿局第四水文工程地质大队）

一、前言

磨刀沟位于都江堰市龙池镇西南，岷江支流龙溪河右岸，沟域面积 2.76km²，主沟长约 2.79km，相对高差约 983m，平均沟床纵比降 327.4‰。磨刀沟为震后排查确定的泥石流地质灾害隐患点。受 "5·12" 地震影响沟谷内存在大量松散物源，同时因修路下游原有明渠改为排水涵管，极易堵塞，一旦遇暴雨极易产生规模较大的泥石流，威胁沟道下游居民临时安置点及龙溪隧道连接线和环湖旅游公路。防治工程采用 "排导（沟道整理）、防护为主、拦挡为辅" 的措施。

二、地质环境条件

磨刀沟位于都江堰市龙池镇西南，岷江支流龙溪河右岸，处低中山、中山褶皱断裂构造侵蚀地貌区，地势西北高东南低。沟域出露地层由三叠系和第四系冲洪积层、残坡积层、崩积层、滑坡堆积层地层组成。区域地质构造复杂，断裂发育，映秀断层从工作区南部穿过。区域地震动峰值加速度为 0.2g，地震基本烈度为Ⅷ度。

地下水类型主要有第四系孔隙水及基岩裂隙水两类。第四系孔隙水主要赋存于第四系残坡积层的松散层孔隙中，构造裂隙水主要储存在岩体表面风化带中，接受大气补给，排泄方式为大气蒸发或泉水出露。水质类型均为重碳酸钙或重碳酸钙镁型水。

区内主要人类工程为开荒伐木和交通建设。高速公路尤其是龙溪隧道建设改变了磨刀沟下游原有排水通道，同时大量废碴石堆积于下游入河口区并形成人工平台。

三、泥石流形成条件分析

1. 地形地貌及沟道条件

磨刀沟流域面积 2.76km²，主沟长约 2.79km，相对高差约 983m，平均沟床纵比降 327.4‰。沟域为中低山构造侵蚀地貌，岸坡陡峻，支沟较发育。整个沟域划分为泥石流形成区、流通区和堆积区（图 1）。

形成区：分成左右两个支沟，平面形态呈树叶状，总面积为 2.57km²。其中左支沟面积约 1.09km²，沟长 2.31km，沟谷纵坡降 405.2‰；右支沟面积约 1.48km²，沟长 2.25km，沟谷纵坡降 370.6‰。沟谷断面以 "V" 字形为主，纵向上呈折线型，上游跌坎发育，谷底一般宽 1～10m，谷坡坡度一般 30°～70°，局部接近 80°。

流通区：面积 0.016km²，沟长 0.27km，高程 894.76～938.32m，纵比降 160.6‰。沟下游流通段内由于人工修路活动，大量弃碴填埋原有沟道，原有明渠改为地下涵管，人工活动已严重破坏地质环境和影响正常排洪。

堆积区：磨刀沟堆积区位于海拔 894.76～831.29m 之间，面积约 0.96km²。堆积区段有修建高速公路隧道弃碴石，地势较平坦开阔，已作为居民安置点，有临时的宽约 2.5～3.5m，深 2.6～4.0m 简易沟槽。

经过 "5·12" 地震的影响，地貌的变化主要表现为一方面山体崩塌，破坏了局部地段山体的完整性，崩积物顺坡滚落后停留在坡面或坡脚地带常形成倒锥形或不规则堆积体；另一方面山体小规模滑坡，在坡脚或临沟地带形成滑坡堆积地貌，并在上部产生滑坡壁、圈椅状地形等新的微地貌单元。

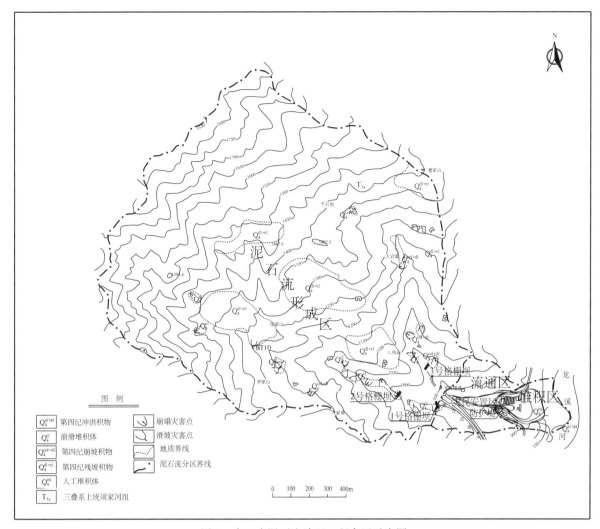

图1 磨刀沟泥石流治理工程布置示意图

2. 物源条件

磨刀沟域固体物源主要分布在支沟交汇口上游形成区和主沟下游沟谷内，地震前沟域内植被覆盖较好，坡面岩土体结构均较稳定；震后部分岩体崩塌、滚落和松散岩土体滑塌。形成区段有滑坡堆积物10处，松散物方量1.44万 m³；崩塌堆积体有10处，松散物方量0.80万 m³，沟床坡积物2处，体积约0.61万 m³，松散物源总量为2.85万 m³；主沟下游人工堆碴平台1处，体积34.95万 m³。沟域总松散物源量37.8万 m³，可启动物源约3.1万 m³。详见表1。

表1 磨刀沟泥石流物源类型及方量表

类 型	修路人工弃碴堆积	沟床坡积物	滑坡崩塌堆积体	物源总量	可启物源量
方量/万 m³	34.95	0.61	2.24	37.80	3.1

3. 水源条件

磨刀沟流域多年平均降水量为1300～1800mm，日最大降水量为130mm，1小时最大降水量为40mm，10分钟最大降水量为15mm。磨刀沟地区降水的形式和过程不仅为泥石流形成提供了充足水源，也易使沟床两侧松散堆积物及破碎岩体形成崩塌体，为泥石流形成创造了条件。

四、泥石流基本特征

1. 泥石流灾害史及灾情

磨刀沟域近50年来未发生灾害性泥石流。1959年7月份发生洪水灾害，冲淹部分低洼农田和房屋。受"5·12"地震影响流域内产生大量崩塌、滑坡松散堆积物源，经排查后确定磨刀沟为泥石流灾害隐患点。

2. 泥石流类型

泥石流主沟发育于山体深切沟谷地带，按泥石流集水区地貌特征划分，磨刀沟泥石流属于沟谷型泥石流。

泥石流在形成过程中，固体物质主要由滑坡、崩塌和人工堆积碴石提供，属于崩滑及弃碴型泥石流。

龙溪河流域的泥石流主要由于暴雨或特大型暴雨引起，磨刀沟泥石流属于暴雨型泥石流。

磨刀沟为潜在泥石流沟，地震前发生频率为低频，由于受"5·12"地震及沟内人工活动、修路影响，使泥石流发生概率大大增加。

3. 泥石流活动强度及危险性评估

泥石流活动强度按《泥石流灾害防治工程勘查规范》（DZ/T0220—2006）表6进行判别，综合判定磨刀沟泥石流活动强度为较强。

泥石流致灾能力按《泥石流灾害防治工程勘查规范》（DZ/T0220—2006）表7进行判别，磨刀沟泥石流活动较强、规模中型、发生频率为低频，综合致灾能力较强。

磨刀沟上中游沿沟道两侧及下游泥石流活动危险区有云华村部分村民及围湖公路，泥石流潜在危险性等级为中型。

五、泥石流基本特征值计算

1. 泥石流流体重度

磨刀沟多年未发生过泥石流灾害，无法采用现场调查试验法测定泥石流流体重度，根据物源特征、易发程度评分等采用查表法确定泥石流流体重度为 1.60t/m³。

2. 泥石流流速

根据磨刀沟内泥石流物源特征，以稀性泥石流为主，采用公式（3-2）、公式（3-3）计算泥石流流速，结果见表2。

采用公式（3-15）计算泥石流浆体中最大石块运动速度，其中摩擦系数值取4.0，最大石块的粒径取值0.9m，计算结果为4.2m/s。

3. 泥石流流量

磨刀沟多年未发生过泥石流灾害，泥石流流量采用雨洪法，按公式（3-9）、公式（3-10）计算；其中泥石流泥砂修正系数取0.577，泥石流堵塞系数综合取值1.3，结果见表2。

表2 泥石流流速流量计算结果一览表

频率 \ 参数	位置	流域面积/km²	清水流量 Q_B/(m³/s)	泥石流流量 Q_C/(m³/s)	泥石流流速 V_C/(m/s)
5%	3号坝	1.019	11.333	23.234	6.83
	2号坝	1.418	17.613	36.108	6.90
	1号坝	1.513	17.664	36.213	6.90
	沟口	2.76	30.411	62.346	6.01
2%	3号坝	1.019	15.305	31.377	6.83
	2号坝	1.418	23.635	48.455	6.90
	1号坝	1.513	23.744	48.678	6.90
	沟口	2.76	40.746	83.532	6.01

4. 一次泥石流过流总量和一次泥石流固体冲出物

一次泥石流总量按公式（3-11）计算，结果为0.35万m³。

一次泥石流冲出的固体物质总量按公式（3-12）计算，结果为 0.13 万 m³。

5. 泥石流冲击力

泥石流冲击力分为流体整体冲压力和个别石块的冲击力，计算结果见表 3。

表 3 泥石流体整体冲击力和大石块冲击力计算表

位　　置	V_C/(m/s)	δ/kPa	F/kN
1 号格栅坝	6.904	112.18	253.67
2 号格栅坝	6.897	111.95	253.42
3 号格栅坝	6.825	109.56	250.77

6. 泥石流冲起高度

泥石流在受到陡壁阻挡时，冲起最大高度按公式（3-17）计算，结果为 2.3m。

六、泥石流发展趋势分析

根据泥石流的 15 项易发因素评估，磨刀沟泥石流主沟的侵蚀速度小于支沟的侵蚀速度，沟口老扇形地扇缘及扇高在增长中，变幅为 0.2～1.0m；地震后存在充足松散物源，在强降雨作用下可能形成泥石流灾害。综合评分为 87 分。属于中等易发泥石流沟。

"5·12"地震后，磨刀沟流域内发生多处崩塌，可能参与泥石流活动的松散物动贮量较多，如对磨刀沟不及时进行工程治理，在强降雨作用下，将形成突发性泥石流，危害沟道下游临时安置点居民生命财产安全及龙溪隧道连接线和龙池环湖旅游主干道的畅通。

七、泥石流防治工程技术方案

1. 防治工程方案

磨刀沟泥石流形成区面积占流域面积的 1/2 以上，不稳定的物源主要分布在磨刀沟区。"5·12"地震使泥石流沟内残坡积物大量变形失稳，泥石流物源源主要为滑塌、崩坡积物及沟床堆积物质。治理的目的是保障居民临时安置点的安全及龙溪隧道连接线、环湖旅游主干道的畅通。防治工程方案要结合泥石流类型、规模及活动规律等采取相应的工程措施。根据磨刀沟泥石流沟灾害特点，考虑了两个治理方案。

方案一：排导、防护为主、拦挡为辅。泥石流形成段适当拦蓄物源，支沟交汇口以上建坝，以消减能量和调节泥石流流量；主沟下游沟道有保护对象一侧修建防护堤保护居民及住房，其余基本维持原过水断面，充分利用现有排导设施排导。

（1）拦挡工程

支沟交汇口以上泥石流形成区段，建 3 座格栅坝（缝隙坝）进行消能和调节流量。

设计 1 号格栅坝位于右支沟沟口处，为泥石流形成区下游，坝体横断面呈长方形布置，格栅段长 10.4m，两侧边墙长 19.5m，坝净高 5.0m，混凝土桩墩 5 根，在格栅坝桩墩之间设置工字钢格梁，横向净距 1.2m。桩墩采用钢筋混凝土结构，两边墙采用浆砌块石结构。

设计 2 号格栅坝位于右支沟的下游，坝体横断面呈长方形布置，格栅段长 10.0m，两侧边墙长 12.5m，坝净高 5.0m，混凝土桩墩 5 根。格栅坝桩墩之间净距 1.0m。桩墩采用钢筋混凝土结构，两边墙采用浆砌块石结构。

设计 3 号格栅坝位于左支沟的下游，坝体设计横断面呈长方形布置，格栅段长 10.0m，两侧边墙长 10.5m，坝净高 4.0m，混凝土桩墩 5 根。格栅坝桩墩之间净距 1.0m。桩墩采用钢筋混凝土结构，两边墙采用浆砌块石结构。

（2）防护工程

支沟交汇口以下主沟下游段沟道，有保护对象一侧修建浆砌石防护堤，长度为 59.2m，防护堤顶宽 0.6m，基础埋深 1.5m，采用浆砌块石结构。

（3）排导工程（沟道整理）

清理下游流通段内的弃碴，拆除下游排水涵管，恢复原排水沟道。其余沟段的现有排导沟道可继续利用。

方案二：清除沟道上游松散物源＋下游防护治理

（1）清碴工程

泥石流沟上游形成区内物质主要为崩滑堆积体、残坡积碎石土和冲洪积物，不稳定松散物源总量为 2.85 万 m³。为此采取清除沟道内松散物源，从源头上消除泥石流形成的物源条件。

（2）防护、排导工程

排导工程及防护堤的设计与方案一相同。

2. 防治方案比选

两方案的区别在于：方案一是选择性的拦截大粒径固体物质来源、调节流量，在泥石流物源形成区内修建拦蓄、调量功能格栅坝；方案二是在泥石流物源形成区内有针对性清除松散物源，消除泥石流发生的物源条件。从治理效果上两套方案都是可行的，但是方案二中由于部分崩滑堆积体位于沟道中上部，坡面较陡，施工条件难度大，交通条件差，清除物源工作存在危险性和安全隐患。经综合比较，磨刀沟泥石流治理措施方案选择方案一。

八、结语

（1）地震前磨刀沟沟谷流域内植被覆盖较好，坡面岩土体结构均较稳定，在强地震作用下形成滑坡、崩塌等地质灾害，大量松散物质堆积于沟床及两侧，为泥石流形成提供了充足的固体物源，为震后新增泥石流灾害隐患点。

（2）磨刀沟为潜在泥石流沟，泥石流类型为暴雨、沟谷型泥石流，易发程度为中易发，泥石流活动性较强，潜在危险性等级为中型。

（3）治理采用排导、防护为主，拦截大粒径固体物质来源、调节流量为辅的方案。在泥石流物源形成区内修建拦蓄、调量功能格栅坝，在下游沟道有保护对象一侧修建防护堤，进行沟道整理，利用原有沟道排导。特点是对沟道上游固体颗粒物质进行选择性拦蓄，对村民及住房进行防护治理，充分利用原有沟道排导尽量减少工程量，体现了点面结合，重点突出，技术可靠，施工难度小的治理理念。

（4）从长远考虑，磨刀沟泥石流的防治宜实行小流域综合治理，工程措施与生物措施相结合。为防患于未然，建议于防治工程实施以后，加强对该泥石流沟的监测和预警预报，并加强对治理工程的管理和维护。

泥石流实例十一：都江堰市紫坪铺镇纸厂沟泥石流特征与治理方案

尹丽军　邢忠信　崔国树　崔爱敏　孙冬义

（河北省地矿局第四水文工程地质大队）

一、前言

都江堰市紫坪铺镇纸厂沟泥石流为"5·12"地震新增的地质灾害隐患点，位于都江堰市紫坪铺镇以西约 5km 处，距离"5·12"地震震中映秀镇约 6km。沟域面积 6.87km²，主沟长约 4.94km，相对高差约 1579m，平均沟床纵比降 319.7‰。地震前纸厂沟内山青水秀，下游沟道两侧村民沿沟建房。受地震影响，上游沟道两侧出现了崩塌、滑坡，另外震后采矿、修路等又形成了大量的弃碴堆积于沟道使沟道壅塞，松散物源总静储量约 40.69 万 m³，可能参与泥石流活动的动储量约 7.03 万 m³。一旦遇暴雨极易产生规模较大的泥石流，直接威胁下游沟道两侧居民的生命财产安全。对该泥石流沟采取了中上游分级拦挡消能，下游防护、清理沟道的拦、防、排相结合的治理措施。

二、地质环境条件

纸厂沟流域为中低山区，地势南高北低，山脊狭窄。沟道侵蚀下切强烈，沟谷切割较深，多为"V"形谷，地形宽窄变化较大。沟域地质构造复杂，断裂发育，主要褶皱构造为南侧赵公山向斜，主要断裂为北部的虹口映秀断裂和南部灌县断裂。区域地震动峰值加速度为0.2g，地震基本烈度为Ⅷ度。主要出露地层为三叠系须家河组砂岩、碳质页岩及第四系全新统冲洪积层、残坡积、崩坡积、滑坡堆积、人工堆积物等。岸坡基岩裸露较少，植被覆盖率约60%～90%。

沟域地下水类型主要有第四系松散堆积岩类孔隙水及碎屑岩类裂隙孔隙水两类。松散堆积岩类孔隙水以冲洪积砂砾卵石孔隙水和洪坡积物、残坡积物、崩塌堆积物、滑坡堆积物等松散堆积孔隙水（上层滞水）为主。碎屑岩类裂隙孔隙水主要为砂、页岩裂隙层间水，含水层由三叠系须家河组海陆相和河湖沼泽相的砂、页岩含煤建造地层组成。

沟内主要人类工程活动为开荒、修路和露天采矿。

三、泥石流形成条件分析

1. 地形地貌及沟道条件

纸厂沟沟域面积6.87km²，主沟长约4.94km，相对高差约1579m，平均沟床纵比降319.7‰。沟域为中低山构造侵蚀地貌，岸坡陡峻，支沟较发育。沟谷纵向较长，有利于松散固体物源、雨水及地表水的汇集，同时沟床具备一定的纵比降，为泥石流的形成提供了地形地貌条件。整个沟域划分为泥石流形成区、流通区和堆积区（图1）。

形成区：纸厂沟区沟谷两岸发育有小冲沟，地形起伏大，最高海拔2433m，最低海拔924m，相对高差约1509m，总汇水面积约3.39km²，沟长3.85km，沟谷纵坡降393.3‰，沟谷断面形态以"V"字形为主，纵向上呈折线型，沟底一般宽5～10m，谷坡坡度一般30°～70°。

流通区：面积0.89km²，占流域面积的12.4%，沟长0.61km，高程876～924m，平均纵坡降78‰，沟道较顺直。沿沟两岸分布有村民住房，部分砌筑简易浆砌石护堤，两岸谷坡坡度为30～45°，谷坡残坡积物较发育，中上部山坡坡度40°～60°，局部呈陡崖状，总体呈"V"形谷。

堆积区：长度约380m，高程836～866m，平均沟床纵比降78.9‰。堆积区段沟道断面呈"U"形，宽度30～50m。

2. 物源条件

在人类活动及地震作用下大量松散物质堆积于沟床及两侧，沟谷内松散物源总静储量约40.69万m³，其中崩滑堆积物2.63万m³，滑坡堆积物25.1万m³，采矿修路弃碴6.12万m³，矿山开采堆积物6.84万m³。沟内可能参与泥石流活动的动储量约7.03万m³，为泥石流形成提供了充足的固体物源（表1）。

表1　纸厂沟泥石流物源类型及储量统计表

物源类型	崩塌堆积物	滑坡堆积物	下游矿山开采修路堆积	上游修路及采矿弃碴	上游矿山开采堆积	物源总量
总储量/10⁴m³	2.63	25.1	2.0	4.12	6.84	40.69
动储量/10⁴m³	0.90	1.0	0.75	2.38	2.0	7.03

3. 水源条件

纸厂沟地处龙门山一带暴雨边缘地带，年最大24小时、6小时、1小时、10分钟雨量及设计频率的时段雨量和设计频率的暴雨雨力见表2。强降雨产生的洪流易在狭窄陡深的沟谷中产生强大的动能，为泥石流的产生提供了水动力条件。纸厂沟地区降水的形式和过程也容易诱发部分边坡松散体滑塌，增加了沟道原有可移动松散物源储量，使纸厂沟沟谷发生泥石流的条件进一步加强。

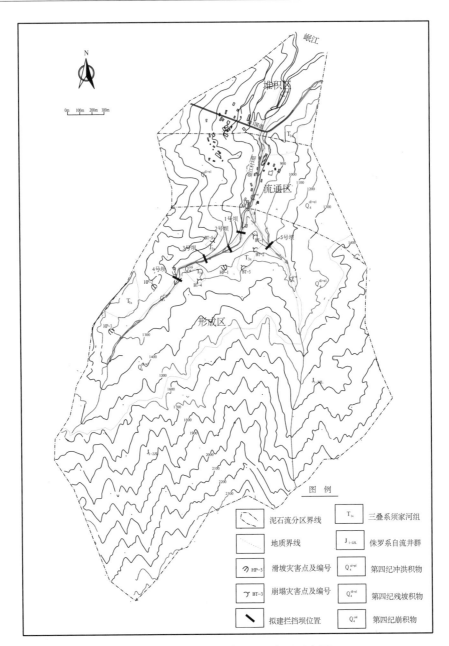

图 1　纸厂沟泥石流治理工程布置示意图

表 2　不同时段及设计频率雨量和暴雨雨力

内　容	设计频率/%	时段雨量/mm			
		24 小时	6 小时	1 小时	10 分钟
年最大时段雨量	历年统计	130	100	40	15
设计频率的最大时段雨量	2	358.8	276	82.8	41.4
	5	286	220	66	33
设计频率的暴雨雨力	2	73.2			
	5	58.4			

四、泥石流基本特征

1. 泥石流灾害史及灾情

纸厂沟泥石流为"5·12"地震新增的地质灾害隐患点。纸厂沟近 50 年来未发生过灾害性泥石流。

在 1998 年曾发生过洪水灾害，沟道下游洪水位高于沟岸约 0.5m，冲毁沟上多座木桥。

2. 泥石流类型

（1）泥石流主沟发育于山体深切沟谷地带，物质来源为主沟两侧山坡及沟床松散堆积物，泥石流的形成流通区明显。按泥石流集水区地貌特征划分属于沟谷型泥石流。

（2）泥石流在形成过程中，固体物质主要由滑坡崩塌、弃碴提供，在运动及发展过程中，固体物质主要由沟床堆积物侵蚀提供。按照泥石流固体物质补给方式分属于崩滑、弃碴及沟床侵蚀混合型泥石流。

（3）按泥石流激发、触发及诱发因素分类，纸厂沟泥石流属于暴雨型泥石流。

（4）按照泥石流动力特征分类，纸厂沟泥石流属于水力类泥石流。

（5）按照泥石流流体性质分类，纸厂沟泥石流属于稀性泥石流。

3. 泥石流活动强度及危险性评估

按照《泥石流灾害防治工程勘查规范》（DZ/T0220—2006）中泥石流活动强度判别表综合判定，纸厂沟泥石流活动强度为较强。

按照《泥石流灾害防治工程勘查规范》（DZ/T0220—2006）中暴雨泥石流活动危险程度或灾害发生机率的判别式计算，纸厂沟泥石流活动危险程度或灾害发生机率 D=1.29>1，表明受灾体处于危险工作状态，成灾可能性大。

4. 泥石流潜在危险性预测

纸厂沟下游流通区沿沟道两侧泥石流活动危险区居住有居民住户，沟口 213 国道涵洞过流断面较小，遇暴雨时一旦被巨石、树枝等杂物堵塞，将直接威胁沟内（高程 910 以下）村民的生命财产安全。根据受威胁人数或可能造成的经济损失，纸厂沟泥石流潜在危险性等级为中型。

5. 泥石流发生频率和规模

纸厂沟为潜在泥石流沟，地震前发生频率为低频，由于受"5·12"地震及沟内采矿、修路影响，松散物源增加，使泥石流发生概率增加。泥石流规模为大型。

五、泥石流基本特征值计算

1. 泥石流流体重度

纸厂沟多年未发生过泥石流灾害，无法采用现场调查试验法测定泥石流流体重度，根据物源特征、易发程度评分等采用查表法确定泥石流流体重度为 $1.621t/m^3$。

2. 泥石流流速

根据纸厂沟内泥石流物源特征，以稀性泥石流为主，采用公式（3-2）计算泥石流流速，结果见表3。

泥石流中大石块运动速度按公式（3-15）计算，结果为 4m/s。其中 a 值取 4.0，d_{max} 取 1.0m。

3. 泥石流流量

沟域多年未发生过泥石流灾害，泥石流流量采用雨洪法按公式（3-9）、公式（3-10）计算，结果见表3。

表3　泥石流流速、流量计算参数及结果一览表

频率 ＼ 参数	位　　置	流域面积/km²	清水流量 Q_B/(m³/s)	泥石流流量 Q_C/(m³/s)	泥石流流速 V_C/(m³/s)
5%	5号坝	1.88	17.80	35.00	7.06
	4号坝	2.55	28.80	59.90	6.63
	3号坝	3.00	31.60	65.90	6.37
	2号坝	3.35	34.90	72.70	6.15
	1号坝	3.40	34.50	71.80	5.67
	沟口	6.31	60.70	126.50	5.51

参数 频率	位置	流域 面积/km²	清水流量 Q_B/(m³/s)	泥石流流量 Q_C/(m³/s)	泥石流流速 V_C/(m³/s)
2%	5号坝	1.88	23.20	45.60	7.77
	4号坝	2.55	38.50	80.20	7.29
	3号坝	3.00	42.40	88.30	7.01
	2号坝	3.35	46.70	97.40	6.76
	1号坝	3.40	46.20	96.30	6.23
	沟口	6.31	81.10	169.00	6.06

4. 一次泥石流过流总量和一次泥石流固体冲出物

纸厂沟不具备实测条件，故按公式（3-11）计算一次泥石流总量，结果为0.85万m³。

一次泥石流冲出的固体物质总量按公式（3-12）计算结果为0.32万m³。

5. 泥石流冲击压力

泥石流冲击力分为流体整体冲击力和个别石块的冲击力。泥石流体整体冲击力按公式（3-13）计算，泥石流中大块石冲击力按公式（3-14）计算，结果见表4。

表4 泥石流体整体冲击力和大石块冲击力计算表

位置	V_C/(m/s)	δ/kPa	F/kN
1号拦挡坝	5.67	65.10	208.33
2号拦挡坝	6.15	76.60	225.97
3号拦挡坝	6.37	82.15	234.05
4号拦挡坝	6.63	89.00	243.61
5号拦挡坝	7.06	93.64	259.40

6. 泥石流冲起高度

泥石流在受到陡壁阻挡时，会产生冲起，其冲起最大高度按公式（3-17）计算结果为2.5m。

六、泥石流发展趋势分析

采用《泥石流灾害防治工程勘查规范》（DZ/T0220-2006）中泥石流沟易发程度数量化评分表中15项因素逐一评定，综合评分90分，易发程度为易发。

纸厂沟内沟坡陡峻，不良地质现象发育，人类工程活动强烈。"5·12"特大地震后，纸厂沟流域内发生多处崩滑，上游采矿及修路弃碴堆积于沟道及沟坡上，使沟内松散物源大量增加，可能参与泥石流活动的松散物动储量较多。在强降雨作用下，将有可能形成突发性泥石流，危害下游沟道两侧居民生命财产安全。

七、泥石流防治工程技术方案

1. 总体防治思路

纸厂沟沟道较长、沟床纵比降大、沟道较狭窄，沟内泥石流固体物源丰富，中上游的崩塌、滑坡和弃碴堆积沿沟分散分布，不集中，对每个不稳定物源采取治理措施或进行全部拦挡的难度大、费用高；沟内泥石流危害对象主要分布在下游流通区沟道两侧；沟口213国道涵洞过流能力较小，容易堵塞。对该泥石流灾害治理采用全部拦挡或单一排导的方案均不可行。根据沟内泥石流物源情况及下游沟道的排导能力、威胁对象等综合考虑，对纸厂沟泥石流沟采取了中上游分级拦挡消能，下游防护、清理沟道的拦、防、排相结合的治理方案。

2. 防治工程措施

（1）拦挡工程

根据物源分布位置结合地形特点，在形成区建造 4 座拦挡坝（见图 1）。其主要作用：①拦蓄泥石流固体颗粒、减缓纵坡、降低流速、消减能量；②稳固沟床，防止沟床下切；③库区回淤反压坡脚可稳定沟床两岸，防止沟岸坍塌，减少坡面松散物源汇入；④控制行洪流路，确保行洪河段安全。

设计 1 号拦挡坝位于形成区下游，坝体设计横断面呈梯形，坝顶长 36.3m，坝底长 22m，坝净高 3.5m，设计库容为 1800m³。坝体采用浆砌块石结构。坝下游 6m 处设副坝。

设计 2 号拦挡坝位于 1 号坝上游约 150m 处，坝体设计横断面呈梯形，坝顶长 26.3m，坝底长 17m，坝净高 3.5m，设计库容为 1300m³。坝体采用浆砌块石结构，坝下游 6m 处设副坝。

设计 3 号拦挡坝位于 2 号坝上游约 200m 处，坝体设计横断面呈梯形，坝顶长 35.6m，坝底长 20.1m，坝净高 5.0m，设计库容约为 3000m³。坝体采用浆砌块石结构，坝下游 7m 处设副坝。

设计 4 号拦挡坝位于 3 号坝上游约 300m 处，坝体设计横断面呈梯形，坝顶长 41.4m，坝底长 18.4m，坝净高 5.0m，设计库容约为 3500m³。坝体采用浆砌块石结构，坝下游 7m 处设副坝。

（2）防护工程

沟道下游流通区段部分居民住房紧临沟道修建，现有简易防护堤高度低，防灾能力差，在沟道两侧有居民住户的地段修建和加高防护堤，以保护居民住户安全。共修建两段防护堤，总长度 197m，净高 3～3.5m，基础埋深 1.5m，上宽 0.5m，下宽 1.7m。防护堤采用 M10 浆砌块石结构，表面水泥砂浆勾缝。

（3）排导工程

形成区下游由于采矿及沿沟修路，大量碴土、块石堆积于沟道内，造成沟道堵塞严重，对其进行沟道清理，保证沟道过流断面不小于 3m×4m。沟口 213 国道涵洞洞口堆积大量碎块石，其中一个涵洞口已近完全堵塞，对其进行清理疏通，恢复其过流断面，以便能顺利行洪。

3. 防治工程方案评价

技术方面，上游 3，4 号坝可起到拦蓄和固源的双重作用，防止和减少上游物源的启动；下游 1，2 号坝可有效的起到拦蓄和消能的作用，降低泥石流流速和冲击力，防止造成较大的危害。在设计有效期内 4 座坝可有效地拦截两次以上的泥石流固体物质总量，保证下游居民的安全。

经济方面，由于地震作用，纸厂沟内新增大量的崩塌巨块石，采用浆砌块石拦挡坝可以就地取材，在一定程度上既清理了沟道又降低了工程造价。

环境方面，拦挡坝修建后可起到稳固沟床、减缓纵坡、降低流速、防止沟床下切的作用，库区回淤可稳定沟床两岸，防止沟岸坍塌，保护两岸植被环境。

施工方面，在沟内施工拦挡坝需要修建临时施工便道，临时占用沟内部分耕地。另外，拦挡坝施工开挖量较大，施工期间对两岸的边坡稳定性存在一定的影响。

总之，纸厂沟泥石流采用拦、排相结合的工程治理方案可有效的起到防灾减灾的作用，技术可行、经济合理，施工可操作性和环境协调性较好。

八、结语

（1）纸厂沟泥石流为"5·12"地震新增的地质灾害隐患点。受地震影响，沟道两侧出现了崩塌、滑坡。另外，震后由于采矿修路形成了大量的弃碴，使沟道壅塞。下游防护堤在地震过程中受到了一定的破坏，防灾能力降低。一旦遇暴雨产生泥石流灾害，直接威胁下游沟道两侧居民的生命财产安全。

（2）纸厂沟沟道较长、沟床纵比降大、沟内泥石流固体物源丰富，不稳定物源达 20 多处，总共约 7 万多 m³，主要来源于流域中上游的崩塌、滑坡和弃碴堆积，沿沟分散分布，不集中。泥石流危害对象主要分布在下游流通区；沟口 213 国道涵洞过流能力较小，容易堵塞。

（3）根据沟内泥石流物源情况及下游沟道的排导能力、威胁对象等综合考虑，对该泥石流沟采取了中上游分级拦挡消能，下游防护、清理沟道的拦、防、排相结合的治理方案。工程治理措施主要由4座拦挡坝、防护堤和沟道清理整治等工程组成。

（4）纸厂沟内人类活动弃碴是泥石流主要物源之一，应加强对矿山开采的规划和监督管理工作，避免因人为因素造成泥石流灾害安全隐患。

（5）泥石流防治应工程措施与生物措施相结合，近期以工程措施为先导，远期以生物措施为主。对全流域采取封山育林及植树造林等措施，扩大流域内乔灌草植被及森林覆盖率。通过生物措施，截滞、拦蓄大量的降水地表径流，减少水土流失，达到逐渐控制泥石流的发生或消减泥石流的规模之目的。

泥石流实例十二：平武县水观乡陶坪堰泥石流特征与治理方案

张志刚　魏铁柱　赵朝兵　苏永强　田自浩

（河北省地矿局第三水文工程地质大队）

一、前言

陶坪堰泥石流位于平武县水观乡陶坪堰村北西，为老泥石流沟，流域面积 $0.32km^2$，主沟长约900m，平均纵坡300‰，主沟呈"V"形峡谷。2008年9月23日及2009年7月20日暴发泥石流。泥石流威胁沟口堆积扇上居民的生命及财产安全。受"5·12"地震影响，泥石流物源丰富，具有物源点多、量小的特点，流通区和堆积区不利于泥石流的排导，且泥石流堆积区地形狭窄，无储淤场可选，陶坪堰泥石流一次冲出物较少，属于小型泥石流。对陶坪堰泥石流采取"多级拦挡＋排导"的治理措施（图1）。

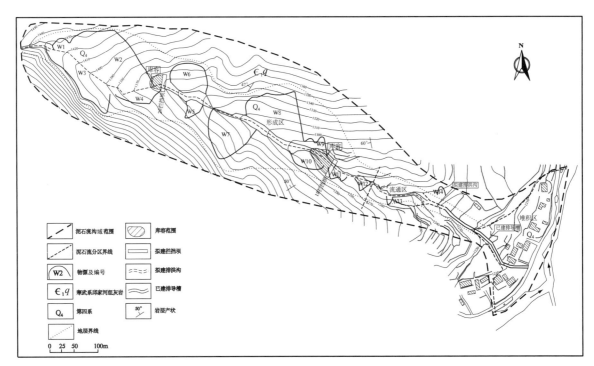

图1　陶坪堰泥石流工程地质与治理方案平面示意图

二、地质环境条件

1.地形地貌及地层岩性

沟域属龙门山构造剥蚀中山地貌类型，海拔高程一般1250～1700m，地形陡峻，地形坡度一般大于 40°。主要出露地层为第四系松散堆积层和寒武系邱家河组灰岩夹碳硅质板岩及劣质铁锰矿层。在碳硅质板岩的上方常形成陡峻山势，在构造作用下，岩体节理裂隙发育，岩体较破碎。

2. 地质构造与地震

沟域处于四川龙门山 NE 向多字形构造带前山带内，南坝大断层上盘，受南坝大断裂及其次一级断裂的影响崩塌区内岩石破碎严重，构造裂隙十分发育。地震动峰值加速度为 0.2g，地震动反应谱特征周期为 0.4s，地震基本烈度为Ⅷ度。

3. 水文地质条件

地下水类型为孔隙水和基岩裂隙水。孔隙水主要赋存于坡脚下的残坡积物碎石土中，接受大气降水补给及边坡基岩裂隙水补给，没有稳定水位，属于季节性地下水。基岩裂隙水赋存于寒武系结晶灰岩裂隙中，接受大气降水补给，沿裂隙由地势高处向低洼处运移，在坡脚处侧向补给孔隙水，"5·12"地震前左侧沟谷中有泉水出露，供陶坪堰居民饮用，地震发生后已经干涸。

4. 人类工程活动

"5·12"地震前，泥石流沟每年汛期都有固体物质冲出，当地居民修建了简易的排导槽，起到了一定的排导作用。

三、泥石流形成条件分析

1. 地形地貌及沟道条件

陶坪堰泥石流沟位于平溪至水观乡沟谷的右岸，流域面积 0.32km²，主沟长约 900m，平均纵坡 300‰，主沟呈 "V" 形峡谷，两岸谷坡坡度 35°~55°。主沟上游植被发育，在沟的源头区地形呈圈椅状。

形成区分布于泥石流沟中上段，高程 1255~1430m，沟长约 520m，平均纵坡 345‰，有两处跌坎，坎高 2~5m，沟宽 3~15m，距沟底 20~50m 地段两岸谷坡坡度为 30°~40°，谷坡残坡积物及崩积物较发育，局部有 1~2m 的陡坎。"5·12"地震后沟内常有滚石崩落，当地居民不敢进沟，农田坡地已荒弃，植被不发育。中上部谷坡坡度 55°以上，地形较陡，局部为陡崖。

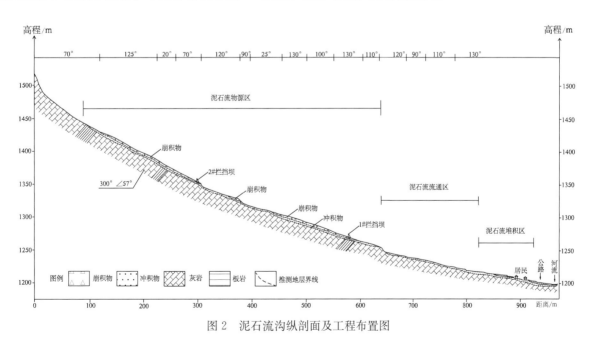

图 2　泥石流沟纵剖面及工程布置图

流通区分布于泥石流沟中下段，高程 1220~1255m，沟长约 180m，平均纵坡 200‰。按沟谷的切割深度可分为两段：上段沟谷形态呈 "V" 形，沟谷切割深度 50~100m，两岸地形坡角 30°~50°，局部可达 65°，谷底宽 5~15m，局部地段有少量泥石流堆积。下段沟谷明显宽缓，沟谷切割深度小于

50m，左岸地形坡度 35°左右，右岸地势开阔，现多为农田。

堆积区分布于泥石流沟沟口地带，分布高程 1203～1220m，沟长约 130m，平均纵坡 130‰，泥石流堆积区呈扇形分布，生长着一些毛竹及松树类植物，部分地段为裸露荒地。扇体表层为 2008 年 9·23 泥石流堆积物。

2. 物源条件

崩塌堆积物："5·12"地震形成崩塌堆积物 9 处，一般呈倒锥状依附于坡面上，其物质组成以碎石土为主，结构极为松散，遇暴雨时极易被冲走。残坡积物：残破积物有 5 处，呈条带状分布于坡脚处，地形坡度一般在 30°～40°。残坡积物表层为少量腐殖土，下部为松散碎石土。据统计，物源区内不稳定体总方量为 79950m³，可移动物源量为 18675m³。

3. 水源条件

沟域多年平均降水量为 807.6mm，多年最大日降雨量 151mm。由于山区地形复杂，往往形成局地强降雨天气，是导致泥石流暴发的主要原因之一。

四、泥石流基本特征

1. 泥石流灾害史及灾情、危害性分析

陶坪堰泥石流沟为老泥石流沟，历史上曾多次发生泥石流，在沟口形成了扇形的堆积区，现陶坪堰社就坐落在泥石流老堆积扇上。陶坪堰泥石流沟大约在 100 年前和 40 年前发生过两次泥石流，规模不大，但都造成了一定的经济和财产损失。"5·12"地震后，陶坪堰泥石流沟内发生多处崩塌，形成了大量的物源，2008 年 9 月 23 日暴发泥石流，导致流通区原有简易导流槽满槽外溢，堵塞了公路，冲毁了十余间民房。2009 年 7 月 20 日，由于连续几天的降雨，陶平堰沟发生了小规模的泥石流，排导槽局部地段底部被冲毁，未冲毁房屋，也未造成人员伤亡。

陶坪堰泥石流主要对沟口居住的陶坪堰社居民构成危害，泥石流冲出沟槽后可能堵塞平溪—水观河将河道挤压弯曲，但不会形成拦水坝威胁下游。

2. 泥石流冲淤特征

沟底纵比降在 180‰以上的沟段内无泥石流淤积，沟床冲刷现象明显。沟床纵比降在 130‰以下的沟段泥石流淤积明显，沟床纵比降在 130‰～180‰的沟段内冲刷不明显，沟床内亦无泥石流淤积，仅在局部地段的两岸边有少量淤积。

3. 泥石流堆积物特征

2008 年 9 月 23 日，泥石流堆积扇宽约 50m，堆积厚度 0.5～3.0m，岩性为含角砾粉质黏土。40 年前的泥石流堆积层，岩性为碎石土，碎石含量约 65%，粒径 1～3cm，厚 1.6～1.9m。100 年前泥石流堆积物，岩性为含块石碎石土，碎石含量 70%～80%，碎石粒径 5～10cm，最大 30cm，母岩成分为灰岩。

4. 泥石流发生频率和规模

根据陶平堰沟泥石流灾害史，该泥石流地震前为低频泥石流，震后成为高频泥石流，泥石流发展阶段为发展期。规模按泥石流一次堆积总量和泥石流洪峰流量来划分属小型泥石流。

五、泥石流特征值计算

1. 泥石流流体重度及流速计算

泥石流流体重度采用现场配浆法，在堆积扇不同位置选取了 3 个点进行了泥石流流体重度测试，采用公式（3-1）计算，结果见表 1。当地人认为 2 号样点跟泥石流实际状态更接近，因此确定重度为 17.94kN/m³。

表 1　泥石流流体重度现场试验成果表

取样点编号	1 号样点	2 号样点	3 号样点
流体重度/(kN/m³)	18.78	17.94	18.44

在泥石流沟道中选择沟道顺直、断面变化不大、无阻塞、无回流、上下沟槽无冲淤变化、具有清晰泥痕的沟段 2 处作为测流断面。利用公式（3-2）、公式（3-3）进行泥石流流速计算，结果见表 2。

表 2　各泥痕断面的流速计算结果

指标及断面编号	断面 1	断面 2	平　均
断面面积/m²	5.6125	5.445	
水力半径/m	0.623	0.618	
纵坡/‰	150	180	
1/n	16	16	
流速/(m/s)	2.446	2.666	2.556

2. 泥石流流量

泥石流流量采用两种方法进行计算，一是雨洪法；二是形态调查法。

（1）雨洪法。泥石流流量按公式（3-9）计算，结果见表 3。

表 3　雨洪法泥石流流量计算表

项　目 \ 沟　名	陶　坪　堰　沟	
流域面积/km²	0.32	
沟长/km	0.9	
平均坡降/‰	300	
泥沙修正系数 Φ	0.89	
设计频率 p/%	2	5
暴雨洪峰流量 Q_P/(m³/s)	7.16	6.12
泥石流峰值流量 Q_c/(m³/s)	16.24	13.88

（2）现场形态调查法。根据调查得到的泥石流过流断面面积（5.53m²），泥石流断面平均流速（2.55m/s），采用公式（3-8）进行计算，泥石流流量为 14.10m³/s。

3. 一次泥石流过流总量

一次泥石流总量按公式（3-11）计算，结果为 0.5127 万 m³。

4. 一次泥石流固体冲出物

一次泥石流冲出的固体物质总量按公式（3-12）计算，结果为 0.2413 万 m³。

5. 泥石流冲压力

泥石流冲击力分为流体整体冲压力和个别石块的冲击力两种。

泥石流流体整体冲压力 δ 按公式（3-13）计算，结果见表 4。

表 4　泥石流体整体冲击力计算表

V_C/(m/s)	受力面与泥石流冲压力方向的夹角 α/°	λ	δ/kPa	备　注
2.55	90	1.47	11.9	

泥石流浆体中大块石的运动速度按公式（3-15）计算，泥石流中大块石冲击力按公式（3-14）计算，结果见表 5。

表 5　泥石流中最大块石运动速度计算表

沟　名	a	d_{max}/m	V_s/(m/s)	F/kN	备　注
陶平堰沟	4	1.0	4.0	201.73	

6. 泥石流最大冲起高度及弯道超高

泥石流在拟建拦挡坝处最大冲起高度按公式（3-17）计算，弯道超高按公式（3-18）计算，结果见表 6。

表6 泥石流最大冲起高度及弯道超高计算表

沟 名	V_C/(m/s)	凸岸曲率半径 R_1/m	凹岸曲率半径 R_2/m	最大冲起高度 ΔH/m	弯道超高 Δn/m	备 注
陶平堰沟	2.55	42	50	0.33	0.12	

六、泥石流发展趋势分析

经过调查分析陶坪堰泥石流沟易发程度等级为易发，属高频泥石流，发展阶段处于发展期（壮年期）。陶坪堰泥石流沟沟谷狭窄，沟谷两岸有大量的不稳定体分布，这些不稳定体已滑动或处于潜在不稳定状态，在暴雨的条件下物源向沟内运移，极易堵沟，有再次发生泥石流的可能。发生泥石流时由于扇顶部分的沟槽较窄，泥石流满槽后易外溢，对扇体上的居民构成直接危害，发生泥石流后仍有可能堵塞河道对上游居民安全构成威胁。

七、泥石流防治工程技术方案

1. 防治方案

陶坪堰泥石流沟具有如下特点：①泥石流沟具有物源点多、量小的特点，且物源在沟中上游，沟谷狭窄，交通不便，不宜对单个不稳定物源体进行治理。②泥石流堆积区地形狭窄，没有适合储集泥石流物质的空地、荒地，无储淤场可选。③通过对平溪至水观河床进行调查，平溪至水观河具有较强的搬运能力，河床上以漂石为主，在漂石之间充填有卵石，漂石含量达40%～50%，粒径20～60cm，部分漂石直径大于1m，根据泥石流的组成可以确定，小于20cm的碎石和卵石平溪至水观河河水在洪水季节是可以搬运走的，为此可以采用排导的方式来疏散泥石流堆积。④由于泥石流物源的组成中以角砾碎石为主，总体组成中小于100mm的碎石占50%左右，100～200mm的碎石占30%左右，大于200mm的块石占20%左右，可以采取拦挡措施，将粒径大于200mm的块石拦在沟内。⑤从出山口到平溪—水观的沟谷较远，有206m的距离，沟底坡降在130‰左右，其间还要穿过居民村庄，从已建的排导工程效果来看，2009年7月份发生的小规模泥石流，排导槽内已有部分地段存在泥石流堆积，泥石流的排导效果不好。

为此，陶坪堰泥石流的治理可以采用以拦挡为主的方案进行治理。拦挡主要是以坝的形式出现，在主要物源区的下游设置拦挡坝不仅能起到拦挡的作用，同时可以提高沟底的侵蚀面，减少沟底物质形成泥石流。鉴于陶坪堰泥石流沟的特点，对该泥石流采用的治理方案为：多级拦挡坝＋排洪沟。

当两个坝的坝高为6m时，总库容可达到4525m³，可对两次"9·23"规模的泥石流固体物质进行有效拦截。

2. 分项工程设计

（1）拦挡坝

1#，2#拦挡坝位于泥石流形成区，横断面呈梯形布置，坝体上部设置宽度10m，深1.0m的溢流口，坝身设排水孔。坝后设长4m，宽10m，厚0.5m的C20砼护坦，坝高6.0m，顶宽1.5m，底宽5.1m，基础埋深2.0m。1#坝长26.65m，两肩嵌入基岩约1.0m；2#坝坝长24.13m，两肩嵌入基岩约0.5m。坝体材料采用M10浆砌块石。

（2）排导槽

将原有简易排导槽进行加固改造并新修建34m排洪沟。原排导槽长175m，净断面形式为梯形，上口宽3.2m，下口宽2.4m，高1.5m，底为平面，两侧厚30cm，为M10浆砌片石结构，经计算，该排导槽断面满足设计要求，因此可以将原排导槽改造使用。将原排导槽底改为三角形断面，深0.3m，材料为厚30cm的M10浆砌片石。

八、结语

陶坪堰泥石流沟为老泥石流沟，流域面积较大、沟谷狭长、纵坡坡降较大。受"5·12"地震影响，在形成区沟道两岸形成崩塌堆积物和残破积物众多，泥石流物源丰富，具有物源点多、量小的特点。流通区和堆积区的坡降较小，不利于泥石流的排导，且泥石流堆积区地形狭窄，无储淤场可选。陶坪堰泥石流一次冲出物较少，属于小型泥石流。因此根据陶坪堰泥石流的特点，治理方案为在主要物源区下游设置两道拦挡坝，将泥石流固体物拦在坝内，将已建排导槽进行加固改造并加长，达到防治泥石流灾害的目的。

泥石流实例十三：平武县水观乡大沟泥石流特征与治理方案

夏华宗　徐世民　李朝政
（河北地矿建设工程集团公司）

一、前言

大沟泥石流位于四川省平武县水观乡平溪村。沟域汇水面积约 0.8km²，沟长约 1.7km，平均纵坡降 200‰。"5·12"地震前为低频泥石流沟，地震时沟道两岸斜坡遭到严重破坏，形成多处滑坡与崩塌，沟道内松散堆积物大量增加，总固体物源约 19.93 万 m³，其中可移动物源约 4.65 万 m³，泥石流发生频率急剧增大，并于 2009 年 7 月 14 日暴发泥石流。泥石流直接威胁沟口房屋、公路以及居民的生命财产。对该泥石流采取了以拦挡为主的治理措施。

二、泥石流形成条件分析

1. 地质环境条件

大沟流域出露地层主要为寒武系邱家河组和第四系松散堆积物。寒武系邱家河组地层岩性以板岩、结晶灰岩为主，节理裂隙较发育，表层风化严重。第四系松散堆积物为崩坡积、残坡积和冲洪积物，以粉质黏土夹碎石为主。

大沟流域处于龙门山构造带南坝逆断层的上盘，构造裂隙发育，岩土体破碎。大沟流域区地震动峰值加速度为 0.20g，地震动反应频谱周期 0.40s，抗震设防地震基本烈度为Ⅷ度。

大沟泥石流所处区域地下水类型主要为第四系松散层孔隙水和基岩裂隙水，主要接受大气补给，向沟谷排泄，有季节性泉水出露。

2. 地形地貌及沟道条件

大沟泥石流地处四川省北部中山区，地势东北高西南低，最高点海拔 1537m，沟口海拔 1190m，相对高度 367m，汇水面积约 0.8km²。大沟沟道狭长，沟长约 1.7km，平均纵坡降 200‰，两岸边坡坡度 36°～60°，具备了集水和集物的有利地形。

3. 物源条件

大沟内松散固体物源丰富，且分布较为集中，主要类型为崩滑堆积物源、沟道堆积物源和坡面侵蚀物源等三类。大沟发育 4 处崩塌和 3 处滑坡，均为地震后新增物源，主要分布于大沟两岸边坡，崩滑堆积物总量约 16.43 万 m³，其中可移动物源约 3.85 万 m³。沟道堆积物源主要为原沟内松散冲洪积物和 2009 年的泥石流堆积物，主要分布于流通堆积区，物源总量约 2.50 万 m³，其中可移动物源约 0.50 万 m³。"5·12"地震后，斜坡结构为松散，水土流失严重，形成两处坡面侵蚀物源区，固体物源总量约 1.00 万 m³，其中可移动物源约 0.30 万 m³。总固体物源约 19.93 万 m³，其中可移动物源约 4.65 万 m³。

物源往往要分多次参与泥石流活动。沟床堆积物参与泥石流活动的方式主要为揭底冲刷，在泥石流运动过程中，随着沟道纵比降和宽度的变化，有的地段发生水沙分离，必然有部分固体物质沿沟道发生堆积，而不会冲出泥石流沟；在暴雨发生时，地表径流将坡面侵蚀物源冲入主沟道，并携卷或冲刷沟床堆积物，同时形成的泥石流又对两侧残坡积物进行冲刷和侵蚀。

4. 水源条件

大沟泥石流所在流域多年平均降水量为 807.6mm，年最大降雨量为 1155.4mm，降雨主要集中在

6～9月，约占全年的70%。大沟流域为一条间歇性溪流沟，洪峰最大流量约9.0m³/s，汇入沟口的平溪河。大沟流域沟道狭长，坡降大，暴雨时，可以短时间内形成突然性大量来水，沟内水动力强大，冲蚀和携带固体物质的能力强，大气降雨能够为泥石流形成提供充足水源，易诱发泥石流。

三、泥石流基本特征

1. 危害及危险性分析

泥石流具有突发性，来势猛、破坏力大，直接威胁沟口居民、房屋以及公路的生命财产。由于沟口平溪河携带能力较小，不能完全将泥石流冲出物携带走，当发生泥石流时，可能堵塞平溪河或促使河流改道，造成河水上升淹没上游区域。2009年7月14日的泥石流，直接冲击沟口居民及公路，冲出量为0.4万m³，淤积高度达2m，冲淤范围约0.01km²，冲毁房屋8间，沟内及两侧植被80%遭到不同程度破坏，造成水土流失严重。

2. 泥石流类型

大沟泥石流地震后在暴雨激发下发生过一次，冲出固体物质0.4万m³，固体物质黏性颗粒含量较高，重度在1.7～1.8t/m³。结合现场勘查和综合分析，为暴雨诱发型—沟谷型—中型—黏性泥石流。大沟泥石流震前为低频泥石流，震后频率大大增加。

3. 泥石流冲淤及堆积特征

形成区以冲为主。由于物源区地形陡峻，径流强烈，冲刷形成的松散物质很快汇入沟床成为泥石流的物源。具体表现为水土流失、坡面溜滑等。

流通堆积区以淤积为主，局部冲刷。因地形突然变得开阔和沟谷纵坡变缓，泥石流物质便停淤下来，形成沟道堆积物，同时局部地段也有一定的冲刷痕迹。2009年发生的泥石流在流通堆积区的平均淤积深度在3m左右，局部地段达6m。沟道堆积物又是新的泥石流物源。

泥石流堆积物主要表现为3个特点：①总体土石比较小，细小颗粒（特别是沟道浅部的）大部分被洪水带走，而将粗颗粒物质留于沟道内所致；②不同沟段的颗粒特征存在明显差异。沟道宽缓处水力条件差，淤为主，土石比较高；上游段、狭窄处以及纵比降相对较大段，水流较急，以冲刷为主，土石比较低；③从堆积扇和沟道堆积物现状看，新老堆积物界限明显，新堆积物覆盖局部老堆积物，且成后退式发展。

四、泥石流特征值

根据拟设治理工程的需要，对泥石流流体重度、流速、流量、一次冲出量、一次固体冲出物质总量、拟设拦挡工程部位泥石流整体冲压力、爬高和最大冲起高度、弯曲段的弯道超高等进行计算。计算结果见表1。

表1 大沟泥石流基本特征值计算结果表

特 征 值	计算方法或依据		计算结果	计算位置
泥石流流体重度/(t/m³)	现场配浆法		1.756	
	查表法		1.752	
暴雨洪水流量 Q_p/(m³/s)	雨洪法	2%	9.24	大沟沟口位置
		5%	7.39	
峰值流量 Q_c/(m³/s)	雨洪法	2%	22.18	大沟沟口位置
		5%	17.74	大沟沟口位置
	形态法		22.05	大沟沟口位置
			21.95	拟建2#坝位置
断面流速 V_c/(m/s)	公式(3-4)		4.27	大沟沟口位置
			6.27	拟建2#坝位置

续表

特　征　值	计算方法或依据		计算结果	计算位置
次性过流总量 Q/m^3	公式(3-11)	2%	10753	大沟沟口位置
		5%	8601	
一次性固体冲出物 Q_h/m^3	公式(3-12)	2%	6070	大沟沟口位置
		5%	4856	
泥石流整体冲压力 P/kN	公式(3-13)		4.34	大沟沟口位置
			9.35	拟建 2# 坝位置
泥石流最大冲起高度/m	公式(3-17)		0.93	大沟沟口位置
			2.01	拟建 2# 坝位置
泥石流最大爬坡高度/m	公式(3-16)		1.49	大沟沟口位置
			3.21	拟建 2# 坝位置
泥石流泥痕高度/m	现场调查		1.50	
泥石流弯道超高/m	公式(3-18)		1.95	计算结果加上泥痕高度

五、泥石流发展趋势分析

1. 泥石流易发程度分析与评价

根据泥石流沟域基本特征和参数，按照《泥石流灾害防治工程勘查规范》（DT/T0220-2006）附录 G "泥石流沟的数量化综合评判及易发程度等级标准"，大沟泥石流易发程度评分为 109 分，判定该泥石流属易发型泥石流。

2. 泥石流发展趋势分析

根据大沟泥石流的特征，主要从沟道发展趋势、物源储备及积累速度和生态地质环境变化三方面考虑。

（1）泥石流沟道发展趋势。大沟上游沟道狭窄，中下游震后沟道两侧岸坡不良地质体发育，随着震后泥石流物质在沟内不断淤积，近期内大沟中下游将处于不断淤积抬升的趋势。

（2）泥石流物源储备和积累速度。震后大沟泥石流的物源较为丰富，在暴雨洪水作用下，沟道内及两侧残坡积堆积物、不良地质体及其堆积体和沟道堆积物易被携带进入泥石流沟道，成为泥石流物源。泥石流的发育和发展还可能在沟道岸坡诱发小型崩滑体（群），为泥石流的发育提供更多的固体物源。从大沟流域的现有环境条件来看，主沟泥石流物源的积累速度相对较快。

（3）泥石流小流域生态与地质环境变化趋势。"5·12"地震后，大沟内植被覆盖率下降，植被恢复缓慢，生态环境还非常脆弱，沟内不良地质体发育。随着泥石流的进一步发育，如不采取合理措施，沟内生态环境和地质环境也将进一步恶化，加剧泥石流的发育。

综上所述，泥石流有继续发育和发展的有利条件，若不对其进行及时、有效地综合治理，泥石流还会继续发展，且规模和危害还可能将进一步扩大。

六、泥石流防治工程技术方案

1. 总体治理方案

大沟泥石流成因为地震后表层结构松散，不良稳定体发育，形成大量的松散物源，在强有力的水力条件激发下形成。大沟为单沟泥石流，下一级河沟为季节性河流，携带能力差。综合考虑，适宜采用拦挡和稳定物源的治理措施，在上游和沟口各设置一道拦挡坝。

2. 防治技术方案设计

1# 重力式拦挡坝的结构设计：坝型为浆砌块石重力式拦挡坝，拦挡坝的有效高度为 8m，坝顶高程为 1308m，基础埋深 2m。坝顶轴线全长 38.23m，宽 3m，上游坡面为 1：0.6，下游面坡 1：0.2，在坝顶偏水流方向设置溢流口，溢流口宽度为 12m，深度 2m。在拦挡坝坝体上设置排水孔，排水孔布设在溢流口坝段中部，设置 3 排排水孔，孔高 0.6m，宽 0.8m，排水孔之间横向净距 1.5m，纵向间距为 2m。

2# 重力式拦挡坝的结构设计：坝型为浆砌块石重力式拦挡坝，拦挡坝的有效高度为 5m，坝顶高程为 1240m，基础埋深 2m。坝顶轴线全长 28.17m，宽 2m，上游坡面为 1：0.6，下游面坡 1：0.2，在坝顶偏水流方向设置溢流口，溢流口宽度为 5m，深度 2m。在拦挡坝坝体上设置排水孔，排水孔布设在溢流口坝段中部，设置 2 排排水孔，孔高 0.8m，宽 0.6m，排水孔之间横向净距 1.0m，纵向间距为 1.6m。

副坝的结构设计：防止泥石流过坝后冲刷坝基，此外，在两道拦挡坝下游水平距离为 10m 处各设置一副坝，有效高度 1m，上游坡面为 1：0.6，下游面坡 1：0.2，基础埋深 2m。

3. 防治工程方案评价

1# 和 2# 重力式拦挡坝库容量分别为 2.93 万 m³ 和 1.85 万 m³，总库容量 4.78 万 m³，拦挡坝设计满足规范要求。同时稳定沟道堆积物源、回淤以后稳定坡谷，减少物源补给量和延缓补给速度。结合大沟泥石流特征和当地实际情况，采用拦挡坝进行固源技术可靠，治理后可保护沟口威胁对象（图1）。大沟泥石流治理工程总费用约 140 万元，工程投资小，经济效益明显。

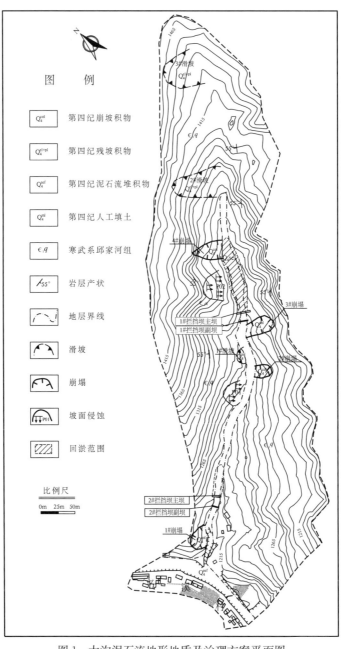

图 1　大沟泥石流地形地质及治理方案平面图

七、结论与建议

1. 结论

（1）大沟泥石流属于暴雨诱发型—沟谷型—中型—黏性泥石流，为易发型泥石流。大沟泥石流物源丰富，主要来源为不良地质体、沟道堆积物和坡面松散物，总固体物源 19.93 万 m^3，可移动物源 4.65 万 m^3。降雨量丰富，沟谷狭长，能够提供集水集物的有利地形。暴雨时，能在短时间提供突发性来水，为泥石流形成提供了水源条件。

（2）治理方案以拦挡为主，设置两道重力拦挡坝，总库容量 4.78 万 m^3，将可动物源堵在大沟内，避免了该泥石流的发生，保护人民生命财产安全。该方案技术可靠、经济合理、易于施工、对环境扰动不大。

2. 建议

大沟泥石流为"5·12"地震影响下形成的泥石流，地震时严重破坏了地表岩土体结构，在一定时期内，很难恢复到原始地质状态。建议在工程实施以后，进行长期监测，根据泥石流发生发展状况，采取相应的防护措施。

泥石流实例十四：平武县平通镇李家院子泥石流特征与治理方案

孙建虎　刘文涛　徐永凯　李会华　张汝洲

（河北地矿建设工程集团公司）

一、前言

李家院子泥石流位于平武县平通镇平通河右岸石坝村李家院子组，由 3 条泥石流沟组成。2008 年 5 月 12 日汶川发生特人地震灾害，使李家院子山体表层松动，形成了大量的松散堆积物，为泥石流的形成提供了物源。在 2008 年 6 月 14 日和 9 月 23～26 日在特大暴雨的影响下，3 条泥石流沟均发生了泥石流，泥石流堆积扇几乎汇合连成一片，堆积物总方量约 18.9 万 m^3。共冲毁农田 89 亩，房屋 6 间，泥石流堆积物挤压及抬高河床 2m，造成位于平通河左岸的平通镇部分居民临时安置房屋被淹，威胁居民 102 户，总人口 345 人。目前山坡上尚存有大量的松散堆积物，随时都有形成泥石流的可能，对坡下居民、平通河河道、左岸震后居民临时安置点及在建的居民安居点均存在潜在的威胁。

本次勘查采用地形及剖面测量、地质测绘、探井（槽）、钻探和室内试验等综合勘探手段，查明了泥石流地质灾害的基本特征。根据该泥石流灾害体的特点，采取了"排导＋停淤"的治理方案。

二、地质环境条件

1. 地形地貌

勘查区地处平武县东南部中低山区，为侵蚀构造中低山地貌，地形起伏大，海拔高程 700～1250m，相对高差 550m。形成区沟谷纵坡降大，山体坡度在 60°以上，流通区窄短，堆积区位于山坡坡脚及平通河右岸，地形相对平缓，泥石流堆积物呈扇形分布沟口。

2. 地层岩性

勘查区内出露地层主要为寒武系油房组砂质板岩和第四系残坡积碎石土、"5·12"地震崩积碎块石及早期泥石流堆积物。第四系残坡积物分布较广。

3. 地质构造与地震

龙门山构造带南坝断裂从勘查区通过，南坝断裂走向北东 48°，倾角 25°～50°，断裂带岩体十分破碎，并形成了厚度较大的残坡积层。勘查区地震动峰值加速度为 0.2g，地震动反应谱特征周期为

0.4s，地震基本烈度为Ⅷ度。

4. 水文地质条件

勘查区地下水类型主要为第四系孔隙水及基岩裂隙水。第四系孔隙水主要赋存于第四系残坡积的松散层孔隙中，以面状或带状方式下渗汇于沟内流入平通河。基岩裂隙水主要赋存于风化岩体中，补给方式为大气降水，排泄方式为大气蒸发和渗流。

5. 人类工程活动情况

泥石流区域内主要人类工程活动为村民在缓坡及坡脚耕种农田和种植少量经济林木。

三、泥石流形成条件

1. 地形地貌及沟道条件

李家院子泥石流由3条沟谷组成，总流域面积 $0.615km^2$，沟谷长 $0.56\sim0.83km$。李家院子泥石流具有汇水面积小、纵坡大、流程短的特点。3条泥石流沟各沟特征见表1。

2. 物源条件

3条泥石流沟的物源分布比较集中，成因均为在"5·12"特大地震的作用下，山体发生崩滑，表层松动，形成了堆积于陡坡之上的大量的松散堆积物，为泥石流的形成提供了丰富的物源。其中1号泥石流沟物源总方量约27.62万 m^3，动储量约8.29万 m^3；2号泥石流物源总方量约36.42万 m^3，动储量约14.57万 m^3；3号泥石流物源总方量约61.60万 m^3，动储量约24.64万 m^3。

表1　3条泥石流沟地形地貌及沟道特征

泥石流沟名	流域面积/km²	主沟长度/km	平均纵坡/‰	主沟沟谷形态	沟谷谷坡/°
1	0.075	0.56	577.35	V	55～80
2	0.26	0.83	753.55	V	45～80
3	0.28	0.83	753.55	V	45～75

3. 水源条件

暴雨是李家院子泥石流形成的激发条件。勘查区属亚热带季风气候，多年平均降水量为728.7mm，月最大降水量442.5mm（1976年8月），日最大降水量151mm（1993年5月27日），时最大降水量72.7mm（1993年5月27日19时），10分钟最大降水量30.0mm（1993年5月27日19时27分）。泥石流发生多集中在5～9月的雨季，降雨形成的地表水，对坡面的冲刷入渗，增加了土体重度，软化了土体，降低了土体抗剪强度，为泥石流的形成创造了条件。

四、泥石流基本特征

1. 泥石流各区段冲淤特征

形成区：形成区域地形为陡坡，坡度70°以上，大量的松散堆积物堆积于坡体上，为泥石流的形成提供充足的水动力条件和物源条件，在降雨的影响下形成泥石流。形成区冲淤特征表现为以冲为主。

流通区：流通区沟长133～200m，平均纵坡坡度在12°～21°之间，有跌水陡坎，坎高4～4.5m，沟底宽0.2～1m不等，两岸谷坡坡度为45°～70°，谷坡残坡积物较发育，局部呈陡崖状，总体呈"V"形沟谷。流通区冲淤特征上游表现为以流通冲击为主，切割为辅，为泥石流的形成进一步提供物源，下游以流通堆积为主，冲击为辅，沟谷两侧为淤高的泥石流堆积物。

堆积区：分布于泥石流沟沟口地带，堆积区为平通河河床及阶地，泥石流堆积物形状为扇形。其中，1号泥石流沟从沟出山口段内就开始堆积，分布高程647～655m，面积 $0.005km^2$，占流域面积的6.76%，平均纵坡194.38‰，扇面积2064m²，扇轴长40m，前缘宽86m，堆积厚度平均3m左右，堆积方量为6193m³。泥痕平均高度为1.34m，流体重度20.727kN/m³。进入平通河中的堆积物被河水带走，方量约 2000～3000m³。2 号泥石流沟堆积区分布高程 645～675m，面积 0.07km²，占流域面积的 26.97%，平均纵坡 140.54‰。扇面积 33073m²，扇轴长 277m，前缘宽 252m，堆积厚度平均 2m 左右，堆积方量为 72146m³。泥痕平均高度为 1.48m，流体重度 21.844kN/m³。进入平通河中被河水带走的堆积物方量约 2 万 m³。3 号泥石流堆积区平均纵坡 87.48‰，中间厚，两侧薄。扇面积 5.53 万 m²，扇轴长 327m，前缘宽 252m，堆积厚度平均 2m 左右，堆积方量为 11.06 万 m³。泥痕平均高度为 1.50m，流体重度 21.844kN/m³。进入平通河中被河水带走的堆积物方量约 2.50 万 m³。

2. 泥石流发生频率和规模

2008 年 6 月 14 日和 9 月 23～26 日，3 条泥石流沟均发生了泥石流，依据《泥石流灾害防治工程勘查规范》（1 年多次至 5 年 1 次），李家院子泥石流为高频泥石流。

根据泥石流堆积扇特征和调查访问情况，对 2008 年发生的泥石流的规模进行核实，依据《泥石流灾害防治工程勘查规范》按一次性暴发规模划分为：1 号泥石流为小型（＜1 万 m³），2，3 号泥石流为中型（1～10 万 m³）。

3. 泥石流成因机制和引发因素

李家院子泥石流属暴雨沟谷型泥石流。形成区地形陡峻，沟谷纵坡降大，为泥石流的发育提供了有利的地形地貌条件；沟谷上游形成区发育有较多的崩塌、滑坡灾害体，沟道内松散物质众多，为泥石流的发生提供了丰富的固体物源条件；而暴雨则是泥石流形成的主要诱发因素。强降水夹带泥、砂石等松散物质汇集至沟谷中，由于流体比重较大，且流域相对高差较大，地形陡峻，汇集过程中势能转化为动能，泥石流流速较快，冲击侵蚀能力较强，快速掏蚀流通区沟岸坡脚，导致沟岸发生崩滑，松散物源迅速补充至流体中，导致流体中固体物质含量迅速增多。

4. 危险性分析

李家院子泥石流 3 条泥石流沟相邻，泥石流同时发生，大量堆积物进入河道抬高河床，导致平通河携带能力大大减弱，若泥石流再次暴发，泥石流堆积物有可能使平通河河床进一步抬高、堵塞河道，对平通河上下游及左岸震后居民临时安置点构成极大的威胁。

五、泥石流基本特征值的计算

结合以往经验和勘查结果，经计算，综合确定泥石流的基本特征值（表 2）。

表 2　泥石流基本特征值

泥石流基本特征值	计算公式	单位	1 号泥石流沟	2 号泥石流沟	3 号泥石流沟
流体容重	3-1	t/m³	1.80	2.1	2.1
流　量	3-8	m³/s	4.0	25.0	22.50
流　速	3-4	m/s	4.40	8.48	6.50
一次泥石流总量	3-11	m³	1454	9090	8181
一次泥石流冲出的固体物质总量	3-12	m³	707	6688	6191
泥石流体整体冲压力	3-13	kPa	37.05	170.1	91.48
冲起最大高度	3-17	m	0.98	3.60	2.11
泥石流弯道超高	3-18	m	0.4	0.7	0.6

六、泥石流发展趋势分析

根据调查和勘查结果综合判定：1 号泥石流沟易发程度等级为易发，2 号，3 号泥石流沟易发程度等级为极易发，遇暴雨极有可能再次发生泥石流；1 号泥石流沟发展阶段处于形成期（青年期），但物源相对较少，发生泥石流时以稀性泥石流为主；2 号，3 号泥石流沟发展阶段处于发展期（壮年期），由于沟谷峡窄，沟谷两岸有大量的崩塌、滑坡不稳定体分布，在暴雨的条件下物源向沟内迅速运移，发生泥石流时以黏性泥石流为主。

七、泥石流防治工程设计

1. 防治工程总体设计

根据李家院子泥石流地质灾害的特征，治理工程采用"排导＋停淤"的治理方案。总体治理方案如下：1 号泥石流沟冲出固体物质较少，可利用平通河自身的携带能力，不做防治措施；2，3 号泥石流沟设计理念以停淤为主，利用排导槽将泥石流堆积物排导至堆积扇部位设计的停淤位置，减少泥石流堆积物对平通河的挤压及堵塞。治理工程布置见图 1。

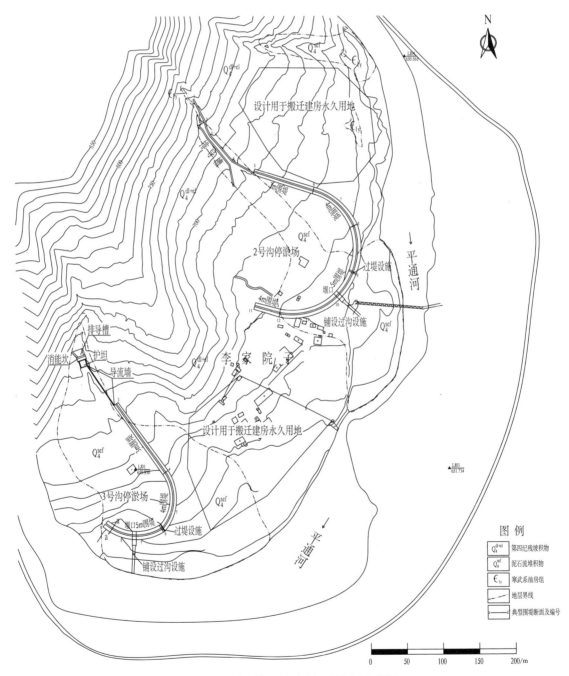

图 1　李家院子泥石流治理工程布置示意图

3. 分项工程设计

（1）2 号沟

2号沟泥石流堆积区面积较大，坡度相对较平缓，有停淤的场所，适宜构建停淤场。故在流通区设排导槽至堆积区，排导槽两端设置成喇叭口型；在堆积区利用泥石流堆积物做土堤，布置成环形，设出水堰口一个。具体设计如下：

喇叭口型导流墙设置在沟形弯曲处，墙身材料为M10浆砌石，采用仰斜式，墙高3.5m，顶宽1.5m，基础座落于碎石土层上。

喇叭口铺底采用50cm厚M10浆砌石防冲，垂裙嵌入沟底50cm。

排导槽顺沟底坡势修建，采用矩形断面，设计断面为3.5m×2.6m。

停淤场围堤高3~5m，堤顶宽2m，放坡坡率1:1.12，采用分层碾压碎石土筑堤，3m，4m堤仅在与泥石流接触侧设30cm厚浆砌石面层，5m堤两侧均设30cm厚浆砌石面层。停淤场底部设堰口，堰口断面尺寸为6m×2m，采用50cm厚M10浆砌石，并做砂浆抹面。设计停淤场堆砂厚度2m，停淤场库容为3.2万m³。围堤剖面示意图见图2。

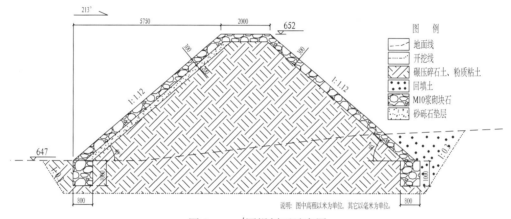

说明：图中高程以米为单位，其它以毫米为单位

图2 a-a'围堤剖面示意图

（2）3号沟

3号沟与2号沟特点相似，因此也采用以停淤为主的治理方案。在流通区设排导槽，排导槽平面布置成喇叭口形，排导槽进口段地势稍缓处作消能坎，消能坎后设护坦，由冲沟左岸M10浆砌石导流墙连接至围堤，导流堤围堤的作法与2号沟相同，平面布置成环形，从而构成停淤场，在停淤场平通河侧设堰口，作法与2号沟相同。设计停淤场堆砂厚度2m，停淤场库容为2.6万m³。

八、结语

平武县李家院子泥石流是"5·12"特大地震造成的典型的崩滑型、高频泥石流，其形成区地势陡峻，为泥石流的形成提供充足的水动力条件，流通区短，3条泥石流沟堆积区都为平通河且地势平缓，2号，3号泥石流沟堆积区距离较近，几乎相连，3条泥石流沟物源总储量为125万m³，总动储量为47万m³，物源主要分布于形成区陡峻的斜坡上。

根据泥石流沟特点，设计理念以停淤为主，充分利用泥石流堆积物做围堤回填料和在其上修建围堤，构成停淤场，以较低的治理费用达到治理的目的，同时大大减少治理工程占用耕地面积和回填土方用量。

泥石流实例十五：彭州市龙门山镇香樟树沟泥石流特征与治理方案

曹鼎鑫 曾令海 贾进军 王建辉 李和学
（河北省地矿局第四水文工程地质大队）

一、前言

香樟树沟位于彭州市龙门山镇九峰村，流域面积0.83km²，主沟整体长1.95km，海拔高度2033~

1251m，相对高差约782m，全流域主沟平均纵坡降402.5‰。受"5·12"地震影响原本为低频泥石流沟转变成了高频。由于香樟树沟域位于高中山区，沟道狭窄，坡降较大，沟内植被因为地震破坏殆尽，沟道内堆积大量地震诱发滑坡及崩塌的松散堆积物并堵塞沟道，暴雨情况下极有可能发生泥石流，威胁沟口公路及灾民安置点。防治工程采用"中、上游修建两座谷坊坝＋一座格栅坝＋下游防护堤局部防护＋下游沟道整理"的泥石流防治措施。

二、地质环境条件

香樟树沟位于彭州市北部高中山区，呈北西高南东低展布。沟谷呈"V"形，沟域出露地层有第四系全新统崩塌堆积层、残坡积层、泥石流堆积层、二叠系下统及晋宁—澄江期的岩浆岩。

香樟树沟位于龙门山构造带中段，映秀—北川断裂从泥石流沟上游通过。断层错动带宽30~50m，断层带附近岩体风化强烈，岩石破碎。场地地震烈度为Ⅷ度，地震动峰值加速度为0.20g，地震动反应谱特征周期为0.35s。

区内水文地质条件较为简单，地下水类型为松散岩类孔隙水和基岩裂隙水，水文地质条件较差。水质类型均为重碳酸钙或重碳酸钙镁型水。

三、泥石流形成条件分析

1. 地形地貌及沟道条件

香樟树沟流域面积0.83km²，主沟整体长1.95km，海拔高度2033~1251m，相对高差约782m，全流域主沟平均纵坡降402.5‰。整个沟域由形成区、流通区和堆积区组成（图1）。

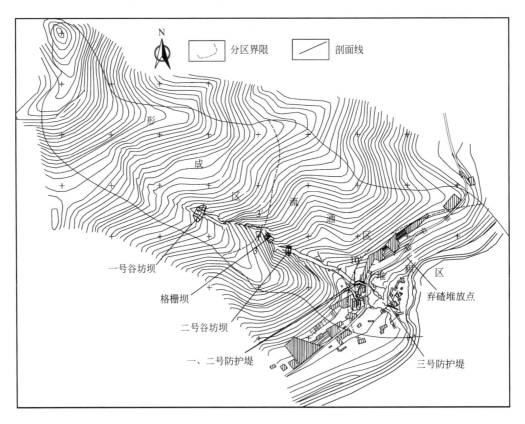

图1 香樟树沟治理工程方案平面示意图

形成区：面积0.36km²，沟谷长度1.21km，相对高差约578m，沟谷纵坡降477.6‰。区内地形起伏大，沟谷断面以"V"字形为主，纵向上沟谷呈弧线形，局部较陡形成跌坎。沟道一般宽6~10m，谷坡坡度一般30°~45°，局部接近60°。

流通区：面积 0.24km²，沟长 0.45km，相对高差 151m，平均纵坡 335.8‰，纵向上沟谷形态呈弧线型，沟道一般宽 4～9m，谷坡坡度一般 45°～60°，局部接近 80°，呈陡崖状，总体地貌形态呈"V"形峡谷。

堆积区：面积约 0.23km²，长约 535m，宽约 420m，平均沟床纵坡降 201.9‰。

2. 物源条件

固体物源以沟道内崩塌、滑坡为主，其次为堆积物与坡面残坡积碎石土，主要分布在主沟沟头附近的沟道内，总松散物源量 2.16 万 m³，可能参与泥石流活动的不稳定物源主要有"5·12"地震形成崩塌堆积物、滑坡堆积物及少量沟床堆积物，约 0.97 万 m³。

形成区分布有崩塌堆积体（2 处）及坡面残留和沟道堆积，固体物源 2.07 万 m³，其中不稳定物源量 0.90 万 m³。粒径>1500mm 的块石占 10%，粒径 1200～1500mm 的占 15%，粒径 600～1200mm 的占 5%，粒径 200～600mm 的占 10%，粒径<200mm 的占 20%，中间充填粉砂质土。

流通区段分布有固体物源 0.09 万 m³，其中不稳定物源量 0.07 万 m³。以沟道内的泥石流堆积碎块石和沟道内滑坡堆积物为主，粒径>1500mm 的块石占 10%，粒径 1200～1500mm 的占 25%，粒径 600～1200mm 的占 35%，粒径 200～600mm 的占 10%，粒径<200mm 的占 20%。

3. 水源条件

香樟树沟流域位于彭州市北部，年平均降雨量 1350mm，日最大降水量为 167mm，6 小时最大降水量为 120mm，1 小时最大降水量为 69.7mm，10 分钟最大降水量为 15mm，最长连续降雨时段 10 天。降水不仅为泥石流形成提供了充足水源，也使沟床两侧松散堆积物及破碎岩体易形成崩塌体，为泥石流形成创造了条件。

四、泥石流基本特征

1. 泥石流灾害史及灾情、危害性分析

"5·12"地震前香樟树沟未发生泥石流，地震后的 2008 年 5 月和 2008 年 7 月发生两次泥石流。2008 年 5 月的泥石流在发生前降雨持续了 3 个多小时，泥石流总历时约 15 分钟，平均水深约 1.1m，固体物质冲出量约为 1850m³。此次泥石流共冲毁村民林地约 30 亩，并将沟口平安山庄一楼淤埋，冲毁村民自建水池 2 座，自修公路 270m，牲口棚 2 个，此外还堵塞了沟口过水涵洞，并掩埋了沟口近 30m 的银白公路，公路上堆积厚度约 1.0m。2008 年 7 月的泥石流在发生前降雨持续了 2 个多小时，泥石流总历时约 10 分钟，平均水深约 0.7m，固体物质冲出量约为 1650m³。此次泥石流在第一次泥石流的基础上，将平安山庄二楼近 1/2 淤埋，未造成人员伤亡。根据泥石流一次冲出固体物源总量，推测此次泥石流规模接近 20 年一遇。

2. 泥石流各区段冲淤特征

形成区段并未表现出显著的冲刷迹象，主要原因在于这些沟段虽纵比降较大，但汇水面积较小，因此，尚不形成强烈冲刷所需的水动力条件，形成区沟床大多表现为冲淤平衡的特点。这表明不稳定物源量主要来源于地震造成的崩塌、滑坡。

流通区的冲淤特征视不同沟段而表现出不同的特点，但主要表现为以冲为主的特点。由于沟谷纵比降相对较大（平均 335.8‰），沟床相对狭窄一般 4～9m，沟道下切较为强烈，这说明在具备较强的水动力条件时，泥石流下蚀作用通常大于堆积作用，其冲淤特征表现为以冲为主的特点。

堆积区由于受到沟道狭窄、变缓，地形开阔等原因，冲淤特征表现为以淤积为主的特点。目前大量的泥石流松散物堆积在堆积区内。

3. 泥石流发生频率和规模

香樟树沟发生频率原本为低频，由于"5·12"地震影响泥石流发生频率增加，转变为高频。

香樟树沟一次泥石流堆积总量小于 1 万 m³，泥石流洪峰量<50m³/s，确定香樟树沟泥石流规模为小型。

4. 泥石流类型

(1) 按泥石流集水区地貌特征划分，香樟树沟泥石流主要属于沟谷型泥石流；

(2) 按照泥石流固体物质补给方式分类，香樟树沟泥石流属于崩滑及沟床侵蚀型泥石流；

(3) 按泥石流激发、触发及诱发因素分类，香樟树沟泥石流属于暴雨型泥石流；

(4) 按照泥石流动力特征分类，香樟树沟泥石流属于水力类泥石流；

(5) 按照泥石流流体性质分类，香樟树沟泥石流属于稀性泥石流。

五、泥石流特征值的计算

1. 泥石流流体重度

配浆法：在堆积区内采取泥石流堆积物配合沟水搅拌泥石流浆体，将浆体搅拌成当时泥石流浆体浓度并进行称重，量测浆体体积，按公式（3-1）计算，结果见表1，平均值为 $1.66g/cm^3$。

表1　现场配浆试验统计表

试验编号	重量/kg	体积/cm³	重度/(g/cm³)	备　注
DR1	6.02	3600	1.67	泥石流平均重度 1.66g/cm³
DR2	5.95	3600	1.653	
DR3	5.96	3600	1.66	

查表法：按照《泥石流灾害防治工程勘查规范》（DZ/T0220-2006）查表确定泥石流重度为 $1.641t/m^3$。

综合取值：本次泥石流重度的综合取值采用查表法取得的结果。

2. 泥石流流速计算

香樟树沟泥石流以稀性泥石流为主，按公式（3-2）计算泥石流流速，结果见表2。

3. 泥石流流量

雨洪法：按公式（3-9）、公式（3-10）计算，结果见表2。

表2　泥石流流速、流量计算参数及结果一览表

频率	位　置	流域面积/km²	清水流量 $Q_B/(m^3/s)$	泥石流流量 $Q_C/(m^3/s)$	泥石流流速 $V_c/(m/s)$
5%	拟建格栅坝	0.37	13.47	26.66	6.06
	拟建一号谷坊坝	0.24	9.63	19.07	5.51
	拟建二号谷坊坝	0.42	14.91	29.52	6.03
	一、二号防护堤	0.61	16.67	33.01	4.45
	拟建三号防护堤	0.68	17.91	35.46	3.85
2%	拟建格栅坝	0.37	17.51	34.67	6.06
	拟建一号谷坊坝	0.24	12.52	24.80	5.51
	拟建二号谷坊坝	0.42	19.39	38.39	6.03
	一、二号防护堤	0.61	25.92	51.32	4.45
	拟建三号防护堤	0.68	22.12	43.79	3.85

形态调查法：按公式（3-8）计算，结果见表3。

综合取值：采用形态调查法求得的泥石流峰值流量，普遍略小于雨洪法求得的结果，另采用形态调查法计算结果没有暴雨频率的概念，仅能代表当次泥石流的特征值，而雨洪法则根据现有沟域面积、沟域植被发育分布情况和径流系数进行计算，具有预测性质，因此，泥石流峰值流量采用雨洪法计算求得的结果（见表2）。

表3　形态调查法计算泥石流流量表

控制断面位置	过流面积 W_c/m^2	泥石流流速 $V_c/(m/s)$	泥石流流量 $Q_c/(m^3/s)$
拟建格栅坝	5.50	6.06	31.39
拟建一号谷坊坝	4.29	5.51	23.63
拟建二号谷坊坝	6.87	6.03	41.42
一、二号防护堤	8.28	4.45	36.86
拟建三号防护堤	9.40	3.85	36.17

4. 一次泥石流过流总量和固体冲出物

一次泥石流过流总量按公式（3-11）计算，香樟树沟遭遇20年一遇泥石流，一次泥石流过流总量为0.45万 m^3。

一次泥石流冲出的固体物质总量按公式（3-12）计算，结果为0.175万 m^3。

5. 泥石流整体冲压力

泥石流冲击力分为流体整体冲击力和个别大石块的冲击力。

泥石流体整体冲压力按公式（3-13）计算，泥石流中大块石冲击力按公式（3-14），结果见表4。

表4　泥石流体整体冲击力和大石块冲击力计算结果一览表

位　置	$V_c/(m/s)$	δ/kPa	F/kN	W/t
18-18'横断面	6.064	88.69	224.28	1.32
20-20'横断面	5.508	73.18	209.33	1.32
21-21'横断面	6.030	87.70	224.04	1.32

6. 泥石流爬高和最大冲起高度

泥石流爬高和最大冲起高度按公式（3-17）、公式（3-18），结果见表5。

7. 泥石流弯道超高

泥石流弯道超高按公式（3-19），结果见表6。

表5　香樟树沟流域泥石流爬高和最大冲起高度计算结果一览表

控制断面位置	泥石流流速 $V_c/(m/s)$	泥石流最大冲起高度/m	泥石流爬高/m
拟建一、二号防护堤	4.452	1.01	0.40

表6　香樟树沟流域泥石流弯道超高计算结果一览表

控制断面位置	泥石流流速 $V_c/(m/s)$	泥石流弯道超高 $\Delta h/m$
拟建一、二号防护堤	4.452	0.37

六、泥石流发展趋势分析

根据香樟树沟泥石流的15项易发因素综合评估结果，得分为93分，属于易发泥石流沟，处于发展期（壮年期）。"5·12"特大地震后，香樟树沟流域内发生多处崩塌，可能参与泥石流活动的松散物动储量较多，虽经过两次泥石流的搬运，仍有一部分松散物源堆积于沟道内，如对香樟树沟不及时进行工程治理，在强降雨作用下，将形成突发性泥石流，危害沟道两侧居民生命财产安全。

七、泥石流防治工程技术方案

本次治理工程以排导为主、拦挡为辅的治理方针，并采用"中、上游修建两座谷坊坝＋一座格栅坝＋下游防护堤局部防护＋下游沟道整理"的泥石流防治措施。

1. 拦挡工程

在香樟树沟上游形成区修建一号谷坊坝坝体横断面呈梯形布置，坝体长 14.8m，坝净高 3m，溢流口高 1.4m，安全超高 0.5m。坝体主体采用浆砌毛石结构。设计库容为 260m³。

在流通区内修建二号谷坊坝坝体横断面呈梯形布置，坝体长 15.0m，坝净高 3m，溢流口高 1.5m，安全超高 0.5m。坝体主体采用浆砌毛石结构。设计库容为 320m³。

在流通区内修建格栅坝一座，横断面呈长方形布置，格栅段长 5.6m，坝净高 6.0m。桩墩采用钢筋混凝土结构，设计库容为 1780m³。

2. 防护工程

在香樟树沟主沟沟口两侧修建防护堤，设计右岸一号防护堤长 56.0m，设计左岸二号防护堤长 32.5m。

在香樟树沟主沟入河口左岸居民房屋外修建三号防护堤，设计防护堤长 42.7m。

3. 清碴工程

（1）对主沟下游至银白公路及公路下游沟道进行清碴处理，清理平均深度为 1.2m。

（2）对公路下游一侧的堆积体进行处理。作用在于清理沟道，将堵塞沟口公路桥涵的碴石清理出来，使桥涵疏通，保证下游的沟口的泄洪能力（见图 1）。

八、结语

香樟树沟泥石流的评判和防治，不能简单地依靠传统的、历史的数据资料，应充分考虑和重视"5·12"地震的影响。

（1）香樟树沟沟内物源分布较广，纵坡降较大，上游形成区堆积了大部分物源，中游流通区基岩裸露，沟道狭窄，加之本地区易出现局部强降雨，能在短时间提供突发性来水，为泥石流形成提供了水源条件。综合判定香樟树沟泥石流为易发型泥石流，规模为小型。

（2）香樟树沟虽流域面积较小，但沟道狭窄，纵坡降较大，泥石流势能依然不小。因此以排导为主、拦挡为辅的治理方针，是针对这种泥石流的首选。进行工程选址时，应充分考虑施工难度，以及与下游公路过水涵洞的结合。

（3）治理方案采用上游修建一座谷坊坝，用以拦截形成区部分物源，削势减能；中游基岩裸露，泥石流流速会加快，修建一座格栅坝和一座谷坊坝，共同削势减能；下游淤积严重，修建防护堤局部防护并进行沟道整理，加快泥石流的排导，保护威胁对象。

（4）从长远考虑，香樟树沟泥石流的防治宜实行小流域综合治理，工程措施与生物措施相结合。建议香樟树沟建立可行的泥石流监测网络，适时监控治理过程中和治理后的泥石流动态，以保施工安全，并为今后泥石流的治理效果监测和灾害预警提供依据基础数据。

第七章 典型滑坡特征与防治实例

滑坡实例一：平武县南坝镇赵家坟滑坡群特征与治理方案

徐丹梅　冯创业　张增勤　王永波　徐海振

（河北水文工程地质勘察院）

一、前言

赵家坟滑坡群位于平武县南坝镇石坎办事处健全村，由 4 个紧邻的滑坡组成，滑坡总体积 1170 万 m³，为特大型土质滑坡群。受"5·12"地震及震后降雨影响，坡体裂缝、下错变形强烈，目前滑坡尚未整体滑动，整体处于基本稳定—欠稳定状态。滑坡一旦失稳，将危及到滑坡区灾后重建规划区及村民的生命财产安全，威胁省道 105 线的运行安全，有堵塞洪溪沟河道形成堰塞湖的可能。治理工程采用"抗滑桩＋排水"的方案。

二、地质环境及地质灾害概况

1. 地质环境

勘查区多年平均降水量 1000mm 左右，日最大降水量 151mm（1993 年 5 月 27 日）。位于平武县东南部，为中山、河谷地貌。区内斜坡总体坡向 160°～230°，以凸型坡为主，斜坡坡度 15°～40°，坡前部多为陡坎平台。山顶高程约 1340m，洪溪沟河河床高程为 740m 左右，相对高差约 600m。滑坡区及其附近出露地层单一，主要为寒武系下统邱家河组。第四系残（崩）、坡堆积层分布较广，坡洪积、冲洪积层沿河岸附近零星分布。区域上属于龙门山构造带，滑坡群距离南坝大断层约 2km，且处于南坝大断层的上盘。裂隙发育，裂隙率多在 0.4%～0.85% 之间。据不完全统计 1550 年至今，平武县发生 4.0 级以上地震共 55 次，6 级以上 4 次，震中位置多位于平武与松潘两县之间。2008 年 5 月 12 日汶川 8.0 级地震，南坝大断层上盘活动强烈，是平武县有地震记载以来破坏性最大的一次，而南坝镇位于地震重灾区。赵家坟滑坡群位置的区域地震动峰值加速度为 0.20g，地震动反应谱特征周期为 0.40s，地震基本烈度为Ⅷ度。区内水文地质环境较简单，主要有基岩裂隙水或残坡积层底板松散岩类孔隙水，震后有的泉水干涸，有的泉水先增大后减小，形成的个别新泉也先后干涸。勘查期间，局部山坡下部的冲沟中有泉水出露，流量仅 0.02L/s，大部分滑坡体内不存在地下水。

2. 地质灾害概况

（1）灾害概况

赵家坟滑坡群总体形态呈南北向爪形展布，四个滑坡体位于同一山脊下，由西向东以自然冲沟相隔，东西宽 771～1890m，南北长 416～618m，是"5·12"地震作用形成的地质灾害体，变形破坏以地面裂缝为主。震后又受暴雨影响，变形破坏进一步扩大与加剧。其中Ⅰ号滑坡，后缘及中部的拉张裂缝和侧缘的剪切裂缝发育程度较高，具连续性。后缘主裂缝呈弧形，走向 50°～140°，长 60m，宽 0.2～0.4m，深度 1.55m，中上部裂缝下错现象较明显，错距约 50cm，左侧缘裂缝一般延伸长 15m，宽 0.1～0.3m，深 0.2～0.5m。滑坡区农田毁坏，滑坡前缘有人工开挖临空面，高度 5～7m，将威胁前缘东、西两侧界附近规划的灾民安置区及 105 省道；Ⅱ号滑坡，后缘张拉裂缝长 10～60m，宽 0.1～0.3m，深度 0.5～1.7m；左侧缘裂缝长 10～25m，宽 0.05～0.15m，深度 0.7m；中部有一条纵向裂缝延伸长 120m，宽度 0.15～0.6m，深度 0.3～1.0m，走向 195°，下错错距 10～30cm；前缘多处公路的挡墙开裂和外拱错位 5cm 左右,损坏严重;Ⅲ号滑坡,后缘多处裂缝拉裂后位移或下错形成陡坎,坎高 8～15cm,裂缝延伸长 30m,宽度 0.02～0.6m,深度 0.2～0.9m;前缘放射状拉张裂缝发育,105 省道挡墙外拱;Ⅳ号滑坡,后缘圈椅状陡坎发育较完整,坎高 1.5～2.5m。滑坡前缘拉张裂缝发育,一般长 10～45m,宽 0.05～0.5m,深度 0.2～5.0m,下错 8～30cm。

赵家坟滑坡群及影响范围内危害对象:平武县南坝镇健全村的赵家咀社、沟边山社等村共 188 户 666 人,旱地 1900 亩、林地 2100 亩,105 省道 1.5km,洪溪沟河河道 1.5km,南坝镇石坎办事处重建规划区。赵家坟滑坡群正处于一个成灾的孕育期,人类工程活动及降雨等自然因素的作用,部分地段变形不断扩大,时刻显示出潜在的灾害危险。

(2) 滑坡群基本特征

赵家坟滑坡群各滑坡范围以变形裂缝和冲沟为界。地形形态:Ⅰ号滑坡平面呈舌形,主滑方向 227°,坡形陡直,前后缘高差 294m,坡度 30°～40°,平均坡度 38°。纵长约 377m,横宽 116～513m,平均厚度 16.2m,体积约 184 万 m^3。Ⅱ号滑坡,平面展布呈长舌状,主滑方向 196°,坡面粗糙台坎发育,高差 312m,地形坡度 15°～36°,上陡下缓,平均坡度 26°。纵长 645m,宽 160～323m,平均厚度 17.8m,体积约 293 万 m^3。Ⅲ号滑坡,总体呈簸箕状,主滑方向 190°,地形坡度 15°～35°,高差约 260m,中部陡直,上部和下部呈缓坡,纵长约 543m,均宽 480m 左右,平均厚度 16.5m,体积 438 万 m^3。Ⅳ号滑坡,平面展布呈不规则马蹄形,主滑方向为 171°,地形坡度 19°～31°,高差 325m,上陡下缓,平均坡度 25°。纵长约 600m,横宽 340m,平均厚度 19.6m,体积约 256 万 m^3。每个单体滑坡均为大型土质滑坡。

赵家坟滑坡群上覆堆积体物质组成基本相同。滑体土主要为碎块石土及含碎石粉质黏土,厚度分别为:Ⅰ号滑坡 3.0～21.7m,Ⅱ号滑坡 11.0～25m,Ⅲ号滑坡 5～24m,Ⅳ号滑坡 5～24m。总体分布规律是上薄下厚。滑体结构松散,碎石呈片状或碎屑状,粒径 10～100mm。探槽揭露碎(块)石土层具架空现象。

滑带土为黄褐色—灰褐色粉质黏土或黏土夹少量风化板岩碎石,含较多亲水矿物,干时硬塑,遇水易软化;局部为黏土与泥化板岩混合土,湿时具滑腻感。土层底部岩性为全风化板岩,灰白或灰黄色,手捻可成粉末,遇水具泥化现象。潜在滑动面位于土岩分界面,部分勘探点揭示在土岩接触带可见散碎的镜面与挤压面。

滑床为寒武系下统邱家河组,绿泥石板岩、绢云母板岩。各滑坡上部强风化层厚度:Ⅰ～Ⅲ号滑坡 0.4～5.3m;Ⅳ号 0.7～8.3m。下部为中风化至完整岩石,岩层产状反倾坡内。但有两组基本垂直的节理发育,一组节理面倾向与斜坡走向近一致,节理面较平直、光滑,另一组倾向顺岩层层面发育。

三、滑坡群稳定性分析与评价

1. 滑坡群形成机制分析及近期发育阶段

形成机制主要从以下几方面分析:

(1) 受发震断层控制,滑坡群位于活动断层—南坝大断层的上盘。"5·12"地震时该断层活动强烈,是平武县有地震记载以来破坏性最大的一次,勘查区距断层约 2.0km,地震波对坡体强烈的冲击是触发赵家坟滑坡群产生的根本原因。

(2) 受软弱结构面控制,滑坡群区内板岩(软岩)岩体为层状结构,两组近垂直的节理裂隙极为发育。路边开挖断面揭示其中一组节理裂隙面倾向与坡向一致,延伸长,面光滑平直,倾角为 50°左右,表层风化强烈,具泥化现象,上覆松散堆积层沿这组裂隙面切层滑动,岩石软弱结构面为滑坡的形成提供了滑动带(面)。

(3) 地形地貌,赵家坟滑坡所处地区属于中山区,地形具有切割剧烈、山势陡峻的特点,为地质灾害发生高频率区。高程 740～1340m,滑坡群坐落于洪溪沟河转弯部位的左岸,Ⅰ号滑坡西侧缘河谷"V"字形急转至前缘变"U"字形,此类地形地震波的放大效应较为突出,岩土体卸荷作用强烈,加上适度的斜坡坡度（15°～40°），构成了滑坡群产生的有利地形与坡度条件。根据勘探资料揭露滑坡群的滑床不具连续完整的滑动带（面），剪出口特征不甚明显，反映了地震诱因形成滑坡的特征。

赵家坟滑坡群受地震诱因形成后，又经历了强降雨作用，其变形破坏迹象均有不同程度的加重和扩大。表现为中后部的弧形拉张裂缝、坍塌等变形均顺坡向产生了下错，部分滑坡侧缘裂缝出现多级阶梯状地形，滑坡圈椅等微地貌特征更加清晰，由此反映在降雨作用下局部已发生了位移变形，但滑动带（软弱带）尚处于揉搓阶段未形成连续的剪切面。滑坡整体目前属于基本稳定状态。近期发育阶段为蠕动—挤压阶段逐步向初滑阶段发展的过程中，属于潜在不稳定滑坡群。

2. 滑坡稳定性影响因素

赵家坟滑坡群诱发其及影响因素：

（1）地震。受"5·12"地震波冲击整个山体震裂震松，斜坡体物质结构及坡体结构遭受了不同程度的破坏，上覆土体内产生了大量的地面拉张裂缝。其中Ⅰ、Ⅳ号滑坡后缘以上分别出现1～5m，1～2m高的弧形断壁。震后，在土体自重作用下，裂缝逐渐增大，斜坡的稳定性迅速降低，因此地震是诱发该滑坡群产生的决定因素。

（2）地质构造。赵家坟滑坡群处于活动断层—南坝大断层的上盘，距断层约2km，地震中南坝大断层为发震断裂，岩体结构面极为发育。勘查区内有一组节理裂隙面倾向与坡向基本一致，倾角50°左右。根据乔建平研究成果，当坡角小于岩层倾角时，松散堆积层沿基岩顺坡向节理裂隙面切层滑动，基岩节理面为滑坡提供滑动面，节理裂隙面为软弱结构面。因此地质构造产生软弱结构面是滑坡群形成的主控因素。

（3）地形地貌和地层结构。工作区属中山区、河谷地貌。斜坡平均坡度25°～38°，滑坡前缘地形呈陡坎或陡坡状，局部有较高的临空面或松动坍塌现象，滑坡整体坡面高低不平为粗糙型，滑坡区纵坡均具有后陡前缓和阶梯状地形特征。前缘开阔，无运动障碍。滑坡体堆积物以碎（块）石土为主，土质不均匀，碎石岩质软弱，结构松散；下伏板岩，表层全风化，岩心分离成片状或碎屑状，手捏易碎，遇水易软化。因此适度地形坡度和地层结构是滑坡群形成的重要因素。

（4）降雨。勘查区具有雨量大，下渗速度快的特点。大量的降水入渗，导致滑体土在增大自重的同时抗剪强度也急剧降低，另外还导致上覆堆积层与下伏风化板岩之间的软弱结构面水理软化产生润滑作用。经调查访问，暴雨过后滑坡体上出现多处局部滑塌、位移和下错（错距最大1.7m）、多级阶梯状剪切裂缝等变形破坏进一步扩大与加剧，愈来愈向坡体不稳定临界值方向发展。暴雨和持续降雨是赵家坟滑坡群发生过程中最活跃、最积极的促进因素。

3. 滑坡破坏模式分析

（1）滑坡破坏模式分析。赵家坟滑坡群纵向较长、坡度较陡。地震使山体产生一系列的浅部拉张裂缝与后缘断壁，斜坡堆积物更趋疏松。上部变形拉张裂缝经强降雨作用，沿顺坡走向的节理面下错并扩大产生局部位移。发展过程为地震拉裂—降水变形扩展—局部蠕动位移形成。由此判别赵家坟滑坡群破坏模式为推移式滑坡。

（2）滑坡稳定性宏观判断。赵家坟滑坡群的各单体滑坡虽然产生于同一个山体，但其变形部位、坡体破坏程度及稳定性均具有一定的差别。其中，Ⅰ号滑坡地形高陡，其上部局部地段陡坡高度约15m，前缘坡脚有新开挖高5～7m的临空面。勘查期间整体虽处于稳定状态。但是东侧边界紧邻的高斜坡表层垮塌及采矿弃碴溜滑现象对滑坡体影响较大，滑体中上部裂缝发育，有的错距明显，农业耕地基本荒废。宏观判别滑坡存在由局部滑移导致整体滑动的潜在威胁。Ⅱ号滑坡，总体地形较陡，中前部滑坡体地表裂缝发育，勘查期间观测到一条长度120m左右的裂缝，呈连续状延伸，伴随这条裂缝的次级裂缝呈辫子状和树枝状密布于两侧。"5·12"地震后又经强降雨作用，这条裂缝均出现顺坡向阶梯状下滑和局部滑塌，西侧裂缝前缘为临空高15m左右的陡坡，在各种外因诱发与作用下极易发生局部滑动的危险。宏观判断该滑坡存在整体滑动或局部滑动的可能性。Ⅲ号滑坡，主滑线的滑体厚度明显小于滑体两侧，滑坡范围内地形变化较大，沟谷发育，延伸方向和长度存在一定的差异性。上部变形裂缝分布于边界和主滑线以东地段，下部变形裂缝分布于前缘地带，在强降雨或持续降雨等外力作下滑坡易产生失稳的危险。宏观判断存在整体滑动或局部滑动的可能性，但发生局部滑动破坏的可能性较大。Ⅳ号滑坡，上、下部滑坡平面展布形态差异较大，上部为簸箕形，滑坡体内主要为表层滑塌，后缘边界与局部地段拉张裂缝发育，目前变形迹象的发展趋势不明显，判断为稳定状态；下部呈舌形，前缘放射状裂缝密集，在强降雨后裂缝变形加剧。勘查期间，在前缘观测到一裂缝，长度约50m，深度大于5m，宽度10～40cm。下部滑坡体在降雨作用下极易产变形破坏。宏观判断存在局部滑动的可能性，整体滑动的可能性较小。

4. 滑坡岩土体物理力学参数分析评价及参数取值

根据赵家坟滑坡群的地质勘查与试验成果，对其滑体、滑带、滑床的岩土体物理力学性质，特别是 C，φ 值的取定进行了分析评价，力求为滑坡稳定性分析及后期防治工程设计提供科学的合理依据。

（1）参数分析评价，滑带土力学参数的取定，对分析评价滑坡在各种工况下的稳定性至关重要。本次勘查主要从这几个方面考虑：①通过地质调查，建立滑坡地质模型，根据所选取的参数计算滑坡群的稳定状态与滑坡当前变形迹象是否基本吻合；②通过室内试验获得参数，在 C，φ 值偏大或偏小的情况下，还考虑了滑带土实际的状态和试验值的对应关系；③参考邻区同类型滑坡经验资料，结合本滑坡群滑坡土体物质组成和试验数据，给定 C 或 φ 值进行反演计算，根据其计算结果对不同滑坡剖面选取不同的计算参数。经综合分析各种因素并采用不同的权重，从而得到剖面计算参数建议值。

（2）参数取值。岩土体的土工试验结果为：滑体土，天然含水量 22.6%、天然密度 1.9g/cm³；塑性指数 14.8；抗剪强度天然峰值 C 值 28.0kPa、φ 值 18.0°，残值 C 值 22.0kPa、φ 值 13.0°；饱和峰值 C 值 23.0kPa、φ 值 11.0°；残值 C 值 19.0kPa、φ 值 9.0°，天然大重度平均值为 20.66kN/m³。滑带土，天然含水量 23.5%、天然密度 2.0g/cm³；塑性指数 13.2；抗剪强度天然峰值 C 值 28.0kPa、φ 值 18.0°，残值 C 值 21.0kPa、φ 值 13.0°；饱和峰值 C 值 24.0kPa、φ 值 14.0°；残值 C 值 20.0kPa、φ 值 12.0°。滑床岩（土）体，天然含水量 3.1%、天然密度 26.0kN/m³；抗压强度天然 34.1MPa、饱和 25.0MPa、抗剪强度 C 值 4.8MPa、φ 值 43.9°。

根据试验、反演计算结果和类似滑坡经验值及斜坡稳定性现状分析，综合确定滑带土抗剪强度建议值见表1，滑床物理力学参数建议值见表2。

表1　滑带土抗剪强度计算参数建议值表

土 体 位 置	天　然		饱　和	
	C/kPa	φ/(°)	C/kPa	φ/(°)
Ⅰ号滑坡	28	24	24	17
Ⅱ号滑坡	28	22	24	17
Ⅲ号滑坡	28	21	24	17
Ⅳ号滑坡	28	21	24	17

表2　滑床岩体物理力学参数建议值

岩　性	重度 (kN/m³)		岩体天然抗剪强度		岩石抗压强度标准值		岩体抗压强度标准值		岩体地基承载力特征值/kPa	岩体抗拉强度标准值/kPa	基底摩擦系数
	天然	饱和	C/MPa	φ/(°)	天然/MPa	饱和/MPa	天然/MPa	饱和/MPa			
中风化板岩	25.9	26.1	4.76	35.1	34.1	25.0	11.3	8.3	1500	250	0.6

四、滑坡稳定性计算与评价

1. 计算模型与计算方法的确定

（1）计算模型

在地质模型的基础上，结合勘探查明的各单体滑坡的潜在滑带（面）位置、岩性、变形现状及抗滑桩拟设部位工程地质等条件综合确定。选择代表性剖面：Ⅰ号滑坡的Ⅱ-Ⅱ′、Ⅲ-Ⅲ′剖面；Ⅱ号滑坡Ⅳ-Ⅳ′剖面；Ⅲ号滑坡Ⅴ-Ⅴ′、Ⅵ-Ⅵ′、Ⅶ-Ⅶ′剖面；Ⅳ号滑坡Ⅷ-Ⅷ′、Ⅸ-Ⅸ′剖面为计算剖面，进行稳定性计算及稳定状态分析。

根据《滑坡防治工程设计与施工技术规范》，滑坡等级Ⅱ级，暴雨工况以20年一遇（5%频率）暴雨考虑；工作区处于Ⅷ度区，地震动峰值加速度为0.20g。

（2）计算方法

赵家坟滑坡群的滑坡滑体坡面地形线及滑带均简化成折线，采用传递系数法。计算时取滑坡的单位宽度为1.0m。滑坡稳定性系数计算见公式（4-9），滑坡推力计算见公式（4-14）。

2. 滑坡滑动模式推力及稳定系数计算结果

（1）滑坡滑动模式

各单体滑坡均以主滑剖面示意，模式为2种。Ⅰ号滑坡，Ⅱ-Ⅱ′剖面滑动模式见图1。模式一：滑坡体沿土岩界面滑动从高程766m处（C剪出口）剪出，为整体滑动破坏。模式二：滑坡中上部沿搜索的最危险滑面从高程930m处（B剪出口）剪出，为局部滑动破坏。Ⅱ号滑坡，Ⅵ-Ⅳ′剖面滑动模式见图2。模式一：滑坡整体沿土岩接触面滑动，从高程770.0m处（C剪出口）剪出，为整体滑动破坏。模式二：滑坡整体沿土岩接触面滑动从高程892.0m处（B剪出口）剪出破坏，为局部滑动破坏。Ⅲ号滑坡，Ⅵ-Ⅵ′剖面滑动模式见图3。模式一：滑坡整体沿岩土界面滑动从高程约755m处（D剪出口）剪出，为局部滑动破坏。模式二：滑坡从高程950m处滑体土层最薄处（B剪出口）剪出，为局部滑动破坏。Ⅳ号滑坡，Ⅷ-Ⅷ′剖面滑动模式见图4。模式一：滑坡整体沿岩土界面滑动从高程788m处（C剪出口）剪出，为整体滑动破坏。模式二：滑坡中前部从高程950m处（B剪出口）剪出破坏，为局部滑动破坏。

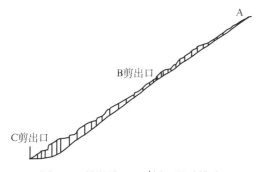

图1 Ⅰ号滑坡Ⅱ-Ⅱ′剖面滑动模式

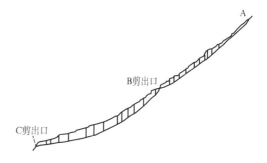

图2 Ⅱ号滑坡Ⅵ-Ⅳ′剖面滑动模式

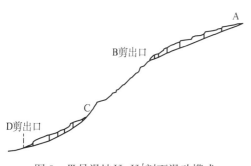

图3 Ⅲ号滑坡Ⅵ-Ⅵ′剖面滑动模式

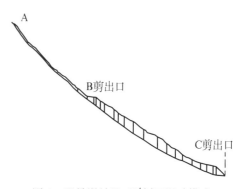

图4 Ⅵ号滑坡Ⅶ-Ⅶ′剖面滑动模式

（2）滑坡推力与稳定系数计算结果

从稳定性计算结果分析，赵家坟滑坡群工况Ⅰ稳定系数1.095~1.344，处于基本稳定状态；工况Ⅱ稳定系数1.000~1.044，处于欠稳定状态；工况Ⅲ稳定系数0.944~1.038，处于不稳定—欠稳定状态；仅Ⅳ号滑坡B剪出口处于基本稳定状态。其中工况Ⅱ为滑坡治理设计工况，其滑坡推力计算结果见表3。

表3　赵家坟滑坡群推力计算结果表

滑坡编号	计算剖面		计算工况	稳定系数	安全系数	剩余下滑力/kN
I	II-II′剖面	B剪出口	工况II	0.977	1.05	605.57
		C剪出口	工况II	1.025	1.05	930.59
II、III	IV-IV′剖面	B剪出口	工况II	1.024	1.05	543.76
		C剪出口	工况II	1.036	1.05	598.67
	VI-VI′剖面	B剪出口	工况II	1.041	1.05	154.14
		D剪出口	工况II	1.027	1.05	257.66
IV	VIII-VIII′剖面	B剪出口	工况II	1.223	1.05	0.00
		C剪出口	工况II	1.044	1.05	293.92

五、滑坡发展趋势及危害性预测

1. 滑坡稳定性综合评价

（1）赵家坟滑坡群在"5·12"地震前就处于地质灾害高易发区，地震中赵家坟滑坡群附近的南坝大断层为发震断裂，使赵家坟滑坡群又成为地震灾害的重灾区，山体背面已经发生滑坡，附近的山体多处发生崩塌、滑坡。赵家坟滑坡群的地层岩性、地形地貌等特征与周边滑坡类似，滑坡体顶部出现拉应力和卸荷裂缝，尤其是侧缘出现多级阶梯状拉张裂缝，反映出该滑坡是一个正处在孕育阶段或过程中的滑坡群。

（2）赵家坟滑坡群目前处于滑动临界状态，滑坡区前部与后部已发生了大量的变形迹象，且在不断扩大与加剧；滑坡松散堆积体坡度较大，各滑坡有可能由局部变形发展到潜在滑动带形成与贯通，直至发生大规模滑移的可能，勘查期间村民反映，滑坡体上分布的裂缝在暴雨后，裂缝外侧顺坡下错明显，错距0.2~1.7m。在降水作用下，I、II号滑坡发生整体滑动的可能性较大，III、IV号滑坡发生局部滑动的可能性较大。

2. 滑坡变形发展趋势

通过对滑坡群的稳定性综合判断与影响因素分析得出，特殊地质构造背景和雨量充沛的气候特点必将长期作用于滑坡群。赵家坟滑坡群总体坡度较陡，地震后滑体更趋松散，土岩接触面存在形成滑面的自然因素，目前滑坡体圈椅地貌形态与变形破坏迹象清晰可见。在震后暴雨期间，大气降水入渗滑坡体中，使得后部拉张裂缝变形明显加剧与扩大。由此表明赵家坟滑坡群受地震作用诱发形成，但暴雨或持续降雨将会成为以后赵家坟滑坡群致灾的长期影响因子，从而使赵家坟滑坡群的变形破坏趋势不断向斜坡体不稳定临界值方向发展，一旦滑面贯通，有可能引发各单体滑坡的整体滑动破坏。

3. 滑坡危害性预测

赵家坟滑坡群总规模1170万 m^3。在持续的降雨或强降雨、地震等外力作用下，一旦发生整体滑动，将直接影响滑坡前缘的健全村和安置区灾民、省道105公路。同时滑坡物质堵塞滑体前缘洪溪沟河（又名石坎河）将形成堰塞湖（洪溪沟河道为"5·12"地震后第二大堰塞湖—文家坝堰塞湖的上游河段，两灾点相距约3km）。因此，危害性极大，估算直接经济损失至少在6000万元以上，间接经济损失更大。

六、滑坡防治工程技术方案

赵家坟滑坡群各单体滑坡地震后整体处于欠稳定状态，是一个具有潜在危险的滑坡群。鉴于赵家坟滑坡群潜在滑动带（面）当前尚未全面贯通，滑带土强度也未下降到其残余强度，整体稳定系数大于1的现状条件下，可充分利用土体自身的强度，减少支挡工程量，节约工程资金。防治工程方案采用以抗滑桩工程作为主要的阻滑措施，防止滑坡出现整体或局部滑移；另外从滑坡稳定性分析表明，水对滑体稳定性影响显著。有效控制地表水入渗，对维持滑体稳定亦至关重要，辅助工程为地表排水。

在滑体周缘设置截水沟，以防地表水大量入渗，从而保护滑坡群的各单体滑坡整体稳定。

采用"抗滑桩＋截水沟"的防治工程方案（图5）。

1. 抗滑桩工程设计

赵家坟滑坡群抗滑桩设计是在勘查构建的地质模型的基础上，结合拟建防治工程部位地形地貌特征及其施工条件进行抗滑桩推力计算。抗滑桩按滑坡滑动模式设计为上、下2排，桩长6～24m，桩间距5～6m。

（1）抗滑桩推力计算。①选择计算剖面，设计安全系数（K_s）、岩土设计参数取值等，最后进行设计推力荷载计算。②计算方法。采用"M"法进行下滑推力计算。

（2）抗滑桩结构设计。①抗滑桩的设计荷载，桩所受荷载为该处桩后滑动推力（各种工况下的最大值）与桩前滑体抗力之差。设计推力荷载按矩形分布考虑。桩截面最大1.6m×2.4m，最小1.0m×1.5m。②结构设计安全系数。由于在推力计算时已考虑了荷载组合，并计入了安全系数，故结构设计系数为1.0，永久荷载分项系数为1.0。抗滑桩断面设计中推力荷载分项系数取1.0。

2. 排水治理工程设计

地表排水工程按20年一遇暴雨重现期进行设计，设计截水沟的降水历时标准按1h考虑，暴雨重现期设计暴雨强度为77mm/h，排水系统设计长度1117m。

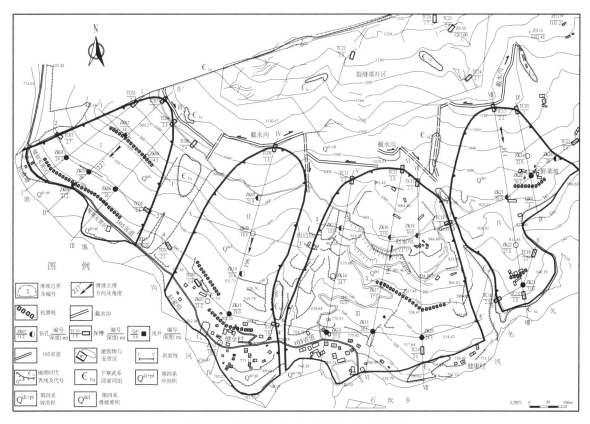

图5 工程地质与治理工程方案平面示意图

七、结论

通过本文的研究，对赵家坟滑坡群的形成机制、稳定性、发展趋势及防治工程方案得出以下基本结论：

（1）赵家坟滑坡群是"5·12"地震触发的大型滑坡灾害。4个单体滑坡呈"爪"形分布于同一山脊下，形成条件具备了发震断层区位、软弱结构面控制、有利的地形和坡体结构，受地震波冲击群发致灾。没有完整连续的滑动带（面），剪出口特征不甚明显。反映了地震诱因形成滑坡的特征。

（2）滑坡群成因演化机制分析赵家坟滑坡群属于堆积层滑坡，潜在滑带（面）是上覆堆积层与下伏风化板岩之间的软弱结构面。各滑体土物质组成、滑动模式及变形破坏迹象等特征基本相似，均为大型土质滑坡。

（3）通过稳定性计算得出滑坡群的稳定状态，在工况Ⅰ条件下滑坡均处于基本稳定状态，在工况Ⅱ条件下处于欠稳定状态，在工况Ⅲ条件下处于不稳定—欠稳定状态。

（4）目前滑坡圈椅等微地貌特征基本形成。在震后暴雨影响下，后缘与侧缘边坡面拉张裂缝明显扩大和下错，由蠕动—挤压阶段向初滑阶段发展。其中Ⅰ、Ⅱ号滑坡存在局部与整体滑动的可能，Ⅲ、Ⅳ号滑坡存在局部滑动可能较大。

（5）滑坡群总规模1170万m³。将来在降雨等外力的长期作用下，一旦失稳，将直接对滑坡区健全村和安置区灾民生命和财产造成不可估量损失，省道105公路中断给当地经济发展带来重大影响，堵塞滑体前缘洪溪沟河将形成堰塞湖。前缘河道为震后第二大堰塞湖—文家坝堰塞湖的上游河段，两灾点相距约3km。因此，危害性极大，估算直接经济损失在6000万元以上，间接经济损失更大。

（6）对于滑动带（面）尚未全面贯通，滑带土强度也未下降到其残余强度，整体稳定系数大于1的滑坡，防治工程设计时应充分利用土体自身的强度，减少支挡工程量，节约工程资金。

（7）根据赵家坟滑坡群的地形地貌、结构特征、破坏模式、工况条件以及滑坡失稳以后的危害性进行方案设计，力求防治工程方案安全可靠、技术可行、经济合理。本次治理工程主要采用"抗滑桩＋截水沟工程"。

滑坡实例二：平武县豆叩镇魏家湾滑坡特征与治理方案

田占良　徐世民　李朝政　李　锋
（河北地矿建设工程集团公司）

一、前言

魏家湾滑坡位于平武县豆叩镇裕华村，为大型推移式土质老滑坡。20世纪50年代曾经滑动并在平通河岸边形成鼓丘，当地居民几十年来在鼓丘上修路、建房，开挖坡脚形成了多处临空面。滑坡多年来不断蠕动变形，每年雨季过后，坡体上均会新增不同程度的裂缝。"5·12"地震破坏了滑坡体物质结构，使其更加松散。震后又经历暴雨冲刷、软化坡体，导致坡体变形加剧，裂缝数量和规模猛增。目前滑坡处于欠稳定状态，对裕华村居民及公路构成威胁。治理工程采用"抗滑桩＋地表排水＋局部削方减载＋裂缝夯填"方案。

二、地质环境条件

滑坡区地处低山区，属斜坡河谷地貌，平面呈长舌形，南高北低，坡向北偏东8°，坡度23°左右，相对高差250m，坡面呈阶梯状，植被覆盖率达90%以上，两侧小冲沟微地貌发育。平通河从滑坡前缘流过。

出露地层为第四系（Q^dl）和志留系茂县群地层。第四系为坡残积碎石土，结构松散，主要分布于滑坡体上和两侧冲沟内。志留系茂县群地层为千枚岩，在滑坡体后缘及两侧冲沟外侧均大面积出露，风化强烈，地层产状355°∠53°。

滑坡区为单斜构造，位于龙门山北东向构造带上，距南坝大断层9.2km。区内新构造运动表现为区域性地壳急剧上升并伴随断裂活动，在上升中有短暂间歇，上升幅度随时间推移递减。滑坡区属抗震设计第二组，抗震设防烈度为Ⅷ度，地震动峰值加速度值为0.20g，特征周期为0.40s。

滑坡区及附近人类工程活动强烈，当地居民开挖坡脚修建房屋、公路等设施，形成了多处高度5～10m的临空面。

三、滑坡基本特征

1. 滑坡形态及边界特征

滑坡边界呈"圈椅状",前缘为平通河岸,后缘为原始基岩陡崖,两侧为同源自然冲沟。坡体平面呈长舌形,长约650m,宽约110m,总体地势南高北低,前缘高程720m,后缘高程970m,相对高差250m,主滑方向8°,坡度23°左右,面积约8万m²,厚度约7~20m,体积约122万m³,规模属于大型。详见图1、图2。

2. 滑坡变形破坏特征

主要表现为地面裂缝和建筑物变形。地面裂缝主要分布于滑坡体后部和前缘,后部3条裂缝为地震引起的张拉裂缝,走向246°~278°,基本与坡向垂直,裂缝宽约5~10cm,深约25~40cm;前缘裂缝为滑坡体多年蠕动变形形成的鼓胀裂缝,基本走向为283°~324°,裂缝延伸长度一般5~15m,裂缝宽一般1~5cm,最宽可达20cm,深一般20~40cm,最深达55cm。建筑物变形主要表现在滑坡前缘浆砌石防洪堤上,其侧面出现4条明显裂缝,缝隙长5~15m,宽5~10mm,反映出滑坡有轻微向前拱动之趋势。

3. 滑坡物质结构特征

滑坡体内物质由上到下为滑体、滑带、滑床三部分。

滑体土主要为碎石土,碎石含量达60%~75%,碎石为强风化千枚岩,一般块径0.2~0.8m,最大可达1.5m,层理面光滑细腻,呈棱角状或次棱角状。粉质黏土含量较少,填充于碎石其间,其天然重度为19.7kN/m³。在 I-I′剖面上钻探揭露滑体厚度为5.1~16.45m。

滑带土主要为粉质黏土,稍湿—湿,软塑—可塑,含少量碎石,碎石成分以千枚岩为主,含少量石英,多数呈碎块或碎屑状,磨圆明显,具有明显的定向排列特征。在 I-I′剖面上埋深6.2~18.4m,层厚大约在0.9~1.5m。

滑床为志留系茂县群千枚岩,分布于整个滑坡范围内,灰色、青灰色,片状构造,部分地层含有石英岩脉,产状355°∠53°,上部岩层风化较严重,强风化厚度一般大于5.0m,透水性较弱,中风化岩层较厚,钻探岩心较完整新鲜,RQD一般为40%~80%。

四、滑坡稳定性分析计算与评价

1. 滑坡形成机制分析

地形地貌、地层结构等因素是滑坡形成的内因,为滑坡体形成的基本条件。滑坡区属低山区斜坡河谷地貌,地形坡度23°左右,有利于松散碎石土层在自重作用下滑动;上层的坡残积碎石土与下层千枚岩透水性存在明显差异,碎石土结构松散、透水性强,有利地下水的入渗,而千枚岩透水性较弱,导致土岩接触带容易形成滑面。

地震、降雨下渗和人类工程活动等则是滑坡蠕动变形的外部因素。地震和降雨是滑坡发生蠕动变形的主要诱因,地震使得滑坡体物质结构遭到很大程度的破坏,增加了裂缝数量,增大了裂缝规模,而降雨通过这些裂缝下渗到滑体内部或滑坡土岩接触带(滑面),增加了坡体自重,软化了土体,并对滑体产生浮力,降低了坡体整体稳定性,加快了滑坡蠕动变形的速度。人类工程活动是滑坡蠕动变形的另一诱因,滑坡前缘村庄修路、建房改变了原始的地形地貌,减少了抗滑段部分的抗滑力,同时形成的临空面对滑坡的稳定性产生了不利影响。

2. 滑坡岩土体物理力学参数取值

通过现场勘查、结合地区经验和室内试验成果,并进行地质参数反演分析,综合确定各岩土体物理力学参数。滑体土天然重度19.7kN/m³,饱和重度20.6kN/m³;滑带(滑面)土天然状态下内聚力 C,内摩擦角 φ 分别取26.5kPa和16.5°,饱和状态下内聚力 C,内摩擦角 φ 分别取23.5kPa和14.5°。

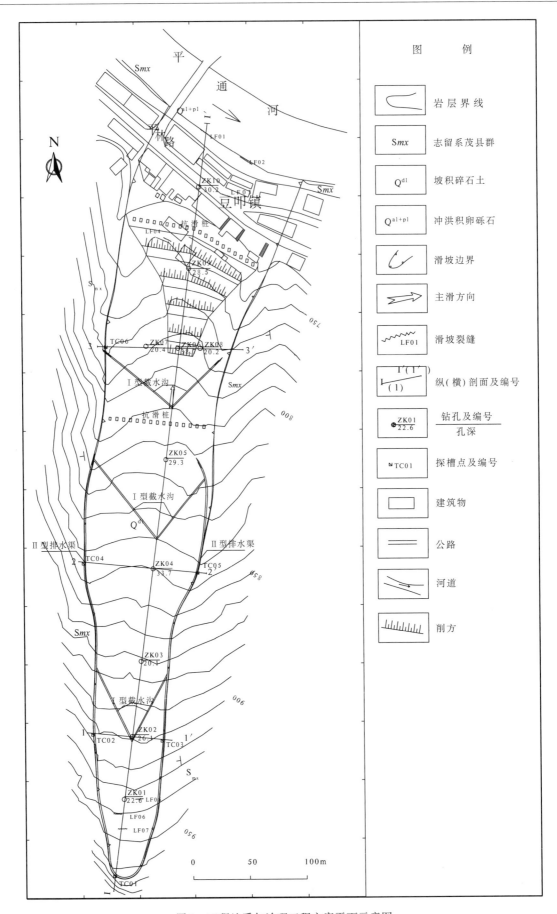

图1　工程地质与治理工程方案平面示意图

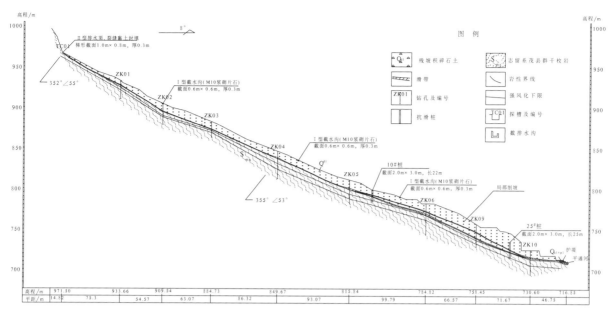

图2　典型工程地质剖面与治理工程布置剖面示意图

3. 滑坡稳定性计算与评价

（1）计算模型。选择滑坡主滑方向Ⅰ-Ⅰ′剖面作为计算剖面，其剪出口为平通河岸边，滑带为土岩接触带的粉质黏土层，各计算条块的面积及其他几何尺寸均在计算机上直接进行读取。滑坡稳定性计算采用公式（4-9），滑坡推力计算采用公式（4-14）。

（2）计算结果。当滑坡体沿土岩接触带形成滑动带整体滑动时，工况Ⅰ条件下稳定性系数为1.172，处于稳定状态，安全系数取1.20时，剩余下滑推力为1976.94kN/m；工况Ⅱ条件下稳定性系数为1.013，处于欠稳定状态，安全系数取1.05时，剩余下滑推力为2358.61kN/m；工况Ⅲ条件下稳定性系数为1.021，处于欠稳定状态，安全系数取1.05时，剩余下滑推力为2243.54kN/m。

五、滑坡发展变化趋势及危害性预测

根据调查，滑坡体多年来不断蠕动，每年雨季过后，坡体上都会出现数条裂缝。经稳定性分析计算，滑坡整体稳定系数在暴雨工况和地震工况下基本已处于欠稳定状态，在未来持续暴雨或地震作用下，其稳定性将进一步降低，可能出现局部乃至整体滑动。滑坡一旦失稳，将直接危害到当地居民、耕地林地及公路、河道。

六、滑坡防治工程技术方案

魏家湾滑坡的防治级别为Ⅱ级。防治工程技术方案依据其特点而选取：

（1）滑坡体狭长、下滑推力大，宜采取多级支挡的方式分段阻滑，支挡方式可采用挡土墙和抗滑桩；

（2）滑体厚度上部薄下部厚，两侧薄中间厚，尤以坡体下部中间厚度最大，可达16m左右，挡土墙施工难度大且性价比低，采用抗滑桩即可满足支挡要求，又能减少开挖等工作量；

（3）滑体下部即为裕华村居民区，部分房屋修建时，开挖坡脚，已形成8m高的临空面，采取削方减载，既减少了坡体局部失稳的可能性，又能减少抗滑桩桩身长度，节约工程造价；

（4）当地雨量充沛，坡体物质结构松散，地表裂缝较多，应在坡面设置截水沟、坡体两侧设置排水沟，并夯填坡体裂缝，以减少地表水下渗对坡体稳定带来的不利影响。

根据滑坡以上特点，选取防治方案为"抗滑桩＋地表排水＋局部削方减载＋裂缝夯填"。防治工程布置详见图1、图2。防治分项工程设计主要包括抗滑桩设计、地表排水工程设计、裂缝夯填设计。

（1）抗滑桩。避免滑坡变形失稳，采用抗滑桩阻止滑坡下滑力，从而保证滑坡的稳定性。抗滑桩桩间距均为 6.0m，其中 A 型桩截面尺寸 2.0m×3.0m，长 25.0m，共 20 根，为前缘处支挡；B 型桩截面尺寸 2.0m×3.0m，长 22.0m，共 10 根；C 型桩截面尺寸 2.0m×3.0m，长 18.0m，共 4 根；D 型桩截面尺寸 1.75m×2.5m，长 14m，共 1 根，后三种桩均布置于坡体上部，组成 1 道抗滑桩支挡。

（2）地表排水工程。为减小地表水向滑坡体内入渗，沿滑坡面设置 3 道 I 型矩形截水沟，在滑坡周界设置 1 道 II 型梯形排水渠，沟底采用黏土封填夯实。I 型水沟设计流速 2.0m/s，截水沟过水断面面积为 0.21m²，考虑安全超高 0.2m，断面设计为 0.6m×0.6m。II 型水沟设计流速 2.5m/s，截水沟过水断面面积为 0.6m²，考虑安全超高 0.2m，断面设计为 1.0m×0.8m。

（3）裂缝夯填。防止雨水沿裂缝下渗增加坡体荷载和动静水压力，对坡体裂缝采用黏土回填。

七、结语

魏家湾滑坡在诸多不利因素的共同影响作用下多年来不断蠕动变形，"5·12"地震和震后暴雨使滑坡体物质结构更加松散，裂缝数量和规模猛增。

魏家湾滑坡天然工况下处于稳定状态，暴雨工况和地震工况下处于欠稳定状态，预测在未来持续暴雨或地震作用下，其稳定性将进一步降低，可能出现局部乃至整体滑动的趋势。

针对魏家湾滑坡坡体狭长、下滑推力大，坡体物质结构松散，厚度上部薄下部厚、两侧薄中间厚、地表裂缝较多等特点，提出的"抗滑桩＋地表排水＋局部削方减载＋裂缝夯填"的治理方案切实可行，可以满足灾害防治的要求。

魏家湾滑坡为推移式土质老滑坡，在"5·12"地震灾区重大地质灾害应急勘查项目中极具代表性，魏家湾滑坡治理项目取得的成果对于其他类似滑坡勘查与防治有相当高的参考价值。

滑坡实例三：平武县南坝镇魏坝滑坡特征与治理方案

王润涛　甄彦敏　宋会图　刘国华　朱新建
（河北水文工程地质勘察院）

一、前言

魏坝滑坡位于平武县南坝镇丫头坪村涪江右岸，为"5·12"地震时形成的大型土质推移式滑坡，由 3 个子滑坡组成。1# 滑坡面积 5.73 万 m²，体积 80.23 万 m³；2# 滑坡面积 2.44 万 m²，体积 36.61 万 m³；3# 滑坡面积 19.14 万 m²，体积 287.15 万 m³。"5·12"地震时 3 个滑坡均发生了大规模整体滑动，1# 滑坡向前滑动 20m，2#、3# 滑坡向前滑动 50m。滑坡体前后缘和边界特征明显，目前处于不稳定—欠稳定状态，直接对涪江的行洪安全构成威胁，并潜在影响涪江上游魏坝镇及下游宝灵寺水电站的安全。治理工程采用"重力式抗滑挡墙＋回填压脚"的方案。

二、地质环境条件

滑坡区多年平均降水量为 807.6mm，月最大降水量 442.5mm（1976 年 8 月），日最大降水量 151mm（1993 年 5 月 27 日）。滑坡区为中山、河谷地貌，地处龙门山构造带，其中南坝大断层长度 48km，为逆断层，走向 48°，倾向西北，倾角 25°～50°，上盘为震旦系、寒武系地层，下盘为志留系地层。魏坝滑坡距离南坝大断层约 2km，处于南坝大断层的上盘。地震动峰值加速度为 0.20g，地震动反应谱特征周期为 0.40s，地震基本烈度为 Ⅷ 度。

勘查区内地层主要为残坡积碎石土（Q^{dl+el}），为含碎屑的粉质黏土、碎石夹粉质黏土等。在碎石含量较多的滑体土中孔隙相对发育，雨季在局部地段可形成上层滞水，孔隙水的来源主要是大气降水补给。勘查期间区内滑坡体内无地下水。

三、滑坡基本特征

1. 魏坝 1# 滑坡

滑坡平面上呈舌形状态，规模较大，宽度 150～180m，斜长 370m，地形总体趋势呈东南高西北低，前缘近河岸一带高程为 700m，后缘高程在 870m，相对高差 170m。坡面呈陡坡状，地形坡度角一般为 20°～40°，滑坡前缘坡度角为 40°～50°，后缘地形坡度角为 50°～60°。滑体面积 5.73 万 m^2，滑移方向为 320°。滑体物质主要为呈松散状的块石土与碎石土组成，厚 12.8～18.9m，滑体体积 80.23 万 m^3；"5·12"地震时滑坡体向临江面方向滑动了约 20m，后缘已经被 3# 滑坡覆盖，滑带土为黄褐色含碎石粉质黏土，呈可塑状态。

2. 魏坝 2# 滑坡

滑坡平面上呈舌形状态，规模较小，宽 70m，斜长 230m，地形总体趋势呈东南高西北低，前缘近河岸一带高程为 700m，后缘高程在 800m，相对高差 100m。坡面呈阶梯状，地形坡度角一般为 25°～40°，滑坡前缘坡度角为 50°～60°，后缘地形坡度角为 60°～70°。滑体面积 2.44 万 m^2，滑移方向为 340°。滑体物质主要为呈松散状的块石土与碎石土组成，厚 5.0～31.6m，滑体体积 36.61 万 m^3；"5·12"地震时滑坡体向临江面方向滑动了约 50m，滑带土为黄褐色含碎石粉质黏土，呈可塑状态。

3. 魏坝 3# 滑坡

滑坡平面上呈不规则形态，规模较大，宽 300m，斜长 620m，地形总体趋势呈东南高西北低，前缘一带高程为 800m，后缘高程在 1145m，相对高差 345m。坡面呈阶梯状，地形坡度角一般为 20°～40°，滑坡前缘坡度角为 50°～60°。滑体面积 19.14 万 m^2，滑移方向为 295°。滑体物质主要为呈松散状的块石土与碎石土组成，厚 5.0～27.9m，滑体体积 287.15 万 m^3。自标高约 1080m 位置，滑体已经发生滑动，向前滑动约 50m，前缘部分压在 1# 滑坡体上。滑带土为黄褐色含碎石粉质黏土，呈可塑状态。

四、滑坡推力计算及稳定性评价

1. 滑坡形成机制分析

（1）地形地貌。魏坝滑坡区属斜坡地貌，斜坡平均坡度 20°～40°，斜坡中部及前缘堆积了厚度较大的松散堆积物，且前缘局部较陡，有较高的临空面；滑坡区为一凸形地，其两侧为小型山谷，且小山谷临滑坡一侧坡度较大，可达 40°以上，后缘亦为坡度较陡的土质斜坡。

（2）地层因素。魏坝滑坡滑体为松散堆积物，厚度 5.0～28.0m，结构较松散，透水性强，有利地下水的入渗，增加坡体自重，软化土体，促使变形；滑床为寒武系油坊组深灰色变质岩屑砂岩及粉砂岩夹板岩，其倾向为 310°，倾角 43°。暴雨期或持续降雨期，降雨下渗至松散土类与基岩接触面时，由于透水性的差异，可能会在基岩面产生浮托力，形成滑带。因此，土层与基岩接触面是魏坝滑坡的控滑结构面。

（3）地震因素。地震前，魏坝滑坡处于基本稳定状态，而在"5·12"地震过程中，坡体受到震动影响，使该滑坡出现了变形加剧，产生了下滑，降低了坡体的稳定性，也使坡体堆积物更趋松散化，更易于降雨的入渗。

2. 滑坡破坏模式分析

通过本次滑坡工程地质调绘和资料分析，区内滑坡变形破坏机制主要有滑动和地面开裂两种方式。具体分析如下：

（1）滑动。1# 滑坡在"5·12"地震时整体向前滑动了约 20m，冲毁 2 间房屋。2#、3# 滑坡整体向前滑动了约 50m，滑坡使原有的乡村道路被掩埋。

（2）地面开裂。平面上地面开裂主要分布于 1# 滑坡的整个滑体上，2# 滑坡中后部，3# 滑坡的后缘、两边缘及中后部未滑动部分。根据裂缝成因的不同，可将裂缝划分为张拉裂缝、剪切裂缝、地震裂缝。张拉裂缝主要分布于 3# 滑坡的后缘、两边缘及中后部未滑动部分，滑体上与滑坡后缘的张拉裂缝基本垂直于滑动方向，两侧边缘的则沿边线延伸，其延伸一般较长，可见深度 0.5～1.0m，有的形成滑动错台；剪切裂缝、地震裂缝主要分布于 2# 滑坡中后部、1# 滑坡的整个滑体上，此类裂缝分布不均，走向不统一，没有一定的规律，延伸一般不长，但宽度较大，有的可达 1.0m 左右，可见深度约 1.5m。

滑坡沿软弱面滑动后，1#、2# 滑坡停留在涪江东岸的高漫滩上，3# 滑坡停留在两山之间的山谷中。由于滑坡滑动致使滑坡体内物质结构遭到严重的破坏，坡体后缘普遍出现张拉裂缝并贯通。结合勘查期间的监测资料，1#、2# 滑坡目前处于基本稳定状态，3# 滑坡处于稳定状态。分析滑坡结构特征和已经滑动的情况，判断其变形破坏模式为上覆松散体沿基岩界面产生的折线型滑动，这种破坏模式在滑坡稳定性计算中按极限平衡传递系数法进行计算。

3. 滑坡岩土体物理力学参数取值

勘查中共做 6 次大体积重度试验，共取滑体土样 11 个，滑带土样 16 个，滑床共取岩样 8 个。依据室内土工试验结果，结合斜坡稳定性现状分析及反演计算，根据不同的条件，采用不同的权重，最终确定滑坡岩土体物理力学参数建议值如下：

（1）滑体重度。天然重度 19.8kN/m³；饱和重度 20.2kN/m³。

（2）滑带土 C，φ 值（表 1）。

表 1　滑带土 C，φ 值建议值表

土 体 位 置	天　然		饱　和	
	C/kPa	φ/(°)	C/kPa	φ/(°)
滑带土	31.0	17.8	28.2	16.3

（3）滑床岩石物理力学参数。根据室内岩石试验成果及类比相关工程资料确定岩石物理力学参数建议值为：中风化千枚岩的天然抗压强度 R 为 0.2~4.5MPa，为极软岩—软岩，为易软化岩石；中风化变质砂岩的天然抗压强度 R 为 25.8~35.1MPa，为较软—较硬岩石。

4. 滑坡稳定性计算与评价

（1）计算模型与计算方法的确定

计算模型。在震后滑坡地质模型的基础上，结合勘探查明的各单体滑坡的潜在滑带（面）位置、岩性及变形现状等条件综合确定。选各纵剖面建立地质模型，进行稳定性计算及稳定状态分析。

计算方法。魏坝滑坡滑动面为折线型，计算方法采用传递系数法。滑坡稳定性系数计算见公式（4-9），滑坡推力计算见公式（4-14）。

（2）滑坡稳定性计算、推力计算与结果评述

以 1# 滑坡变形体主剖面 Ⅱ-Ⅱ' 剖面为例进行计算。滑坡稳定性计算简图见图 1，计算结果见表 2。

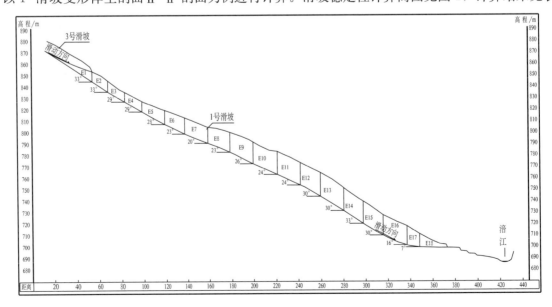

图 1　1# 滑坡 Ⅱ-Ⅱ' 剖面滑动模式

表 2　滑坡变形体稳定性计算成果表

计算剖面		计算工况	稳定系数	安全系数	剩余下滑力/kN
1#滑坡	Ⅱ-Ⅱ′剖面	工况Ⅰ	1.143	1.25	3021
		工况Ⅱ	1.033	1.10	1958
		工况Ⅲ	0.956	1.10	4707
	Ⅰ-Ⅰ′剖面	工况Ⅰ	1.145	1.25	2320
		工况Ⅱ	1.035	1.10	1480
		工况Ⅲ	1.013	1.10	2154
	Ⅲ-Ⅲ′剖面	工况Ⅰ	1.149	1.25	2420
		工况Ⅱ	1.039	1.10	1513
		工况Ⅲ	1.035	1.10	1638
2#滑坡	Ⅵ-Ⅵ′剖面	工况Ⅰ	1.142	1.25	1784
		工况Ⅱ	1.029	1.10	1207
		工况Ⅲ	1.009	1.10	1675
3#滑坡	Ⅳ-Ⅳ′剖面	工况Ⅰ	1.191	1.25	162
		工况Ⅱ	1.062	1.10	139
		工况Ⅲ	1.096	1.10	13
	Ⅴ-Ⅴ′剖面	工况Ⅰ	1.151	1.25	2102
		工况Ⅱ	1.040	1.10	1307
		工况Ⅲ	1.077	1.10	497
	Ⅵ-Ⅵ′剖面	工况Ⅰ	1.234	1.25	171
		工况Ⅱ	1.132	1.10	0
		工况Ⅲ	1.191	1.10	0
	Ⅶ-Ⅶ′剖面	工况Ⅰ	1.186	1.25	832
		工况Ⅱ	1.069	1.10	416
		工况Ⅲ	1.123	1.10	0

计算结果表明，在工况Ⅰ条件下 1#、2#滑坡为基本稳定状态，3#滑坡为稳定状态；在工况Ⅱ条件下 1#滑坡为欠稳定状态，2#滑坡为欠稳定状态，3#滑坡为欠稳定—基本稳定状态；在工况Ⅲ条件下 1#滑坡为不稳定—欠稳定状态，2#滑坡为欠稳定状态，3#滑坡为基本稳定—稳定状态。

五、滑坡发展变化趋势及危害性预测

魏坝滑坡目前虽已发生滑动，但由于松散堆积体的坡度较陡，且结构松散，滑体坡面裂缝发育，透水性较好，天然状态下处于基本稳定状态，但在强降雨和地震等外力作用下，存在发生整体滑动和局部溜滑的可能。采用趋势分析法进行计算，1#滑坡滑到江边后在工况Ⅰ条件下为稳定状态，在工况Ⅱ和工况Ⅲ条件下为基本稳定状态，剩余下滑力都为 0，所以不存在快速堵江的可能性；2#滑坡滑到江边后在各种工况下均为稳定状态，剩余下滑力都为 0，不存在堵江的可能性。因此，可对滑坡体影响的 5 户居民进行搬迁，并对 1#滑坡体进行局部的治理，以保证涪江的行洪安全。

六、滑坡防治工程技术方案

根据滑坡的形态、结构特征以及形成机制分析，考虑在各种工况条件下的稳定性，以及滑坡失稳以后的危害性，防治工程主要是防止滑坡堵塞涪江。治理措施的实施是建立在直接危害对象 5 户、15 人搬迁基础上的。经计算，1#滑坡滑到江边处在工况 II 和工况 III 条件下为基本稳定状态，需进行必要的治理；2#滑坡滑到江边后在各种工况下均为稳定状态，可不进行治理；3#滑坡不存在堵塞涪江的可能性，可不进行治理。

滑坡具体治理措施如下：在 1#滑坡前缘处设置重力式挡土墙；在 1#滑坡前缘与挡土墙中间进行回填压脚（图 2）。

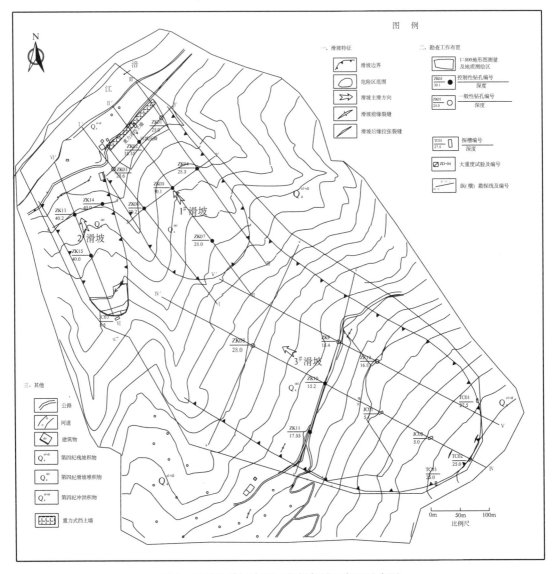

图 2　工程地质与治理工程方案平面布置示意图

1. 挡土墙设计

由于"5·12"地震的影响，滑坡前缘高陡临空，为防止滑坡发生蠕滑和局部滑动，有必要修建挡墙加固。在 1#滑坡前缘 8m 处设置重力式挡墙，挡墙高 8m，顶宽 4.0m，面坡 1：0.25，背坡 90°，墙底坡比 0.1：1，基础埋深－2.0m，总延米 113.55m。

挡土墙以碎石土为天然地基持力层，基础埋深一般不小于 2.0m。基础下设 C10 素混凝土垫层，厚度 10cm，宽度应超过挡土墙基础不小于 10cm。块石厚度不应小于 200mm，其强度等级应不低于

MU30，采用 M10 的砂浆座浆砌筑。

2. 1#滑坡回填压脚设计

在 1#滑坡前缘最前部布置重力式抗滑挡墙，为了增加滑坡的抗滑能力，在此范围内进行回填压脚。回填压脚的材料采用碎石土，其中碎石土的碎石粒径应小于 8cm，碎石含量 30%～50%。回填碎石土的最优含水量由现场碾压试验确定，含水量与最优含水量误差小于 3%。回填的碎石土进行碾压，无法碾压时进行夯实。距表层 0～80cm 填料压实度≥93%，距表层 80cm 以下填料压实度＞90%，回填压脚总方量为 20515m³。回填压脚及挡土墙纵剖面见图 3。

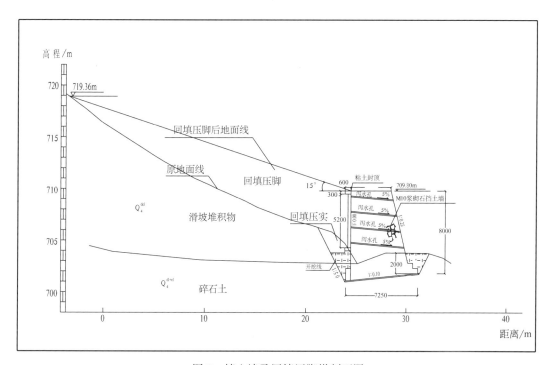

图 3　挡土墙及回填压脚纵剖面图

七、结语

对滑坡的形成机制、稳定性及防治工程进行分析和研究结果表明，在自然条件（工况Ⅰ）下 1#，2#滑坡为基本稳定状态，3#滑坡为稳定状态；在暴雨条件（工况Ⅱ）下 1#滑坡为欠稳定状态，2#滑坡为欠稳定状态，3#滑坡为欠稳定状态；在地震条件（工况Ⅲ）下 1#滑坡为不稳定—欠稳定状态，2#滑坡为欠稳定状态，3#滑坡为基本稳定—稳定状态。

治理方案主要针对欠稳定状态有威胁对象的 1#滑坡，治理方案为在 1#滑坡前缘修建抗滑挡墙并进行回填压脚处理，此工程工程量小，经济合理，解决了滑坡形成灾害的可能性。

通过对魏坝滑坡的勘查和治理过程进行总结，我们认为对这种滑坡范围大、危害对象少的滑坡，要有针对性的进行治理，对没有威胁对象的部分可以进行警示与监测。

滑坡实例四：平武县大桥中学后坡滑坡特征与治理方案

李建录　杨学亮　雒国忠　刘继生　钱　龙

（河北省环境地质勘查院）

一、前言

大桥中学后坡滑坡位于平武县大桥镇西南，大桥中学南侧。由两个相邻的滑坡组成。Ⅰ号滑坡面积 22. 4km², 滑体平均厚度 9. 7m, 体积 21. 7 万 m³, 为中型土质滑坡; 受 "5·12" 地震及震后降水影响, 滑坡前缘局部发生滑塌, 后缘及中部出现裂缝, 并伴有明显下错现象, 处于欠稳定状态, 对大桥中学校舍房屋、大桥镇耕地及灾后重建规划区构成威胁, 治理工程采用 "抗滑桩＋排水" 方案。Ⅱ号滑坡面积 9. 3km², 滑体平均厚 6. 1m, 体积 5. 7 万 m³, 未见明显变形迹象, 处于稳定状态, 不进行治理。

二、地质环境条件

勘查区位于平武县中部, 为中山、河谷地貌。区内斜坡总体坡向 320°, 为台阶状地形, 斜坡坡度在 20°～45°。山顶高程约 1420m, 相对高差约 200m。滑坡区及其附近出露地层单一, 主要为志留系茂县群。第四纪残坡堆积物分布较广, 主要沉积于斜坡、洼地及沟谷内, 厚度一般数十厘米至数米, 颜色为土黄色、灰黄色, 碎石含量在 50% 左右, 一般为次棱角状, 粒径 2～10cm, 与粉土、粉质黏土混杂堆积, 一般为中密状, 局部含水量较高、黏粒含量高的部位有一定的塑性。区域上属于扬子准地台、西秦岭褶皱带、松潘—甘孜褶皱带三大一级大地构造单元的结合部位。滑坡区属松潘—甘孜褶皱带。据历史记载有两个地震活跃期, 第一期大致为 1630～1713 年, 第二期大致为 1879 年武都 8. 0 大地震至今。据不完全统计, 1550 年至今平武县发生 4. 0 级以上地震共 55 次, 6 级以上 4 次, 震中位置多位于平武与松潘两县之间。大桥中学后坡滑坡群位置的区域地震动峰值加速度为 0. 20g, 地震动反应谱特征周期为 0. 40s, 地震基本烈度为Ⅷ度。区内水文地质环境较简单, 主要有残坡积层松散岩类孔隙水, 在Ⅱ号滑坡体中部陡坎处有泉水出露, 勘查期间该泉流量 0. 002L/s, 大部分滑坡体内不存在地下水。"5·12" 地震前后滑坡区地质环境条件变化主要表现在: 滑坡后缘出现错动台阶, 数条裂缝贯通, 前缘已有挡墙毁坏。

三、滑坡基本特征及威胁对象

1. 滑坡基本特征

滑坡区为斜坡地貌, 坡度一般 20°～45°。根据滑坡形态和变形特征, 可划分为东部 (Ⅰ号) 和西部 (Ⅱ号) 两个滑坡, 两个滑坡平面上均呈圈椅状形态。

Ⅰ号滑坡前缘西侧紧邻中学校舍, 前缘东侧紧临河道; 后缘至山坡上部梯田陡坎处, 后缘地貌为一滑坡平台; 东侧边界以微地貌小冲沟为界; 西侧边界和Ⅱ号滑坡相临, 两者之间上部被一稳定出露基岩的小山脊隔开, 中下部以两者间的凹沟为界。前缘宽约 127m, 纵向斜长约 236m, 前缘高程 1191m, 后缘高程 1280m, 相对高差 89m; 滑坡后部有多级后缘滑坡平台, 每级台阶高 3. 0～5. 0m 不等, 地形坡度角一般为 30°～45°。滑坡后缘平台地形坡度较平缓, 坡度角为 10°～15°, 后缘壁坡度角为 60°。Ⅰ号滑坡类型属推移式滑坡, 滑动面为残坡积物碎石土与下伏基岩的接触带, 滑坡面积约 2. 24 万 m², 滑移方向为 320°, 滑体物质主要由稍密—中密状的块石土组成, 平均厚约 9. 7m, 滑体体积约 21. 7 万 m³。"5·12" 地震前滑坡前缘局部滑塌, 未整体失稳, 地震后滑坡后缘、中部均出现裂缝, 伴有明显错动现象, 表明地震是Ⅰ号滑坡诱发因素之一。

Ⅱ号滑坡前缘紧邻中学校舍, 由于修建校舍切坡, 改变了原有的微地貌, 滑坡前缘不明显, 将校舍房后挡土墙为界, 作为其滑坡前缘; 后缘至山坡上部梯田陡坎的开裂处, 西侧边界至山脊的坡底处, 东侧边界和Ⅰ号滑坡相临。前缘宽约 70m, 纵向斜长约 186m, 地形总体趋势呈北低南高, 前缘高程 1190m, 后缘高程 1265m, 相对高差 75m; 滑坡中部有两个明显的滑坡鼓丘, 鼓丘相对高差 8～10m, 是滑坡在滑动过程受阻而形成。Ⅱ号滑坡为推移式滑坡。滑动面为残坡积物碎石土与下伏基岩的接触带, 滑坡面积约 9300m², 滑移方向为 320°, 滑体物质主要由稍密—中密状的块石土组成, 平均厚约 6. 1m, 滑体体积约 5. 7 万 m³。大桥中学后坡滑坡总体积约 27. 4 万 m³, 属中型滑坡。地震前后滑坡体特征没有明显改变 (图 1)。

通过钻孔揭露, 滑带土埋深在 6～17. 5m, 位于碎石土与基岩接触面之间, 滑带土层厚度 0. 2m 左

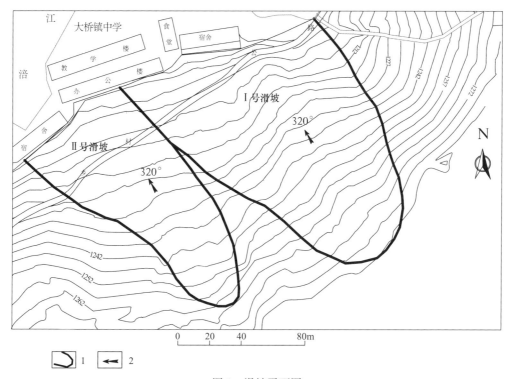

图 1　滑坡平面图
1—滑坡边界；2. 滑坡主滑方向

右，为含水量较高，颜色较深的含碎石黏性土层，碎石成分为石英岩或千枚岩，呈亚圆形状。

2. 滑坡主要危及对象

大桥中学后坡滑坡主要危及对象主要为耕地 50 亩、房屋 80 间、乡村道路 200m、旧操场进行活动的小学生（按一个班级算，约 60 人）及灾后重建规划区等。其中，学校已于 2006 年 4 月搬离，目前尚无人员居住。但据调查，白天中学旧址操场上常有河对岸小学学生进行体育、课间活动，同时当地政府拟对中学旧址进行重新规划利用，滑坡及危及区属灾后重建规划区。

四、滑坡稳定性分析计算与评价

1. 滑坡形成机制分析

大桥中学滑坡是"5·12"地震触发的中型滑坡。形成机制主要从以下几方面分析：

（1）地形因素。调查区为斜坡地貌，斜坡平均坡度 20°~35°，斜坡上松散碎石土较厚，前缘较陡，有较高的临空面；两个滑坡总体为一凹形地，平面形态为圈椅状，滑坡两侧为山脊，两个滑坡中上部为一小型山脊，小山脊临滑坡一侧坡度较大，大于 40°，两个滑坡后缘为坡度较陡的斜坡，这类三面环山的地形有利于降雨和地下水向滑坡区汇集，为滑坡的形成创造了有利的地形条件。

（2）地质因素。滑坡区表层为第四系残坡积物，岩性为碎石土，下伏基岩为黏土岩变质形成的千枚岩，为软质岩，属于亲水岩，抗风化能力弱，也极易被水软化。碎石土含水且透水，而千枚岩弱透水，在碎石土与千枚岩接触面形成润湿渗流，降低了上覆碎石土的抗滑力，这就为滑坡的变形失稳创造了有利条件。

（3）构造因素。大桥中学后坡滑坡位于摩天岭构造带老营坪冲断层东侧、虎牙关大断层北侧，镇江关涡轮状构造带杨柳坝反"S"向斜东部，地处断裂影响带，周围岩体较为破碎，在各种不利条件组合下容易失稳发生滑坡灾害。

大桥中学滑坡经历了地震和暴雨作用后，变形破坏迹象更加明显，后缘出现拉张裂隙，局部发生了位移变形，但整体未滑动，表明滑坡整体目前属于基本稳定状态，地震或暴雨条件下属于欠稳定状态。

2. 滑坡稳定性影响因素

（1）地震。"5·12"地震使滑坡体内部物质结构遭到了不同程度的破坏，滑坡体中部、后缘局部出现拉张裂缝，有利于地表水入渗，增大了土体自重，斜坡的稳定性迅速降低，因此地震是诱发该滑坡产生的决定因素。

（2）地形地貌和地层结构。工作区属中山区，斜坡平均坡度20°～35°，滑坡前缘地形呈陡坎或陡坡状，滑坡区纵坡均具有阶梯状地形特征。滑坡体堆积物以碎石土为主，土质不均匀，碎石岩质软弱，结构松散；下伏千枚岩，表层全风化，岩心分离成片状或碎屑状，手捏易碎，遇水易软化。因此地形特征和地层结构是滑坡群形成的重要因素。

（3）降水影响。工作区降雨频繁，大气降雨渗入滑坡体，既增大了土体重度，又降低了土体的抗剪强度指标。地表水入渗转化为地下水运移至基岩接触面时，由于基岩为千枚岩，透水性差，地下水在基岩面形成径流，沿斜坡方向向下径流，长期的润湿渗流使基岩表面风化强烈，同时也软化了土层，在暴雨等条件下发生滑动。暴雨和持续降雨是大桥中学滑坡发生的促进因素。

（4）人类活动。滑坡前缘建校切坡，改变了斜坡的应力条件，使前缘土质边坡失稳，拉张变形，局部土体产生下滑位移。因此人类活动是大桥中学滑坡发生的间接诱发因素。

3. 滑坡破坏模式分析

"5·12"地震后降水时地面开裂在滑坡体前缘、中部和后缘均有分布，较大的裂缝主要分布于滑坡后缘。主要裂缝5条，大部分裂缝走向为35°～75°，个别为圈椅状延伸方向与滑坡后缘一致。①，②，③，⑤号裂缝与主滑方向近似垂直或小角度相交，裂缝延伸长度一般1～3m，位于后缘的④号裂缝最长达11m；裂缝宽一般1～2cm，最宽可达20cm，深一般0.1～0.3cm，最深达40cm，多数裂缝表现为向主滑方向下错的特征，下错位移1～30cm不等。

这些裂缝形成原因是表层土体在地震和降雨条件下局部失稳而形成，属于拉张裂缝。其变形破坏模式为上覆碎石土体沿基岩界面产生的折线型滑动。

4. 滑坡岩土体物理力学参数分析及参数取值

根据滑体土、滑带土取样分析结果表明，滑体土天然重度19.4kN/m³，饱和重度20.0 kN/m³；滑带土天然状态下内聚力24kPa、内摩擦角为19°；暴雨饱和状态下内聚力23kPa，内摩擦角为17°。

5. 滑坡稳定性计算

（1）评价方法和参数选取

大桥中学后坡滑坡属推移式滑坡，滑动面为基岩与上覆碎石土的接触面。其稳定性计算采用极限平衡传递系数法。滑坡的C，φ根据本次勘查取样的试验测试资料结果并结合当地经验确定。通过宏观判断、结合地区经验和参考试验成果，模拟暴雨的工况条件，反演相关参数，进行综合取值。

根据地表变形，Ⅰ号滑坡体在暴雨期间处于欠稳定状态，取暴雨饱和工况稳定系数为1.03。滑坡区采用Ⅰ-Ⅰ'计算剖面做反演分析，C，φ值取饱和抗剪指标，饱和C值在22～24.5kPa之间，φ值在16°～18.5°之间。反演成果见表1。滑坡稳定性计算参数建议值见表2。

表1 Ⅰ-Ⅰ'剖面（饱和）抗剪强度指标反演计算表

C/kPa	φ/(°)					
	16	16.5	17	17.5	18	18.5
22.0	0.968	0.990	1.011	1.033	1.054	1.076
22.5	0.976	0.997	1.018	1.040	1.062	1.084
23.0	0.984	1.005	1.027	1.048	1.060	1.092
23.5	0.991	1.013	1.034	1.056	1.077	1.099
24.0	0.999	1.020	1.042	1.063	1.085	1.107
24.5	1.007	1.028	1.049	1.076	1.093	1.115

244

表2 稳定性计算参数选用建议值

位 置	天然状态		暴雨饱和状态	
	黏聚力 C/kPa	内摩擦角 φ/(°)	黏聚力 C/kPa	内摩擦角 φ/(°)
I-I′	24.0	19.0	23.0	17.0

（2）计算剖面和稳定性计算结果

计算剖面：根据前述潜在滑动面分析，有三种滑动模式，一种滑动模式是沿岩土界面上形成滑动带，产生折线型滑动（以下简称岩土界面滑动破坏模式），计算剖面以 I-I′、Ⅲ-Ⅲ′剖面为典型；另一种滑动模式是在土层中形成滑动带而产生折线型滑动（以下简称潜在滑面破坏模式），以 I-I′、Ⅲ-Ⅲ′剖面为典型进行稳定性计算和推力计算；第三种沿土体局部滑动（以下简称局部破坏模式），计算剖面以 I-I′、Ⅲ-Ⅲ′剖面为典型。代表性计算剖面 I-I′如图2。稳定性计算成果见表3。

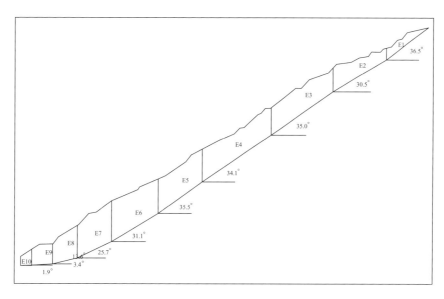

图2 I-I′剖面沿岩土界面滑动破坏模式计算条分图

表3 滑坡稳定性计算成果汇总表

计算剖面	工况条件	岩土界面滑动模式稳定性系数	潜在滑动模式稳定性系数	局部滑动模式稳定性系数
I-I′	工况 I	1.1402	1.1263	1.1728
	工况 Ⅱ	1.0265	1.0086	1.0513
	工况 Ⅲ	1.0300	1.0219	1.0543
Ⅲ-Ⅲ′	工况 I	1.5938	1.4903	1.1070
	工况 Ⅱ	1.4415	1.3460	1.0474
	工况 Ⅲ	1.3906	1.3062	1.0716

（3）滑坡稳定性综合评价

I号滑坡稳定性：在工况 I 条件下稳定性系数 1.12～1.15，处于基本稳定状态，在工况 Ⅱ、工况 Ⅲ条件下稳定性系数小于 1.05，滑坡处于欠稳定状态；Ⅱ号滑坡稳定性：在各种工况条件下稳定性系数均大于1.5，处于稳定状态。

6. 滑坡危险性预测

滑坡体一旦失稳，不仅危及过路行人、耕地、房屋，同时影响到平武县灾后重建工作的总体部署。

五、滑坡防治工程技术方案

1. 防治思路

根据滑坡稳定性计算结果分析，Ⅱ号滑坡整体上在三种工况条件下均为稳定状态，不进行治理。大桥中学后坡滑坡治理方案主要是对Ⅰ号滑坡进行治理工程方案的设计。

2. 防治技术方案的设计

（1）下滑力计算

根据典型剖面，计算不同工况条件下，滑坡体沿三种滑动模式分别计算滑坡体的下滑力，计算成果列于表4。

表4　滑坡下滑力计算成果汇总表

计算剖面	工况条件	安全系数	岩土界面滑动模式剩余下滑推力/(kN/m)	潜在滑动模式剩余下滑推力/(kN/m)	局部滑动模式剩余下滑推力/(kN/m)
Ⅰ-Ⅰ′	工况Ⅰ	1.15	88.29	193.97	0.00
	工况Ⅱ	1.05	222.90	354.85	0.00
	工况Ⅲ	1.05	197.33	250.98	0.00
Ⅲ-Ⅲ′	工况Ⅰ	1.15	0.00	0.00	0.00
	工况Ⅱ	1.05	0.00	0.00	0.00
	工况Ⅲ	1.05	0.00	0.00	0.00

（2）防治方案

采用抗滑桩＋排水防治工程。在道路靠山侧设置抗滑桩，考虑到在不利工况条件下滑体有可能在中部剪出，将抗滑桩出露地表2m，桩间做桩板墙，在墙内侧填土压脚。拟定桩间距6m，共18根。在滑坡外围布设排水沟，排水沟长度350m。方案布置详见图3、图4。

3. 分项工程设计

（1）抗滑支挡工程

1）抗滑支挡工程位置的确定。抗滑支挡工程施工场地要求有临时材料堆放场地，施工道路畅通，水电能满足供应。桩位尽量选择滑坡体较薄，基岩埋深较小地段；尽量位于滑坡体前部，充分利用抗滑段滑坡体的抗滑力，从而减少设计推力；被加固的滑坡体不能从桩顶剪出形成新的滑动面；在桩间挡板墙靠山侧进行压脚，起到固坡压脚作用。为此抗滑桩布置在滑坡体前缘村级公路的靠山侧。

2）抗滑支挡工程方案。据剩余下滑力的计算结果，以暴雨饱和工况取安全系数1.05时的滑坡推力作为设计工况，在抗滑桩设计位置最大剩余下滑力Ⅰ-Ⅰ′剖面为930.15 kN/m，Ⅱ-Ⅱ′剖面800.42 kN/m。设计Ⅰ-Ⅰ′抗水平推力为930 kN/m，Ⅱ-Ⅱ′抗水平推力为800kN/m。桩截面为2.0m×3.0m，桩长11～24m（地表出露2m）。桩间设置挡板墙，设计墙高2m，厚0.3m。挡板墙设计见图5。

（2）地表排水工程

排水沟进出口平面布置，采用喇叭口形式；排水沟断面变化处，采用渐变段衔接；排水沟纵坡变化处，为避免上游产生雍水，断面变化应改变沟道宽度，深度保持不变。排水沟采用梯形，设计长度350m。

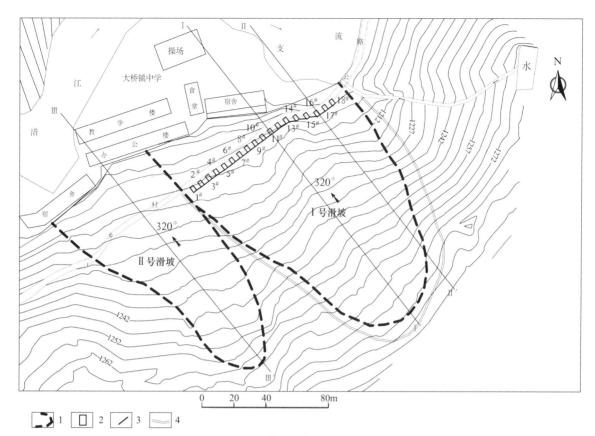

图 3　治理方案平面布置图

1—滑坡边缘；2—抗滑桩；3—桩间档板墙；4—排水沟

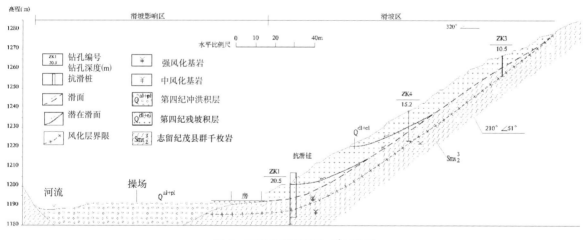

图 4　工程治理剖面 I - I′布置图

六、结语

（1）平武县大桥中学后坡滑坡位于平武县大桥镇，滑坡区处于扬子准地台、西秦岭褶皱带、松潘—甘孜褶皱带三大一级大地构造单元的结合部位，其地形地貌、地层岩性、气象水文等因素有利于地质灾害的孕育和发育，属于地质灾害高易发区。

（2）滑坡成因演化机制分析大桥中学后坡滑坡群属于堆积层滑坡，最可能的潜在滑带（面）是上覆堆积层与下伏风化千枚岩之间的软弱结构面。滑坡均为中型土质滑坡。

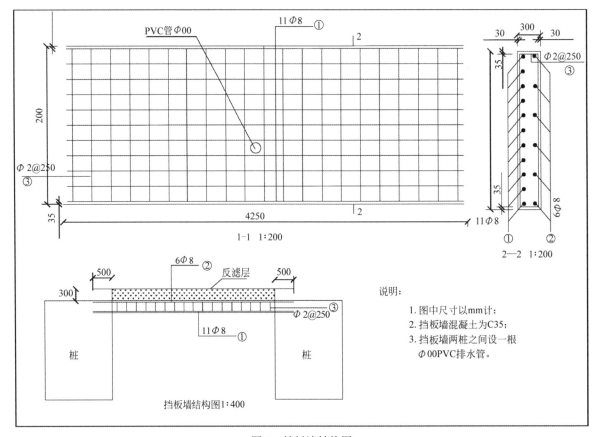

图 5　挡板墙结构图

（3）Ⅰ号滑坡在工况Ⅰ条件下处于基本稳定状态，在工况Ⅱ、工况Ⅲ条件下处于欠稳定状态；Ⅱ号滑坡在各种工况条件下均处于稳定状态。

（4）滑坡总规模 27.4 万 m^3，属中型规模滑坡。在降雨等外力的长期作用下，一旦失稳将威胁对象为耕地 50 亩，校舍房屋 80 间，道路 200m 以及灾后重建规划区。估算直接经济损失在 3000 万元以上。

（5）对于滑动带（面）尚未全面贯通，滑带土强度也未下降到其残余强度，整体稳定系数大于 1 的滑坡，防治工程设计时应充分利用土体自身的强度，减少支挡工程量，节约工程资金。

（6）根据大桥中学后坡的地形地貌、结构特征、破坏模式、工况条件以及滑坡失稳以后的危害性进行方案设计，力求防治工程方案安全可靠、技术可行、经济合理。本次治理工程主要采用"抗滑桩＋排水沟工程"。

滑坡实例五：平武县大桥镇斩龙垭滑坡特征与治理方案

冀　广[1]　范存良[1]　张进才[1]　雒国忠[1]　王建辉[2]

（1 河北省环境地质勘查院；2 河北省第四水文工程地质大队）

一、前言

斩龙垭滑坡位于四川绵阳市平武县大桥镇西 6km。滑坡沿沟谷呈条带状分布，边界特征明显，长 783.50m，宽 18～200m，纵坡比 35%，滑体厚度 6.95～42.17m，体积 162 万 m^3，目前一直处于不稳定（蠕滑）状态，属大型、中深层、土质、活动滑坡。滑坡主要威胁平—水公路和涪江支流，潜在威胁及经济损失较大。治理工程采用"抗滑桩＋截排水＋后缘削坡"方案。

二、地质环境条件

勘查区属中山区，地面高程1302～1610m，高差308m。区内沟谷发育，山体纵横，林多田少。滑坡发育于坡间洼地，后缘千枚岩不断崩塌，崩积物遇水软化，顺坡洼蠕滑，沿途接受地表地下水补给呈塑流状，前缘伸入涪江支流。滑坡所在沟谷纵坡25％～42％，两侧山梁坡度15°～45°，前后缘高差293.14m。

斩龙垭滑坡区在构造上属扬子准地台、西秦岭褶皱带、松潘—甘孜褶皱带三大一级大地构造单元的结合部。滑坡后缘圈椅状部位为一褶皱，褶皱内茂县群（Smx_2^3）绢云英千枚岩压密破碎，表部岩石顺层张开，利于降水入渗和风化剥蚀，再加上发育两组产状分别为142°∠85°和220°∠65°的节理，将千枚岩切割破碎。沿千枚岩层面有间隔1～5m、厚度0.10～0.20m的花岗岩脉，与千枚岩一起形成软硬相间的岩性组合，不利于岩层自稳。

滑坡区松散层厚度0.2～2.0m，为粉土及粉质黏土，所含孔隙水具潜水性质，接受大气降水及上游基岩裂隙水补给，遇基岩顶托或滑体阻塞即溢流成泉，以间隙性泉形式排出。孔隙水一般侧向汇入滑坡内，增大了滑体重度、润滑滑床并增加滑带土含水量，对滑坡的稳定性影响很大。坡面强风化千枚岩中的裂隙水直接接受大气降水补给，沿裂隙和顺坡的层面渗流，遇陡坎、滑坡后缘等地形强烈切割处渗出为明流，沿途进入滑体。该层水富水性差，给水能力小，对滑坡后缘岩体存在软化、浸泡和增加裂缝内水压力的作用，对中下部滑体也起到加大含水量和重度作用。孔隙水、裂隙水进入滑体后，赋存于滑体缝隙中，在滑坡中上部看不到明显的坡体水，多在滑体下部沿滑床渗流，在滑坡中下部随滑体物质塑性化而受挤压渗出坡面，整个滑体为饱和塑性体。滑体内的水属$SO_4 \cdot HCO_3 - Mg$型水，渗透系数$K＝0.12m/h$，对混凝土结构具强腐蚀性、对混凝土中的钢筋不具腐蚀性，对钢结构具中等腐蚀性。

滑坡所在区区域地震动峰值加速度0.20g，地震动反应谱特征周期为0.40s，地震基本烈度为Ⅷ度。

三、滑坡基本特征

1. 总体特征及类型

滑坡位于斜坡一"U"形沟谷内，为崩塌的碎石土沿土岩界面滑动，主滑方向128°，长783.50m，顶部最宽200m，道路一段最窄18m，纵坡比35％，钻孔揭露滑体厚度6.95～42.17m，滑体方量162万m³，属大型中深层活动滑坡。

2. 滑坡纵向分段特征

（1）上段特征。上段滑塌区为滑坡提供物源，最宽200m，长132m，平面形态呈圈椅状，滑塌坡面45°～65°，坡高15～22m，壁后弧状拉张裂缝长15m左右，距后缘壁最大距离22m。圈椅状滑塌区出口为一狭窄通道，宽度18m，纵坡35％，有平武—水晶公路通过。后缘基岩为全风化和强风化千枚岩，崩塌物大小混杂，棱角明显，沿坡度较大的土岩界面下滑。

（2）中段特征。滑坡中部受侧边控制，侧滑带、滑痕及卷边现象明显。上部崩塌堆积物滑至此段因纵坡减小、断面加宽而运移缓慢，淤集为鼓丘。中段最大宽度153m，向下部逐渐收窄至43m，有3～5m高的多个错台。滑体块石含量减小，细粒物质增多，表面挤胀、拉张裂缝多，外围有孔隙水和地表水顺沟汇入滑体，侧滑带土黏滑软塑，滑床岩面起伏多变，中段滑坡具推移式滑动的特点。

（3）下段特征。滑坡下段长338.5m，宽43～160m，纵坡29％，呈舌状伸入河床，滑体细颗粒物质含量较高，饱和状，表面存在明流，侧滑带明显，侧缘局部可见滑痕。

3. 滑坡形态要素特征

（1）滑坡的形态。滑坡体后缘滑塌、中部堆积鼓胀，横向加宽，下部宽度收紧，前缘扇状散开，从平面形态来看很像一个座头鲸，形态特点明显，特征直观，要素齐全：

1）滑坡周界。滑坡周界明显，上部由圈椅状后缘壁和外围拉张裂缝边缘圈定；中部侧界由滑坡堆积物与残坡积物接触边界控制，下部侧界由滑体侧滑带和侧边扭剪裂缝圈定；前缘剪出口进入河床。

2）滑床。滑坡沿土岩界面滑动。平—水公路以上的崩塌堆积体沿基岩表面下滑，在滑体侧缘可见光滑岩面的滑床，并有指向沟谷下游的划痕。

3）滑动面。为碎块石土与下伏基岩的接触面，随基底纵坡呈折线变化。上段纵坡43%，中段35%，下段26%，至前缘为29%，总体呈陡缓交替的折线型。

4）滑坡错台或鼓丘：滑坡下段有多级错台，纵长一般60m，台高3～5m，具明显的分段牵引变形特征；中段钻孔ZK2一带有一个较大的鼓丘，高20m左右，其前部隆起为丘地，后部存在反坡，表面发育鼓胀裂缝。

5）滑痕。后缘壁、侧滑带和扭剪裂缝带均可见滑痕。因绢云英千枚岩层内有花岗岩脉，滑坡滑动时硬岩在软岩上留下滑痕。开挖的探槽内也可见侧向滑痕，滑痕走向180°，俯角18°，一般延长5～25cm，偶见光亮的擦面。滑坡错断侧滑带上的探槽TC7，亦可见清晰滑痕。

6）裂缝。斩龙垭滑坡裂缝典型，性质不同，极具教科书价值。按裂缝的力学性质和成因将其分为拉张裂缝、挤压裂缝、扭剪裂缝、压胀裂缝、张扭裂缝等。

拉张裂缝：出现在后缘壁外围的山梁上。后缘千枚岩产状18°～65°∠54°～72°，层面为控滑面，两组产状为142°∠85°和220°∠65°的节理为切割面。在结构面控制下的后缘裂缝，最近距后缘壁3m，最远约22m，单条长度10～25m，间距1～5m，宽度0.1～0.5m，一般上宽下窄，垂直错落10～50cm。在各级错台的后壁上也可见拉张裂缝，裂缝上宽下窄，为弧状倾向滑动方向的张裂带，存在明显的垂直落差，一般发育密度2条/m。

挤压裂缝：因公路一段滑床纵坡大，滑坡宽度窄，运移速率较大，而公路下部滑床纵坡小，宽度显著增大，滑坡运移速率较小。滑体土滑出公路段后对下部的滑体逐次挤压，形成多处鼓丘及弧状挤压裂缝。

压胀裂缝：在鼓丘的顶端及前缘均发育压胀裂缝。因滑体各段运动速率的差异，造成鼓丘部位的土体先受后部挤压产生裂缝，之后当下部土体加速滑动，挤压力消失后，鼓丘土体的受压状态即转变为受张状态，出现明显的压胀裂缝。裂缝一般宽约0.20m，深约1m，长约30m，密度约1条/m，存在程度不同的垂向落差。压胀裂缝存在张裂程度大、发育密度低的特点，与上下段滑体运动速率及滑体内应力集中有关。

扭剪裂缝：扭剪裂缝主要分布在滑体的侧界。斩龙垭滑坡从公路以上至前缘扇型剪出口均存在扭剪裂缝，其中侧滑带即为最大的扭剪裂缝，沿侧滑带外围亦出现多条与滑坡侧界一致的扭剪裂缝，贯穿于坡体中，并形成明显剪裂位移。探槽TC8前可见剪裂缝长约20m，走向140°，产状50°∠65°，垂直错落达0.40m，开挖后可见明显的滑动痕迹，擦痕俯角达37°。而滑坡上段崩塌堆积物滑移形成的扭剪裂缝也很具特点，由于西南侧滑塌堆积物远比东北侧滑塌堆积物多，在下滑力的作用下，西南侧滑塌物先向北北东后向北东东呈弧线下滑，在滑体外侧也形成了长度70多米的弧状扭剪裂缝，同时受力偶作用，在左右两侧滑体汇合处形成多条羽状剪裂缝，一般长3～5m，间距1m，宽度5～15cm。

张扭裂缝和网状裂缝：出现在滑坡体前缘伸入河床的部位。滑体土沿狭窄沟谷运移中，遇开阔河床呈鱼鳍状散开，形成与扩散方向一致的放射状裂缝，同时，前缘受河水掏蚀位移形成横向拉张裂缝，与放射状裂缝组合为网状裂缝，将前缘土体切割为碎块状。网状裂缝大致走向分别为30°和120°，发育密度3～4条/m，裂缝宽度0.05～0.15m。

地震裂缝：滑体内地震裂缝出现在滑坡中段的西南侧区内，在该区中前部出现多条弧形裂缝，最长15m，宽4cm，走向151°，与滑坡主轴向基本垂直。另外该区中部还有1条近南北向的裂缝，距当地居民房屋仅7m，据该户居民介绍，裂缝在"5·12"地震时出现，长8m，宽0.03m，发育于残坡积碎石土中，目前已闭合。表明其成因属于地震裂缝，因后期表土变形而闭合。

四、滑坡稳定性分析计算与评价

1. 滑坡形成机制分析

（1）滑坡的形成历史及现状

滑坡于 1975 年松平地震时发生。1974 年沿沟坡面就出现多处拉裂，坡体上 4 户居民搬迁不久，即发生滑坡，滑坡将沟内农田和弃房全部冲毁，之后，坡体一直处于蠕滑状态，受水的作用，一般汛期滑动快，冬季滑动慢，平—水公路路基几次被冲入涪江支流。

（2）滑坡形成机制和影响因素

滑坡形成与其所处的地形地貌、地质构造、岩土类型、地下水活动有关。降雨和地震是滑坡诱发因素。滑坡所处区域为构造剥蚀中山地貌，地形切割极为强烈，不利于松散物堆积。后缘千枚岩层理发育，受褶皱挤压和节理切割破碎，崩塌后为滑坡不断提供物源。区内雨量充沛，且山坡后缘的环状地形利于地表水汇入，滑坡沿沟谷滑动中，孔隙水与裂隙水侧向渗入滑体，加速崩积物软化，增加滑体重度并融滑滑床。遇有地震、强降雨等触发因素，滑坡加速启动。

（3）滑坡所处发育阶段

斩龙垭滑坡为活动性滑坡。最早一期的老滑体堆积于沟谷左侧最深部位，后期滑体受老滑体阻挡，改向沿沟谷右侧滑动，形成明显的侧向边界。因后缘持续崩塌，滑坡多年来持续滑动，期次交叠掩覆，目前仍处于发展阶段。

2. 滑坡破坏模式分析

（1）滑坡破坏模式分析

滑坡上段后缘壁至外围危岩裂缝变形区为顺层面、顺节理裂隙面滑塌，后缘壁之下的崩滑堆积物沿岩层表部折线滑面推移式下滑；滑坡中、下段沿岩石风化壳即松散层与岩石接触面滑动，且存在次级剪裂面，形成多级梯次滑动，中段为推移式，下段为牵引式滑动。

（2）滑坡稳定性监测

勘查期间于滑坡上布置了 18 个监测点，其中滑坡后缘基岩变形区采用打入 1m 长的 $\Phi16mm$ 钢筋，滑体上监测点采用压入 60cm 长、20cm 方形断面的插筋水泥桩。监测频率一般 1 次/天，监测历时 30 天，包括位移量、位移方向和位移速率监测。

据变形监测，滑坡一直处于滑动状态，各段位移量不同，最大位移量在 35cm/日左右，勘查期间部分探槽被滑坡体错断，测量破裂面两侧位移也在 30cm/日左右。

对 18 个监测点历时 1 月的数据分析表明：①滑坡主轴线上各监测点位移矢量方向可做为滑动方向；②滑坡主轴线上位移大，两侧位移小，后缘变形不明显；③滑坡下段牵引区位移大，中上段推移区变形小，鼓丘等压涨处应变值为负，错台处应变值为正，反应了土体拉压受力不同；④监测点位移矢量与水平线夹角和监测点之下的滑面倾角相近，结合探槽揭露的滑痕俯角，可修正计算模型的滑面倾角。

3. 滑坡岩土体物理力学参数评价与取值

（1）岩石的物理力学性质

工作区内出露的岩石主要为志留纪茂县群绢云英千枚岩，可分为强风化和中风化两个工程地质层，其中，强风化层厚度 2～5m，多呈碎块状、碎裂状，具遇水软化性，易沿层面和节理、裂隙面产生张裂变形，岩石为破碎的软岩，岩体质量等级为 V 级，岩石质量指标为极差；中风化层为较破碎的较软岩，岩体质量等级为 IV 级，大部分钻孔岩心岩石质量指标 RQD 小于 10%，岩石质量指标为极差—差。各层岩石物理力学指标见表 1。

表 1　岩石主要物理力学指标试验统计表

指标	天然密度 P_0/(g/cm³)	含水量/%	饱水率/%	天然内摩擦角 φ/(°)	天然粘聚力 C/kPa	天然单轴极限抗压强度/MPa	饱和单轴极限抗压强度/MPa
强风化岩	2.2	3.80	0.65	33°50′	0.7	2.0	1.0
中风化岩	2.6	3.60	0.59	37°55′	0.6	6.0	3.0

（2）滑体土的物理力学性质

滑坡体为碎石土，重度以大重度试验结果取值。其物理力学参数见表 2。

表 2　滑体土主要物理力学指标试验统计表

指　标	干密度 P_0/(g/cm³)	压缩模量 E_s/MPa	内摩擦角 φ/(°)(天然/饱和快剪)	黏聚力 C/kPa(天然/饱和快剪)
标准值	1.58	6.02	19/16	26/22

（3）滑带土的物理力学性质

勘查中大部分钻孔揭露滑带土，部分沿滑坡侧界开挖的探槽也揭露明显的滑带土。滑带土一般是灰黑、灰色的黏性土，可塑，局部软塑或硬塑，黏性较大，干强度较高，干裂面光滑，干裂剖开后偶见擦痕和镜面，包含少量碎石和砾石，厚度最大 0.3m。滑带土力学参数取值对滑坡稳定性计算影响很大。由于本滑坡持续滑动，滑带明显，室内抗剪强度指标贴近实际情况，参数以室内试验值为基础，结合反演计算综合确定滑带土抗剪强度。滑带土物理力学参数见表 3。

表 3　滑带土主要物理力学指标试验统计表

统计值	干密度 P_0/(g/cm³)	压缩模量 E_s/MPa	内摩擦角 φ/(°)(天然/饱和残剪)	黏聚力 C/kPa(天然/饱和残剪)
标准值	1.46	5.37	10/7	17/14

4. 滑坡稳定性计算与评价

（1）计算模型与计算方法

滑坡沿折线型岩土界面滑动，稳定性计算采用公式（4-9），滑坡推力计算采用公式（4-14）。

（2）计算数据

滑面折线倾角：依据钻探揭露的滑面层位，对钻孔间距大的地段，结合监测结果修正各段滑面的角度（表 4），其中 $\tan\alpha$＝监测点垂直位移量（mm）/监测点顺水平方向的位移量（mm）。

表 4　滑坡主轴线上监测点控制的滑面倾角计算结果表

监测点号	JC6	JC7	JC8	JC9	JC11	JC12	JC13	JC14	JC15	JC16
倾角 /°	8.6	18.9	38.0	52.6	38.7	29.1	24.8	38.3	34.7	66.7

反演分析取天然工况稳定系数为 0.997，取滑带土残余抗剪强度指标，C 值为 15.7kPa，φ 值为 13.2°。

（3）滑坡剩余下滑力及稳定系数

滑坡中轴 I-I′剖面稳定性计算见表 5，剩余下滑力计算结果见表 6。

表 5　滑坡中轴 I-I′剖面稳定性系数计算结果表

计算剖面	工况条件	稳定性系数	备　注
I-I′剖面	工况 I	0.997	沿岩土界面滑动,折线型滑动模式
	工况 II	0.920	
	工况 III	0.850	

表 6　滑坡中轴 I-I′剖面剩余下滑力计算结果表

计算剖面	计算工况	稳定系数	安全系数	剩余下滑力/kN	
				设桩位置	剪出口
I-I′剖面	工况 I	0.936	1.15	2387.23	1407.91
	工况 II	0.860	1.05	2187.97	1256.93
	工况 III	0.800	1.05	2540.80	1899.40

五、滑坡发展趋势及危害性预测

1. 滑坡稳定性综合评价

经稳定性计算，结合宏观判断，滑坡在三种工况下均处于不稳定状态，其西南侧侧区在 3 种工况下均处于稳定状态。

2. 滑坡变形发展趋势及危害性预测

滑坡多年来持续滑动，受"5·12"地震影响加速运动，未来滑体后缘千枚岩不断滑塌，产生的堆积物将沿岩土界面持续滑动。滑坡滑动后将再次堵塞河道形成堰塞湖并造成平—水公路断交。

六、滑坡防治工程技术方案

1. 防治技术方案的设计

斩龙垭滑坡不断有后缘崩塌物补充，外围渗入水对滑坡稳定性影响很大，治理工程必须考虑后缘的崩塌治理和截排水。据威胁对象重要性提出三种防治方案，方案一（图1、图2）为确保平—水公路畅通进行重点治理，措施为：在公路沿线布置 1 排抗滑桩，滑坡外围采用排水工程，后缘采用削坡工程，估算费用 338 万元；方案二确保平—水公路的安全，同时又对堆积规模、厚度最大的滑坡中段进行防治，保证滑坡主体不进入河床，措施为：对滑坡上部公路一线和中部 2 处鼓丘共布置 3 排抗滑（锚索）桩，外围采用排水工程，后缘采用削坡工程，估算费用 1793 万元；方案三针对滑坡进行全面治理，确保滑坡稳定，措施为：在上部公路一线、中部 2 处鼓丘、下部 2 处错台处共布置 5 排抗滑（锚索）桩，外围采用排水工程，后缘采用削坡工程，估算费用 4275 万元。

为消减滑坡物质来源和减轻水的不利影响，三种方案均考虑后缘削坡和截排水工程，方案一针对道路重点治理，方案三对滑坡全面治理，方案二是折中方案。由于土体塑性变形，成孔难度大，方案二和方案三在滑坡中下部布置的抗滑桩辅助预应力锚索。从投资、施工难度、环境影响程度及施工工艺等因素综合考虑，确定推荐方案一。

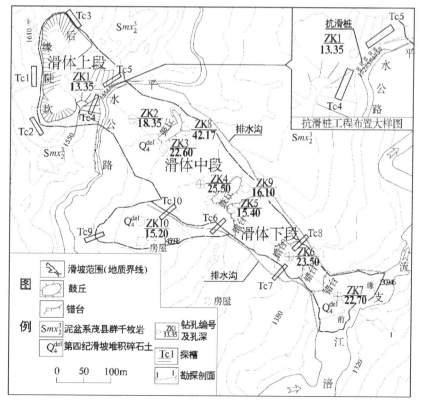

图1　工程地质与治理工程方案平面图

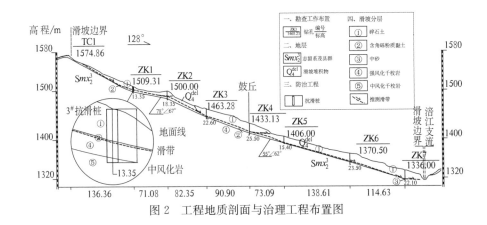

图2　工程地质剖面与治理工程布置图

2. 分项工程设计

（1）抗滑桩。在 Ⅺ-Ⅺ′剖面附近、平—水公路内侧布置一排抗滑桩，桩长 11m，桩截面尺寸 2.0m×3.0m，桩间距 6m，防护长度 30m 左右，设桩 5 根，采用 C35 混凝土灌注（图3）。

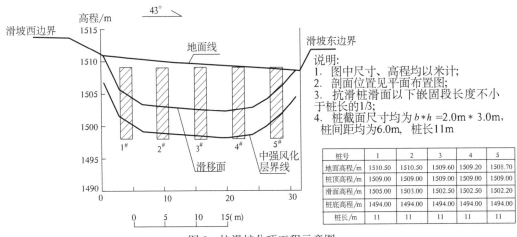

图3　抗滑桩分项工程示意图

抗滑桩按抗弯构件设计，滑动面以上的桩身内力，根据滑坡推力和桩前滑体抗力计算。滑动面以下的桩身变位和内力，根据滑动面处的弯矩和剪力，按地基弹性抗力进行计算（K法）。抗滑桩锚固深度根据地层的横向容许承载力确定。

（2）截排水沟。在滑坡两侧布置截排水沟，以拦截渗入滑体的地表水和地下水，沟型为直角梯形沟，M7.5 浆砌片石砌筑，长度 1285.1m。计算公式采用暴雨推理法，断面验算流量计算根据谢才明渠流公式和满宁公式计算，按汇流面积和当地水文资料，确定排水沟规格 0.6m×1.2m×0.6m。

（3）削坡。对后缘全风化层及以上碎石土、下部的强风化层分别采用梯级削坡，减少潜在物源量，控制坡度不大于 50°。将削方物质填入路下滑坡西南侧可阻滑的洼地内。

七、结语

（1）平武县大桥镇斩龙垭滑坡集崩滑流为一体，条带状顺沟沿土岩界面滑动，为大型、中深层、活动滑坡，滑动方式中上部为推移式，下部为牵引式。

（2）滑坡从 1975 年松平地震滑动以来持续滑动，后缘崩塌持续为滑坡提供了物源，外围地表、地下水渗入坡体加速了滑坡变形，受暴雨或地震影响加速启动，"5·12"地震后滑动明显。

（3）斩龙垭滑坡边界清晰，特征明显，要素齐全，集多种滑动形式为一体，具一定教学或研究价值。

（4）根据滑坡特点和主要威胁对象，采取"抗滑桩＋截排水＋后缘削坡"的治理方案进行重点治理节约了治理费用，但由于滑体物质塑性变形，抗滑桩完成后，桩间土流变明显，建议对同类型滑坡的治理，应考虑桩型、桩距的合理设置，或考虑设置桩间板。

滑坡实例六：都江堰市虹口乡红色村塔子坪上方滑坡特征与治理方案

王志普　李予红　曹志民　王美丽

（河北水文工程地质勘察院）

一、前言

塔子坪上方滑坡位于都江堰市虹口乡红色村庙坝，白沙河右岸。为"5·12"地震新增地质灾害点，滑坡长530m，平均宽120m，面积7.66万 m^2，滑体厚度20～25m，体积104万 m^3，为大型推移式土质滑坡。受"5·12"地震影响，滑坡后缘形成高达30～60m的后缘壁，侧缘形成长100～120m的错坎，前缘向前滑动约50m。震后受降雨影响，坡体变形进一步加剧。滑坡目前处于欠稳定—基本稳定状态，对庙坝自然村构成威胁。治理工程采用"抗滑桩＋回填反压"方案。

二、地质环境条件及地质灾害特征

1. 地质环境条件

塔子坪上方滑坡所属地貌单元为中山构造侵蚀区，微地貌为白沙河右岸斜坡地貌。虹口—映秀断层从向红口乡西北部穿过，距滑坡区3.0km。虹口—映秀断层属龙门山中央北川—映秀断裂的一部分，为北东向压扭性深大断裂。区域地震动峰值加速度为0.20g，地震动反应谱特征周期为0.40s，地震基本烈度为Ⅷ度。

滑坡区及其附近出露地层主要有第四系滑坡堆积层（ Q^{del} ）、崩积层（ Q^{codl} ）、残坡积层（ Q^{el+dl} ）及元古界震旦系火山组（Za）。滑坡区主要为松散岩类孔隙水和风化基岩裂隙水，区内未见泉水出露。滑坡区汇水面积为0.146 km^2 。

滑坡区的人类工程活动主要有：修复山道时对滑坡体进行了切坡，使滑坡体中下部形成2～4m的临空面。

2. 地质灾害特征

（1）变形特征。塔子坪上方滑坡为"5·12"地震新增地质灾害点，"5·12"地震使塔子坪上方坡体变形发生滑塌。土体滑塌造成坡体顶部形成陡直的后缘壁，壁高30～60m，坡度35°～50°，基岩裸露；坡体整体沿后缘基岩面水平错动位移为35～50m，在侧缘形成长100～120m的错坎；地震时滑坡从前缘剪出，整体向庙坝居民点124°方向产生了约50m的滑动。地震后由于降雨的入渗，滑坡体发生变形，在滑坡的后缘壁坡脚与滑坡松散堆积体接触地带产生变形下错，下错高度0.1m；在滑坡体西侧边界出现错动变形现象，错动距离0.15m；滑坡前缘出现鼓胀变形现象。该滑坡主要威胁红色村庙坝自然村住户。

（2）滑坡规模与结构特征。滑坡平面形态呈不规则半椭圆形，具有坡体纵向长的特点，纵向长度为530m，横向平均宽度为120m，面积为7.66万 m^2 。滑坡体前缘紧邻红色村庙坝自然村，后缘壁至山体顶部，两侧以西侧冲沟及东侧沟谷顶为界。滑体厚度在20～25m，滑坡体积为104万 m^3 ，为大型推移式滑坡。

滑体土：滑体由坡积、崩积层组成。崩积层主要分布于滑坡体后缘区域的表层，厚度0.5～5.0m，以块石、砾石为主夹少量细砾物质，块径一般0.2～1.5m，最大2m以上；坡积层由粉质黏土及碎石土组成，厚度一般10～25m。

滑带土：滑坡体的滑动面为土、岩接触面。滑坡上段滑带土岩性与滑体土基本相同，为碎石土，碎石含量在50%左右，粉质黏土充填；滑坡下段滑带土岩性为粉质黏土，可塑，局部地段夹碎石，碎石含量在 20% 左右。

滑床：为元古界震旦系火山组安山岩，岩层产状 30°∠64°，基岩埋深 17.17～39.22m。

三、滑坡稳定性分析与评价

1. 滑坡形成机制分析及近期发育阶段

塔子坪上方滑坡由地震诱因形成后，又经多个雨季，坡体发生了不同程度新的变形破坏迹象，表现为滑坡后缘坡脚处滑坡松散堆积体产生了下错现象，滑坡体西侧侧缘出现错动变形；滑坡体结构松散，在下错及错动变形处，在山体汇水冲刷的作用下，已形成冲沟，震后滑坡前缘出现鼓胀变形现象。上述现象均表明该滑坡目前处于基本稳定—欠稳定状态。

2. 滑坡稳定性影响因素

塔子坪上方滑坡稳定性影响因素有：

(1) 地震。受"5·12"地震波冲击影响，坡体上覆土体产生下滑，地震是诱发该滑坡产生的决定因素。

(2) 地形地貌和地层结构。滑坡区属中山区、河谷地貌。斜坡平均坡度 25°～40°，坡向基本与滑坡滑动方向一致，滑坡中部地形呈陡坡状，有松动坍塌现象。滑坡体堆积物以碎（块）石土为主，土质不均匀，充填物粉质黏土，结构松散；下伏安山岩，表层全风化，岩心分离成片状或碎屑状，遇水易软化。因此适度地形和地层结构是滑坡形成的重要因素。

(3) 降水。降水是塔子坪上方滑坡震后变形的主要诱发因素，降水通过松散层的孔隙入渗，导致滑体土在增大自重的同时抗剪强度也急剧降低，另外还导致上覆堆积层与下伏基岩之间的软弱结构面水理软化起到润滑作用，促使滑体稳定性进一步降低。

3. 滑坡岩土体物理力学参数分析评价及参数取值

滑带土力学参数的确定主要从以下几个方面考虑：①室内试验。通过试验获得的参数，一般情况下 C，φ 值具有离散性，所以还要考虑滑带土实际的状态和其试验参数的对应关系，当各类岩土体物理力学的变异值均没有超过规范规定，所测定的各个试验值均参与统计，反之则要查找其原因。②该滑坡在"5·12"地震时从前缘剪出口剪出，滑坡发生整体滑动位移，在进行 C，φ 值反演时，应通过恢复滑动前原始地形，建立地质模型进行反演分析。③参考邻区同类型滑坡经验资料。

根据试验、反演计算结果和类似滑坡经验值及斜坡稳定性现状分析，确定滑带土体抗剪强度建议值见表1，滑床物理力学参数建议值见表2。滑体重度取值为：天然重度 19.7kN/m³；饱和重度 20.8kN/m³。

表 1 滑带土体抗剪强度计算参数建议值表

位置	天然状态		饱和状态	
	C/kPa	φ/(°)	C/kPa	φ/(°)
滑坡体上段	19.0	27.0	16.0	23.7
滑坡体下段	29.0	23.6	26.0	22.0

表 2 滑床（安山岩）物理力学参数建议值表

天然抗剪		饱和抗剪		天然抗压强度	饱和抗压强度	天然抗拉强度	饱和抗拉强度
摩擦角	凝聚力	摩擦角	凝聚力				
φ/(°)	C/MPa	φ/(°)	C/MPa	MPa	MPa	MPa	MPa
42.4	9.8	41.8	5.9	66.2	44.4	3.1	1.8

四、滑坡稳定性计算与评价

1. 计算模型与计算方法的确定

（1）计算模型。在震后滑坡地质模型的基础上，结合勘探查明的各单体滑坡的潜在滑带（面）位置、岩性及变形现状等条件综合确定。选择 2-2 剖面（图 1）建立地质模型，进行稳定性计算及稳定状态分析。

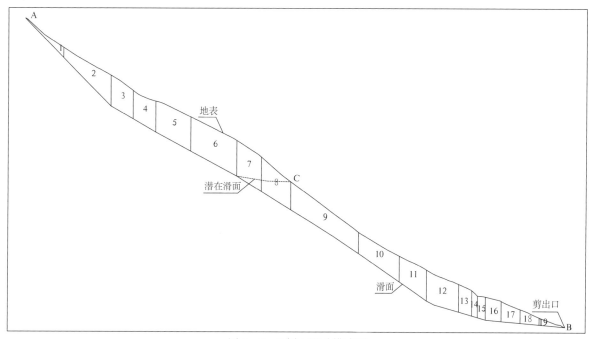

图 1　2-2 剖面滑动模式图

（2）计算方法。塔子坪上方滑坡滑动面为折线型，计算方法采用传递系数法。滑坡稳定性系数计算见公式（4-9），滑坡推力计算见公式（4-14）。

2. 滑坡滑动模式推力及稳定系数计算结果

（1）滑坡滑动模式。以滑坡变形体主剖面 2-2 剖面为例进行计算，滑动模式有 2 种。模式一：滑坡体沿土岩界面滑动从高程 1130m 处（C 剪出口）剪出，为局部滑动破坏。模式二：滑坡中上部沿搜索的最危险滑面从高程 1006.5m 处（B 剪出口）剪出，为整体滑动破坏。

（2）滑坡推力与稳定系数计算结果。从稳定性计算结果（表 3）分析，滑坡整体（A-B 段）在工况 I 条件下稳定系数为 1.171～1.181，处于基本稳定—稳定状态；工况 II 条件下稳定系数 1.038～1.040，处于欠稳定状态；工况 III 条件下稳定系数 1.037～1.045，处于欠稳定状态。滑坡局部（A-C 段）在 3 种工况下均为基本稳定—稳定状态。

表 3　滑坡稳定性计算结果表

计算剖面	计算工况	稳定系数	安全系数	剩余下滑力/(kN/m)
1-1 剖面 A-B 段	工况 I	1.172	1.15	0
	工况 II	1.038	1.05	518
	工况 III	1.041	1.05	382
1-1 剖面 A-C 段	工况 I	1.251	1.15	0
	工况 II	1.052	1.05	0
	工况 III	1.121	1.05	0
2-2 剖面 A-B 段	工况 I	1.181	1.15	0
	工况 II	1.039	1.05	682
	工况 III	1.045	1.05	310

续表

计算剖面	计算工况	稳定系数	安全系数	剩余下滑力/（kN/m）
2—2剖面A-C段	工况Ⅰ	1.243	1.15	0
	工况Ⅱ	1.050	1.05	0
	工况Ⅲ	1.098	1.05	0
3—3剖面A-B段	工况Ⅰ	1.171	1.15	0
	工况Ⅱ	1.040	1.05	545
	工况Ⅲ	1.037	1.05	721
3—3剖面A-C段	工况Ⅰ	1.417	1.15	0
	工况Ⅱ	1.195	1.05	0
	工况Ⅲ	1.250	1.05	0

五、滑坡发展变化趋势及危害性预测

滑坡失稳将整体向居民点方向滑动，估算滑距在100m～200m之间，同时由于滑坡体结构松散，坡度较陡，坡体表面植被覆盖率极低，极有可能发生快速下滑，对居民点构成严重威胁。

六、滑坡防治工程技术方案

滑坡震后整体处于欠稳定—基本稳定状态，同时滑坡纵向较长，滑面埋深在20m左右，治理方案主要从改变滑坡岩土体结构，设置抗滑工程治理思路出发。本次采用"滑桩＋回填反压"防治方案。工程地质与治理工程方案平面示意图见图2，治理工程布置剖面示意图见图3。

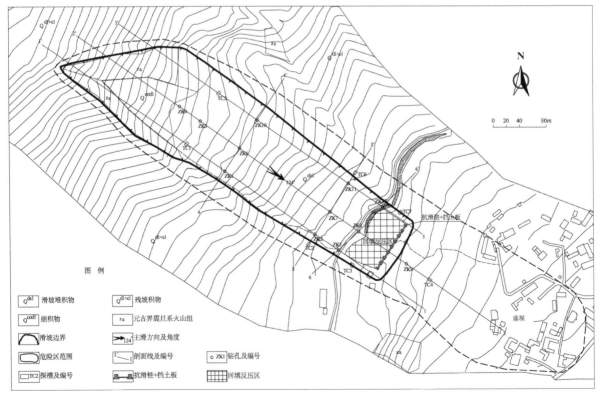

图2　工程地质与治理工程方案平面示意图

1. 抗滑桩＋挡土板设计

（1）抗滑桩。在山路55m左右设一排板墙桩，桩中心间距6.0m，桩身采用C30混凝土浇注，锁

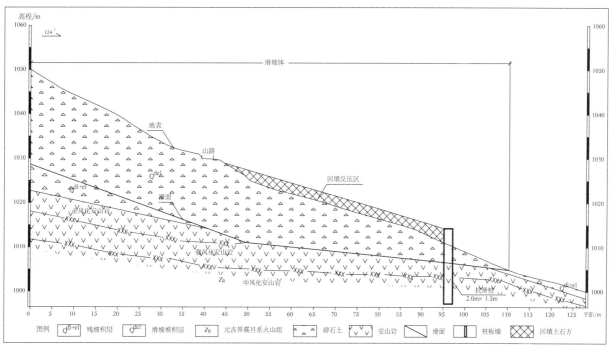

图3　治理工程布置剖面示意图

口、护壁采用 C20 混凝土；设计桩长 15.0～21.0m，共计 13 根，桩径为 2.0m×1.5m，桩头两侧设翼板，抗滑桩总长 243m。

（2）挡土板。桩间挡土板采用 C20 预制钢筋混凝土板，单块板长 4.1m，高 1m，厚 0.3m。抗滑桩＋挡土板立面布置见图4。

2. 回填反压设计

由于在滑坡前缘布置抗滑桩，为了增加滑坡的抗滑能力，滑坡前缘山路南侧 55m 左右（高程 1015m）至土路土坎处（高程 1030m）的滑坡范围内进行土方回填反压，回填压脚的材料采用碎石土。

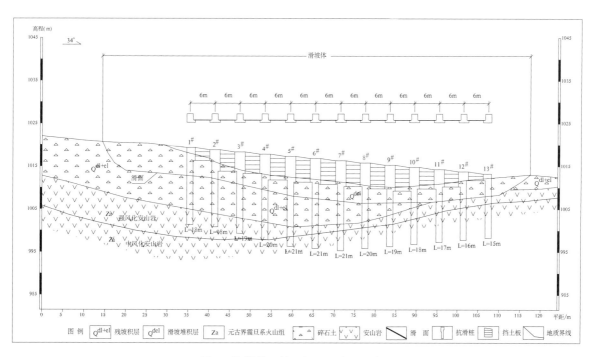

图4　抗滑桩＋挡土板立面布置示意图

七、治理工程运行效果评价

塔子坪上方滑坡治理工程于 2010 年 8 月 8 日开工，2011 年 7 月 26 日竣工。在施工期间进行了两次设计变更，变更主要内容：根据桩孔开挖实际情况，对抗滑桩桩长进行了适当调整；增加了截排水工程。塔子坪上方滑坡治理工程竣工后，经历了多个雨季考验，2013 年 10 月 14 日对治理工程进行了回访调查，滑坡体及治理工程均未发现滑移及变形迹象，治理工程总体运行良好，达到了消除滑坡地质灾害隐患的目的。

八、结语

（1）塔子坪上方滑坡为"5·12"地震新增地质灾害点，地震是诱发该滑坡产生的决定因素。塔子坪上方滑坡主滑方向与山坡体坡向基本一致，滑坡体积为 104 万 m³，规模属于大型。震后经过多个雨季，导致滑体土自重增加，抗剪强度也相应降低，同时对软弱结构面水理软化起到润滑作用，促使滑体稳定性进一步降低，产生了新的变形，降水是塔子坪上方滑坡震后变形的主要诱发因素。

（2）通过宏观判断及稳定性计算得出滑坡整体处于欠稳定—基本稳定状态。

（3）治理工程主要思路为在滑坡前缘抗滑段布置支挡工程，确定采用"抗滑桩＋回填反压"的方案。

（4）回填反压可增加滑坡抗滑段土重，增强抗滑力，这种治理工程具有见效快、投资小的优点。回填反压在设计治理工程时，应针对回填反压后坡体的整体稳定性及新形成边坡的稳定性进行验算，据此对抗滑支挡工程进行设计，这样即可达到治理目的，又可减少支挡工程的资金投入。

（5）根据塔子坪上方滑坡滑动面前缘埋深浅的特点，抗滑桩布置于滑坡前缘滑体厚度较薄、推力较小且嵌固段地基强度较高的地段。在此治理设计时，要考虑回填反压后滑坡推力变化的大小及桩前回填土的土压力，使抗滑桩支挡工程更合理化、经济化。

滑坡实例七：彭州市龙门山镇白水河汽车站滑坡特征与治理方案

尹丽军　邢忠信　张广辉　王建辉　高新乐
（河北省地矿局第四水文工程地质大队）

一、前言

彭州市龙门山镇白水河汽车站滑坡位于白水河汽车站北侧，宝兴街西侧。为"5·12"地震诱发的地质灾害隐患点，由两个滑坡体组成。勘查区边坡为垂直高度 25～35m、坡度 35°～50°的第四系冲洪积卵石土高陡边坡。"5·12"地震时，边坡上部发生大面积滑塌，掩埋坡脚宝兴街，并造成坡角挡墙及房屋损坏。目前边坡处于欠稳定状态，治理工程采用"削方清坡＋挡土墙＋坡面绿化"方案。

二、地质环境条件

白水河汽车站滑坡位于彭州市北部丘陵低山区，海拔高程 1020～1070m，属白水河河谷地貌，白水河河谷在区内呈不对称"V"字形，东岸相对较窄，西岸相对开阔，西岸呈台阶展布，滑坡位于河谷西岸阶地边缘。区域内主要出露地层为第四系洪坡积层（Q^{dl+pl}）、第四系崩积层（Q^{col}）、第四系全新统冲积层（Q_4^{al}）、第四系上更新统冲积层（Q_3^{al}）、中更新统冰水堆积、冲积层（Q_2^{fgl+al}）和三叠系上统须家河组（T_3x）地层。

白水河汽车站滑坡区在地质构造上属于龙门山华夏系构造带和川西新华夏系构造带，区域主要断裂有映秀断裂和灌县断裂。映秀断裂为活动性断裂，是"5·12"地震发震断裂。龙门山镇白水河汽车站滑坡构造上位于龙门山断裂带映秀断裂南侧下盘，滑坡距断裂带约 2km。工作区抗震设防烈度为Ⅷ

度，设计基本地震加速度值为 0.20g，设计地震分组为第二组。

地下水类型主要为松散层孔隙潜水，主要接受大气降水补给。斜坡坡度较大，坡体结构较松散，利于地下水的排泄。在暴雨或持续降雨期，雨水通过入渗转化为地下水，并在坡体上形成统一地下水位，对整个坡体的稳定性将产生影响。勘查期间斜坡勘探深度内未发现有地下水及泉水出露。

区内人类活动主要有斜坡体上部平台居民建房及沿斜坡坡脚修路、建房。目前斜坡体下方为龙门山镇场镇及宝兴街沿街商铺，在修路及建房时对斜坡坡脚进行了切坡，这对斜坡稳定性造成了较大的影响。

三、滑坡基本特征及危害对象

1. 滑坡基本特征

（1）滑坡区地貌形态及边界特征

白水河汽车站滑坡位于白水河二级阶地前缘，滑坡类型为松散堆积层不稳定斜坡。斜坡平面形态整体呈长条形，斜坡前缘为街道，坡顶为平缓耕地。按斜坡的变形特征、威胁对象等将斜坡划分为 1 号、2 号两个滑坡体。

1 号滑坡整体平面形态呈长条形，在空间上表现出上陡下缓的特征，斜坡体总体分布高程 982～1014m。根据斜坡顶部变形迹象及范围，确定斜坡后缘变形区边界为平台边缘向内约 5m 范围。斜坡纵长约 35～45m，宽约 200m，高度 25～35m，坡度 34°～50°，坡向 135°，变形区厚度 3～5m，总体积约为 3.2 万 m³。"5·12"地震时，1 号滑坡前缘约 3～5m 范围坡体发生滑塌，形成多处崩滑堆积体，将下方 10m 宽的宝兴街完全堵塞。其中堆积体 1 规模较大，分布高程 982～1005m，平均高约 20m，总宽约 100m，前缘厚度 3～5m，总体积约 8000m³，堆积体 1 现仍堆积于街道上，挤占宝兴街约 2/3 的路面；堆积体 2 由多处较小的滑塌体组成，连续分布于斜坡体上，平均高约 15m，总宽约 100m，前缘厚度 1～3m，总体积约 3000m³。

2 号滑坡整体平面形态呈长条形，在空间上表现出上陡下缓的特征，斜坡体总体分布高程 984～1024m。根据斜坡顶部变形迹象及范围，确定斜坡后缘变形区边界为平台边缘向内约 5m 范围。斜坡纵长约 35～50m，宽约 400m，高度 30～35m，坡度 35°～50°，局部陡坎达 60°，坡向 135°，变形区厚度 3～5m，总体积约为 6.8 万 m³。"5·12"地震时，斜坡前缘约 2～3m 范围坡体发生滑塌，将下方原商铺后墙与斜坡坡脚间约 1～2m 的空间堆满，崩滑物质砸毁墙体、挤坏房屋。堆积物沿斜坡连续分布，厚度 1～3m，主要堆积于斜坡下部 0～15m 范围内，总体积约 1.6 万 m³。

（2）滑坡体变形特征

斜坡在"5·12"地震前没有变形观测资料，据调查了解，地震前斜坡未曾发生过大的滑塌，也无明显变形迹象。"5·12"地震造成斜坡发生大范围滑塌，1 号滑坡前缘约 3～5m 范围坡体发生滑塌，将下方 10m 宽的宝兴街完全掩埋；2 号滑坡前缘约 2～3m 范围坡体发生滑塌，将下方原商铺后墙与斜坡坡脚间约 1～2m 的空间堆满，崩滑物质砸毁墙体、挤坏房屋，造成了巨大经济损失。

地震后斜坡体上部平台前缘多处发生明显开裂，最远至平台边缘向里约 10m 左右范围。靠近平台边缘约 5m 范围内的部分裂缝较宽，宽度 20～30cm。地震以后，斜坡未曾发生过大的滑塌，在暴雨及余震时斜坡表面陡坎及浮石发生过零星垮塌落石现象。

（3）滑坡物质结构特征

根据野外调查及勘探揭露，斜坡坡体物质主要分为两部分：

一部分为斜坡中下部地震滑塌松散堆积卵石土（Q^del），由原坡体第四系冲洪积卵石土崩滑堆积而成，结构松散，无胶结；另一部分为斜坡体中上部冲洪积卵石土（Q^{al+pl}），成分为冲洪积卵石土（夹漂石），混粗颗粒砂，中密。卵石含量 60%～70%，成分主要为花岗岩，粒径一般约 20～500mm，磨圆一般，分选差。

（4）滑带土基本特征

白水河汽车站滑坡无明显的滑带及滑床界线，两斜坡均为第四系冲洪积卵石土（夹漂石）。斜坡体上部坡度高陡部分有可能沿坡体卵石层内部潜在滑动面发生滑塌，滑坡体中下部由地震形成的崩滑体在一定条件下有可能继续向下滑移，其滑动结构面为松散崩滑体与斜坡稳定土体的接触面。

2. 滑坡危害对象

白水河汽车站1号滑坡主要威胁龙门山镇场镇、宝兴街及过往车辆行人；2号滑坡主要威胁龙门山镇场镇及宝兴街住户，危害对象等级为二级。

四、滑坡稳定性分析计算与评价

1. 滑坡形成机制分析

（1）滑坡变形形成机制分析

滑坡滑体物质为卵石土，在天然情况下，滑坡整体处于基本稳定状态。"5·12"地震后，斜坡体的结构产生了较大的扰动，斜坡体上部出现多处裂缝，有利于降水的入渗，降水入渗增大土体重度，同时降低土体的抗剪强度，当下滑力大于抗滑力时，滑体在重力的作用下产生蠕滑；地震加速度增加土体荷载，产生极大的地震惯性力，使原本处于临界状态的坡体发生变形，可能造成滑坡体稳定性降低而失稳下滑。另外由于人类活动对坡脚的破坏作用，使抗滑力减小，在暴雨或地震的作用下，滑坡可能会变形失稳。

（2）滑坡稳定性影响因素

斜坡变形破坏的原因主要有：

1）地形地貌。斜坡区微地貌属白水河二级阶地，斜坡位于阶地前缘，有较高的临空面，垂直高度25～30m，坡面平均坡度35°～50°，为滑坡发育提供了有利的条件。

2）地层因素。斜坡位于阶地边缘，坡体原卵砾石层密实程度度较好，在降雨作用下，发生变形破坏的可能性较小。地震后，土体结构遭到破坏，结构松散，抗剪强度降低，坡体已形成的拉张裂缝有利降水的入渗导致坡体自重增加，从而降低斜坡土体的抗滑稳定性。

3）人为因素。斜坡体上种有较多高大的树木，增大了坡体自重；坡体前缘宝兴街修路及沿街建房时对滑坡前缘坡脚进行切坡，这些对斜坡稳定性均造成了不利的影响。

4）地震因素。地震前，斜坡处于基本稳定状态，地震产生的极大的地震加速度，使坡体下滑分力增强，导致土体变形，在滑坡内部形成拉张裂缝，也使坡体趋于松散化，降低了坡体的稳定性，局部产生垮塌现象。

5）水的作用。水是产生滑坡的重要因素，暴雨或持续降雨将造成滑体岩土体饱水，增大岩土体重度，降低岩土体的抗剪强度，导致坡体稳定性降低；同时静、动水压力对坡体的稳定性影响很大，可能导致坡体的失稳破坏。

2. 滑坡破坏模式分析

（1）滑坡破坏模式分析

滑坡可能发生的破坏方式主要有以下2种：①斜坡中下部地震滑塌堆积体在一定条件下继续向下滑动；②斜坡上部高陡临空面有可能向下滑塌。

（2）滑坡稳定性宏观判断

白水河汽车站滑坡两个斜坡体在物质成分组成和滑动机制上基本一致，从震后斜坡变形迹象分析，斜坡整体现处于基本稳定状态。斜坡在地震时发生了部分崩滑，局部崩滑松散堆积体和残留滑坡体在余震或暴雨时有溜滑、落石、滚石现象发生，处于欠稳定状态。

3. 滑坡岩土物理力学参数分析与评价及参数取值

（1）滑坡岩土物理力学参数分析与评价

1）滑体土岩土物理力学性质。白水河汽车站1、2号滑坡体物质结构及成分基本相同，为确定滑坡土体的重度，在斜坡体上进行了大体积重度试验。滑体及滑床物质均为漂卵石夹砂，无法采取原状土样进行室内物理力学性质分析，为准确查明斜坡土体颗粒级配、密实程度等，以便更准确地对其进行定名及确定其力学性质，现场在探槽中进行了颗粒分析试验。

2）滑带土物理力学性质。两滑坡体均无明显的滑带。松散堆积体滑动结构面为松散崩滑体与斜坡稳定土体的接触面，滑动面物理力学性质参数采用堆积体物理力学参数；斜坡体内部推测潜在滑动面物理力学性质参数采用斜坡土体物理力学参数。

3）滑床岩土物理力学性质。两滑坡滑床均为冲洪积漂卵石夹砂，其物理力学性质参数采用斜坡土体物理力学参数。

（2）滑坡岩土物理力学参数取值

1）滑体重度取值。根据现场大重度试验资料，采用的滑体土重度值为：天然重度 21.4kN/m³，饱和重度 23.0kN/m³。

2）抗剪强度 C，φ 值确定。滑坡滑带抗剪强度参数根据现场动力触探试验成果、探槽开挖土体密实程度、钻孔施工难易程度，并根据经验数据类比与反演相结合的方法确定。① 现场超重型动力触探试验成果见表1。② 滑带参数反演。根据现场调查滑坡滑动变形情况及地震前滑坡形态，将1号滑坡 2−2′剖面（图1）恢复至滑动前形态，反演计算时稳定系数 F 取 1.0，黏聚力 C 值取 2kPa。经反演计算，$\varphi=37.6°$。

表1　现场动力触探试验成果统计表（N120）

钻孔编号		1	2	3	4	平均值
修正后击数（击）	范围值	6.8~10.1	7.2~11.0	6.8~10.9	5.4~11.0	—
	平均值	8.4	8.9	8.9	8.1	8.6
抗剪强度（φ 值）计算值		—	—	—	—	40.0

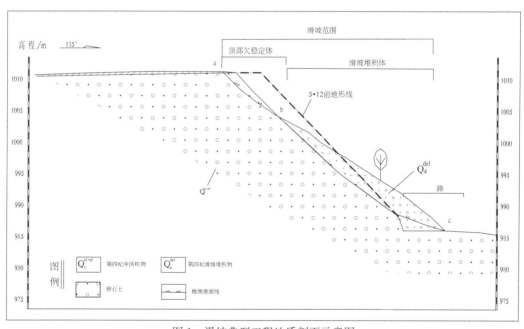

图1　滑坡典型工程地质剖面示意图

斜坡崩滑堆积体与斜坡体物质结构相比，堆积体结构松散，密实度低，斜坡体物质为中密状态；从地震后形成的自然坡角相比，崩塌堆积体现状相对稳定坡角在 33°~36° 之间，斜坡体形成的相对稳定坡面角度在 38°~40° 之间。根据以上因素结合相关规范，对崩滑堆积体抗剪强度进行取值。

根据现场动力触探试验成果及反演计算结果，结合经验数据类比与斜坡滑塌后形成的自然坡度等综合分析，确定斜坡岩土力学参数建议值（表2）。

表 2　岩土力学参数建议值表

土体类型		天然状态		饱和状态		地基承载力特征值/kPa
		C/kPa	φ/(°)	C/kPa	φ/(°)	
堆积体	滑带	0	36.0	0	33.0	—
	滑床	4	40.0	2	38.0	500
斜坡体	滑带	4	40.0	2	38.0	—
	滑床	4	40.0	2	38.0	500

4. 滑坡稳定性计算与评价

（1）计算模型与计算方法的确定

1）以 1 号滑坡 $1-1'\sim4-4'$ 剖面和 2 号滑坡 $5-5'\sim10-10'$ 剖面为计算剖面，对其进行了稳定性计算，以分析各剖面的稳定状态。各剖面滑面根据斜坡体形态、变形特征等采用北京理正边坡稳定性分析软件进行搜索后确定。

2）滑坡防治工程等级为 Ⅱ 级，暴雨工况以 20 年一遇（5%频率）暴雨考虑，采用瑞典条分法计算滑坡稳定性和推力，稳定性计算采用公式（4-1），滑坡推力计算采用公式（4-8）、公式（4-9）。

（2）滑坡稳定性及推力计算成果

滑坡各剖面形态及破坏方式基本相同，根据斜坡可能发生的破坏部位不同，对滑坡各剖面分段进行稳定性计算。稳定性计算简图见图 2。

根据计算结果，1 号滑坡各剖面整体（ac 段）在天然工况（工况Ⅰ）下稳定，在暴雨工况（工况Ⅱ）下基本稳定，在地震工况（工况Ⅲ）下基本稳定—欠稳定；各剖面顶部（ab 段）在天然工况下基本稳定—稳定，在暴雨工况下基本稳定—欠稳定，在地震工况下欠稳定—不稳定；$1-1'$，$2-2'$ 剖面下部堆积体（bc 段）在天然工况下稳定，在暴雨工况下基本稳定，在地震工况下欠稳定；$3-3'$、$4-4'$ 剖面下部堆积体（bc 段）在天然工况下基本稳定，在暴雨工况下欠稳定，在地震工况下不稳定。2 号滑坡各剖面整体（ac 段）在天然工况下稳定，在暴雨工况下基本稳定，在地震工况下欠稳定—不稳定；各剖面顶部（ab 段）在天然工况下稳定，在暴雨工况下基本稳定—欠稳定，在地震工况下欠稳定—不稳定；下部堆积体（bc 段）在天然工况下基本稳定，在暴雨工况下欠稳定，在地震工况下欠稳定—不稳定。

滑坡稳定性计算分析结果与滑坡实际情况基本吻合。滑坡推力计算结果表明，1，2 号滑坡各剖面在地震或暴雨工况下均存在剩余下滑力。

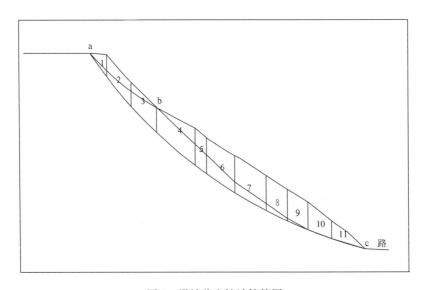

图 2　滑坡稳定性计算简图

五、滑坡发展趋势与危害性预测

白水河汽车站滑坡两个斜坡体在物质成分组成和滑动机制上基本一致,从震后斜坡变形迹象分析,斜坡整体现处于基本稳定状态。斜坡在"5·12"地震时发生了部分崩滑,局部崩滑松散堆积体和残留滑坡体在余震或暴雨时有溜滑、落石、滚石现象发生,处于欠稳定状态。在地震和降雨作用下将可能再次发生大的崩滑,直至形成一个相对稳定的斜坡(沿自然休止角坡面稳定)。

在今后恢复重建过程中,人们修路及建房可能会对坡脚处进行开挖,从而会对斜坡的稳定性产生一定的影响。随着各种不利于滑坡稳定性因素的组合,斜坡再次滑塌的可能性将逐渐增大。

综上所述,今后在地震、暴雨或持续降雨作用下斜坡中下部崩滑体及上部土体高陡临空面稳定性进一步下降,可能发生局部失稳溜滑,甚至存在较大面积滑塌的可能。滑坡前缘坡脚下为龙门山镇场镇及宝兴街商铺,人员密集,灾害一旦发生,将可能造成较大的财产损失及人员伤亡。

六、滑坡防治工程方案

1. 防治总体设想

白水河汽车站1、2号滑坡实质为两个垂直高度 25～35m,坡度 35°～50°的松散堆积层高陡边坡,震后土体结构松散,坡度上陡下缓。由于地震垮塌,现整体处于基本稳定—稳定状态,今后发生整体大面积滑塌的可能性较小,但顶部陡坎会有局部垮塌掉石现象发生。针对该灾害体的特点,治理工作主要从三方面考虑:第一,对坡体中上部坡度较陡的区域采取工程措施,防治其发生垮塌及落石;第二,由于地震垮塌物堆积于坡脚,掩埋了街道,需要进行清理恢复,清理开挖坡脚势必会对现状基本稳定的坡体造成一定的影响,为保证安全,需在坡脚修建支挡工程。第三,考虑治理工程与场镇环境的协调与美观,采取一定的绿化美化措施。根据上述设想,该工程采用了顶部削方、坡面清理,坡脚修建重力式挡土墙及坡面植草绿化的治理方案(图3)。

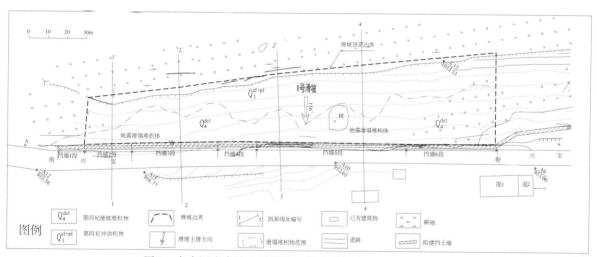

图3　白水河汽车站1号滑坡工程地质与治理工程平面示意图

2. 分项工程设计

两斜坡坡体上部坡体陡立,稳定性较差,坡面分布有陡坎及不稳定孤石,设计对两个斜坡体上部采用削坡措施进行治理,保证坡体顶部的稳定;对中下部坡面进行清理,防止不稳定孤石滚落造成危害。

两斜坡体在地震发生滑塌后,滑塌堆积物挤占了街道及场镇用地,需要进行清理。斜坡前缘清理切脚容易增加斜坡及堆积体的不稳定性,设计在前缘修建支挡工程,从而保证斜坡前缘清理后斜坡及堆积体的稳定。

(1)削方清坡

对两个斜坡体上部坡面较陡立的区域进行削方处理,在坡体中部设马道,宽度 2m,控制削坡后坡率不大于1∶1.25，保证斜坡上部的稳定。对削方范围以外坡面孤石、陡坎进行清理，防止孤石滚落造成危害。

（2）重力式挡土墙

分别在1号滑坡前缘沿街道内侧和2号滑坡前缘坡脚位置处设重力式挡土墙，保证斜坡前缘清理后斜坡的稳定。

1号滑坡前缘沿街道内侧修建重力式挡土墙，根据位置及地形不同，共设计挡土墙5段，高度3.0～5.0m，顶宽1.0～1.05m，基础埋深1.0～1.5m，总长度182.4 m。

2号滑坡前缘沿坡脚位置修建重力式挡土墙，共设计挡土墙4段，高度3.0～4.0m，顶宽1.0m，基础埋深1.0m，总长度393.6 m。

重力式挡土墙均采用毛石砼结构，挡墙面坡倾斜坡度为1∶0.25，背坡倾斜坡度为1∶0.00。挡土墙设计计算采用北京理正岩土计算软件完成，挡墙受力情况详见表3。

表3 挡墙受力情况表

滑坡编号	剖 面	滑坡推力/(kPa/m)	主动土压力/(kPa/m)
1号滑坡	1-1'	41.24	144.97
	2-2'	105.30	181.21
	3-3'	23.54	95.4
	4-4'	37.94	93.0
2号滑坡	5-5'	12.00	89.97
	6-6'	28.75	85.94
	7-7'	40.99	92.96
	8-8'	31.83	89.8
	9-9'	8.47	94.81
	10-10'	69.07	142.85

（3）坡面绿化

为了治理工程与场镇环境的协调与美观性，对坡面进行了植草绿化，起到了保护坡面与绿化美化环境的双重作用。

七、结语

（1）白水河汽车站滑坡为"5·12"地震诱发的地质灾害隐患点。1、2号滑坡为两个垂直高度25～35m、坡度35°～50°的松散堆积层高陡边坡。受地震影响，坡体结构松散，植被稀疏，石块裸露，坡度上陡下缓，上部有垮塌掉石现象，威胁坡下居民及行人的安全。

（2）针对白水河汽车站滑坡灾害体的特点，采取的治理工程主要包括三部分：第一，对坡体中上部坡度较陡的区域进行削坡，防治其发生垮塌及落石；第二，对坡脚地震垮塌物进行清理，修建重力式挡土墙工程；第三，坡面植草绿化，美化环境。

滑坡实例八：平武县豆叩镇大河里滑坡特征与治理方案

张海亮 贾志强 赵惠梅
（河北水文工程地质勘察院）

一、前言

豆叩镇大河里滑坡位于平武县南部清漪江左岸，松平公路内侧。滑坡大致呈东西向展布，平面面积 1.15 万 m^2，滑体平均厚度为 9m，总体积为 10.35 万 m^3，为中型推移式滑坡。"5·12"地震时发生滑动，坡面变形强烈，在震后降雨影响下，坡面变形进一步加剧，滑坡前缘局部发生滑动，破坏松平公路内侧挡土墙。滑坡目前整体处于欠稳定状态，局部处于不稳定状态，对豆叩镇震后重建工程、豆叩镇先锋村居民及松平公路的安全构成威胁。治理工程采用桩板式挡土墙＋重力式挡土墙＋截排水沟的方案。

二、地质环境及地质灾害概况

1. 地质环境

大河里滑坡位于四川省北部山区，处于青藏高原东部边缘，即四川盆地向青藏高原过渡地带，地势东北高西南低，海拔 748～950m。大河里滑坡属斜坡地貌，平均坡度为 45°，滑坡区为一凹形地，其两侧为小型山脊。

滑坡区及其附近出露地层主要有第四系坡洪积层（Q^{dl+pl}）、第四系冲洪积层（Q^{al+pl}）、第四系崩滑积层（Q^{dl+cl}）及志留系茂县群千枚岩。勘查区位于平武县龙门山北东向构造带上，主要构造形迹为北东向，位于南坝大断层的西侧，距南坝大断层 9.2km，区内为一单斜构造，岩层产状为 30°∠35°。区域地震动峰值加速度为 0.20g，地震动反应谱特征周期为 0.40s，地震基本烈度为Ⅷ度。区内未见泉水出露。

2. 地质灾害概况及基本特征

（1）变形特征与危害。滑坡区地震前处于稳定状态。"5·12"地震时滑坡区出现多条裂缝，在降雨的作用下有逐步扩大趋势。2009 年 6 月底暴雨时，滑坡后缘及两侧多条裂缝扩大并发生下错，滑坡前缘东侧大面积滑动。暴雨后滑坡区又新出现多条裂缝，裂缝一般呈长弧状，长度 15～35m，宽度一般为 10cm，最宽可达 50cm，下错深度约 1～1.5m，可见深度约 50cm；滑坡后缘及侧边界坡体出现滑移，最大位移可达 3～5m；滑坡前缘左侧大面积滑动，多处鼓胀变形，松平公路内侧原有挡土墙受滑坡挤压多处遭到破坏。滑坡在暴雨后处于不稳定状态。

（2）滑坡基本特征。滑坡平面形态不规则，滑坡前缘以松平公路内侧为界，坡脚高程在 760m 左右；后缘以坡体中部陡缓交界处多条拉张裂缝为界，高程在 820m 左右，相对高差约 60m；滑坡侧缘以两侧坡脊为界。主滑方向为 204°，长 130m、宽 150m，平面面积 1.15 万 m^2，滑体平均厚度为 9m，总体积约为 10.35 万 m^3，为中型推移式滑坡。滑坡地形地貌上为凸状斜坡，且坡度整体较大，后缘陡峭，前缘有较高的临空面。

滑体土为碎块石土，岩性为志留系茂县群灰色绢云母千枚岩、灰色层状结晶灰岩、石英岩等，碎石粒径一般为 2～5cm，块石块径一般为 15～50cm，少量块径达 1m，块石呈棱角状或次棱角状，平均厚度约 9m，土石比为 2∶8～4∶6，堆积体极为松散。滑带土为灰色—褐黄色粉质黏土夹小碎石，可塑，滑面呈折线状。滑床主要由灰色绢云英千枚岩及砂岩组成，薄—中厚层状构造，岩层产状 330°∠35°。

三、滑坡稳定性分析与评价

1. 滑坡稳定性影响因素

（1）地形地貌。滑坡区属斜坡地貌，平均坡度为 45°，滑坡前缘堆积了厚度较大的松散堆积物，且前缘较陡，有较高的临空面；滑坡区为一凹形地，其两侧为小型山脊，且小山脊临滑坡一侧坡度较大，部分可达 70°以上。

（2）地层因素。滑坡滑体为松散堆积物，平均厚度约为 9m，含有较多的千枚岩风化碎块石，结构较松散，透水性强，有利地下水的入渗，增加坡体自重，软化土体，促使变形；滑床为志留系茂县群千枚岩，属弱透水地层，其风化层遇水软化后抗剪强度降低，形成滑带。

（3）人为因素。滑坡表面对经济作物的灌溉，增加了地下水的补给量，增大了坡体自重；修建松平公路及房屋时对滑坡前缘坡脚进行了切坡，严重降低了滑坡的整体稳定性。

（4）地震因素。地震前滑坡处于稳定状态。"5·12"地震过程中，坡体受到震动影响，坡面出现强烈变形。

（5）降雨因素。震后降雨是滑坡进一步变形失稳的主要诱发因素。降雨通过松散层的孔隙入渗、运移，使得坡体饱水，增加土体自重，软化滑体，降低滑带土体的力学强度，当水下渗至基岩面时还会因为透水性的差异产生浮托力，促使滑体变形，乃至滑动。

2. 滑坡破坏模式分析及稳定性宏观判断

（1）滑坡破坏模式分析

滑坡的变形破坏模式主要为自然斜坡松散堆积体的稳定性问题，因此对滑坡的变形破坏模式分析主要为滑坡区滑动后的变形模式分析。后部滑坡区由于已经发生了剧烈的变形破坏，滑动土体的变形破坏模式为沿滑动面进一步滑动。而对于滑坡前缘，由于其临空面较高，震后多次暴雨使路边挡土墙已大部分被破坏，在后部滑体的推动下，其变形模式将沿公路内侧整体剪出。分析滑坡结构特征和已经滑动的情况，判断其整体变形破坏模式为上覆松散体沿基岩界面产生的折线型滑动。

（2）滑坡稳定性宏观判断

滑坡体后缘及两侧变形破坏现象十分明显，在滑坡体中后部出现较多拉张裂缝，由于斜坡坡度较陡，表层土体极为松散，且滑坡前缘临空面较高，所以滑坡目前处于欠稳定状态。

3. 滑坡岩土体物理力学参数分析与取值

滑带土力学参数的确定主要从以下几个方面考虑：

（1）室内试验。通过试验获得的参数，一般情况下 C，φ 值具有离散性，所以还要考虑滑带土实际的状态和其试验参数的对应关系，当各类岩土体物理力学的变异值均没有超过规范规定，所测定的各个试验值均参与统计，反之则要查找其原因。

（2）该滑坡在"5·12"地震时从前缘局部剪出，滑坡整体处于欠稳定状态，局部处于不稳定状态，在进行 C，φ 值反演时，应通过恢复滑动前原始地形，建立地质模型进行反演分析。

（3）参考邻区同类型滑坡经验资料。

根据试验、反演计算结果和类似滑坡经验值及斜坡稳定性现状分析，确定滑体、滑带土体计算参数建议值见表1，滑床物理力学参数建议值见表2。

表1　滑体、滑带土计算参数建议值表

状态	参数名称	滑体土	滑带土
天然状态	黏聚力 C/kPa	20.2	18.5
	内摩擦角 φ/(°)	25.0	23.0
	重度/(kN/m³)	19.2	—
饱和状态	黏聚力 C/kPa	16.7	15.5
	内摩擦角 φ/(°)	23.0	21.0
	重度/(kN/m³)	19.7	—

表2　岩石力学指标统计表

岩石类别		力学性质指标				
		天然单轴抗压强度/MPa	天然抗剪强度		饱和抗剪强度	
			C/MPa	φ/(°)	C/MPa	φ/(°)
中风化千枚岩	统计个数	6	6	6	6	6
	区间值	8.9~4.3	1.40~0.90	39.17~36.73	1.00~0.48	36.73~32.32
	平均值	6.3	1.2	38.1	0.8	34.1
	标准值	4.6	0.97	37.11	0.55	32.88

四、滑坡稳定性计算与评价

1. 计算模型与计算方法的确定

本次计算以滑坡 I-I′剖面、II-II′剖面和III-III′剖面为计算剖面,建立地质模型,对其进行了稳定性计算。稳定性系数计算采用公式(4-9),剩余下滑推力计算采用公式(4-14)。

2. 滑坡滑动模式推力及稳定系数计算结果

以主剖面II-II′剖面为例,其滑动模式为:整体沿岩土界面滑动从高程760.0m处剪出破坏,为整体滑动破坏。变形体稳定性计算简图见图1,稳定性计算结果见表3。

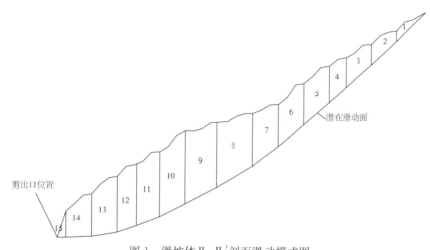

图 1 滑坡体 II-II′剖面滑动模式图

表 3 滑坡变形体稳定性计算成果表

计算剖面	计算工况	稳定系数	安全系数	剩余下滑力/(kN/m)
I-I′剖面	工况 I	1.596	1.15	0
	工况 II	1.373	1.05	0
	工况 III	1.439	1.05	0
II-II′剖面	工况 I	1.148	1.15	0
	工况 II	1.012	1.05	229
	工况 III	1.023	1.05	171
III-III′剖面	工况 I	1.418	1.15	0
	工况 II	1.231	1.05	0
	工况 III	1.263	1.05	0

根据表3对滑坡稳定性分析可知,I-I′剖面、III-III′剖面在3种工况条件下均处于稳定状态。II-II′剖面在工况 I 条件下处于基本稳定状态,在工况 II、工况 III 条件下处于欠稳定状态。因此对于该滑坡变形体来说,其总体为基本稳定—欠稳定状态。

五、滑坡发展变化趋势及危害性预测

1. 发展变化趋势

滑坡体前部的碎石土体受后部土体挤压,在短期内将以局部滑动为主。后部土体由于目前已形成

较为贯通的拉张裂缝，且已发生整体滑动，随着变形的发展及暴雨等其他因素的影响，将按现已形成滑面发生进一步的滑动。从而后部推动前部，滑坡体极有可能发生整体的滑动破坏。

2. 危害性预测

滑坡体一旦发生整体的滑动破坏，会掩埋前缘松平公路，造成交通中断，同时对豆叩镇灾后重建工程及公路两侧居民构成威胁。

六、滑坡防治工程技术方案

滑坡前缘陡坎较高，且紧临公路，工作面较小。考虑到抗滑桩工程造价较高，浆砌石挡土墙工程则基础宽度较大，公路内侧施工条件不满足。所以最终确定在滑坡前缘紧邻公路处布置桩板式挡土墙支挡工程，在滑坡前缘左侧布置浆砌石挡土墙。又由于在地震后滑坡区土体结构松散，降雨对滑坡区影响很大，所以在滑坡外围同时布置截排水工程。详细工程布置见图2。

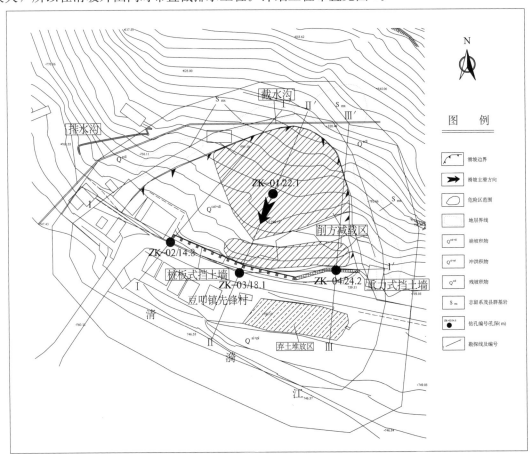

图2 治理工程方案平面布置图

1. 浆砌石挡土墙工程

采用浆砌石结构，墙身强度等级不低于MU30，采用M7.5的砂浆座浆砌筑，墙高4m，顶宽1m，底宽1.8m，面坡1：0.20，背坡1：0.00，基底坡率0.00：1，基础埋深不低于1m，总延米39m（图3）。

2. 桩板式挡土墙工程

共设桩16根，桩径为1.0m×1.5m，桩长8.0m，桩中心间距5.0m，桩身采用C30混凝土浇注，锁口、护壁采用C20混凝土。挡土板采用C20预制钢筋混凝土板，单块板长4.4m，高1m，厚0.3m。

3. 截排水沟工程设计

地表排水工程按20年一遇暴雨重现期进行设计，设计各沟的降水历时标准按1小时考虑。暴雨重现期设计暴雨雨强为77mm/h。截排水沟设计见图4。

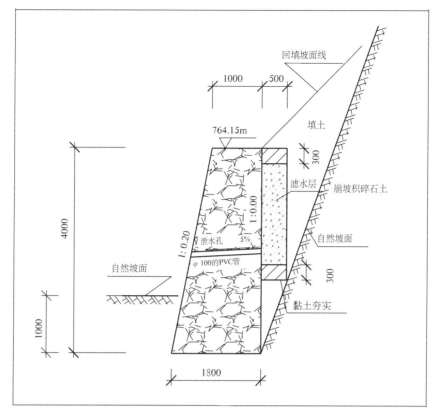

图3 浆砌石挡土墙结构图

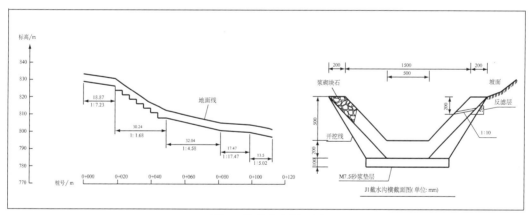

图4 截排水沟剖面图

七、结语

（1）滑坡由"5·12"地震诱发，坡体变形强烈。震后经历多次暴雨，坡体变形进一步加剧，滑坡前缘左侧发生大面积滑动，造成松平公路内侧原有挡土墙损坏。目前整体处于欠稳定状态，局部处于不稳定状态。

（2）滑坡总体积为 10.35 万 m^3，为中型推移式滑坡。

（3）滑坡前缘陡坎较高，且紧临公路，工作面较小。考虑到抗滑桩工程造价较高，浆砌石挡土墙工程则基础宽度较大，公路内侧施工条件不满足。最终确定采用"桩板式挡土墙＋重力式挡土墙＋截排水沟"的治理方案，即保证了滑坡治理工程的有效性与可行性，同时考虑到了滑坡前缘公路及治理工程的经济性，取得一定的社会效益、经济效益和环境效益。

滑坡实例九：南江县赵家碥滑坡特征与治理方案

郭玉平　杨宝刚　刘向军　孙全义

（河北地矿局石家庄综合地质大队）

一、前言

赵家碥滑坡位于南江县城南江河右岸。滑坡体长约 90.0m，宽 100.0m，厚 14.0m，近南北向展布。"5·12"地震时坡体裂缝、下错变形强烈，滑坡前缘人工切坡形成高 8～10m 的临空面。滑坡顺基岩层间软弱泥岩层面滑动，为岩质顺层滑坡（图 1）。滑坡目前处于欠稳定状态，对滑坡前缘和平饭店建筑群及朝阳村构成威胁。治理工程采取"抗滑桩＋截排水"的方案。

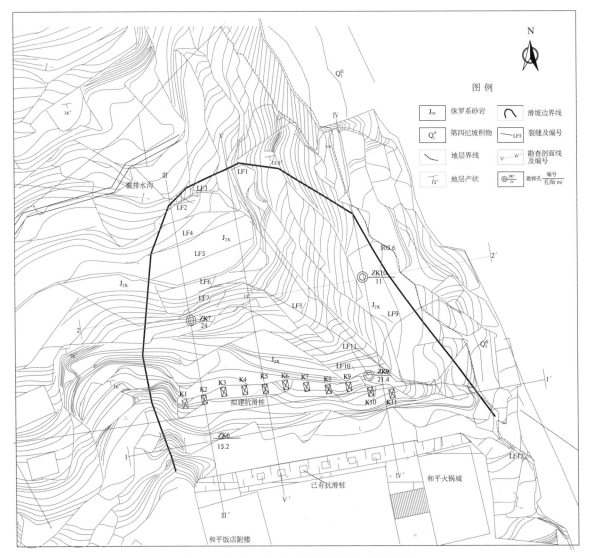

图 1　工程地质与治理工程方案平面布置示意图

二、地质环境条件

滑坡区多年平均降雨量 1111.3mm，日最大降水量 219.8mm，降雨在年内分布不均，主要集中在 5～9 月。勘查区属低山地貌，地形坡度 25°左右，坡面为梯田坎，坡脚地形因人工切坡形成 8～10m 陡坎。

勘查区内地层主要以沙溪庙组（J_{2s}）紫色夹灰绿色砂质泥岩为主，夹泥质砂岩，基岩产状为170°∠17°，层厚0.4～1.0m，中厚层结构，块状构造，滑坡区东南部基岩节理裂隙较发育，表层岩石风化较强烈，强风化层厚度一般在7.0m左右，岩层物理力学性质较差。地层呈单斜产状，基岩大部分裸露。

勘查区地下水类型为基岩裂隙水，勘查期间在钻孔深度30m范围内未见地下水，大气降水为主要补给来源，基岩裂隙多被泥质填充为弱含水层。由于地形坡度较大，基岩裸露，地表径流排泄畅通。

三、滑坡基本特征及危害对象

1. 滑坡基本特征

滑坡两侧边界条件较清晰，滑坡东西两侧为冲沟，后缘以裂缝为界，前缘以和平饭店场地切坡形成的临空面为界。地形总体趋势呈北高南低，坡面呈阶梯状，每阶高1.0～2.0m不等，地形坡度25°，前缘为40°～50°的陡坡，前缘高程为496.6m，后缘高程565.5m，相对高差70.30m左右，滑坡体长约90.0m，宽100.0m，滑体厚14.0m左右。滑坡主滑方向170°，近南北向展布，与地形坡向基本一致。

滑坡物质成分为侏罗系砂质泥岩夹泥质砂岩，紫红色，隐晶质结构，中—厚层块状构造，坡体东南部岩石表层风化较强烈，垂直节理裂隙发育，大气降水顺节理裂隙渗入补给地层中的软弱泥岩夹层，使其抗剪强度降低。因为和平饭店施工切坡产生临空面，滑体在重力作用下沿软弱泥岩层面向下滑动产生地表拉裂，下部裂缝走向多垂直于坡向，上部裂缝多平行于坡向，裂缝一般宽0.2～0.3m，最宽达0.6m，裂缝长2～8m，最长达32m，可见深度0.5～2.0m。

赵家碥滑坡为岩质顺层滑坡。滑带为基岩软弱破碎带，据钻孔揭露地层，岩石呈碎块状，完整性较差，多为强风化，一般块径3～6cm，含泥质成分，滑坡前缘滑体沿滑带有错动现象，滑带厚度在0.2～0.5m之间。

2. 滑坡威胁对象

滑坡直接威胁滑坡前缘的和平饭店建筑群，朝阳村1社村民64户居民231人生命财产的安全，估算其经济损失约7000万元。

四、滑坡推力计算及稳定性评价

1. 滑坡形成机制分析

（1）地形地貌。滑坡区为低山台阶状地形，南江河从斜坡前缘穿过，河流的侵蚀与侧蚀作用强烈，砂质泥岩在河流侵蚀作用下，易形成陡坡地貌。斜坡形体和高度的变化，使坡体内部原有的应力状态发生变化，在坡体内出现一系列与坡面平行的裂隙，向斜坡的临空面方向张开，形成了许多不利结构面。

（2）地层因素。滑坡体为砂质泥岩，岩质较软，工程性质较差，抗风化能力弱，降水入渗后在坡体内长期润湿渗流，逐渐在裂隙中形成了一软弱破碎带，这是造成滑坡变形失稳的基础条件。

（3）地震因素。地震前赵家碥滑坡处于基本稳定状态，而在"5·12"地震过程中，坡体受到震动影响，使滑坡体局部地裂缝增大，滑体内的物质结构已经遭到破坏易于降雨的入渗，降低了坡体的稳定性，增加了滑坡体向下运动的趋势。

2. 滑坡破坏模式分析

通过对赵家碥滑坡工程地质调绘和资料分析，滑坡变形破坏主要由人工切破形成高陡的临空面引起，在地震作用下坡体滑移而产生许多地表裂逢，在持续降水条件下，地表水渗入地下软化地层，其抗剪强度降低使滑坡处于不稳定状态，滑坡沿软弱面滑动。

3. 滑坡岩土体物理力学参数取值

勘查中共做30组岩样试验，共取滑体岩样12个，滑带土样12个，滑床共取岩样6个。依据室内土工试验结果，结合斜坡稳定性现状分析及反演计算，最终确定滑坡岩土体物理力学参数建议值如下：

（1）滑体重度。天然重度 24.9kN/m³，饱和重度 25.8kN/m³。

（2）滑带土 C，φ 值见表1。

表1　滑带土 C，φ 值建议值表

土体位置	天　然		饱　和	
	C/kPa	φ/(°)	C/kPa	φ/(°)
滑带土	6.0	16.0	5.0	15.5

（3）滑床岩石物理力学参数。根据室内岩石试验成果及类比相关工程资料确定岩石物理力学参数建议值为：中风化泥质砂岩的天然抗压强度 R 为 16.6MPa，为较软岩石。

4.滑坡稳定性计算与评价

滑坡防治工程等级 II 级，暴雨工况以 20 年一遇（5％频率）暴雨考虑；工作区处于 Ⅵ 度区，地震加速度按 0.05g 考虑。

（1）计算方法

该滑坡为岩质滑坡，滑坡稳定性系数及滑坡推力计算见公式（4-22）至公式（4-24）。

（2）滑坡稳定性计算、推力计算与结果评述

以滑坡变形体主剖面 V-V′ 剖面为例进行计算。滑坡稳定性计算简图见图2，稳定性计算结果见表2。

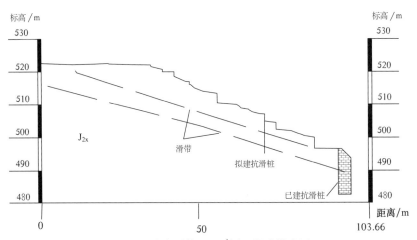

图2　滑坡变形体 V-V′ 剖面滑动模式图

表2　滑坡变形体稳定性计算成果表

计算剖面	计算工况	稳定系数	安全系数	剩余下滑力/kN
V-V′剖面	工况Ⅰ	1.096	1.30	713.055
	工况Ⅱ	1.048	1.15	543.772
	工况Ⅲ	1.034	1.15	400.737

计算结果表明，在工况Ⅰ条件下滑坡为基本稳定状态，在工况Ⅱ、工况Ⅲ条件下滑坡为欠稳定状态。

五、滑坡发展变化趋势及危害性预测

据赵家碥滑坡工程调查与勘查资料分析，滑坡地表裂缝、垂直节理较发育。滑带为泥岩地层，在强降雨和地震等外力作用下，降水的入渗使其抗剪性能降低，滑坡的稳定性变差，可能出现局部乃至整体变形加剧，存在发生整体滑动和局部滑动的可能，将危及和平饭店建筑群和朝阳村的生命财产安

全，并严重影响到南江的交通和旅游经济发展。

六、滑坡防治工程技术方案

根据滑坡的形态、结构特征以及形成机制分析，考虑在各种工况条件下的稳定性，以及滑坡失稳以后的危害性，防治工程主要措施是抗滑桩＋截排水设施相结合的综合治理方案。采用排水措施进一步提高滑坡稳定系数，并设置抗滑桩增加抗滑力，滑坡体上通过抗滑桩进行滑坡的防治，滑坡体外通过设置截排水沟消除降水对滑坡的影响，截排水工程完成后，随着滑体含水量减小，抗剪强度将有较大提高。

滑坡具体治理措施如下：

1. 抗滑桩设计

在距滑坡前部 15m 处坡面上布置一排抗滑桩，抗滑桩尺寸：桩长 10m，桩截面尺寸 1.5m×2.5m，桩间距 6m，共设桩 11 根，采用 C30 混凝土灌注。

采用理正软件计算，抗滑桩截面形状为矩形。嵌固段桩身内力根据滑面处的弯矩和剪力按地基弹性的抗力地基系数（K 法）计算，抗滑桩嵌固段桩底支承采用铰接。

设计桩身混凝土强度为 C30，纵向钢筋为 Ⅱ 级带肋钢筋，背筋、面筋和侧筋采用 HRB335 钢筋，背筋规格 Φ28mm，面筋和侧筋规格 Φ25mm。背筋布置为 20 束钢筋，每束 2 根，共 40 根，净间距为 87mm。面筋布置为 4 根，净间距为 457mm。侧筋每侧布置 4 根，共 8 根，净间距 463mm。箍筋采用 HPB235 钢筋规格 Φ16mm，间距 150mm，共 65 根。钢筋连接以对焊或螺纹连接为主。

2. 截排水沟设计

根据本滑坡的地形条件，滑坡体外设置一道横向截排水沟，排水沟总体从东向西单向排水，设计截排水沟总长 108.0m，采用直角梯形砼浇注，上宽 0.5m，下宽 0.3m，深 0.4m，厚 0.2m。

七、结语

赵家碥滑坡为一岩质顺层滑坡。本次勘查查明了滑体、滑带和滑床的分布与特征，对滑坡的稳定性进行了计算与评价，结合威胁对象和施工条件，确定了抗滑桩＋截排水沟的综合治理方案。治理方案有较强的技术可靠性及施工可行性，且治理工程对环境影响较小，社会、经济和减灾效益显著。

滑坡实例十：都江堰市白岩山 2 号滑坡特征与治理方案

张海亮　贾志强　赵惠梅
（河北水文工程地质勘察院）

一、前言

白岩山 2 号滑坡位于都江堰市莲花洞水库西部向峨乡莲月村。滑坡平面形态不规则，最大宽度约 340m，长约 210m，面积约 5.4 万 m^2，滑体平均厚度为 6m，总体积为 32.5 万 m^3，属涉水的中型滑坡。"5·12"地震时坡体上出现数条裂缝，在震后降雨及库水位变动影响下，坡面变形进一步加剧，滑坡区前部建筑物受损严重。滑坡目前处于基本稳定—欠稳定状态，对向峨乡莲月村住户 17 户，房屋 35 间，人口 80 人及莲花洞水库库岸 500m 的安全构成威胁。治理工程采用抗滑桩的方案。

二、地质环境及地质灾害概况

1. 地质环境

勘查区位于都江堰市东北部低山丘陵区，处于莲花洞水库西部湖畔，地势南高北低。海拔 740～868m。山势顶部陡峭，底部及中部较为平缓。山顶、山脊钝圆，河谷较宽阔，相对高差 128m。平均坡度为 35°。

滑坡区及其附近出露地层主要有第四系坡洪积层（Q^{dl+pl}）、第四系崩滑积层（Q^{dl+cl}）及三叠系须家河组（T_3^3）砂岩、泥质砂岩。灌县断层从向峨乡西北部穿过，距滑坡区 4.5km。区内地震基本烈度为Ⅷ度，地震动峰值为 0.20g，地震动反应谱特征周期为 0.30s。滑坡区地表水主要为莲花洞水库，地下水主要为松散岩类孔隙水，未见泉水出露。

2. 地质灾害概况及基本特征

（1）变形特征与危害。滑坡区地震前在后缘及两侧边界处就出现裂缝，处于基本稳定状态。地震后裂缝呈扩大趋势，并出现多条新的裂缝。震前裂缝呈短弧状，宽度一般为 10cm，可见裂缝深度约 50cm，延伸长约 10m。震后其长度、宽度和深度进一步扩大，垂直位移 5～10cm。震后滑坡右侧中前部出现裂缝，裂缝长 6m，宽 10cm，走向 15°，可见深度约 0.5m；震后滑坡后缘裂缝长 15～20m，宽 30cm，可见深度约 50cm，裂缝走向 30°；滑坡边界处裂缝，长 5m，宽 10cm，深约 1.5m，南北贯通。震后滑坡中前部局部土体出现错动，前缘西侧路面倾斜，建筑地基变形。受前缘莲花洞湖水库及暴雨影响，滑坡处于欠稳定状态。

（2）滑坡基本特征。滑坡平面呈不规则形，最大宽度约 340m，长约 210m，面积约 5.4 万 m^2。滑坡前缘以莲花洞水库为界，坡脚标高在 747m；后缘标高在 808m 左右，相对高差约 61m。滑坡总体坡向 0°。滑坡侧缘以两侧山脊为界。滑体后缘厚 4～6m，分布高程 795～815m，前缘厚 5～12m，分布高程 744～750m。滑体东厚西薄，平均厚 6m，总体积为 32.5 万 m^3，属中型滑坡。

滑体土主要为崩坡积（Q^{col+dl}）碎石土，前缘部分滑体黏土稍多，中后部则碎石含量稍多；滑体中的碎石土多呈褐黄色，块径多在 5～10cm，局部可见 3～5m 块石，块石呈棱角状或次棱角状，中—强风化。滑体浅表层碎石土以粉质黏土为主，稍湿，多呈可塑—软塑状态，局部呈硬塑状态。滑带土为灰色—褐黄色粉质黏土夹小碎石，可塑状，滑面呈折线状，分布于全风化泥岩和粉质黏土夹小碎石层中。滑床主要为三叠系须家河组粉砂岩、泥岩及泥质砂岩，抗风化能力较差，为逆向坡，岩层产状 190°∠35°。

三、滑坡稳定性分析与评价

1. 滑坡稳定性影响因素

（1）地形地貌。滑坡区属斜坡地貌，平均坡度为 35°，滑坡前缘堆积了厚度较大的松散堆积物，且坡体有多级陡坎，前缘有较高的临空面；滑坡区大体呈一凹形地，其两侧为小型山脊，且小山脊临滑坡一侧坡度较大，部分可达 40°以上。

（2）地层因素。滑坡滑体为松散堆积物，平均厚度约为 5～15m，含有较多的砂岩、泥岩碎石，结构较松散，透水性强，有利地下水的入渗，增加坡体自重，软化土体，促使变形；滑床为三叠系须家河组砂岩、泥岩及泥质砂岩不等厚互层，暴雨时或持续降雨期，降雨下渗至松散土类与基岩接触面时，由于透水性的差异，可能会在基岩面产生浮托力，形成滑带。

（3）降雨（雪）。降雨通过松散层的孔隙入渗、运移，使得坡体饱水，增加土体自重，软化滑体，降低滑动带土体的力学强度，当水下渗至基岩面时还会因为透水性的差异产生浮托力，促使滑体变形，乃至滑动。震后坡体更加松散，更易于降雨入渗，在暴雨或持续降雨下稳定性将进一步下降，可能发生局部浅层滑坡，甚至有发生整体滑动的可能。

（4）地震因素。地震前滑坡处于基本稳定状态，未见明显变形迹象，而在"5·12"地震过程中，坡体受到震动影响，使滑坡变形加剧，降低了坡体的稳定性，也使坡体堆积物更趋松散化，更易于降雨的入渗。

（5）水库水位变化因素。水库库岸再造运动破坏了滑坡前缘坡角，降低了坡体的稳定性，同时，库水位的变化也对滑坡区地下水位产生了影响，从而导致滑坡整体稳定性降低。

2. 水库库岸稳定性分析及其对滑坡的影响

（1）岸坡的物质组成及结构特征

滑坡前缘水库库岸为混合型岸坡，基岩主要是三叠系须家河组砂岩、泥质砂岩，表层覆盖土主要由碎石土、粉土及粉质黏土组成。覆盖层厚度 3～10m，局部可见基岩出露，库岸坡脚平均坡度 40°。目前库岸整体基本稳定，但局部有冲沟及滑塌现象。

（2）河流冲刷掏蚀

库岸及滑坡位于莲花洞水库右岸侵蚀岸，水库对库岸的冲刷掏蚀对库岸及滑坡的稳定性有重要影响。冲刷掏蚀使库岸土体变陡，易发生小范围的坍塌或局部滑动，久而久之，使得库岸整体逐步失稳，库岸滑塌将导致滑坡中前部滑体的稳定性进一步降低。

（3）库区正常蓄水位降落和库岸再造

莲花洞水库校核洪水位 743.15m，设计洪水位 741.33m，正常蓄水位 740.20m，历史最高水位 742.00m。在运行期间将产生 5m 左右的水位落差，库岸土将经过回水→浸润→浸泡→水位回落→动水压力增加这一变化过程，这一过程将进一步改变土体结构和应力状态，产生库岸再造，并降低库岸的稳定性，甚至导致库岸滑塌。

（4）塌岸预测与评价

塌岸类型、破坏方式及主要影响因素表现为：变形体库岸破坏模式为侵蚀（剥蚀）型。主要影响因素为地形地貌、岩土结构、地下水及库水的浪蚀作用影响。

库岸区岩土体强度参数指标及塌岸范围预测，包括：

1）计算参数选取

区内库岸主要以粉质黏土夹小碎石，根据室内试验粉质黏土计算参数值，饱和状态下：容重取 $\gamma = 21.10kN/m^3$，C 值取 18.0kPa，φ 值取 7.0°。

2）塌岸范围预测及评价

① 折线型滑移式塌岸预测。根据上述库岸段的破坏类型，库岸前沿可能发生坍塌型破坏，根据库岸段岩土结构类型，库岸上覆杂填土有从粉质黏土顶面滑移的可能性，采用传递系数法对Ⅰ-Ⅰ′，Ⅱ-Ⅱ′，Ⅲ-Ⅲ′3 条剖面作为计算模型，按涉水滑坡Ⅰ，Ⅱ，Ⅲ种工况均进行计算。采用传递系数滑动法对岸坡稳定性进行分析。

表 1 库岸各工况稳定性系数和剩余下滑力汇总表

工况组合	安全系数	剖面Ⅰ-Ⅰ′		剖面Ⅱ-Ⅱ′		剖面Ⅲ-Ⅲ′	
		稳定系数	稳定性	稳定系数	稳定性	稳定系数	稳定性
工况Ⅰ	1.20	2.231	稳定	1.620	稳定	1.857	稳定
工况Ⅱ	1.05	1.792	稳定	1.330	稳定	1.551	稳定
工况Ⅲ	1.05	1.763	稳定	1.296	稳定	1.505	稳定

由表 1 可知，库岸在各种工况均处于稳定状态（FS＞FSt，FSt＝1.05，1.20）。因此表明库岸段不会发生整体滑移。库岸塌岸预测采用卡丘金图解法预测岸坡最终塌岸宽度。

②卡丘金图解法塌岸预测。本段库岸整体破坏模式为侵蚀（剥蚀）型，用图解法进行预测，塌岸再造预测结果见表 2。

表 2 塌岸预测结果

影响高程/m	剖面编号	再造类型	预测塌岸宽度/m	再造程度
744.69	Ⅰ-Ⅰ′	侵蚀（剥蚀）型	5.98	强烈
744.74	Ⅱ-Ⅱ′	侵蚀（剥蚀）型	5.33	强烈
744.35	Ⅲ-Ⅲ′	侵蚀（剥蚀）型	3.34	强烈

综上所述，滑坡区水库库岸目前整体处于基本稳定状态，但在暴雨和地下水、地表水冲刷掏蚀、降雨、库区正常蓄水位升降和库岸再造等因素影响下，库岸可能逐步失稳甚至整体滑塌。这将极大的威胁到滑坡区前缘住户，并对滑坡整体稳定性产生影响。

3. 滑坡破坏模式分析及稳定性宏观判断

（1）滑坡破坏模式分析

滑坡的变形破坏模式主要为自然斜坡松散堆积体的稳定性问题，因此对滑坡的变形破坏模式分析主要为滑坡区滑动后的变形模式分析。"5·12"地震后滑坡区出现大量裂缝，因此判断其变形破坏模式为表层土体发生崩滑，带动参与土体滑动，从而导致滑坡整体滑动。由于表层覆盖层与全风化岩层接触面上下结构的差异，透水性的差异，使其成为滑坡的滑动面。

（2）滑坡稳定性宏观判断

滑坡区坡体一直有碎石土脱落的现象发生，整体处于欠稳定状态。

4. 滑坡岩土体物理力学参数分析评价及参数取值

根据土工试验、反演计算结果和类似滑坡经验值及斜坡稳定性现状分析，确定滑体、滑带土体计算参数建议值见表3。

表3 抗剪强度计算参数建议值表

状 态	参数名称	滑体土	滑带土
天然	C/kPa	34.7	21.3
	φ/(°)	10.0	10.0
	重度/(kN/m³)	19.9	—
饱和	C/kPa	26.5	18.6
	φ/(°)	7.0	7.0
	重度/(kN/m³)	20.1	

四、滑坡稳定性计算与评价

1. 计算模型与计算方法的确定

本次计算以滑坡Ⅰ-Ⅰ′剖面、Ⅱ-Ⅱ′剖面和Ⅲ-Ⅲ′剖面为计算剖面，建立地质模型，对其进行了稳定性计算。稳定性系数计算采用公式（4-9），剩余下滑推力计算采用公式（4-14）。

2. 滑坡滑动模式推力及稳定系数计算结果

以主剖面Ⅱ-Ⅱ′剖面为计算剖面，滑坡体稳定性计算简图见图1，按照上述计算工况和参数选取原则进行计算取得的稳定性计算结果见表4。

根据滑坡稳定状态划分，由表4可知，滑坡变形体整体在工况Ⅰ下处于稳定状态；Ⅰ-Ⅰ′剖面在工况Ⅱ、工况Ⅲ下处于基本稳定状态；Ⅱ-Ⅱ′剖面、Ⅲ-Ⅲ′剖面在工况Ⅱ、工况Ⅲ下处于欠稳定状态。因此对于该滑坡变形体来说，其总体为基本稳定—欠稳定状态。

表4 滑坡体稳定性计算成果表

计算剖面	计算工况	稳定系数	安全系数	剩余下滑力/kN
Ⅰ-Ⅰ′剖面	工况Ⅰ	1.38	1.20	0
	工况Ⅱ	1.14	1.05	0
	工况Ⅲ	1.08	1.05	0
Ⅱ-Ⅱ′剖面	工况Ⅰ	1.20	1.20	0
	工况Ⅱ	1.04	1.05	125
	工况Ⅲ	1.03	1.05	95
Ⅲ-Ⅲ′剖面	工况Ⅰ	1.23	1.20	0
	工况Ⅱ	1.03	1.05	126
	工况Ⅲ	1.04	1.05	47

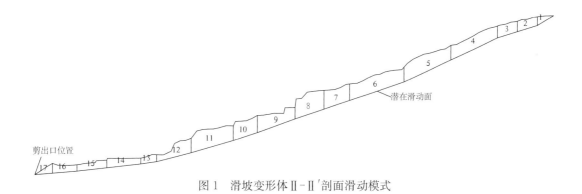

图1　滑坡变形体Ⅱ-Ⅱ′剖面滑动模式

五、滑坡发展变化趋势及危害性预测

1. 发展变化趋势

滑坡体已发生多处蠕动变形，在滑坡体中后部出现多处张拉裂缝。斜坡地震后表层土体较为松散，易在陡坎边缘发生小型崩滑和在坡度较陡的局部发生溜滑，从而带动滑坡整体滑动破坏。

2. 危害性预测

滑坡发生滑移将造成直接经济损失近300万元。一旦滑坡失稳破坏将破坏村民房屋建筑，中断交通，破坏水库库岸，同时对游客及旅游环境产生威胁。

六、滑坡防治工程技术方案

由于滑坡区前缘为水库，在前缘设挡土墙支挡工程施工难度大，且易受水库水位影响，挡土墙支挡工程易遭到破坏，结合滑坡区地形情况，在滑坡前部布置抗滑桩23根（图2）。

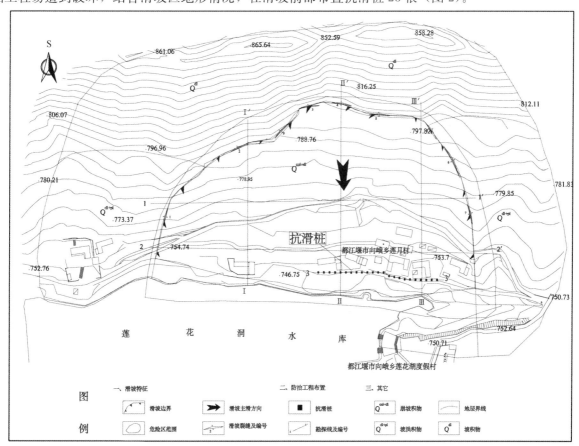

图2　工程地质与治理工程方案平面布置图

抗滑桩截面尺寸均为 1.2m×1.5m，桩间距均为 5.5m。抗滑桩长 8m，锚固段平均长度为 4.5m；抗滑桩总数为 23 根（图 2）。由于抗滑桩锚固段地层部分为泥质砂岩，桩底进入强风化层深度不小于 1m（图 3）。

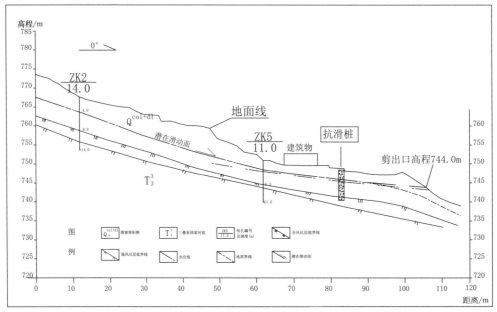

图 3　治理工程 Ⅱ-Ⅱ′剖面图

七、结语

1. 白岩山 2 号滑坡平面面积约 5.4 万 m²，平均厚度为 6m，总体积为 32.5 万 m³，为中型滑坡。

2. 滑坡区现状处于基本稳定—欠稳定状态，在暴雨和地震情况下，可能会发生大规模崩滑，或者发生表层溜滑和局部小型崩滑。

3. 滑坡紧邻莲花洞湖水库，为涉水滑坡。本文对水库库岸稳定性通过图解法进行评价，在库岸塌岸计算的基础上，对滑坡稳定性进行了分析。

4. 滑坡采用抗滑桩支挡工程进行治理，治理方案同时考虑到了滑坡及水库的影响，在滑坡治理的同时，也保证了水库库岸的稳定，有效地保证了滑坡周围居民及莲花洞湖水库的安全，并取得一定的社会效益、经济效益和环境效益。

滑坡实例十一：安县较场坝滑坡特征与治理方案

曹起堂　郝舍廷　樊海江　马利涛　王西房
（地矿邢台地质工程勘察院）

一、前言

安县较场坝滑坡位于绵阳市安县雎水镇东南较场坝村八、九社、红石村一、二社范围内，雎水河右岸。较场坝滑坡"5·12"地震前处于稳定状态，地震时产生多处裂缝，滑坡后缘裂缝下错明显，震后暴雨使已有裂缝轻微变形，并出现多处小型滑塌。滑坡面积较大，可分为 3 个滑坡区。滑坡整体上处于稳定状态，局部为基本稳定，存在局部小规模滑坡可能，对下方恢复重建安置点及村民、学校等构成一定威胁。对局部地段采取"抗滑挡土墙＋裂缝夯填"的综合治理方案（图 1）。

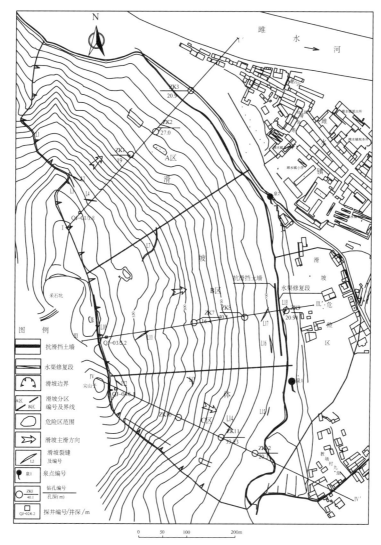

图1　治理工程方案平面布置示意图

二、地质环境条件

滑坡区地处中低山区，地形坡度在 $25°\sim55°$ 之间，上陡下缓，坡面呈阶梯状。出露地层为第四纪残坡积碎块石土，下伏三叠系中统嘉陵江组白云质灰岩、白云岩，地层产状 $313°\sim329°\angle10°\sim12°$。滑坡区位于龙门山北东向构造带上，为单斜构造。地震动峰值加速度为 0.15g，地震动反应谱特征周期为 0.3s，地震基本烈度为Ⅶ度。地下水类型主要有松散堆积层孔隙水和碳酸盐岩裂隙岩溶水。松散堆积层孔隙水直接由大气降水补给，沿斜坡方向向下径流，以下降泉形式排泄。碳酸盐岩裂隙岩溶水接受大气降水及上覆孔隙水下渗补给，沿节理裂隙和溶洞向下径流，最终排入雎水河。滑坡区主要人类活动有滑坡前缘修建水渠及修路切脚。

三、滑坡特征

1. 滑坡形态及边界特征

滑坡平面形态不规则，后缘呈"圈椅状"地形，前缘大体呈圆弧形。滑坡区总体来看为一凸形斜坡，两侧为冲沟，中部小冲沟发育；坡体中部出现两条明显的小山脊，将整个滑坡分为三部分，每一部分为凹形斜坡。斜坡呈台阶状，中后部地形坡度 $25°\sim55°$，前部地形坡度 $15°\sim20°$，台阶高度 $3.0\sim10.0$m 不等。滑坡后缘：陡坎高度 $1.5\sim2.0$m，形态不规则，近直立。滑坡前缘：20 世纪 50 年代在坡脚处修建了人工引水渠,水渠外侧人为陡坎高度 1.5～3.0m;北部引水渠被矿区道路所代替,道路上下形成 2～4m 的人为临空面。以引水渠下部陡坎及矿山道路下部临空面作为滑坡前缘。滑坡南侧缘:在南侧冲沟附近形成 1 条十分明显的碎石、滚石带,覆盖了地表,厚度 0.5～1.5m,位于韩家巷子后山南北向冲沟底部。滑坡北侧缘:在红石村二社大拱桥南侧大冲沟的东坡,冲沟东坡上游发现侧缘裂缝延伸至冲沟沟源。

2. 滑坡体变形特征

"5·12"地震前滑坡区无明显变形迹象,地震使坡体发生多处裂缝。滑坡后缘横张拉裂缝发育,由 2～4 条裂缝组成,并与两侧纵张裂缝相连。横张裂缝走向 95°～145°,裂缝宽度一般 0.2～1.3m,最宽达 1.9m,垂直错距一般 0.1～2.0m,最大达 2.5m。两侧纵张裂缝宽度 0.3～5.0cm,走向 315°。坡体中下部纵、横张裂缝较为发育,裂缝一般宽 5.0～30.0cm,延伸一般在数十米。在前缘修建的引水渠内侧局部地段发生鼓胀现象。2008 年 9 月 24 日,暴雨使滑坡后缘裂缝轻微变形,未出现明显下错现象。

3. 滑坡物质结构特征

(1) 滑体。主要由崩坡积、残坡积成因的碎块石土组成,厚度 5.0～28.1m。

(2) 滑带。经勘查未发现明显滑带,潜在滑动面为第四系与下伏基岩界面。

(3) 滑床。滑床为三叠系中统嘉陵江组白云岩、白云质灰岩及紫红色页岩。

4. 滑坡分区

根据滑坡地形、物质结构及地面变形特征,将滑坡自北向南划分为 3 个区,编号依次为 A 区、B 区和 C 区,其基本特征见表 1。

表 1 滑坡体基本特征表

滑体分区编号	滑体岩性	前缘长度/m	后缘长度/m	纵向长度/m	主滑方向/(°)	滑体平均厚度/m	滑体体积/万 m³
A 区	碎块石土、碎石含量 65%～75%	544	390	393.5	43	9.67	121
B 区	碎块石土、碎石含量 55%～65%	241	208	393.5	81	14.77	180.4
C 区	碎块石土、碎石含量 50%～55%	316	117	333	114	18.97	126

滑坡后缘总宽度约 715m,前缘总宽度约 1101m,滑坡纵向斜长最大达 393.5m,总分布面积为 31.36 万 m²,滑坡总体积 427.4 万 m³,属于大型、残坡积层、中厚层、推移式滑坡。

滑坡主要威胁对象为恢复重建安置点及村民等。

四、滑坡推力计算及稳定性评价

1. 滑坡形成机制分析

(1) 地形。滑坡区地形较陡,滑坡前缘人为切坡破坏了岩土体的应力平衡。

(2) 物质。第四系残坡积碎块石土有利于降雨入渗,地下水在土岩界面长期润湿渗流,逐渐形成软弱带,为滑坡的变形失稳创造了有利条件。

(3) 降水。滑坡区降雨量大且频繁,降水渗入坡体,使土体重度增大,抗剪强度降低。

(4) 地震。"5·12"地震使坡体出现多处裂缝,使第四系堆积物变得更为松散,降低了岩土体的抗剪强度,也有利于降水下渗。

2. 滑坡破坏模式分析

由于滑坡体后缘出现的张拉裂缝基本贯通,前缘出现鼓胀变形,故滑坡变形破坏模式为上覆松散体沿土岩界面产生的折线型滑动,属推移式滑坡,其稳定性计算按极限平衡传递系数法进行。

3. 滑坡岩土体物理力学参数取值

通过现场勘查、结合地区经验和室内试验成果，并进行地质参数反演分析，综合确定各岩土体物理力学参数。滑体土天然重度 19.1 kN/m³，饱和重度 19.3 kN/m³；滑带（滑面）天然状态下内聚力 C，内摩擦角 φ 分别取 21kPa 和 28°，饱和状态下内聚力 C，内摩擦角 φ 分别取 20kPa 和 25°。

4. 滑坡稳定性计算

采用公式（4-9）至公式（4-21）定量计算其稳定性与剩余下滑推力。

选择 A 区 Ⅰ-Ⅰ′、B 区 Ⅱ-Ⅱ′ 和 Ⅲ-Ⅲ′ 及 C 区 Ⅳ-Ⅳ′ 勘探剖面进行稳定性计算。根据前述滑动面分析，滑坡可能有两种滑动模式，一是沿土岩界面形成滑动带，产生折线型滑动（以下简称整体破坏模式）；另一种是沿碎块石土内部形成局部潜在滑动（以下简称局部破坏模式）。

经计算，仅 B 区 Ⅲ-Ⅲ′ 局部破坏模式剩余下滑推力为 118.59kN/m，C 区 Ⅳ-Ⅳ′ 局部破坏模式剩余下滑推力为 40.77kN/m，其余计算剖面及整体破坏模式剩余下滑推力均为 0。

五、滑坡发展变化趋势及危害性预测

滑坡整体处于稳定状态，但存在局部滑动的可能，在持续降雨条件下处于基本稳定状态。因此在持续暴雨、地震等不利组合的作用下，将降低滑坡稳定性，导致局部失稳破坏，危及恢复安置点、居民、学校的安全。

六、滑坡治理方案

较场坝滑坡治理方案依据其特点而选取：

1. 滑坡体为局部变形、剩余下滑推力较小，宜采取局部阻滑，支挡方式采用挡土墙；

2. 滑体下部为水渠，开挖工作量较小；

3. 坡体排水畅通，坡面可不设置截（排）水工程，但对坡体裂缝进行夯填，以减少地表水下渗对坡体稳定带来的不利影响。

根据滑坡以上特点，选取治理方案为"挡土墙＋裂缝夯填"。

抗滑挡土墙：在 Ⅲ-Ⅲ′ 剖面线控制区域等高线 693.6m 附近布置一道抗滑挡土墙，总长 145.0m。墙高 4.6m，顶宽 1m，底宽 3.43m，截面积 10.149m²，单宽墙重 233.436kN/m，每 10m 左右设置一道伸缩缝。墙身采用 C20 毛石混凝土，毛石含量为 30%。裂缝夯填：对后缘裂缝和坡体裂缝采用素土进行夯实回填，恢复坡体形状进行防水和防渗。

七、结语

（1）较场坝滑坡为"5·12"地震诱发的大型滑坡。地震以前较场坝滑坡区未发现明显变形迹象，地震导致滑坡体前缘、中部和后缘出现拉张裂缝、剪切裂缝及地震裂缝，坡体陡坎处出现溜滑和坍塌等破坏迹象，滑坡前缘（水渠内侧）局部出现鼓胀隆起现象，造成水渠多处破坏。"5·12"地震为诱发该滑坡的主要原因。

（2）较场坝滑坡区属中低山斜坡地貌，平面形态不规则，后缘呈"圈椅状"，前缘大体呈圆弧形。按微地貌和滑坡体物质成分差异将较场坝滑坡分为 3 个区。滑体为第四系松散堆积物；无明显滑带，反映了地震诱因形成滑坡的特征；滑床为三叠系中统嘉陵江组和下统飞仙关组地层。

（3）滑坡整体在天然工况条件下处于稳定状态，在暴雨工况条件下处于稳定—基本稳定状态，滑坡整体失稳的可能性较小；滑坡局部存在失稳的可能。

（4）治理工程主要包括抗滑挡土墙工程和裂缝回填工程两个分项。

第八章　典型崩塌特征与防治实例

崩塌实例一：南江县红四乡李家寨崩塌特征与治理方案

于孝民　杨春光　胡立国　万　凯　王启星
（河北省地矿局第二地质大队）

一、前言

李家寨危岩位于南江县红四乡惠民村一社的李家寨山上。李家寨危岩主要由山顶部的厚层砂岩形成，危岩带呈椭圆状分布于李家寨周围的悬崖陡壁上，长 500m，宽 80～110m，陡崖壁总长 1.2km，高度 15～30m。"5·12"地震和 2008 年 9 月 24 日暴雨（以下简称"9·24"暴雨）都发生了大规模崩塌，崩落物总体积约 16000m³，造成 6 间民房被毁。危岩处于欠稳定或不稳定状态，对红四乡政府等单位和惠民村一社构成威胁。采用"填缝灌浆＋削坡清危＋支撑＋镶补＋拦石墙"的综合治理方案对危岩进行治理。

二、危岩区工程地质条件

李家寨为长约 500m 的北西—南东向低山，山顶平缓，四周为断崖，直立状，崖高 15～30m，崖下坡面陡峻，一般 35°～45°，局部达 60°，两侧为河谷，山体中部缓坡处为红四乡和惠民村所在地，与山顶相对高差 50～80m，水平距离 70～110m。出露地层为白垩系剑门关组和第四系崩积层及残坡积层。白垩系剑门关组呈砂岩泥岩互层结构，呈单斜构造，岩层产状 145°～169°∠9°～10°。断崖上部为青灰色厚层砂岩，厚度 15～30m，坡面均直立状，节理裂隙发育，主要有四组节理裂隙，其走向玫瑰花图见图 1，为危岩体主要原生层；陡崖下部为棕红色泥岩和粉砂岩，厚度 4～10m，受差异风化影响，在砂岩泥岩接触部位凹岩腔发育。李家寨陡崖下部斜坡为残坡积物粉质黏土夹崩积块石，块石分布不均，厚度 2～4m。地下水类型以基岩裂隙水为主，储水性差，接受大气降水补给，在砂、泥岩交界地带局部有泉水排泄，水量很小且季节性变化较大。地震动峰值加速度为 0.10g，地震基本烈度为Ⅶ度。

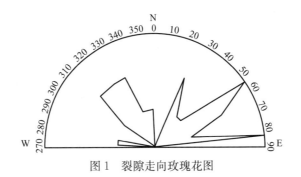

图 1　裂隙走向玫瑰花图

三、危岩特征

1. 危岩分布、类型及形态特征

（1）危岩分布及形态特征

李家寨危岩主要由山顶部的厚层砂岩形成，在平面上呈椭圆状分布于李家寨四周，在地貌上形成悬崖绝壁，其长轴呈北西—南东走向，长 500m，宽 80～110m，陡崖壁总长 1.2km，高度 15～30m（图 2）。

"5·12"地震前李家寨危岩以零星掉块和小危石崩落为主，每年雨季时都有发生，位置主要集中在 WY03～WY10 之间。崩落物块径以 0.5～1.5m 为主，大块石较少。

"5·12"地震时整个李家寨椭圆状崖壁掉块现象普遍，并且在 WY03，WY08，WY09，WY10 危岩处发生了崩塌，随后"9·24"暴雨又在 WY01 危岩处发生了崩塌，并伴随着多处掉块。两次崩塌崩落物大块石较多，块径以 1～3m 为主，最大 7m 有余。

经过勘查，最终确定危岩 17 处，其中危岩体 12 处，零星危石 5 块，危岩总方量约 2 万 m³，危岩现状特征见表 1。这些危岩稳定性较差，在降雨、地震等因素作用下，随时可能发生崩塌，危害山下红四乡政府等单位和惠民村 1 社。

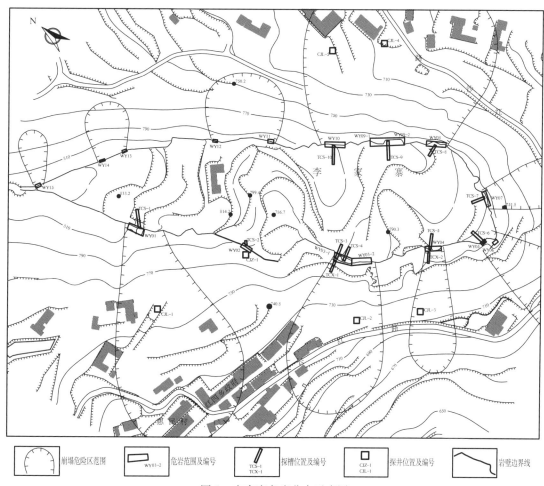

图 2　李家寨危岩分布示意图

表 1　李家寨危岩现状特征说明表

编　号	体积/m³	特　征　说　明
WY01	2258	"9·24"崩塌残余岩体。后缘平行崖壁裂缝张开，最宽达 1m，长 6.5m，上下贯通；底部泥岩存在劈理，且发育凹岩腔，平均高 2.2m，平均深 1m，长 8m，规模较大
WY02	252	后缘平行崖壁裂隙张开，宽 10～30cm，上下贯通；上部球状风化形成帽檐式危岩，下部发育凹岩腔，高 1.5m，平均深 0.8m，长 9m，底部崩落碎块较多
WY03 - 1	2100	与母岩呈"凸"字形，后缘发育两组平行崖壁裂隙，上下贯通，最大宽度 30cm；下部有凹岩腔，平均高 1m，深 3m，长 10m；危岩上部掉块严重
WY03 - 2	3000	与母岩呈"凸"字形，后缘发育一组平行崖壁裂隙
WY04	2340	整体呈长柱状，球状风化发育，两侧被垂直岩壁节理裂缝分割，顶部发育一组平行崖壁裂隙，上下贯通，最大宽度 12cm；下部有凹岩腔，高 0.5m，深 0.4m，长 16m

编 号	体积/m³	特 征 说 明
WY05	528	山顶发育一组平行崖壁裂隙，上下贯通，宽度30cm，已向下滑移70cm，基座为碎块石，呈孤石状
WY06	216	与母岩已经分离，并已向下滑移，最大裂缝宽1.1m，底部碎石基座，呈直立孤石状
WY07	960	垂直崖壁两组裂隙进行了分割，宽5~10cm，上下贯通，局部掉石，内部发育一组垂直崖壁裂隙；上部悬空，下部凹岩腔发育，高1m，深1.2m，长14m
WY08	1600	垂直崖壁裂隙发育，宽3~5cm，上下贯通；上部悬空，后缘发育一组裂缝
WY09-1	1400	山顶平行岩壁裂缝宽10~20cm，砂岩劈理明显，上下贯通，上部已临空，呈孤石状，摇摇欲坠
WY09-2	995	两组近垂直裂隙切割岩体呈长柱状，加上软弱夹层影响，危岩成碎块状
WY10	3276	崖壁裂隙张开明显，上下贯通，最大宽度15cm，上部已临空，摇摇欲坠
WY11	270	两组节理交叉切割母岩，危岩呈楔形体，下部临空，易产生滑移破坏
WY12	504	山顶岩石裸露，发育四组节理裂缝，延伸明显，危岩中部破碎
WY13	120	后缘裂缝直立，上下贯通，底部为凹岩腔，易坠落
WY14	144	后缘倾斜裂缝明显，底部临空，易滑移破坏
WY15	168	顶部岩石后缘发育节理一组，底部岩体较为破碎

（2）危岩破坏方式

李家寨危岩均发育在泥岩上部的厚层砂岩中，受垂直崖壁或与崖壁斜交裂隙控制，砂岩被切割成柱状，岩体后部存在与边坡坡向一致的陡倾贯通或断续贯通的主控结构面，由于差异风化作用，危岩底部凹岩腔发育，局部临空，危岩重心多位于基座临空支点外侧，危岩体可围绕支点向临空方向旋转，形成倾倒式破坏；危岩体后部存在与边坡倾斜一致的贯通或断续贯通的主控面，剪出部位多出现在斜坡上，危岩体沿主控结构面剪切滑移失稳，形成滑移式破坏（图3）。危岩WY06，WY11，WY14破坏方式为滑移式，其他危岩破坏方式为倾倒式。

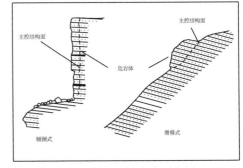

图3　危岩破坏方式示意图

2. 危岩形成机制及影响因素

（1）形成机制

李家寨危岩是在特定地形地貌、地层岩性条件下形成的。从地形上看，李家寨顶部为高陡直立的陡崖，坡面角75°~89°，局部反倾，向下为35°~60°的陡坡，上部危岩具有足够的临空空间和较大的势能；从岩性上看，上部陡崖为厚层抗风化能力强的砂岩，下部基座为抗风化能力弱的泥岩，极易形成凹岩腔，促使上部岩体裂隙发育。上部砂岩自身节理裂隙以平行崖壁和垂直崖壁两组节理最为发育，间距3~6m，把岩体切割成直立状长柱，由于底部存在凹岩腔，在岩体重力作用下，平行崖壁裂隙不断张开扩大，逐渐与母岩分离，为发生崩塌提供了条件，此时在内外因素影响下，崩塌随时都可能发生。

（2）影响因素

李家寨危岩形成崩塌的主要影响因素有地震、降雨、温差及风化作用等。降雨、温差和风化作用对李家寨危岩的形成和发展具有缓慢作用、持续进行、多诱发小危石崩落等特点。而地震作用不同，其强烈的地震力可以使山体瞬间产生大规模崩塌。"5·12"地震前李家寨以零星危石崩落为主，"5·12"地震时在崖壁上发生了大规模的崩塌，并且形成了很多处危岩体，随后的"9·24"暴雨又产生了崩塌。地震作用是李家寨危岩形成和发展最重要的影响因素。

四、危岩稳定性评价

1. 定性分析评价

危岩稳定性分析评价采用了宏观定性分析法和工程地质类比法两种方法。

（1）宏观定性分析

根据危岩裂隙发育情况、岩体完整性等特征，以及各危岩结构面赤平投影图（图4、图5），对其稳定性进行宏观定性分析。现状情况下，WY01，WY09-1，WY09-2，WY10处于欠稳定状态，其他危岩处于基本稳定状态；发展趋势是WY01，WY05，WY06，WY09-1，WY09-2，WY10为不稳定状态，其他危岩为欠稳定状态。

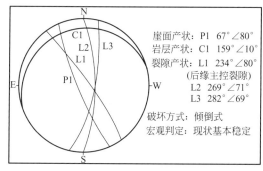

图4 WY03-1危岩赤平投影图

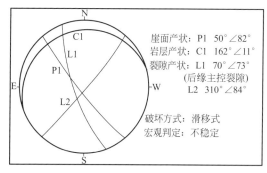

图5 WY14危岩赤平投影图

（2）工程地质类比法

把本次划定的危岩与已有的崩塌或附近崩塌区稳定的岩体进行岩体形态、崖壁坡度、结构面分布、产状、闭合及填充情况以及组合关系进行调查对比，以此分析李家寨危岩现状情况下的稳定性。评价结果：WY01，WY03-1，WY05，WY06，WY08，WY09-1，WY09-2，WY10，WY15处于欠稳定状态，其他危岩处于基本稳定状态。

2. 定量计算及评价

李家寨危岩WY06，WY11，WY14计算模型为滑移式（见图5-12及图5-13），按照公式（5-1）和公式（5-2）进行稳定性计算；危岩WY01，WY03-1，WY03-2，WY04，WY08，WY12，WY13，WY15破坏方式为倾倒式，且属由后缘岩体抗拉强度控制类型，按公式（5-3）和公式（5-4）进行计算，计算模型见图5-14；危岩WY02，WY05，WY07，WY09，WY10破坏方式为倾倒式，且由底部岩体抗拉强度控制类型，按公式（5-5）进行计算，计算模型见图5-15。计算结果：工况Ⅱ情况下，WY01，WY03—1，WY05，WY06，WY08，WY09，WY10，WY11，WY14处于欠稳定状态，其余危岩为基本稳定—稳定状态；工况Ⅲ情况下，危岩全部处于欠稳定—不稳定状态。

3. 稳定性综合评价

根据宏观分析、工程地质类比法和定量计算结果可知，在工况Ⅰ条件下，危岩体的稳定性评价结果基本相近，大部分处于基本稳定状态，少数处于欠稳定和稳定状态；在工况Ⅱ、Ⅲ条件下，处于欠稳定或不稳定状态。

4. 危岩破坏后运动计算

倾倒式崩塌，岩体变形破坏时，崩塌体顶部首先脱离母岩，然后沿基座支点转动、崩落；滑移式崩塌，岩体破坏时，危岩首先沿母体坡面滑动，而后崩落至坡脚。

根据不同的坡体形态、结构特征，崩塌体在坡体上的运动方式不同，且在坡体上运动方式多样，有跳跃，有翻滚，或跳跃、翻滚相结合等，不同的剖面上反映的崩塌体运动方式不同。本次选取倾倒式危岩，用1-1′剖面进行分析（图6）。

在1-1′剖面上，WY01危岩崩塌体将先作斜抛运动，然后作坡面滚动直至坡脚，动能为0时停止运动。WY01危岩运动参数计算结果见表2。

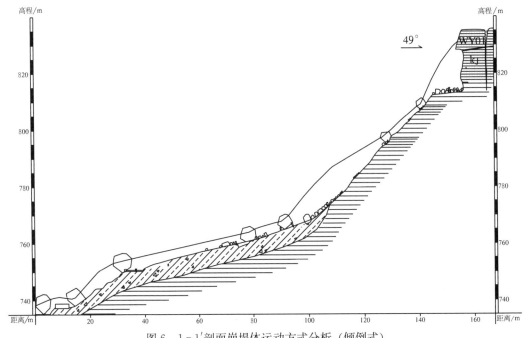

图6 1-1'剖面崩塌体运动方式分析（倾倒式）

表2 危岩运动参数计算结果表

剖面号	初始破坏方式	坡面运动方式	坡面碰撞点	水平运动距离/m	备注
WY01崩塌 1-1'剖面	倾倒式	跳跃式＋坡面滚动	1	19.2	斜抛
			2	13.0	滚动
			3	36.4	斜抛
			4/5/6	13.3/46.3/17.9	滚动
			7	15.0	滚动—停止

由于影响崩塌体运动因素很多，运动形式复杂，崩塌与碰撞点的碰撞系数选取的人为主观因素影响较大，经过计算的崩塌滚石跳高还需参照相似的试验进行修正。野外试验中观察到的跳高为0.5～1.5m，WY01危岩块体较大，崩塌跳高较小，主要以坡面滚动为主。

五、崩塌发展变化趋势与危害性预测

1.崩塌发展趋势预测

通过对危岩稳定性的分析与评价，得出在地震与暴雨条件同时出现时，危岩大都处于不稳定状态。现状情况下，李家寨危岩在自然的风化、温差、降雨等因素作用下，可能出现下列情况：

（1）自然而然的变形、垮塌。如WY01，WY09等危岩是"5·12"地震和"9·24"崩塌后残余的危岩体，稳定性很差，在自然状态下和一些不利因素长期作用下随时可能崩塌。

（2）山顶出现裂缝。由于李家寨危岩带凹岩腔较为发育，随着凹岩腔的发育，卸荷作用的不断增大，山顶会出现卸荷裂缝。

（3）零星坠落、掉块。此情况对李家寨危岩带来说，已是常见现象，就李家寨危岩带发展来看，危岩零星坠落、掉块现象将长时间存在。

2.崩塌危害性预测

李家寨危岩崩塌危险区范围主要以野外调查的新、老崩积物所到达的范围，危岩崩落弹跳轨迹计算结果为依据进行划定。老崩积物从李家寨崖下缓坡（人类生产生活区）直至沟底；"5·12"地震和"9·24"产生的崩积物，大部分停留在李家寨崖下缓坡地带，有零星碎石滚落距离较远，到达了沟底。

野外调查结果与危岩崩落轨迹、弹跳高度计算结果基本吻合，以此进行了危险区划定，红四乡政府等单位、惠民村以及乡间道路等都在危险区内（见图2）。

六、崩塌防治工程技术方案

1. 防治工程总体思路

李家寨危岩具有零散分布、块体较大、凹岩腔发育、卸荷裂隙较多等特点。根据危岩特点，以及危害对象的重要性，防治工程的总体思路简单概括为：以固为主、固拦结合。"固"即采取工程措施增加危岩自身的稳定性，降低各危岩发生崩塌的可能性；"拦"即为在重点地段（主要是红四乡政府和惠民村等人口密集区）再增加一道防护工程，进一步保护人民群众生命财产安全。

2. 设计工况、参数和标准的确定

（1）设计工况

本次设计根据危岩体特点，并参照《滑坡防治工程设计与施工技术规范》（DZ/T0219—2006）设置如下三种工况：

工况Ⅰ　　　　自重（天然状态）

工况Ⅱ　　　　自重＋暴雨（暴雨状态）

工况Ⅲ　　　　自重＋暴雨＋地震（暴雨地震状态）

其中工况Ⅰ、工况Ⅱ为设计工况，工况Ⅲ为校核工况。

（2）设计标准

根据危岩稳定性和成灾后的危害，确定 WY01～WY10 和 WY15 作为本次防治工程的重点，WY11～WY14 以监测为主，本次不采取防治工程。参照国家相关规范规定，李家寨防治工程等级为Ⅱ级。支撑结构重要性系数 $\gamma_0=1.0$，支撑建筑物抗滑稳定安全系数 $K_s\geq1.30$，抗倾覆安全系数 $K_t\geq1.50$；拦石墙设计建筑物抗滑稳定安全系数 $K_s\geq1.30$，抗倾覆安全系数 $K_t\geq1.50$；工程设计合理使用年限为 50 年。

（3）防治工程岩土参数选取

根据室内岩土体试验，结合地区工程经验值，对治理工程设计基本参数建议如下：

1）砂岩天然重度为 25.7kN/m³，饱和重度为 25.9kN/m³；天然状态下 $C=2.7$MPa，$\varphi=40.5°$，抗压强度标准值 12.3MPa，抗拉强度标准值 0.83MPa；饱和状态下 $C=1.55$MPa，$\varphi=37.8°$；泥岩饱和重度为 26.1kN/m³；天然状态下 $C=2.7$MPa，$\varphi=38.4°$，抗压强度标准值 13.9MPa，抗拉强度标准值 0.87MPa，饱和状态下 $C=2.25$MPa，$\varphi=37.1°$。

2）粉质黏土 $C=31.7$kPa，$\varphi=16.0°$，地基承载力特征值为 200 kPa。

3）混凝土 C15 强度设计值：$f_c=7.5$N/mm²；混凝土 C30 强度设计值：$f_c=15$N/mm²；HPB235级钢筋：$f_y=210$N/mm²，HRB335级钢筋：$f_y=300$N/mm²。

3. 防治技术方案

根据危岩形态、规模、危害对象和受力分析等，对 WY01～WY10、WY15 危岩采取"填缝灌浆＋削坡清危＋支撑＋镶补＋拦石墙"的治理方案（表3）。

表3　各危岩防治方案表

危岩编号	防治工程方案	危岩编号	防治工程方案
WY01	顶部清方＋镶补＋填缝灌浆＋拦石墙	WY06	削坡清危
WY02，WY03-1	支撑＋填缝灌浆	WY07	支撑＋镶补＋填缝灌浆
WY03-2	镶补＋填缝灌浆	WY08	拦石墙
WY04	支撑＋镶补	WY09-1，WY09-2，WY10	削坡清危＋拦石墙
WY05	削坡清危＋临时避让	WY15	支撑＋填缝灌浆

七、结语

（1）"5·12"地震前李家寨崖壁以零星危石崩落为主，"5·12"地震对李家寨崖壁影响巨大，地震时不仅直接产生了崩塌，而且在崖壁上形成了许多处危岩，为"9·24"暴雨崩塌及以后的崩塌提供了条件。

（2）李家寨危岩临空面发育，岩体中存在坡外的陡倾卸荷裂隙，有利于危岩的形成。岩体在长期风化作用下，软硬岩体产生明显的差异风化，使软硬岩层交界部位的软岩内缩，形成凹岩腔，硬岩外悬，形成危岩，在降雨、地震以及自然风化等因素作用下，都可能引发危岩失稳，形成崩塌灾害。

（3）李家寨危岩具有零散分布、块体较大、凹岩腔发育、卸荷裂隙较多等特点，结合危害对象重要性，确定灾害防治思路为以固为主、固拦结合。采用"填缝灌浆＋削坡清危＋支撑＋镶补＋拦石墙"的方案对危岩进行治理。以削坡清危、支撑、镶补和填缝灌浆等危岩稳固措施来抑制李家寨危岩的发生、发展，以拦石墙进一步提高防治工程效果。

崩塌实例二：平武县小盘羊山崩塌特征与治理方案

段保春 苏阿娟 汤 勇
（河北水文工程地质勘察院）

一、前言

小盘羊山崩塌位于四川省平武县北木座乡新驿村东侧山坡体处。危岩体与危害对象（新驿村）相对高差240～330m，属特高位危岩。"5·12"地震使小盘羊山多处危岩失稳，造成新驿村15间房屋及部分果树损坏，2人遇难，中断九环线交通达2月之久。震后暴雨再次引发崩塌灾害。目前仍有残留危岩体分布于山顶处，危岩总量为8000m³，直接威胁九环线及部分村庄建筑。治理工程采用拦石墙措施。

二、危岩区工程地质条件

危岩区地处岷山山脉、摩天岭山脉和龙门山脉结合部位，中、新生代构造运动十分强烈。基岩为寒武系胡家寨组千枚岩及粉砂岩，单斜岩层，倾向145°～160°，倾角20°～42°。第四纪残坡积物分布于斜坡的中下部，厚度0.3～6.0m左右，主要由角砾和碎石组成；第四纪崩积物以散落的大块石为主，直径1.0～3.0m，较大的块石零星散落在斜坡前缘部位。地下水以孔隙潜水和基岩风化裂隙水为主，大气降水补给，并向沟谷、坡脚排泄，具有径流途径短，排泄速度快特点。人类活动主要表现为崩塌周围的旱地耕种，破坏了植被和树木，减弱了树木对崩塌滚石的拦挡作用。

三、危岩基本特征

1. 危岩分布、类型及形态特征

危岩带主要分布在山体中上部的基岩破碎带及悬崖部位（图1），平面投影面积约0.12km²，走向呈190°～230°，高度20～80m。危岩体下方斜坡坡向245°～267°，坡度25°～60°。危岩体与危害对象（新驿村）相对高差240～330m。危岩岩性为寒武系胡家寨组砂岩及千枚岩，产状145°∠32°。崩塌体以块石为主，直径在1～3m之间，辅以少量块径3m以上的巨石。"5·12"地震后大部分危岩体崩落至斜坡凹槽内，形成堆积体（DJT01），在岩壁上仍存在着4个危岩段，其规模见表1，各危岩块特征见表2。

2. 影响因素

小盘羊山危岩在地形上具有较陡的坡面。危岩内节理裂隙发育，且多呈陡倾或直立状，是危岩形成的内在因素。危岩形成的外动力因素包括降雨、风化作用及地震等。①降雨：由于裂隙张开性较好，且有充填物，暴雨期地表水入渗岩体裂缝后产生水压力，危岩体后缘产生向外的水平推力，使危岩体稳定性下降，甚至失稳破坏。②风化作用：差异性风化使下部千枚岩层理面开裂剥离，使上部砂岩处于临空状态形成悬臂。③地震：此区地震基本烈度为Ⅷ度，地震作用不仅使原来不稳定的危岩体崩滑下来，还加剧了上部危岩体裂隙变形。

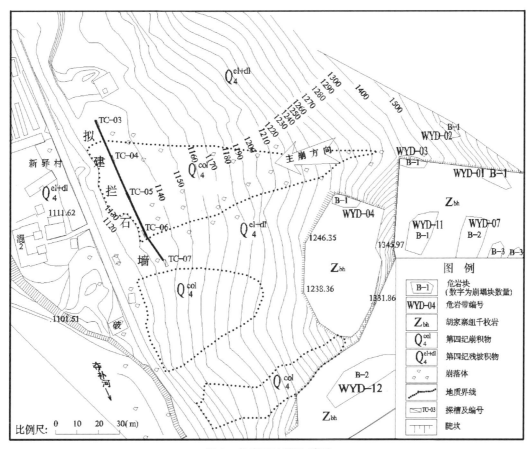

图1　危岩区地形地质图

表1　崩塌危岩带规模及特征说明表

危岩带编号	剩余危岩规模/m³	已崩塌规模/m³	崩塌方向/(°)
WYD-01	4500	270	287
WYD-02	900	80	227
WYD-03	862.5	110	288
WYD-04	1750	90	270

表2　危岩块特征表

危岩编号		危岩块规模	变形特征	危险性
危岩段	危岩块	长×宽×高/m		
WYD-01	WYK-01	4×2.5×3	3组风化裂隙发育,下部已崩塌形成挑空面,长度约1.5～2.5m,部分岩体较破碎	较危险
WYD-01	WYK-02	8×2×3.5	风化裂隙较发育,岩体松散破碎	极危险
WYD-01	WYK-03	4×2×3	为崩塌残留体,局部挑空,裂缝宽度2～10cm,长度2～6m	极危险
WYD-02	WYK-04	8×2.5×5	5条风化裂隙,上下贯通,宽度3～10cm,下部凹岩腔,上部凹凸不平,差异达2.5m	较危险
WYD-03	WYK-05	12×3.5×8	风化裂隙极发育,岩体较破碎,岩面坡度70°以上,顶部发育有一组平行崖壁裂隙,局部岩体松动外倾	极危险
WYD-03	WYK-06	7×2.5×5	风化裂隙极为发育,岩体破碎,岩面接近垂直,发育有3组裂隙,平行母体岩面崖壁裂隙宽度较大,达5～20cm,底部岩体松动外倾	极危险
WYD-04	WYK-07	15×2×6	风化裂隙较发育,岩体较破碎,由若干小危岩块体组成,呈条带状分布,局部外倾临空,挑空面长度约为1～2m,底部崖壁接近垂直	较危险

表3　WYK-07　危岩体特征、稳定性评价及整治方案表

野外编号	I-W7	坐标	X:3605559.72	岩层产状	160°∠32°	斜坡倾向	290°	危岩前缘倾角	60°	斜坡结构类型	270°	切向坡
室内编号	WYK-07	坐标	Y:458088.16									

	危岩顶标高	危岩底标高	顶宽/m	底宽/m	高/m	厚/m	体积/m³	崩塌方向	破坏方式
	1348.7	1344.5	9	7	4.2	3.3	110.9	270°	坠落式

照片（略）

控制危岩的结构面特征

编号	位置	走向	倾向	倾角	切割深度/m	张开度	裂隙形态	裂面粗糙度	充填物	裂隙间距/m	地下水情况
1	后壁	210	300	70	0.5~1.5	5~10cm	折线	较光滑	黏性土、岩屑	0.5	无
2	底面	250	160	32	0.5~2.0	3~10cm	平直	较光滑	黏性土、岩屑	0.4	无
3	侧壁	15	25	70	1.0~2.0	3~10cm	折线	较光滑	黏性土、岩屑	1~2	无
4	侧壁	120	210	60			折线	较光滑	黏性土、岩屑		无

危岩剖面和立面示意图

稳定性赤平投影分析图

危岩形态及变形特征	风化裂隙较发育，岩体较破碎，由若干小危岩块体组成，呈条带状分布，局部外倾，岩体临空，挑空面长度约为1~2m，底部崖壁接近近垂直。可见局部松动岩块外倾变形
危岩稳定性评价	结构面的两组组合交线均向坡外倾斜，其中裂隙2号层理面的结构向交棱线倾向与坡向基本一致，为不稳定结构；同时裂隙1、裂隙2与层理面的组合关系将危岩体切割，使原比较完整的危岩变得破碎，不利于坡体稳定
危害性预测	一旦失稳将威胁乡敬老院、新驿村村民生命财产及九环线省级公路交通安全
治理措施建议	被动拦石墙或拦石网

四、危岩稳定性评价

1. 定性分析评价

根据各危岩体完整性，裂隙发育情况，通过室内赤平投影分析其定性，在此基础上作出现状稳定性评价，并预测其稳定性发展趋势。本文仅以 WYK-07 作为典型危岩块定性分析评价（表3）。

2. 定量计算及评价

（1）岩土物理力学参数分析与评价

崩塌岩土体的物理力学性质及参数的选择系依据野外调查、室内试验、地区经验值及工程地质类比法来综合确定。在进行稳定性计算时，按照无孔隙水压力进行计算，考虑地震影响，选取该地区对应的地震峰动加速度 0.2g，对于降雨影响采用降雨工况条件下的 C，φ 值和重度。降雨后的岩土体重度增加 1%～3%。

参照岩石力学试验结果，按危岩体不同的破坏模式，对于滑移式破坏模式抗剪强度指标按照公式（5-11）和公式（5-12）确定。对于倾倒式破坏和坠落式破坏则分别取岩石抗拉试验标准值的 0.2～0.4 倍数值进行稳定性定量计算分析，同时还要考虑岩体的风化程度，其抗拉强度参数应进一步折减。

崩塌堆积体重度和 C，φ 值以地区经验值和工程地质类比法作为参考，根据崩塌源的物质组成、变形特征、稳定状况等综合比较选取（表4）。

表4 崩积物物理力学参数建议值

工况 参数	工况 I 天然状态			工况 II 暴雨状态		
	重度/(kN/m³)	C/kPa	φ/(°)	重度/(kN/m³)	C/kPa	φ/(°)
崩塌堆积体（碎石含量高）	23.8	10.0	34.0	24.5	8.0	32.0

现场选取有代表性的岩石块做室内试验，根据试验结果数据统计，千枚岩重度、抗压及抗剪等物理力学指标见表5。在危岩体稳定性定量计算分析中按照不同的破坏模式，相应的参数分别作 0.2～0.4 的折减参与计算。

表5 岩石物理力学标准值一览表

岩石名称	岩体重度/(kN/m³)	单轴抗压强度/MPa		天然直剪强度		饱和直剪强度	
	天然	天然	饱和	凝聚力 C/MPa	内摩擦角 φ/(°)	凝聚力 C/MPa	内摩擦角 φ/(°)
千枚岩	26.8	69.6	42.3	11.9	40.9	6.8	40.6

（2）危岩单体稳定性计算及评价

在定性分析评价的基础上进一步做定量分析计算。以 WYK-01 为例，为倾倒式破坏，计算模型见图5-14，稳定性计算公式（5-3）。计算结果为工况 I 处于稳定，工况 II 处于欠稳定，工况 III 为稳定，与勘查定性分析的结果基本一致。

（3）危岩带稳定性计算及评价

以危岩带 WYD-01 为例，表现为滑移式破坏，采用公式（5-1）进行计算，计算结果为三种工况条件下均处于稳定状态，但其包括的危岩块在工况 II 条件下均处于欠稳定状态，这与定性分析结果一致。

3. 危岩破坏后的运动计算

（1）失稳方式分析

根据危岩体结构面发育特征分析，小盘羊山崩塌危岩体以沿风化裂面滑移式和沿与坡向一致的陡立面倾倒式失稳方式为主，局部临空条件较好且岩体结构面较为破碎的危岩块体为坠落式失稳。

（2）运动距离计算

通过对崩塌块石的空间形态调查，小盘羊山崩塌区危岩失稳时具有落距较远，块体较大的特点，最大运动距离为 300m，最大单体 72.0m³，一般单体约 1.5m³。以危岩块 WYK-02 和 WYK-03 为例，对坠落块石的运动距离进行分析。当落石第一次坠落在斜坡表面，因碰撞，能量发生变化，部分能量消耗在碰撞过程中，一部分能量将使落石在坡面上继续运动，落石运动轨迹见图 2。危岩体 WYK-02，WYK-03 的落距分别为 225m，183m，与实地调查的运动距离基本一致。

（3）弹跳高度及动能计算

选取危岩块 WYK-07 为例对块石弹跳高度及碰撞动能进行计算，计算模型见图 3。经计算在拟支挡部位处的弹跳高度为 4.5m。现场落石试验测得拟支挡部位的弹跳高度为 2.0～3.0m，综合确定崩塌危岩弹跳高度为 2.5m。

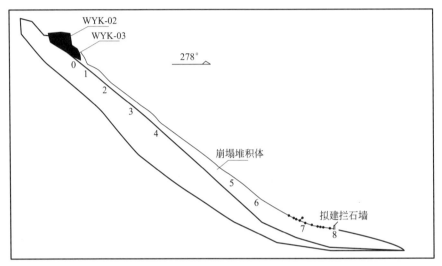

图 2　WYK-02，WYK-03 滚石落距计算模型示意图

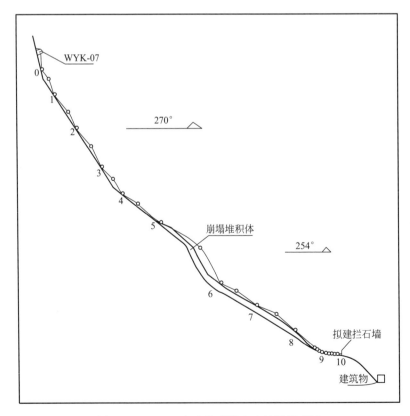

图 3　WYK-07 危岩块弹跳高度计算模型图

五、崩塌危险性预测

小盘羊山崩塌具备进一步成灾的条件，危岩一旦失稳，对下方坡脚附近区域的九环线、乡敬老院和多处居民点构成威胁。

六、崩塌防治工程技术方案

在斜坡中下部果园外侧地势平坦处修建拦石墙（图4），拦石墙分为3段，即A−B，B−C和C−D段。拦石墙长度约为80m，40m和30m，其中A−B段墙高3.7m，顶宽1.3m，底宽4.2m；B−C和C−D段墙高4.2m，顶宽1.6m，底宽4.5m。拦石墙为M10浆砌块石砌筑，墙后设夯土缓冲层，顶宽均为2.0m，底宽分别为3.3m和3.5m，设有一定数量的沉降缝。缓冲层表层设300mm厚块石保护层，缓冲层后设置落石平台，落石平台宽3m。

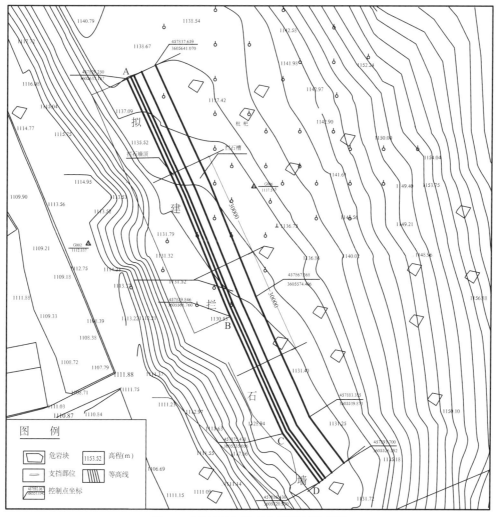

图4　工程地质与治理方案平面示意图

七、结语

（1）小盘羊山崩塌为"5·12"地震后产生的新的崩塌体，这主要取决于小盘羊山地区岩层的结构特征，本区寒武系胡家寨组千枚岩及粉砂岩，呈单斜岩层，倾角20°～42°，倾向145°～160°，由于硬质的砂岩和相对软质的千枚岩分层构成，在长期的风化作用下，形成了两组不利于岩体稳定的结构面，从而为地震引发的崩塌结果提供了前提条件。

（2）在外业调查及崩塌模拟后，根据场地的具体条件，如地形条件、材料供应条件、施工工艺条件等采用了被动拦石墙治理方案，此方案可有效地拦截上部崩滑体对其影响范围内的危害，从而减轻危害程度。

（3）本文详细介绍了崩塌研究过程中参数取值方法，对此类地质灾害防治治理工程有着借鉴参考意义。

崩塌实例三：彭州市葛仙山镇花园村 7 社 WY08 危岩特征与治理方案

李朝政　夏华宗　李　锋
（河北地矿建设工程集团公司）

一、前言

花园村 7 社 WY08 危岩位于彭州市葛仙山镇花园村 7 社北侧山脊顶部，"5·12"地震时危岩体前部已经发生局部崩塌，砸毁房屋 3 间。WY08 危岩体位于葛仙山风景区内，直接威胁到景区内过往行人和坡脚 2 户居民。危岩体受 3 组结构面控制并相互切割，整体呈马鞍状，岩体比较完整，体积约 400m³，稳定性差。本文根据危岩体特征提出千斤顶清除、锚杆＋防护网、锚杆加固和被动拦石墙 4 种方案，并进行了优缺点分析。

二、危岩基本特征

1. 地质环境条件

危岩所在斜坡走向近东西，呈现上陡下缓形态，自上而下大致分为三种地段：上部为狭窄山脊顶部，顶宽 3～15m，高差约 25m，WY08 危岩发育在狭窄山脊顶部；山脊下部（危岩下部）为陡崖，走向 250°，倾角 70°～80°，高差约 60m；最下部为一斜坡地貌，坡度 30°～40°，长约 200m，高差约 60～80m，坡脚为 2 户居民。

危岩所在区域出露的地层岩性为石炭系黄龙组中厚灰岩和第四纪崩坡积碎石土。山脊和陡崖部位岩性为中厚层灰岩，产状 150°∠44°，节理裂隙较为发育，危岩区主要发育 3 组裂隙：裂隙①位于危岩西侧，产状 89°∠60°，张开度 0.02～0.10m，内部有少量碎屑填充；裂隙②位于危岩东侧，产状 270°∠50°，张开度 0.01～0.15m，内部有少量碎屑填充；裂隙③位于危岩底部，产状 160°∠60°，受岩体

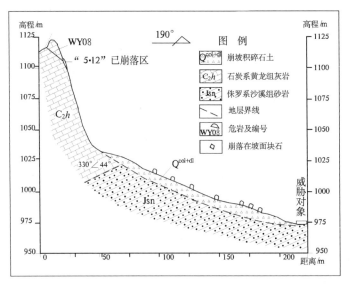

图 1　危岩区典型剖面图

重力作用张开度较小。下部斜坡部位主要为崩坡积碎石土，主要为上部陡崖长期崩塌落石堆积形成，厚度一般为 1.5～5.5m，碎石含量大于 50%，粒径 2～5cm，表层局部为粉质黏土夹碎石，坡面以及坡脚分布"5·12"地震时撒落的块石，块石粒径一般在 1～1.5m，最大块径可达 4.0m。斜坡下伏基岩为侏罗系沙溪庙组厚层状砂岩，青灰色，厚度约 259m。地形与地层见图 1。

危岩所处区域地下水类型主要为基岩裂隙水和第四系孔隙水。降雨时，雨水沿山脊陡崖部位的裂隙入渗，对危岩体的不利结构面起软化作用，同时加剧岩体的风化作用，对危岩稳定性有一定不利影响。危岩所在区域地震动峰值加速度为 0.15g，地震动反应频谱周期 0.40s，抗震设防地震基本烈度为Ⅷ度。"5·12"地震以后的余震作用有可能引发危岩体失稳。

2. 危岩形态特征及控制面分析

危岩体受 3 组裂隙控制，长期受风化作用、重力作用，尤其是在"5·12"地震的强大地震力作用下，3 组裂隙已经完全贯通。裂隙①和裂隙②基本呈南北走向，横穿山脊顶部，成为危岩体东西两侧的控制结构面；裂隙③位于岩体底部，为构造裂隙，已经在岩体底部贯通山脊，成为岩体底部的控制结构面，在山脊北侧（危岩后部）呈圆弧状展布。在 3 组控制结构面交叉形成马鞍形状凹槽，危岩 WY08 位于鞍部，"5·12"地震时，前端（南段尖部）发生崩塌，整个危岩向南错动。剩余岩体呈倒棱台状，危岩南段宽度略小于北段的宽度，整体南倾约 60°，平均长约 15m，平均宽约 5m，厚度 3～10m，体积约 400m³。危岩分布及形态特征见图 2 至图 4。

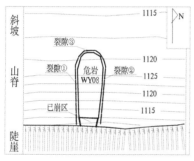

图 2　危岩平面示意图

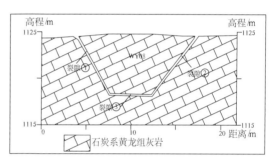

图 3　危岩横断面示意图

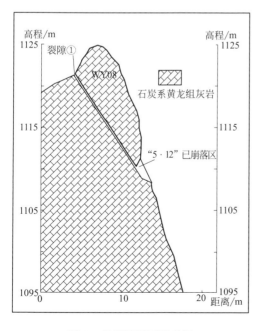

图 4　危岩纵断面示意图

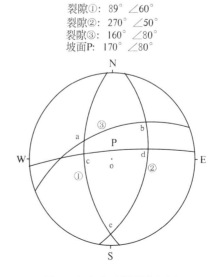

图 5　危岩赤平投影分析图

297

3. 危岩体受力分析

根据 3 组控制结构面形态分析，危岩体将沿 3 组控制结构面滑动失稳。危岩体主要约束力为 3 个控制结构面的摩擦力和马鞍北段侧向支撑力。据调查分析，东西两侧控制结构面内的岩石较破碎，且受到挤压力，存在应力集中现象；底部控制结构面上的岩石相对较完整，受到的压力较小。这说明两侧控制结构面对危岩的约束力要比底部控制结构面要大，为控制危岩体的主要支撑力。出现这种现象的原因是由于危岩体的北段宽度比南段略大，"5·12"地震时造成向南部错动时，造成马鞍两侧岩壁对后端危岩体形成侧向挤压的支撑力，同时减弱了底部控制结构面的摩擦力。

4. 危岩体稳定性与影响因素分析

通过危岩的发育裂隙、形态和所处位置分析，定性判别 WY08 危岩体的稳定性为不稳定。采用赤平投影图解法进一步分析（图 5），裂隙①和②交点 e 位于坡面 P 以外，二者相切成的楔形体不会发生失稳，同时向坡内为散射状展布，造成在坡内马鞍北段要比南段略宽。裂隙③分别与裂隙①和②交点 a 和 b 位于坡面以内，切割成 abcd 块体为不稳定体，即为马鞍部位的 WY08 岩体。综合分析危岩体 WY08 为不稳定，失稳的可能性大。

通过分析危岩体 WY08 的形成过程和目前的受力状态，影响 WY08 危岩失稳的因素主要为降雨、余震和风化作用。降雨和风化作用均可降低控制结构面上的摩擦力，加剧危岩失稳。"5·12"地震以后，相当一段时期内余震不断，地震的纵向和横向作用力，更能造成滑移面上的抗滑力急剧降低，瞬间失稳。

三、危岩治理方案

根据危岩的基本特征，对以下 4 种治理方案展开讨论。

1. 千斤顶清除

危岩位于马鞍形凹槽内，岩体较完整，下部滑面倾角大，且已经向外倾斜，采取在危岩体后部用千斤顶逐渐撑起，使危岩与凹槽 3 个控制面之间的摩擦力降低，迫使危岩失稳而达到清除危岩的目的（图 6）。

2. 锚杆＋主动网措施

在危岩两侧稳定岩体部位以及危岩下部陡崖相应位置的两侧分别布设一排纵向锚杆，锚杆中间布设主动防护网并与锚杆相连接，当危岩失稳以后，在主动网约束下，沿着主动网滚落在陡崖坡脚部位，治理方案见图 7、图 8。

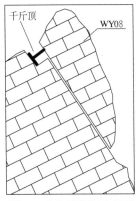 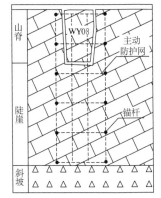 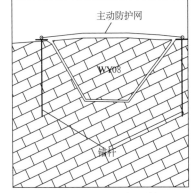

图 6　千斤顶清除示意图　　图 7　锚杆＋主动网布置立面图　　图 8　锚杆＋主动网布置剖面图

3. 锚杆加固

危岩体较完整，采用纵向布置两排锚杆进行加固，为了避免岩体中间的拉张力过大而破碎，在横向两条锚杆之间用锚线相互连接，并施加一定的预应力，来减小岩体中间部位的拉张力，治理方案见图 9 至图 11。

4. 被动拦石墙

在坡脚 2 户居民北侧平缓部位设置一段拦石墙以达到对居民和行人保护的作用。

从技术上来说以上 4 种方案均能达到治理灾害的效果。但由于危岩所处区域为葛仙山风景区，清除危岩体可能对环境产生破坏，当地有关部门不建议采用。锚杆加固和锚杆＋主动防护网，施工难度较大，且施工活动带来的震动，有可能诱发危岩体失稳，危害施工活动和下部居民。经综合考虑，选取了被动拦石墙的治理方案。

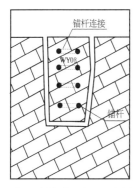 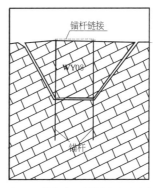 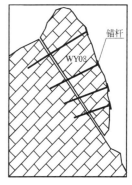

图 9　锚杆加固立面意图　　图 10　锚杆加固横剖面示意图　　图 11　锚杆加固纵剖面示意图

四、结语

（1）危岩 WY08 为"5·12"地震形成的一种特殊形态岩体，位于山脊顶部，岩体较完整，3 组控制结构面贯穿山脊，形成马鞍状，两侧壁为控制危岩体的主要约束面，以滑移式破坏为主，稳定性差。

（2）千斤顶清除、锚杆加固、锚杆＋主动防护网和被动拦石墙 4 种方案均能达到治理危岩的目的，综合考虑施工难度、环境保护等因素，采用被动拦石墙的治理措施。

崩塌实例四：大邑县西岭镇高点村 3 组崩塌特征与治理方案

刘　硕　翟　星　钱　龙　雒国忠　王现果

（河北省环境地质勘查院）

一、前言

大邑县西岭镇高店村 3 组崩塌位于西岭镇高店村大双公路北侧、高店村 3 组后山坡。危岩区岩体破碎，风化强烈。"5·12"地震时发生崩塌，崩落体积约 3600m³，造成公路堵塞，毁坏民房 6 间。陡坡上残留的危岩及崩落在坡面上的块石仍处于不稳定状态，对西岭镇高店村 3 组居民及公路构成威胁。对危岩带（体）采取"局部清方＋裂缝回填＋主动防护网"的措施，对崩塌堆积体采取"局部清方＋被动拦挡"的措施。

二、危岩区工程地质条件

高店村 3 组崩塌处于中山区，地势西北高，东南低，海拔高度 1488～1756m，高差 268m。危岩体所处斜坡坡向 140°～170°，坡度 35°～45°。斜坡下部地形较缓，坡度 20°～30°，为崩落大块石主要堆积区。

基岩为三叠系中统雷口坡组泥质灰岩，岩层产状 220°∠20°，受附近断裂影响，节理裂隙发育，岩石破碎，节理产状 345°∠73°，120°∠60°；基岩表层强风化厚度 5～8m。危岩带下方崩塌堆积体岩性为碎块石，块径一般 2～50mm，最大达 1.0～2.0m，主要为"5·12"地震时形成的崩积物，结构松散，厚度5～10m。斜坡中下部大部分区域为第四系残坡积物，厚度10～20m。

三、危岩基本特征及形成机制

1. 危岩分布、类型及形态特征

高点村3组崩塌包括2处危岩带、4处危岩体和3处崩塌堆积体。其中1号危岩（W1）分布于斜坡中部，为单块落石；2～4号危岩（W2～W4）位于2号危岩带中。

（1）危岩带特征

1号危岩带（WYD1）位于崩塌坡体顶部，走向55°～65°左右，长45m左右，宽5～7m，厚3～5m，岩体节理裂隙发育，风化程度较高，岩体较破碎，多呈碎块状，块径一般0.3～1.0m，体积约1150m³。"5·12"地震时局部发生崩塌，崩塌方量约500m³。地震后危岩带后缘出现多处裂缝，裂缝走向约60°，宽度一般20～40cm，局部60cm，可测深度一般30～50cm，局部80cm，裂缝延伸长度5～20m。

2号危岩带（WYD2）位于崩塌坡体中下部，危岩带长约47m，宽约30m，高度约40m，强风化层厚5～8m，分布面积1600m²，方量约7100m³。岩体破碎，危岩单体块径一般0.5～2.0m，部分危岩体呈突出状。"5·12"地震时2号危岩带表层发生崩塌，崩塌方量约3100m³，顶部出现局部下错现象，下错高度30～50cm。

（2）危岩体特征

W1：位于堆积体（D1）上部，为"5·12"地震时脱离母岩的落石。危岩体长3.0m，宽1.5m，高1.2m，体积约5.4m³。危岩体由崩落碎石支撑，底面局部被架空，主要以滑移方式失稳。

W2：位于2号危岩带顶部，危岩长2.1m，宽1.8m，高3.1m，主崩方向150°，体积约13m³。危岩后缘发育一条裂缝，可见长度2m，最大宽度0.3m，可见深度0.5m，走向85°，裂缝内填充物为强风化灰岩及薄层第四系残积物，W2危岩以滑移方式失稳。

W3：位于2号危岩带西侧，宽2.7m，高5.1m，体积约45m³，主崩方向165°，危岩体以滑移方式失稳。

W4：位于2号危岩带东侧，宽1.9m，高2.9m，体积约10m³，主崩方向147°，危岩体以滑移方式失稳。

（3）崩塌堆积体特征

崩塌形成3处崩塌堆积体，D1堆积体位于D2堆积体上方，以大块石为主，块径0.5～2.5m，成为主落体，辅以部分粒径1m以下大小不等的碎块石，块石岩性为泥质灰岩，以棱角—次棱角为主。D3堆积体位于坡脚，主要为滚落块石。

D1堆积体位于1号危岩带下方，主要由碎块石组成，中上部主要为碎石，粒径5～10cm，约占总量的80%，另外存在两块较大块石，块石大小分别为1.0m×1.5m×0.5m和2.0m×1.5m×1.1m，总方量约4.5m³，块石前壁临空，底部为碎石充填，处于不稳定状态，极易沿碎石滑动；下部主要为块石，块径0.5～1.5m不等，约占总量的20%，处于基本稳定状态。

D2堆积体位于2号危岩带下方，长约47m，宽约35m，坡度35°，体积约3500m³。堆积体主要由碎块石组成，中上部主要为碎石，粒径5～15cm，约占总量的80%，上部局部存在块石，块径0.5～1.5m；下部主要为块石，粒径0.5～1.0m，约占总量的20%，个别块径2～2.5m。D2堆积体整体处于基本稳定状态，但部分大块石局部临空，在暴雨及地震工况条件下容易失稳，形成二次滚动，对坡脚居民造成威胁。

D3堆积体位于斜坡坡脚平缓地带，地面坡度约21°，D3堆积体主要为滚落孤石，块径一般1.0～2.5m，处于稳定状态。

四、危岩稳定性

宏观判定危岩带在天然条件下处于基本稳定状态，在暴雨或地震工况条件下，处于欠稳定—不稳定状态；危岩体在现状条件下，W1，W4 处于基本稳定状态，W2，W3 处于稳定状态，在暴雨或地震工况条件下，处于欠稳定—基本稳定状态；崩塌堆积体整体处于稳定状态，但坡面个别块石处于欠稳定状态。

对 WYD1，WYD2 危岩带和 W1～W4 各危岩进行稳定性计算，计算结果见表 1。

表 1　危岩稳定性计算结果及评价表

编　号	体积/m³	破坏模式	稳定系数			稳定性评价		
			天然	暴雨	地震	天然	暴雨	地震
WYD1	1150	滑移	1.39	1.23	1.17	稳定	基本稳定	欠稳定
WYD2	7100	滑移	1.32	1.16	1.11	稳定	欠稳定	欠稳定
W1	11	滑移	1.28	1.15	1.07	基本稳定	欠稳定	欠稳定
W2	13	滑移	1.36	1.11	1.09	稳定	欠稳定	欠稳定
W3	45	滑移	1.39	1.26	1.11	稳定	基本稳定	欠稳定
W4	10	滑移	1.29	1.07	1.03	基本稳定	欠稳定	欠稳定

根据定性分析和定量计算结果，综合评价为：在工况 I 条件下，危岩带（体）处于稳定—基本稳定状态，在工况 II 条件下，危岩带（体）处于基本稳定—欠稳定状态，在工况 III 条件下，危岩带（体）处于欠稳定状态。崩塌堆积体整体处于稳定状态，但坡面个别块石处于欠稳定状态。

五、崩塌防治工程技术方案

1. 防治方案

受地震影响，坡体中上部的危岩体大部分已崩塌至坡脚，但坡体上还残存有部分的危岩块体，其总体情况是结构破碎，除具规模的几个单体外，其他单体危岩块径较小，一般为 0.5～1.0m。考虑威胁对象分布和地形条件限制，针对危岩体（带）采用对坡体上残存的危岩体块进行清方，同时采用主动防护网进行防护，对危岩带后缘裂缝进行回填。即采取"局部清方＋裂缝回填＋主动防护网"的措施。

D1 堆积体整体稳定，局部存在崩落危石，对其进行局部清方；D2 堆积体整体基本稳定，同时坡面局部存在欠稳定块石，防治工程采取对坡面欠稳定块石进行清方，同时采取拦挡措施。受 D2 堆积体前缘施工条件限制，挡墙设于坡脚平缓地带。即采取"局部清方＋被动拦挡"的措施。

治理工程布置剖面图见图 1，平面图见图 2。

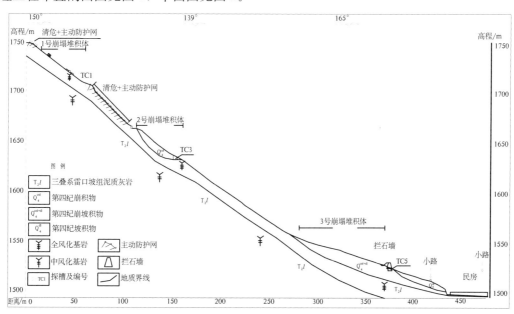

图 1　高点村 3 组崩塌治理工程布置剖面图

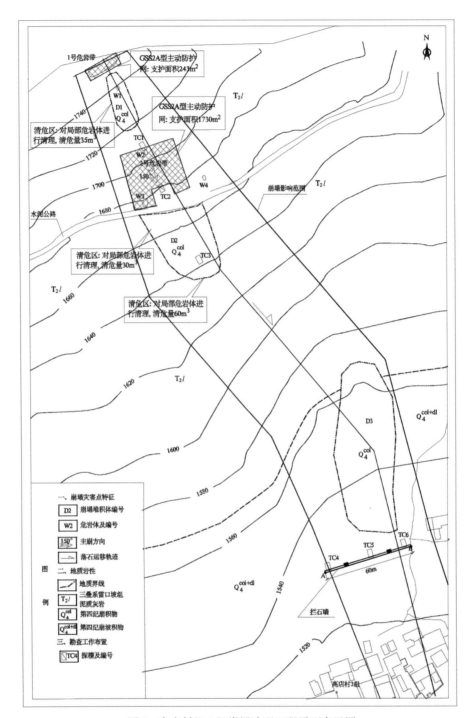

图 2　高点村组 3 组崩塌治理工程平面布置图

2. 主要分项工程设计

（1）主动防护网

1 号、2 号危岩带采用 GSS2A - S250 型主动防护网进行防护，网型采用 SPIDER 绞索网。设计 GSS2A - S250 型主动防护网防护面积共 1973m²，其中 1 号危岩带需防护网面积 243m²；2 号危岩带需防护网面积 1730m²。

（2）拦石墙

拦石墙采用天然地基，持力层为碎石土，浆砌毛石挡墙，拦石墙总长约 60m，墙体地面上高 2.5m，地面下深 0.5m，墙顶宽 1m，墙面坡比 1∶0.25，墙背坡比 1∶0.20。

六、结语

（1）崩塌区岩层节理裂隙发育，风化程度高，岩体破碎。"5·12"地震时发生崩塌，崩落总体积约 3600m³，造成公路堵塞，毁坏民房 6 间。

（2）高点村 3 组崩塌包括 2 处危岩带、4 处危岩体和 3 处崩塌堆积体。在工况 I 条件下，危岩带（体）处于稳定—基本稳定状态，在工况 II 条件下，危岩带（体）处于基本稳定—欠稳定状态，在工况 III 条件下，危岩带（体）处于欠稳定状态。崩塌堆积体整体处于稳定状态，但坡面个别块石处于欠稳定状态。

（3）根据崩塌特点、威胁对象、稳定性评价和场地施工条件，对危岩带（体）采取"局部清方＋裂缝回填＋主动防护网"的措施，对崩塌堆积体采取"局部清方＋被动拦挡"的措施。

附录　典型地质灾害照片

附录一　典型泥石流照片

（一）泥石流特征

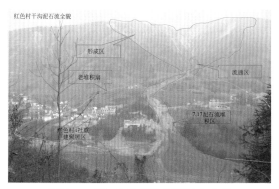

照片1　都江堰市干沟泥石流沟全貌

照片2　都江堰市干沟泥石流堆积扇

照片3　"5·12"强震后坡面滑塌松散物堵塞沟道

照片4　彭州市青杠沟泥石流沟道堆积物

（二）泥石流危害

照片5　彭州市楼房沟泥石流损毁房屋

照片6　彭州市青杠沟泥石流淤塞的公路桥

（三）泥石流防治工程

照片7　平武县草湾沟泥石流拦挡坝

照片8　平武县大沟泥石流拦砂坝

照片9　都江堰市关凤沟泥石流拦砂坝

照片10　都江堰市锅圈岩泥石流拦挡坝库区堆积物

照片11　都江堰市红色村干沟泥石流拦挡坝库区堆积物

照片12　都江堰市关凤沟泥石流导流堤

照片13　彭州市铜厂坡泥石流排导槽

照片14　都江堰市红色村干沟泥石流排导槽内防冲肋坎

照片 15 都江堰市龙凤村王家沟泥石流排导槽与防冲肋坎

照片 16 都江堰市龙凤村王家沟泥石流拦挡坝与坝下掏蚀

照片 17 都江堰市龙凤村王家沟泥石流排导槽

照片 18 安县梓潼沟泥石流格栅坝

照片 19 彭州市青杠沟泥石流格栅坝

附录二 典型滑坡照片

（一）滑坡特征

照片 20 平武县赵家坟滑坡群全貌

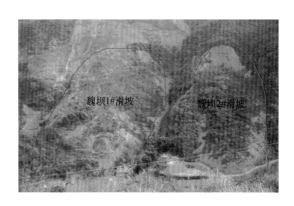

照片 21 平武县魏坝1#，2#滑坡全貌

照片 22　平武县斩龙垭滑坡全貌

照片 23　平武县大河里滑坡全貌

照片 24　平武县赵家坟Ⅱ号滑坡侧缘剪切裂缝

照片 25　培城区上马村不稳定斜坡后缘裂缝与错台

照片 26　平武县平溪村场镇滑坡中部滑动的树木

照片 27　平武县沙湾 2# 滑坡后缘滑壁

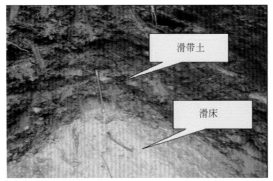

照片 28　平武县黑水场镇后山滑坡滑带土与滑床

照片 29　平武县斩龙亚滑坡滑动擦痕

照片 30　平武县赵家坟滑坡钻孔揭露的滑带土

（二）滑坡危害

照片 31　平武县魏坝滑坡前缘冲毁的房屋

照片 32　平武县赵家坟Ⅲ号滑坡前缘挡墙外拱

照片 33　平武县沙湾 2# 滑坡前部崩滑堆积掩埋公路

照片 34　彭州市白水河汽车站滑坡前缘墙体鼓胀破坏

（三）滑坡防治工程

照片 35　平武县麻园子滑坡群前缘修建的挡土墙及排水沟

照片 36　平武县魏坝滑坡前缘回填压脚工程

照片 37　都江堰市塔子坪上方滑坡修建的排水沟

照片 38　都江堰市杜仲林滑坡前缘修建的挡土墙

照片 39　都江堰市塔子坪上方滑坡抗滑桩工程

照片 40　安县川祖庙滑坡抗滑桩工程

附录三　典型崩塌照片

（一）崩塌特征

照片 41　平武县金丰村曾岩窝（WYK-07）倾倒式危岩

照片 42 平武县金丰村曾岩窝（WYK-11）坠落式危岩

照片 43　平武县南坝镇石凑子 1♯，
2♯崩塌崩积物形成泥石流物源

照片 44　彭州市葛仙山镇花园村 7 社 WY08 危岩

（二）崩塌危害

照片 45　平武县水观乡古坟沟"5·12"
地震崩塌滚石及砸毁房屋

照片 46　平武县新驿村小盘羊"5·12"
地震崩塌滚石砸坏供电线路

（三）崩塌防治工程

照片 47　都江堰市斗底山 2 崩塌被动防护工程

照片 48　大邑县雾山村一碗水崩塌被动防护网

照片 49　大邑县雾山村一碗水崩塌危岩浆砌石支顶工程　　照片 50　彭州市丹景山镇潘家岩崩塌主动防护网